高职高专机电类专业规划教材

电机及电气控制

王烈准　黄　敏　编著
蒋永明　主　审

机　械　工　业　出　版　社

本书以电气类专业职业岗位能力需求为依据，从工程实际应用出发，系统地介绍了电机的基本结构、工作原理、运行维护、常见故障及处理，电动机控制电路的分析安装，典型机床控制电路分析及故障排除等。内容包括变压器技术、异步电动机技术、直流电机和控制电机技术、低压电器的认识与测试、电动机基本控制电路的安装与调试以及典型机床电气控制电路分析与故障排除，共6大模块21个项目。

本书在内容编排上，既注意反映电气控制领域的最新技术，又注意高等职业教育对学生知识和能力的培养，强调理论联系实际，着重培养学生的动手能力、分析和解决实际问题的能力、工程设计能力和创新意识。

本书是编者在多年从事“电机及电气控制”及相关领域的教学、教改及科研基础上编写的，内容结构较新颖，每一模块由若干项目组成，每个项目包括项目导入、相关知识、项目实施及知识拓展，并附有适量的思考与练习，便于知识的学习和技能的训练。

本书既可作为高职高专院校机电类、自动化类及电子信息类专业的教学用书，也可作为成人教育学院、技师学院及中等职业学校相关专业的教材，还可供从事相关专业的工程技术人员参考。

为方便教学，本书配有电子课件，模拟试卷及习题解答等，凡选用本书作为教材的学校，均可来电索取。咨询电话：010-88379375；电子邮箱：wangzongf@163.com。

图书在版编目(CIP)数据

电机及电气控制/王烈准，黄敏编著．—北京：机械工业出版社，2012.1(2017.7重印)

高职高专机电类专业规划教材

ISBN 978-7-111-36545-7

Ⅰ．①电…　Ⅱ．①王…②黄…　Ⅲ．①电机学—高等职业教育—教材②电气控制—高等职业教育—教材　Ⅳ．①TM3②TM921.5

中国版本图书馆CIP数据核字(2011)第253773号

机械工业出版社(北京市百万庄大街22号　邮政编码100037)

策划编辑：于　宁　责任编辑：于　宁　王宗锋　苑文环

版式设计：张世琴　责任校对：樊钟英

封面设计：陈　沛　责任印制：李　飞

北京铭成印刷有限公司印刷

2017年7月第1版第4次印刷

184mm×260mm・16.75印张・410千字

7001—8500册

标准书号：ISBN 978-7-111-36545-7

定价：39.80元

前　言

本书是根据高等职业教育课程改革和工学结合经验编写的一本理论实践一体化教材，以职业岗位能力需求为目标确定教材的内容体系，突出技术应用性和针对性，强化实践技能训练，力求做到深入浅出，层次分明，详略得当，尽可能体现高职高专教育的特点。

本教材的突出特点是采用模块化结构，以项目为导向，通过项目实施设计相关知识和技能训练。教材突出实践操作，以能力培养为主线，以完成每个项目为引导，使学生对相关知识的学习有针对性、目标性和主动性。每一模块前有知识目标、能力目标，为本模块的教与学提供了指导；每一模块后有梳理与总结，以便学习者归纳与总结。

本书共有6个模块，包括变压器技术、异步电动机技术、直流电机和控制电机技术、低压电器的认识与测试、电动机基本控制电路的安装与调试以及典型机床电气控制电路的分析与故障排除。

本书的参考学时为140学时，课程教学建议采用“教、学、做”一体化授课形式，即上课时讲练结合，讲课和实践的安排可灵活掌握，交融渐进，以达到“学中做”和“做中学”的目标。

本书由六安职业技术学院王烈准、黄敏编著，安徽水利水电职业技术学院蒋永明主审。其中，黄敏编写了模块一～模块三；王烈准编写了绪论、模块四～模块六和附录，并对全部书稿进行统稿和定稿。本书在编写过程中得到了六安职业技术学院教务处、机电工程系领导的大力支持，在此一并表示衷心的感谢！

由于编者水平有限，书中难免有错误和不妥之处，敬请读者批评指正。编者联系方式：E-mail:wlzh2006@sina.com。

编　者

目　　录

绪　论

电机是一种将电能与机械能相互转换的电磁机械装置，因此电机一般有两种应用形式。第一种是把机械能转换为电能，称之为发电机，它通过原动机先把各类一次能源蕴藏的能量转换为机械能，然后再把机械能转换为电能，最后，经输电、配电网络送往各工矿企业、家庭等用电场合。第二种是把电能转换为机械能，称之为电动机，它用来驱动各种用途的生产机械和其他装置，是国民经济各部门中应用最多的动力机械，也是最主要的用电设备，各种电动机所消耗的电能占全国总发电量的60% ~70%。电动机根据应用场合的要求和电源的不同，可分为直流电动机、交流异步电动机和交流同步电动机。另外，运用电磁感应原理工作的变压器和控制电机也属于电机的类别。变压器是将一种交流电压、电流转换为同频率的另一种交流电压、电流的静止电器。控制电机的主要功能是在电气、机械系统中进行调节、放大和控制。

1. 电机及电气控制技术的发展概况

电机是随着生产力的发展而发展的，同时，电机的发展又促进了社会生产力的不断提高。1820 年，奥斯特发现了电流的磁效应，从而揭开了研究电磁本质的序幕；1821 年，安培发现了电流在磁场中受到电磁力的规律以后，出现了电动机的雏形；1831 年，法拉第提出了电磁感应定律，同年 10 月他发明了世界上第一台发电机；1883 年，美国电气工程师、发明家、企业家汤姆森发明了降压变压器；1888 年，俄国电气工程师、发明家多里沃 · 多布罗沃利斯基发明了三相交流发电机和三相交流异步电动机；1891 年，三相异步电动机开始使用，从而开拓了电能应用的新局面，工业上的动力机械很快被电动机取代。从 19 世纪末期开始，电动机逐渐代替蒸汽机作为拖动生产机械的原动机，近一个世纪来，电机的基本结构似乎并没有大的变化，但是电机的类型却有了很大的发展，在运行性能、经济指标等方面也有了很大的改进和提高。随着自动控制系统和计算装置的发展，在一般旋转电机的理论基础上又发展出许多高可靠性、高精度、快速响应的控制电机，对控制电机的研究已成为电机学科的一个独立分支。

我国的电机制造工业自新中国成立以来发展迅速。建国以前，国内的电机制造厂主要做些装配和修理工作，生产的电机容量小，如发电机的容量不超过 200kW，电动机不超过 230kW，变压器不超过 2000kV · A。建国以后，我国的电机制造工业加大了自行实验研究和自行设计的力度，60 多年来我们已经建立了自己的电机工业体系，现在已经有了统一的国家标准和统一的产品系列。我国生产的各种类型的电机不仅能满足国民经济各部门的需要，而且很多产品已经达到世界先进水平。

电动机拖动生产机械的运动称为电力拖动(或称为电气传动)，电力拖动系统一般由控制设备、电动机、传动机构、生产机械和电源五个部分组成，它们之间的关系如图 0-1 所示。

关于应用电动机拖动生产机械的电力拖动技术，其发展也是有个过程的。最初电动机拖动生产机械是以一台电动机拖动多台设备，或一台设备上的多个运动部件由一台电动机拖

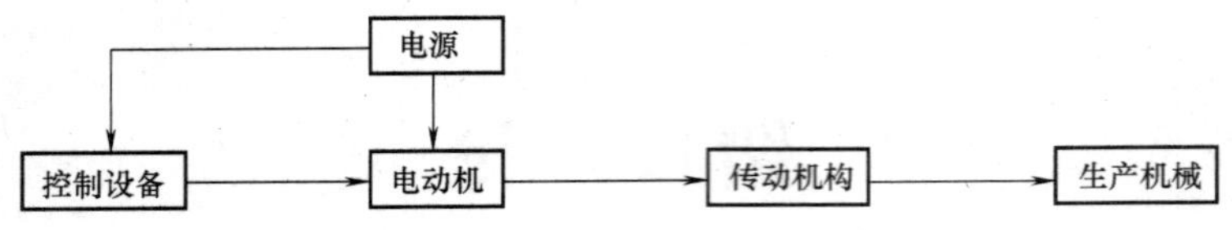

图 0-1　电力拖动系统的组成

动，称为集中拖动。这种拖动方式的能量损耗大，生产效率低，劳动条件差，而且容易出事故。一旦电动机发生故障，成组的生产机械将停车，甚至导致整个车间的生产停顿。

从 20 世纪 20 年代起，开始采用由一台电动机拖动一台生产机械的系统，称为单电动机拖动系统。与成组拖动相比，它省去了大量的中间传动机构，使传动结构大大简化，提高了传动效率，增强了灵活性。由于电动机与生产机械在结构上配合密切，因而可以更好地满足生产机械的要求。

随着生产技术的发展和生产规模的扩大，制造出了各种大型的复杂机械设备，在一台生产机械上就具有多个工作机构，同时运动的形式也相应增多，这时如果仍由一台电动机拖动，则生产机械内部的传动机构就会变得异常复杂。因此，从 20 世纪 30 年代起开始发展采用多台电动机的拖动系统，即一台生产机械中的每个工作机构分别由一台电动机拖动，这样不仅大大简化了生产机械的机械结构，而且可以使每一工作机构各自采用最合适的运动速度，进一步提高了生产效率。目前较大型的生产机械，如摇臂钻床、铣床等，都是采用多电动机拖动系统。

生产的发展对拖动系统又提出了更高的要求，如要求提高加工的精度和工作的速度，要求快速起动、制动和逆转，实现很宽范围内的调速及整个生产过程的自动化等，这就需要有一整套自动控制设备组成自动化的电力拖动系统。而这些高要求的拖动系统随着自动控制理论的不断发展，半导体器件和电力电子技术的应用，以及数控技术和计算机控制技术的发展与采用，正在不断地得到完善和提高。

综上所述，电力拖动技术发展至今，具有许多其他拖动方式无法比拟的优点。生产机械的起动、制动、反转和调速控制简单、方便、快速且高效；电动机的类型多，且具有各种不同的运行特性，可以满足各种类型生产机械的要求；整个系统各参数的检测和信号的变换与传送方便，易于实现最优控制。因此，电力拖动已成为国民经济电气自动化的基础。

2. 电机及电气控制技术在国民经济中的作用

电能是国民经济各部门中应用最广泛的能源。而电能的生产、传输、分配和使用都必须通过电机来实现。在电力工业中，电机是发电厂和变电所的主要设备。机械、冶金、石油化工、纺织和建材等企业中的各种生产机械都广泛采用不同规格的电动机来拖动，如一个现代化工厂中大约需要几百至几万台电动机。交通运输业中电力机车的牵引，现代农业中的电力排灌、播种、收割、农副产品的加工，电动机都是不可缺少的动力机械。在医疗器械、家庭电器的驱动设备中，同样离不开各种各样的电动机。电机是国民经济和人民生活中应用最广泛的机械，也是最主要的用电设备。

随着科学技术的高速发展，工业、农业、国防及航天设施的自动化程度越来越高，常用各种控制电机作为执行、检测、放大和运算设备。这一类电机品种繁多，精度要求高，如雷达的自动定位，人造卫星发射和飞行的控制，电梯的自动选层与显示，计算机外围设备、机器人和音像设备均需应用大量的控制电机。可见，电机是生产过程自动化的重要前提，在国

民经济各个领域和日常生活中都起着十分重要的作用。可以说电机是自动化的心脏，任何一个国家都离不开电机工业的发展。

不同产品的生产工艺和精度不同，常需要生产机械具有不同的速度，这就要求对拖动生产机械的电动机进行控制。控制的方法很多，有电气的、液压的、气动的、机械的或它们之间配合使用，但以电气控制技术尤为普遍。

随着科学技术的迅速发展，对生产工艺的要求也越来越高，这就对电气控制技术提出了更高的要求。控制方法从手动控制到自动控制，功能从简单到复杂，控制技术从单机到群控，操作由笨重到轻便，从而推动了生产技术的不断更新和高速发展。

3. 本课程的性质、任务、教学目标及内容

“电机及电气控制”是将电机学、电力拖动和继电器—接触器控制技术有机结合起来的一门课程。它是电气自动化技术、机电一体化技术、供用电技术等专业的一门主要职业技术基础课。

它既是研究电机及电气控制系统基础理论的学科，又可以作为一门独立的技术应用课，直接为工农业生产服务。本课程的理论性与实践性都很强，本课程主要任务是使学生掌握各种电机的基本结构、工作原理及应用，会独立分析电力拖动系统各种运行状态，掌握有关计算方法，能合理地选择使用电动机和低压电器，初步学会电动机故障排除及维修方法，电动机控制电路的安装与调试和典型机床控制电路的分析与故障排除。为后续课程“可编程控制器应用技术”、“自动控制原理与系统”等职业核心课程打好初步基础，为从事专业技术工作做好基本培养和锻炼。

通过本课程的教学，应达到下列教学目标：

1）了解变压器的基本结构、工作原理、运行特性、实验方法和操作技能。

2）了解各种典型电机的基本结构，掌握各种常用电机的工作原理、运行特性、实验方法和操作技能。

3）掌握各种低压电器的结构、工作原理、用途及型号参数，初步达到能正确使用和选用的目的。

4）熟练掌握电气控制电路基本环节的分析方法，掌握各种控制电路的特点及控制规律，具备阅读和分析电气控制电路的能力。

5）掌握典型机床电气控制电路的分析方法，加深对电气控制系统中机械控制、液压控制、电气控制以及它们之间关系的理解。

6）具有对电气控制系统故障分析与解决的初步能力。

本课程的主要内容包括变压器技术、异步电动机技术、直流电机和控制电机技术、低压电器的认识与测试、电动机基本控制电路的安装与调试以及典型机床电气控制电路分析与故障排除，六大模块共21个项目。

模块一 变压器技术

知识目标：1. 熟悉变压器的结构、型号及技术参数。
　　　　　2. 掌握变压器的工作原理及应用。
能力目标：1. 能正确选择和使用变压器。
　　　　　2. 具有变压器的运行和维护的能力。

变压器是通过磁路耦合作用传输交流电能和信号的变压变流设备，广泛应用于电力系统和电子电路中。

在输电方面，可以利用变压器提高输电电压。在输送相同电能的情况下，这不仅可以减小输电线的截面积，节省材料，同时还可以减少线路损耗。因此交流输电都是用变压器将发电机发出的电压升高后再输送。

在用电方面，为了保证安全和符合用电设备的电压要求，还需要利用变压器将电压降低。

在电子电路中，除常用的电源变压器外，变压器还用来耦合或隔离电路，传递信号和实现阻抗匹配等。

另外还有用于电焊、电炉及整流用的专用变压器、自耦变压器、互感器等。变压器用途十分广泛，种类也十分繁多。一个小容量的变压器可能仅有几伏安，而大容量的变压器可达数十万伏安；电压低的仅有几伏，而高的可达数十万伏。虽然变压器结构各异，应用场合不同，但基本原理是相同的。

项目一　变压器的认识

一、项目导入

变压器是根据电磁感应原理，将一种等级电压交流电能转变为同频率的另一等级电压交流电能的静止电气设备。本项目在对变压器结构、工作原理、型号及技术参数介绍的基础上，进行单相变压器的拆装实训和变压器电压比实验。

二、相关知识

（一）变压器的结构

变压器的种类繁多，结构各有特点，但铁心和绕组是组成变压器的两个主要部分。下面以三相油浸式双绕组电力变压器为例，如图 1-1 所示，简要介绍变压器的结构。

1. 铁心

为了减少交变磁通在铁心中引起的磁滞损耗和涡流损耗（合称铁耗），低于数百赫运行的变压器铁心是由 0.30～0.35mm 厚的硅钢片叠压而成，硅钢片具有低成本、低损耗和高导磁性（磁通密度为 1.0～1.5T）的特点。硅钢片两面都涂有绝缘漆，采用交叠式装配方式，如图 1-2 所示。这种相邻层交叠排列的方式，可以使各层硅钢片交接缝错开，从而减小叠装间隙，减小励磁电流。

当前，大量采用高导磁性、低损耗的冷轧硅钢片作铁心。因其在轧制方向上导磁性能高，为此采用斜切角条片，叠成斜接缝的交叠装配方法，如图 1-3 所示。

变压器铁心由铁心柱和铁轭两部分组成。在铁心柱上套置一、二次绕组，铁轭是构成交变磁通闭合磁路必不可少的部分。

从图中可见，为了充分利用绕组内圆空间，大型变压器铁心柱截面为阶梯形状，容量越大的变压器阶梯数越多；铁轭截面常有矩形、阶梯形和 T 形。小型变压器铁心截面可以是矩形或方形。

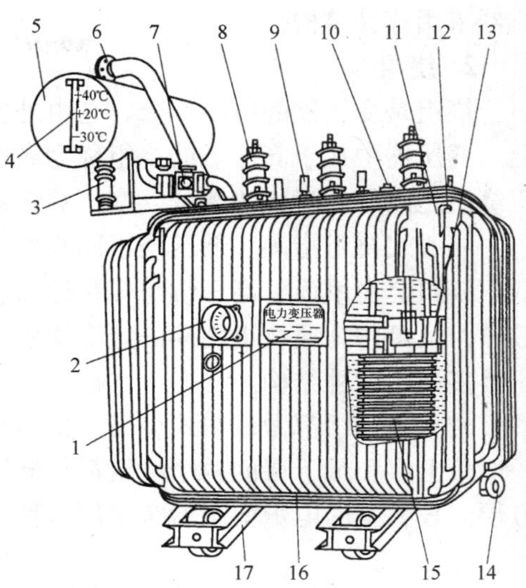

图 1-1　三相油浸式双绕组电力变压器
1—铭牌　2—信号式温度计　3—吸湿器　4—油表　5—储油柜　6—安全气道　7—气体继电器　8—高压套管　9—低压套管　10—分接开关　11—油箱　12—变压器油　13—铁心　14—放油阀门　15—绕组　16—接地　17—小车

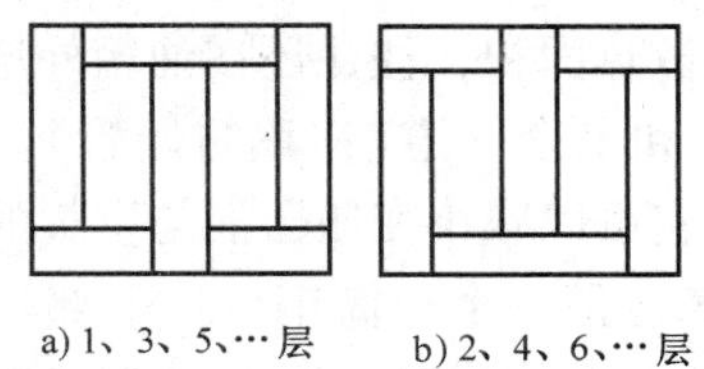

a) 1、3、5、…层　b) 2、4、6、…层

图 1-2　铁心交叠装配图

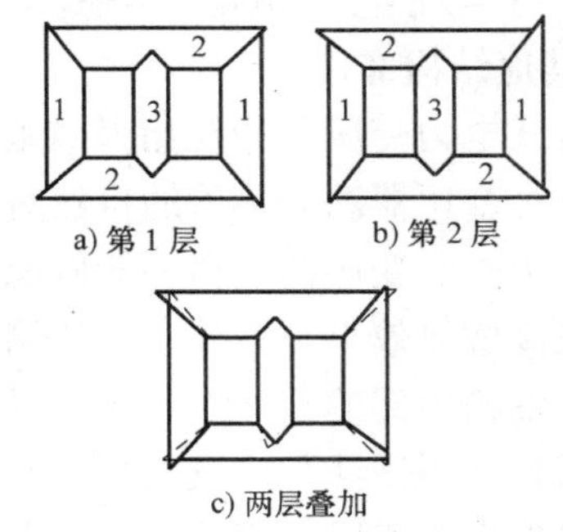

a) 第 1 层　b) 第 2 层　c) 两层叠加

图 1-3　斜接缝的交叠装配图

铁心的基本结构形式有心式和壳式两种。图 1-4 为三相心式变压器的铁心与绕组示意图。心式变压器的铁轭靠着绕组的顶面和底面，不包围绕组的侧面，结构较为简单，绕组的装配及绝缘也较容易，因此绝大部分国产变压器均采用心式结构。图 1-5 为单相壳式变压器的铁心与绕组示意图。这种铁心结构的铁轭不仅包围绕组的顶面和底面，而且包围绕组的侧面，因而制造工艺复杂，使用材料较多。目前只有容量很小的电源变

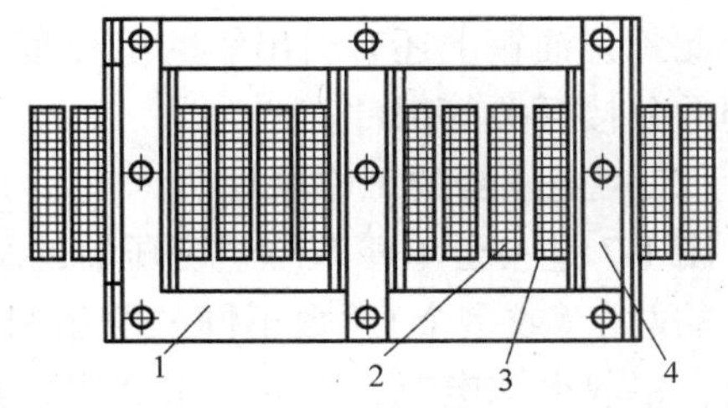

图 1-4　三相心式变压器的铁心与绕组示意图
1—铁轭　2—高压绕组　3—低压绕组　4—铁心柱

压器采用这种结构。

2. 绕组

绕组是变压器的电路部分，它由外包绝缘材料的铜或铝制导线绕制而成，套置在铁心柱上。变压器中接于高压侧的绕组称为高压绕组，接于低压侧的绕组称为低压绕组。从高、低压绕组之间的相对位置来分，变压器绕组形式可分同心式和交叠式两类。

同心式绕组指高、低压绕组同心地套在铁心柱上，如图 1-5 所示，为了便于绝缘，一般低压绕组套在里面，高压绕组套在外面。高、低压绕组之间留有间隙作为油道，既利于绕组散热，又可作为两绕组之间的绝缘使用。同心式绕组结构简单，制造方便，因此国产电力变压器多采用这种结构。

交叠式绕组都做成饼式，高、低压绕组互相交叠放置，如图 1-6 所示。为了便于绝缘，一般最上层和最下层的两个绕组都是低压绕组。交叠式绕组的漏电抗小，机械强度高，引线方便。较大型的电炉变压器常采用这种结构。

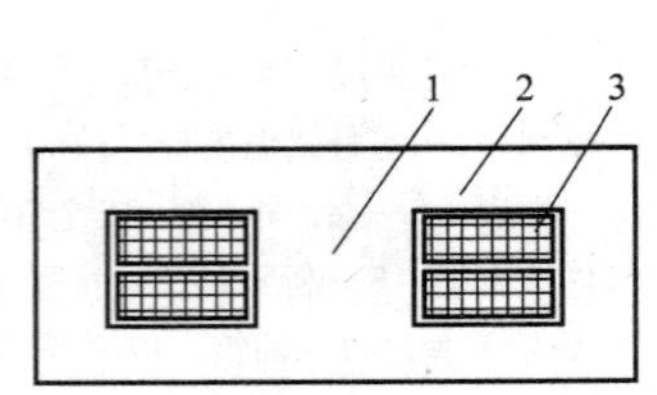

图 1-5 单相壳式变压器铁心与绕组示意图

1—铁心柱 2—铁轭 3—绕组

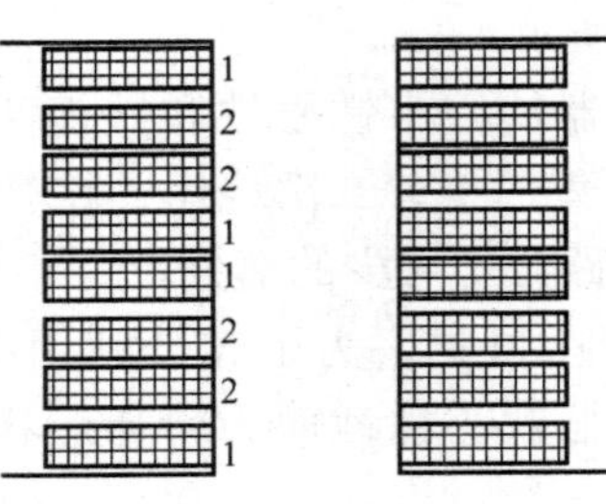

图 1-6 交叠式绕组

1—低压绕组 2—高压绕组

3. 其他结构部件

油浸式电力变压器的绕组及铁心浸在变压器油中，使用变压器油可以提高绕组绝缘强度，并通过变压器油受热后的自然对流将铁心和绕组产生的热量带到油箱壁，再由油箱壁散发到空气中去。变压器油箱一般做成椭圆状，为了增大散热面积，往往还在油箱外增设散热管，以提高散热效果。另外，在油箱盖上还装有储油柜和安全气道（俗称防爆管）。储油柜是固定在油箱顶部的圆筒形容器，以管道与油箱连通，它可以减小变压器油与空气的接触面积，以减轻变压器油与空气接触后的老化变质。安全气道是一个长筒钢管，下部与油箱连通，上部出口处盖以玻璃或酚醛纸板，当变压器发生较严重故障时，油箱内会产生大量气体，其迅速上升的压力可以冲破安全气道出口处的盖板，从而释放气体压力，达到保护变压器主体的目的。

此外，油箱上还有引出线的绝缘套管、发生事故时报警的气体继电器和调节一次绕组匝数用的分接开关等部件。

（二）变压器的工作原理

图 1-7 是一台单相双绕组变压器的结构示意图。它由硅钢片组成的闭合铁心和环绕在铁心上的两个（或多个）匝数不同的绕组组成。其中一个绕组与电源相接，其电压由电源电压决定，接收电源电能，称为一次绕组，其匝数用 N_1 表示；另一个绕组与负载相接，其电压由变压器绕组匝数决定，并向负载提供电能，称为二次绕组，其匝数用 N_2 表示。

当交流电压 u_1 加到一次绕组上时，交流电流 i_1 便流入一次绕组，一次绕组在铁心中产生

交变主磁通 Φ，主磁通 Φ 被限制在铁心所提供的磁路之中，并沿磁路闭合，主磁通 Φ 同时交链了一次绕组和二次绕组，并在一、二次绕组中引起感应电动势 e_1 和 e_2，其电路连接与磁路原理如图 1－8 所示。

根据电磁感应定律和右手螺旋定则，规定感应电动势和交变主磁通 Φ 的正方向如图 1-8 中所示方向时，有：

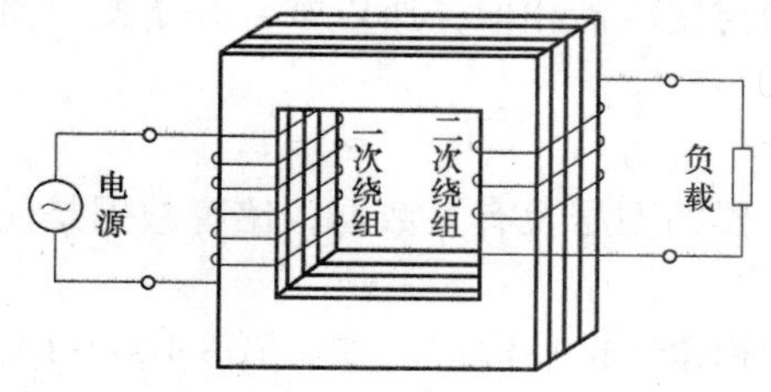

图 1-7　单相双绕组变压器结构示意图

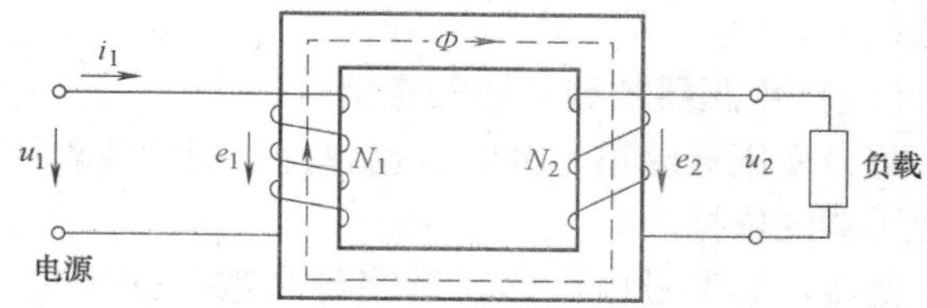

图 1-8　单相双绕组变压器的电路与磁路

一次侧感应电动势为

$$e_1 = -N_1\frac{\mathrm{d}\Phi}{\mathrm{d}t} \tag{1-1}$$

二次侧感应电动势为

$$e_2 = -N_2\frac{\mathrm{d}\Phi}{\mathrm{d}t} \tag{1-2}$$

式中，N_1 和 N_2 分别为一、二次绕组匝数。

若二次绕组与负载接通，则电动势 e_2 在二次侧闭合电路内引起电流 i_2，i_2 在负载上的电压降即是变压器二次电压 u_2。这样，电源送入变压器一次侧的电能 u_1i_1 通过一、二次绕组磁耦合的联系，使负载上获得了电能 u_2i_2。从而实现了能量的传输。

显然，一、二次感应电动势 e_1、e_2 之比等于一、二次绕组匝数 N_1、N_2 之比，即

$$\frac{e_1}{e_2}=\frac{N_1}{N_2} \tag{1-3}$$

为了表示变压器的这种特性，引入变压器电压比 K 的概念。K 的大小可由下式计算：

$$K=\frac{e_1}{e_2}=\frac{N_1}{N_2} \tag{1-4}$$

由于，变压器一、二次感应电动势 e_1、e_2 与一、二次电压 u_1、u_2 的大小非常接近，因此 $K=N_1/N_2\approx u_1/u_2$。可见，当电源电压 u_1 确定时，若改变匝数比 N_1/N_2，则可以获得不同数值的二次电压，以达到变压的目的。

显然 $N_1>N_2$ 时，$K>1$、$u_1>u_2$，此时变压器为降压变压器，反之为升压变压器。这种利用一、二次绕组匝数比变化而改变二次电压数值的原理，称为变压器的“变压”原理。

（三）变压器的分类

变压器按用途分，有电力变压器和特种变压器；按绕组数目分，有单绕组（自耦）变压器、双绕组变压器、三绕组变压器和多绕组变压器；按相数分，有单相变压器、三相变压器和多相变压器；按铁心结构分，有心式变压器和壳式变压器；按调压方式分，有无励磁调压变压器和有载调压变压器，按冷却介质和冷却方式分，有干式变压器、油浸式变压器和充气式变压器。

在电力系统中用来传输和分配电能的一大类变压器，统称为电力变压器。电力变压器根据其使用特点不同，可分为升压变压器、降压变压器、配电变压器、联络变压器和厂用电变

压器等。

特种变压器中的一类是用来获得工业生产中有特殊要求的电源，如整流变压器、电炉变压器、试验变压器（获得试验用高电压或可调电压）、中频变压器（1000～8000Hz 交流系统中使用的变压器）和电焊变压器等。特种变压器的另一类是特殊用途或专门用途的变压器，如电子、电信、自控系统使用的电源变压器，阻抗匹配变压器和脉冲变压器等。由于电流互感器、电压互感器、调压器和电抗器的基本原理和结构与变压器相似，所以常合并于变压器产品之中。

（四）变压器的型号和额定值

每台变压器油箱上都装有铭牌，上面标注着该变压器的型号及有关数据，铭牌数据是使用变压器的依据。

变压器的型号由汉语拼音字母和数字按确定的顺序组合起来构成。如：SL—1000/10，S 表示三相；L 表示铝线；1000 表示额定容量为 1000kV · A；10 表示高压侧额定电压为 10kV。

变压器的铭牌数据有以下几种。

1. 额定容量 S_N

S_N 指变压器的视在功率，单位为 V · A、kV · A 或 MV · A。对于双绕组电力变压器，其一、二次绕组的设计容量是相同的，所以 $S_N = S_{1N} = S_{2N}$。对于三相变压器，S_N 是指三相总容量。

2. 额定电压 U_{1N}、U_{2N}

U_{1N}指电源施加到一次绕组的额定电压；U_{2N} 指当一次绕组加 U_{1N}时，二次绕组开路（空载）时的二次绕组电压。对于三相变压器，额定电压是指线电压，额定电压的单位为 V 或 kV。

3. 额定电流 I_{1N}、I_{2N}

变压器的额定电流是变压器额定容量 S_N 除以一、二次额定电压（U_{1N}或 U_{2N}）所计算出来的值（I_{1N}或 I_{2N}），单位为 A 或 kA。对于三相变压器，额定电流指线电流。

对于单相变压器
$$\begin{cases} I_{1N} = \dfrac{S_N}{U_{1N}} \\ I_{2N} = \dfrac{S_N}{U_{2N}} \end{cases} \tag{1-5}$$

对于三相变压器
$$\begin{cases} I_{1N} = \dfrac{S_N}{\sqrt{3}U_{1N}} \\ I_{2N} = \dfrac{S_N}{\sqrt{3}U_{2N}} \end{cases} \tag{1-6}$$

变压器实际运行时，其运行的容量往往与额定容量不同，即变压器运行时二次电流 I_2 就不一定是额定电流 I_{2N}，当二次电流达到额定值时，变压器称为带额定负载运行。

4. 额定频率 f_N

我国规定供电的工业频率为 50Hz。因此，电力变压器的额定频率均为 50Hz。

三、项目实施

（一）变压器的拆装

1. 变压器拆除前数据的记录及重绕数据的计算及确定

(1) 实训目的

1) 掌握变压器拆除前记录数据的目的。

2) 掌握重绕数据的计算及确定方法。

3) 了解变压器的结构及工作原理。

(2) 预习要点

1) 变压器的工作原理。

2) 变压器的技术参数。

3) 了解单相变压器与三相变压器重绕的相同与不同之处。

(3) 实训内容　变压器拆除前的数据记录。

(4) 实训设备　单相变压器。

(5) 实训方法及实训步骤　拆除变压器，并将变压器的有关原始数据记录下来，以便正确选择导线和绝缘材料，制作线模，确保重绕后的变压器技术性能达到该变压器原先的水平。

变压器相关参数：一次额定电压为220V；一次额定电流为0.45A；二次额定电压为55V；二次额定电流为1.82A；额定容量为100V·A；额定频率为50Hz；变压器效率为$\eta=90\%$。

2. 变压器线圈的拆除

(1) 实训目的　掌握变压器线圈的拆除方法。

(2) 预习要点　变压器线圈拆除时应该注意的工艺问题。

(3) 实训内容　单相变压器线圈的拆除。

(4) 实训设备

1) 单相变压器。

2) 电工工具。

3) 手摇式电子计数绕线机。

(5) 实训方法及实训步骤

1) 拆除固定在变压器上的四颗螺钉，拿下固定钢片，一片一片地拆下硅钢片。

2) 如果线圈是绕在线模上的，则可以用绕线机来拆除，这样可大大提高拆线速度。在拆除过程中可用螺钉旋具将导线拉直(用螺钉旋具在漆包线上打一个环用力拉导线或螺钉旋具,可将漆包线拉直)。

3) 变压器绝缘纸是用胶水粘住的，拆除时要认真仔细，尽量不要损坏，以便再次使用。变压器一、二次侧及屏蔽层拆除时要把每个线圈分别放置以免混乱。把拆下来的线圈归类放好，以便绕线时再次使用。

4) 线圈拆除后可将焊接片与漆包线一起存放。

5) 记录硅钢片数量并将其按顺序堆放好。

6) 绝缘纸是变压器的一部分，也应将其存放好，避免出现断裂现象。

3. 变压器线圈绕线

(1) 实训目的

1) 掌握手摇式电子计数绕线机的使用方法。

2）掌握使用绕线机绕制变压器线圈的方法。

（2）预习要点

1）绕线机的使用方法。

2）变压器的绕线方法和绕线工艺。

（3）实训内容　完成变压器一、二次绕组及屏蔽层的重绕。

（4）实训设备

1）变压器。

2）电工工具。

3）手摇式电子计数绕线机。

（5）实训方法及实训步骤　线圈绕制的要求是：绕线要紧，即外层要紧压在内层上，绕完后仍应保持方形；绕线要密，即同层相邻两根导线之间不得有空隙；绕线要平，即每层导线应排列整齐，同层相邻导线严禁重叠。

1）将变压器线圈骨架固定在绕线机上，将拆除带插片的线圈一头插入变压器支架中按顺序绕制。

2）绕线的要领：绕线时导线要紧靠边框板，不留出空间。绕线时持线手应将导线逆着绕线前进方向向后拉约5°左右，并且随着绕线前进方向逐渐移动手的位置，持线的拉力要适当，不要用力过猛。

3）绕线顺序：按一次绕组、屏蔽层、二次绕组顺序，各绕组间都是衬垫绝缘。最后包好整个绕组，以保证对铁心的绝缘。

4）做好引出线。每个线圈绕制最后几匝时，要做好引出线，可利用原导线接上焊接片作引出线。

5）将变压器线轴从绕线机上拆下放置好。

4. 变压器的组装

（1）实训目的　掌握变压器的组装方法。

（2）预习要点　变压器的组装和拆除互为逆过程，预习组装过程中应注意的事项。

（3）实训内容　完成变压器组装过程。

（4）实训设备

1）变压器部件。

2）电工工具。

（5）实训方法及实训步骤

1）硅钢片的镶嵌：镶嵌硅钢片时要把E形片从线包一边一片一片对镶。镶嵌硅钢片到最后时要紧，可用其中一硅钢片将其他硅钢片顶入，插入后用木锤轻轻敲打，最后将一字形硅钢片按顺序插入到E形片空缺处。当线包偏大时，切记不可硬行插片，可将线包套上一定硬物，用两块木板夹住线包两侧，放在一平台上轻轻地将它锤扁一些再镶片。镶片完毕后，把变压器放在平台上，用木锤将硅钢片敲打平整，硅钢片接口间不能留有空隙。

2）用螺钉及夹板固定变压器铁心。变压器铁心结构如图1-9所示。

（二）变压器电压比试验

（1）实验目的

1）掌握单相变压器电压比的测量方法。

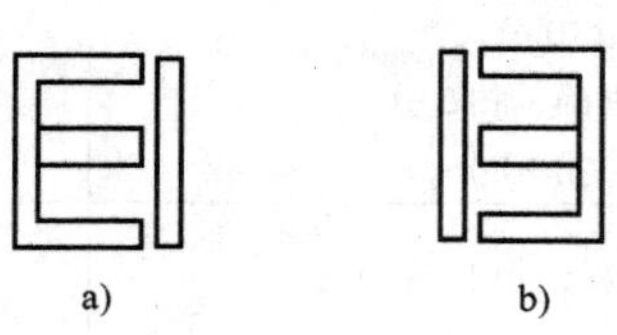

图 1-9 变压器铁心结构

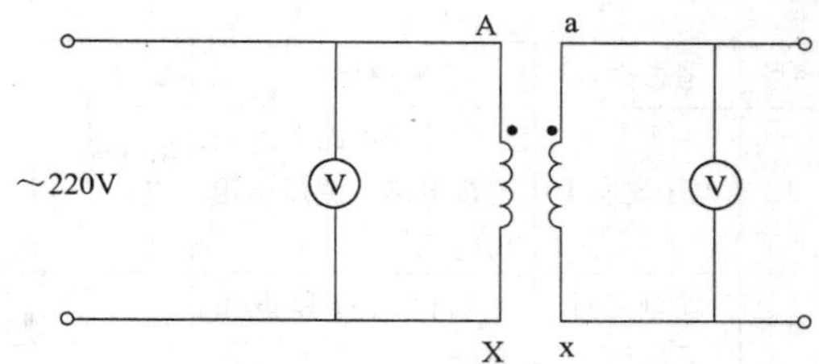

图 1-10 变压器变比实验

2）掌握单相变压器电压比的计算方法。

（2）预习要点

1）根据电压、电流计算单相变压器电压比的公式。

2）电压比在电路参数计算中的作用。

（3）实验内容 单相变压器一、二次电压的测量。

（4）实验设备

1）220V 交流电源和电压表。

2）单相变压器。

（5）实验方法及实验步骤

1）按图 1-10 接线，变压器一次侧接入交流电源，并在一次侧并联交流电压表，变压器二次侧开路。

2）按下起动按钮接通交流电源，再用交流电压表测量变压器二次电压。记录此时交流电压表读数于表 1-1 中。

（6）实验报告 根据公式 $K=U_1/U_2$（U_1为一次电压，U_2为二次电压），计算变压器电压比。完成表 1-1。

表 1-1 变压器变化的计算

U_1/V	U_2/V	K

（三）考核与评价

项目考核内容与考核标准见表 1-2。

表 1-2 项目考核内容与考核标准

序号	考核内容	考核要求	配分	评分标准	得分
1	拆卸、装配	能正确拆卸、组装变压器	40	1）拆卸和装配方法及步骤不正确，每次扣 5 分 2）拆装不熟练，扣 5 分 3）丢失零部件，每件扣 10 分 4）拆卸后不能组装，扣 10 分 5）损坏零部件，扣 10 分	
2	检查、校验	能正确检查、校验变压器	20	1）丢失或漏装零部件，扣 5 分 2）装配后绝缘电阻太小，扣 5 分 3）装配后出现断路，扣 5 分 4）校验方法不正确，扣 5 分 5）校验结果不正确，扣 5 分	

（续）

序号	考核内容	考核要求	配分	评分标准	得分
3	电压比实训	能按照电路图正确连接电路，测量出输出电压	20	1）电路连接错误，扣10分 2）输出电压测量不准确，扣5分 3）电压比计算错误，扣10分	
4	安全文明操作	确保人身和设备安全	20	违反安全文明操作规程，扣10～20分	
备注		合　计			
		教师评价	年　月　日		

四、知识拓展

（一）变压器的电流变换作用

在空载或负载下，磁通 Φ_m 基本不变，因此，空载时的磁动势 $N_1\dot{I}_0$ 和负载状态下铁心中的合成磁动势 $(N_1\dot{I}_1+N_2\dot{I}_2)$ 应近似相等。即

$$N_1\dot{I}_0=N_1\dot{I}_1+N_2\dot{I}_2 \tag{1-7}$$

$$\dot{I}_1=\dot{I}_0+\left(-\frac{N_2}{N_1}\dot{I}_2\right)=\dot{I}_0+\dot{I}_2' \tag{1-8}$$

在额定状态下可以将 $\dot{I}_0$ 忽略不计，则有

$$\dot{I}_1=\dot{I}_2'=-\frac{N_2}{N_1}\dot{I}_2 \tag{1-9}$$

其有效值表示式为

$$I_1\approx\frac{N_2}{N_1}I_2\approx\frac{1}{K}I_2 \tag{1-10}$$

（二）变压器的阻抗变换作用

$$|Z_1|=\frac{U_1}{I_1}=\frac{\frac{N_1}{N_2}}{\frac{N_2}{N_1}}\cdot\frac{U_2}{I_2}=\left(\frac{N_1}{N_2}\right)^2\frac{U_2}{I_2}=K^2|Z_2| \tag{1-11}$$

通过阻抗变换，可以使电路达到匹配状态，这常用在电子电路中。

五、项目小结

变压器是使用最为广泛的电磁元件之一。它的工作原理主要建立在电磁感应和磁动势平衡这两个关系的基础上，它的基础理论可以推广到交流电机中，因此应重点掌握。

从基本结构上看，变压器由绕组、铁心和其他辅助设备构成。变压器的两个互相绝缘且匝数不同的绕组称为一、二次绕组，这两个绕组通过同一铁心磁路交链同一主磁通。

从基本原理上看，一、二次绕组电路通过电磁耦合关系联系起来，因此，既有磁路问题，又有电路问题。在运行中既要保持磁动势平衡关系，又要保持电压平衡关系。变压器工

作原理的分析就是在这两个基本关系的基础上进行的。

从基本功能上看，变压器的一次绕组接电源，二次绕组接负载。由于变压器的一、二次绕组匝数不同，因此可将一种电压等级(如电源电压)转换为同频率的另一种电压等级(如负载需要的电压)。同样变压器还能实现改变电流等级和变换阻抗的功能。

项目二　三相变压器联结组标号的判定

一、项目导入

目前，我国低压供配电系统中，广泛采用三相电源供电，所以三相变压器得到了广泛应用。本项目在对三相变压器绕组的连接方式和变压器联接组标号介绍的基础上，通过案例分析三相变压器联接组标号的判断方法。

二、相关知识

三相变压器在电路上有三个一次绕组接 A、B、C 三相对称电源，有三个二次绕组接 a、b、c 三相负载；在磁路上有三个闭合的磁路，完成一次侧到二次侧的电磁耦合，实现三相电能的传输，如图 1-11 所示。电力系统采用三相制，因此均使用三相变压器。

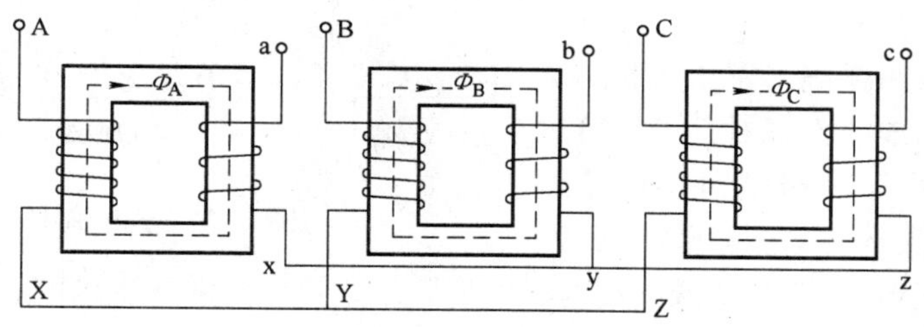

图 1-11　三相变压器组

三相变压器均在对称条件下运行，各相间电压、电流大小相等，相位互差 120°，因此可以把三相变压器看成三个单相变压器的组合。这样在分析计算时，只需任取其中的一相进行分析研究即可。

（一）三相变压器的磁路系统

根据磁路结构不同，可把三相变压器磁路系统分为两类：一类是三相磁路彼此独立的三相变压器组；另一类是三相磁路彼此相关的三相心式变压器。

三相变压器组由三个完全相同的单相变压器组成，其每相主磁通各有自己的磁路，彼此相互独立。这种三相变压器组由于结构松散、使用不便，因此只有大容量的巨型变压器为便于运输和减少备用容量时才使用。一般情况下，不采用这类变压器。

三相心式变压器相当于三个单相心式铁心合在一起。由于三相绕组接对称电源，三相电流对称，三相主磁通也对称，故满足 $\dot{\Phi}_A+\dot{\Phi}_B+\dot{\Phi}_C=0$。这样中间铁心柱无磁通通过，便可省去，为减少体积和便于制造，常将铁心柱做在同一平面内，常用的三相心式变压器都采用这种结构。

心式变压器三相磁路长度不等，中间磁路略短，所以中间相励磁电流较小，故励磁电流稍不对称。但由于励磁电流本身较小，励磁电流的稍不对称对变压器的负载运行影响非常小，可以忽略不计。与三相变压器组相比，三相心式变压器耗材少，价格低，占地面积小，维护方便，因而应用广泛。我国电力系统中使用的多为三相心式变压器。

（二）三相变压器的联结组标号

三相心式变压器的每个铁心柱上均套制一个高压绕组和一个低压绕组，低压绕组在内，高压绕组在外，同心放置，三个铁心柱上共有六个绕组。电路系统与变压器的一、二次绕组的连接方式及联结组标号有关。

1. 三相变压器绕组的连接方式

通常三相变压器高压绕组首端用 A、B、C（或 U_1、V_1、W_1）表示，末端用 X、Y、Z（或 U_2、V_2、W_2）表示；低压绕组首端用 a、b、c（或 u_1、v_1、w_1）表示，末端用 x、y、z（或 u_2、v_2、w_2）表示。

变压器的三相绕组，不论是一次侧还是二次侧，常有星形和三角形两种连接方法。星形联结是将三个首端引出，三个末端连在一起作为中性点，用 Y（或 y）表示；三角形联结是把一相绕组的尾端和另一相绕组的首端顺次相连，构成闭合回路，引出线从首端 A、B、C 引出，用 D（或 d）表示，如图 1-12 所示。

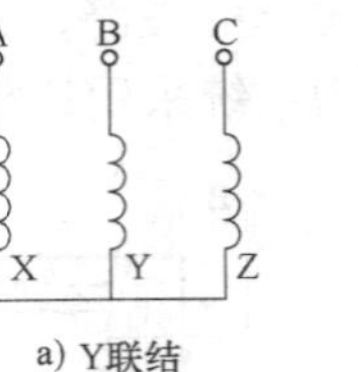

a) Y联结

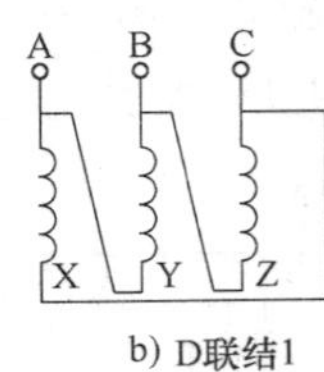

b) D联结1

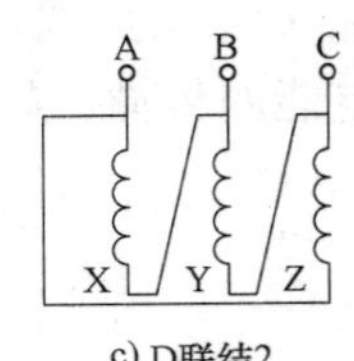

c) D联结2

图 1-12 三相绕组的连接

如果星形联结的中性点向外引出，则高压侧用 YN 表示，低压侧用 yn 表示。如 YNd 表示高压侧绕组星形联结，并中性点向外引出，低压侧绕组三角形联结。

变压器绕组的连接方式对其工作特性有较大的影响，如 Yyn 联结可在低压侧实现三相四线制供电；YNd 联结可以实现高压侧中性点接地；Yd 联结低压侧为三角形联结，可以削弱 3 次谐波，对运行有利等。

2. 变压器的联结组标号

变压器一、二次侧的三相绕组，可以采用各自的连接方法，组合后的高、低压侧对应线电压间（如 u_{AB} 与 u_{ab}）可能产生相位差。也就是说变压器在改变电压、电流大小的同时，还可能改变电压的相位。变压器一、二次侧相位关系是用其联结组标号来表示的。另外，若要使两台以上电力变压器并联运行，则其联结组标号必须相同。联结组标号标注在变压器铭牌上。

（1）变压器一、二次绕组电动势的相位关系　放置在同一铁心柱上的一、二次绕组，其感应电动势的相位关系可通过同名端来体现。通常在端点旁边打“·”做标记，打“·”的两个端为同名端，另两个不打“·”的也是同名端。

（2）三相变压器联结组的时钟表示法　变压器的联结组采用时钟表示法。所谓时钟表示法，就是把高压侧的电压相量看作时钟的长针（分针），并固定地指向 0 点（12 点）；将低压侧的电压相量看作时钟的短针（时针），短针所指的钟点数，称为变压器的标号（组别）。

三相变压器各相的高、低压绕组的电压相位可能同相或反相，并且三相绕组又可能接成星形或三角形。这样，三相变压器高、低压侧对应线电压的相位差总是 30°的整数倍。

如某变压器联结组标号为 Yd11，表示该变压器的高压侧绕组为星形联结，低压侧绕组为三角形联结，低压侧线电压滞后高压侧对应线电压的相位差是 $11\times30°=330°$，用时钟表

示法表示时，低压侧电压相量指向时钟的 11 点。

按上述规定，三相变压器联结组有 0、1、2、…、11，共 12 种标号，每相邻两标号间相量的相位差为 30°，与时钟表盘上的钟点数相一致。

新标准规定，将变压器高、低压侧的两个线电压三角形的中性点人为重合（对三角形联结，则采用三角形的虚拟中心），取高压侧某相线端（如 A 端）与中性点间的相电压相量作为时钟的长针（分针）并固定指向 0 点（12 点），取低压侧对应相线端（如 a 端）与中性点间的相电压相量作为时钟的短针（时针），短针落后于长针的角度表示对应相电压间的相位差，短针（时针）所指的钟点数就是变压器绕组的联结组标号（组别）。

（3）三相变压器联结组标号　依据上述规定和分析，画相量图可以判断三相变压器的联结组标号，或者根据相量图将具体的三相变压器绕组接成所需要的联结组标号。

变压器联结组种类很多，为制造及并联运行方便，我国规定 Yyn0、Yd11、YNd11、YNy0 和 Yy0 五种联结组标号为标准联结组。Yyn0 主要用作配电变压器，其中有中性线引出，可作为三相四线制供电，既可用作照明，也可作为动力负载，这种变压器高压侧电压不超过 35kV，低压侧电压为 400V（单相 230V）；Yd11 用在二次侧超过 400V 的线路中；YNd11 用在 110kV 以上的高压输电线路中，其高压侧可以通过中性点接地；YNy0 用于一次侧需要接地的场合；Yy0 供三相动力负载。其中前三种最为常用。

三、项目实施

（一）案例分析

【例 1-1】　已知三相变压器的接线图如图 1-13a 所示，试作出一、二次侧的电压相量图，并判别它的联结组标号。（一般接线图用电动势标注，相量图用电压标注）

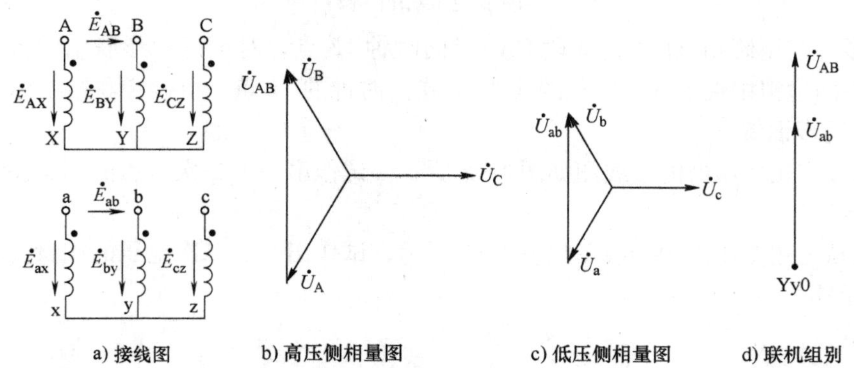

图 1-13　Yy0 联结的接线图和相量图

解： 第一步　按相序 A—B—C 画出高压绕组相电压 $\dot{U}_A$、$\dot{U}_B$ 和 $\dot{U}_C$ 的相量图，由于高压侧为星形联结，所以高压侧构成星形相量图，其相位差为 120°，如图 1-13b 所示，并确定线电压 $\dot{U}_{AB}$ 的相位。

第二步　由于 A 相高压绕组和低压绕组在同一铁心柱上，极性相同，故同一相的高压侧绕组电压 $\dot{U}_A$ 和低压绕组电压 $\dot{U}_a$ 同相位，即 $\dot{U}_A$、$\dot{U}_B$、$\dot{U}_C$ 与 $\dot{U}_a$、$\dot{U}_b$、$\dot{U}_c$ 在相量图中分别位于同一方向上。画出低压侧相电压 $\dot{U}_a$、$\dot{U}_b$ 和 $\dot{U}_c$ 相量图，如图 1-13c 所示，并确定 $\dot{U}_{ab}$ 的相位。

第三步　将 $\dot{U}_{AB}$ 作为时钟的分针，$\dot{U}_{ab}$ 作为时钟的时针，确定钟面上的时钟数为 0（12），

如图 1－13d 所示。则该变压器的联结组标号为 Yy0（或 Yy12）。

【例 1-2】 已知三相变压器的接线图如图 1-14a 所示，试作出一、二次电压相量图，并判别它的联结组标号。

解：第一步　按相序 A—B—C 画出高压绕组相电压 $\dot{U}_A$、$\dot{U}_B$ 和 $\dot{U}_C$ 的相量图，由于高压侧为星形联结，所以高压侧构成星形相量图，其相位差为 120°，如图 1-14b 所示，并确定 $\dot{U}_{AB}$的相位。

第二步　由于 A 相高压绕组和低压绕组在同一铁心柱上，极性相同，故各相的高压绕组相电压 $\dot{U}_A$、$\dot{U}_B$、$\dot{U}_C$ 和低压绕组相电压$\dot{U}_{ca}$、$\dot{U}_{ab}$、$\dot{U}_{bc}$同相位。根据二次侧三角形的实际连接顺序 a(y)、b(z)、c(x)，做低压侧线相量图，并确定线电压 $\dot{U}_{ab}$的相位，如图 1-14c 所示。

第三步　将 $\dot{U}_{AB}$作为时钟的分针，$\dot{U}_{ab}$作为时钟的时针，确定钟面上的时钟数为 11。如图 1－14d 所示。则该变压器联结组别为 Yd11。

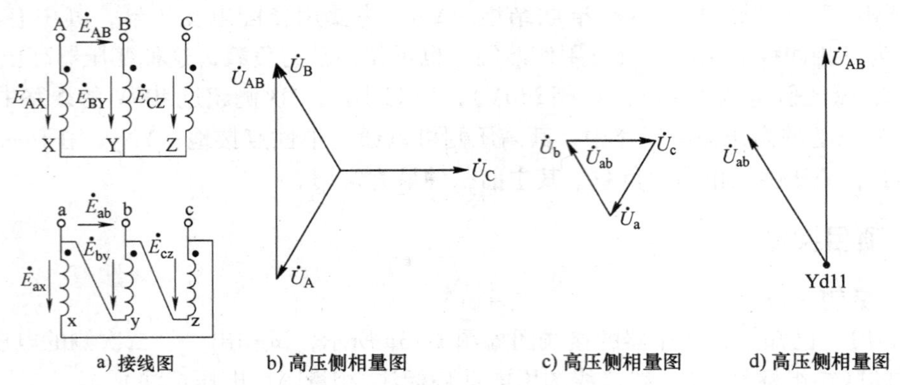

图 1-14　Yd11 联结

第四步　高压侧相电压$\dot{U}_A$（线段 OA）指向时钟 12 点，对于三角形联结的低压侧，其相量三角形中的虚拟中性点 o 到 a 点的线段 oa 指向时钟的 11 点，可确定联结组标号为 Yd11。

（二）同步训练

1）已知三相变压器的接线图如图 1-15 所示，试作出一、二次电压的相量图，并判别它的联结组标号。

2）已知三相变压器的接线图如图 1-16 所示，试作出一、二次电压的相量图，并判别它的联结组标号。

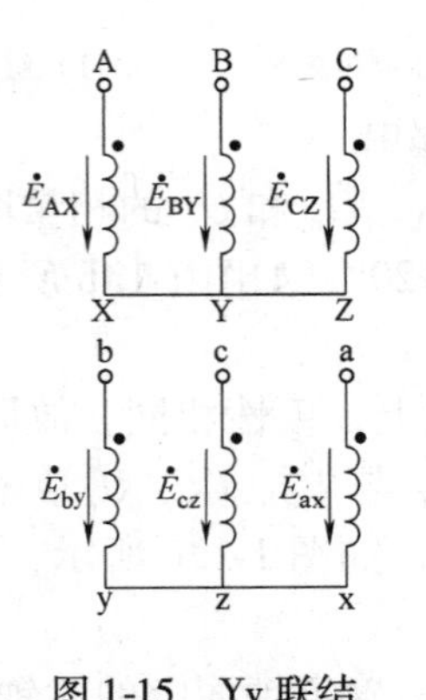

图 1-15　Yy 联结

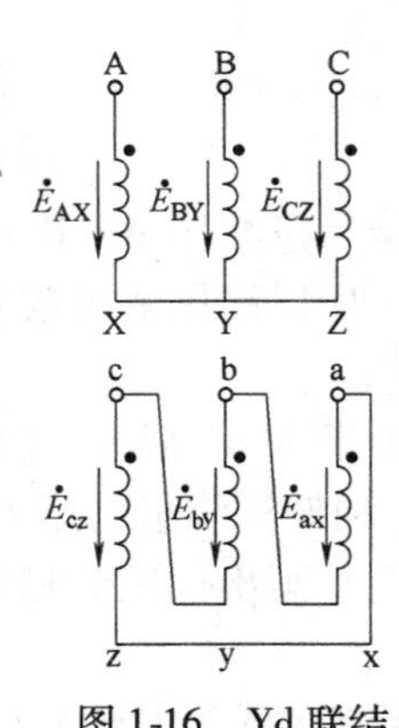

图 1-16　Yd 联结

（三）考核与评价

项目考核内容与考核标准见表1-3。

表1-3　项目考核内容与考核标准

序号	考核内容	考核要求	配分	得分
1	高压侧	能正确画出高压侧相量图	20	
2	低压侧	能正确画出低压侧相量图	30	
3	时钟数	能通过相量图确定变压器的时钟数	30	
4	联结组标号	判定出变压器的联结组标号	20	
备注			合计	
			教师评价	年　月　日

四、知识拓展——特殊变压器

（一）自耦变压器

图1-17为一双绕组变压器，其一、二次绕组匝数分别为N_1和N_2。如果将这台变压器的两个绕组按同名端串联起来，如图1-18所示，同样可以获得对电压、电流和阻抗的变换作用，这种类型的变压器称为自耦变压器。

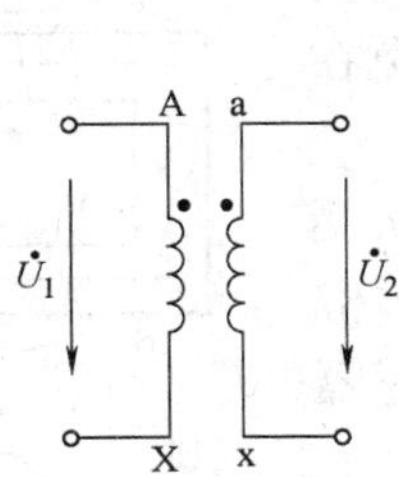

图1-17　双绕组变压器

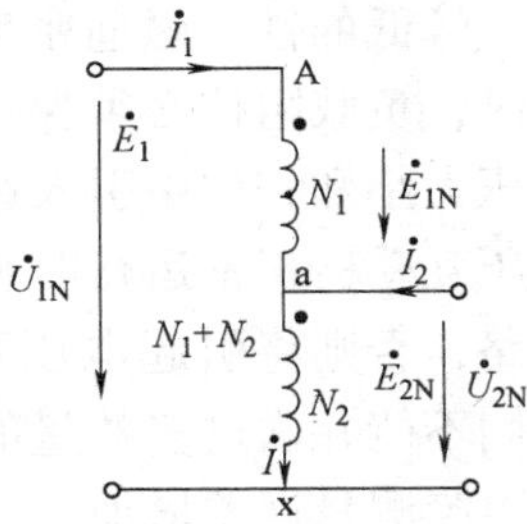

图1-18　降压自耦变压器

图1-18所示就是一台降压自耦变压器。这台自耦变压器是把一台常规的双绕组变压器按照特殊的方式连接，应该注意到，在图1-18中，绕组ax对一、二次侧是公共绕组，Aa为串联绕组。

由于变压器的电压比为

$$K=\frac{E_{1N}}{E_{2N}}=\frac{N_1}{N_2} \tag{1-12}$$

当自耦变压器一次侧接额定电压U_{1N}时，二次侧得到额定电压U_{2N}（空载电压），忽略阻抗电压降，则自耦变压器电压比为

$$K_A=\frac{E_1}{E_{2N}}=\frac{E_{1N}+E_{2N}}{E_{2N}}=\frac{N_1+N_2}{N_2}=K+1\approx\frac{U_{1N}}{U_{2N}} \tag{1-13}$$

式中，K为原双绕组变压器电压比；N_1、N_2为原双绕组变压器一、二次绕组的匝数。

根据变压器原理，自耦变压器带负载后的磁动势方程为

$$\dot{I}_1(N_1+N_2)+\dot{I}_2N_2=\dot{I}_0(N_1+N_2) \tag{1-14}$$

负载运行时忽略励磁电流$\dot{I}_0$，有

$$\dot{I}_1 = -\frac{N_2}{(N_1 + N_2)}\dot{I}_2 = -\frac{1}{K_A}\dot{I}_2 \tag{1-15}$$

$$\dot{I} = \dot{I}_1 + \dot{I}_2 = \left(1 - \frac{1}{K_A}\right)\dot{I}_2 \tag{1-16}$$

对于降压自耦变压器，有 $K_A > 1$，从式(1-16)可见，一次电流 $\dot{I}_1$ 和二次电流 $\dot{I}_2$ 相位相差为180°，在数值上 $I_2 > I_1$。

（二）仪用互感器

由于电力系统的电压范围高达几百千伏，电流可能为数十千安，这就需要将这些高电压、大电流用变压器变换为较安全的低电压、低电流等级，提供给测量仪器。测量高电压的专用变压器叫电压互感器(TV)，测量大电流的专用变压器叫电流互感器(TA)。电压互感器和电流互感器主要用于仪器测量，通过互感器使被测高电压或大电流减小，以满足测量仪表的量程。

1. 电压互感器

电压互感器原理图如图1-19所示。电压互感器的一次侧接高电压，二次侧接阻抗很大的测量仪器，所以电压互感器正常运行时相当于普通变压器的空载运行。电压互感器一次侧匝数 N_1 大，二次侧匝数 N_2 小，一次电压是二次电压的 K_u 倍，$K_u = N_1/N_2$ 为电压互感器的电压比。电压互感器将一次侧的高电压变为二次侧的低电压，为测量仪器提供被测信号或控制信号。

电压互感器的特点是：具有较大的励磁阻抗，较小的绕组电阻和漏电抗，较低的铁心磁通密度，铁心不能饱和，从而提高测量精度。同时，负载阻抗必须保持在某一最小值之上，以避免在所测量的电压大小和相位中引入过大的误差。

由于电压互感器正常运行时相当于空载运行，因此其二次侧绝不允许短路，否则将引起电压互感器二次电流过高而被烧坏。同时其二次侧不能并联过多数量的仪器，否则将导致电压互感器负载过大，引起测量误差增加。

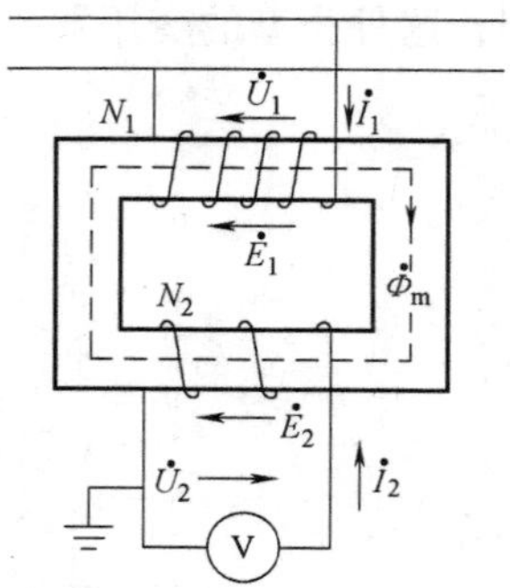

图1-19　电压互感器原理图

2. 电流互感器

电流互感器原理图如图1-20所示。电流互感器的一次绕组直接串入被测电路，因此被测电流 $\dot{I}_1$ 直接流过一次绕组，一次绕组匝数 N_1 仅有一匝或几匝，二次侧绕组匝数 N_2 较多。电流互感器的二次侧与阻抗很小的仪表(如电流表、功率表)接成闭合回路，有电流 I_2 流过，由于电流互感器二次阻抗很小，所以电流互感器正常运行时，相当于二次侧短路的变压器。

为了提高电流互感器的测量精度，使二次电流能准确反映一次电流，需要尽可能减小励磁电流，这样电流互感器就要尽量减少磁路中的气隙。选择导磁性能好的铁心材料，使电流互感器铁心的磁通密度值较低，不饱和。此时，可以认为励磁电流 I_0 忽略不计，即

$$\dot{I}_1 = \frac{N_2}{N_1}\dot{I}_2 = K_i\dot{I}_2 \tag{1-17}$$

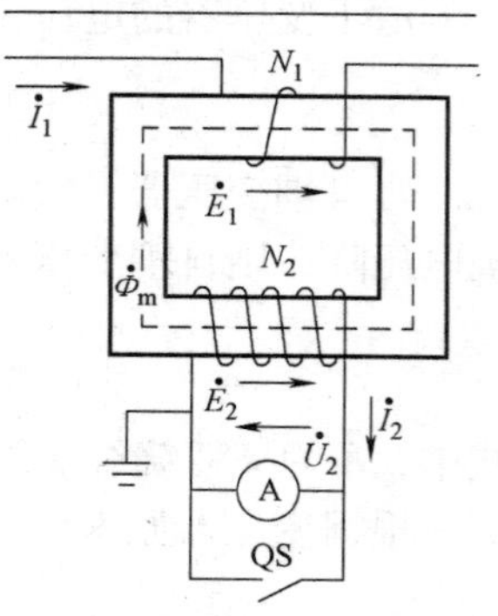

图1-20　电流互感器原理图

式中，$K_i=\frac{I_1}{I_2}=\frac{N_2}{N_1}$，称为电流互感器的电流比。

通常电流互感器二次电流额定值为1A或5A，而一次电流的范围较宽。不同测量情况下可以选取不同的电流互感器。由于式(1-17)忽略了励磁电流，因而实际应用中的电流互感器总是存在着误差，即电流误差。其电流误差用相对误差表示为

$$\Delta i=\frac{K_i\dot{I}_2-\dot{I}_1}{\dot{I}_1}\times 100\% \tag{1-18}$$

根据相对误差的大小，国家标准规定电流互感器分为下列五个等级，即0.2、0.5、1.0、3.0和10.0。如0.2级的电流互感器，表示在额定电流时误差最大不超过±0.2%，对其他各级的允许误差(电流误差和相位误差)详见有关国家标准。

使用电流互感器应注意：

1）二次侧不允许开路。因为二次侧开路时，一次侧的大电流I_1(由主电路决定,与互感器状态无关)全部成为互感器的励磁电流，使铁心磁通密度急剧增高、铁耗剧增，铁心过热而烧毁绕组绝缘，导致一次侧对地短路。更严重的是，使二次侧感应出极高的尖峰电压，危及设备和人身安全。

2）二次绕组一端必须可靠接地，以防绝缘损坏后，二次绕组带高电压引起事故。

3）二次侧串入的电流表等测量仪表的总数不可超过规定值，否则阻抗过大，I_2变小，I_0增大，导致误差增加。

4）在更换测量仪器时，首先应闭合图1-20中的短路开关QS，然后再更换测量仪器。

五、项目小结

三相变压器一、二次绕组有多种连接方式，可用联结组标号来表示，它反映了一、二次侧线电动势之间的相位关系，采用不同的联结组标号可实现改变相位的目的。

自耦变压器的工作原理与双绕组变压器相同。自耦变压器一、二次绕组之间不仅有磁的耦合，还有电的联系，可将电能从一次侧直接传导到二次侧，因此它具有比双绕组变压器节省材料、效率较高的特点。

仪用互感器的工作原理与双绕组变压器相同。电压互感器和电流互感器是一种测量用的变压器，误差问题是它们的主要问题，因此电压互感器和电流互感器是以误差来分等级的。电流互感器和电压互感器具有较大的变比，可将大电流、高电压变换成测量仪表所需的小电流、低电压，从而实现对一次电流和电压的测量。电流互感器二次侧不允许开路，电压互感器二次侧不允许短路。

项目三　变压器的运行与维护

一、项目导入

合理使用变压器是保证变压器安全运行的主要因素，在发电厂和变电所中，很多情况都采用若干台变压器并联运行的方式。本项目在对变压器运行特性和变压器并联运行介绍的基础上，学习变压器直流电阻和绝缘电阻测量。

二、相关知识

（一）变压器的运行特性

表征变压器的运行特性的主要指标有两个，即电压调整率和变压器的效率。

1. 变压器的电压调整率和外特性

（1）电压调整率　当变压器空载时，二次侧端电压 $U_{20}=U_{2N}$。带负载后变压器像一个有内电阻的电源，随着负载的变化，输出电压也在变化。即使一次电压不变，二次侧接上负载时，由于变压器的漏阻抗产生的内部电压降，也会使二次电压改变，且随负载的变化而变化。把带负载后变压器输出电压 U_2 的变化量 $U_{2N}-U_2$ 与额定电压 U_{2N} 的比值称为电压调整率，用 Δu 来表示，即

$$\Delta u=\frac{U_{2N}-U_2}{U_{2N}}\times 100\% \tag{1-19}$$

电压调整率 Δu 是变压器的重要性能指标之一，它反映了变压器供电电压的稳定性，一定程度上反映了电能的质量。

（2）变压器的外特性　变压器二次侧端电压与负载电流的关系叫做变压器的外特性，可以用曲线表示。变压器的外特性曲线如图 1-21 所示。图中曲线形状可以用电压调整率来说明：在实际变压器中，当负载为纯电阻时，即 $\cos\varphi_2=1$，Δu 很小，如图 1-21 中曲线 2 所示；当负载为感性负载时，$\varphi_2>0$，$\cos\varphi_2$ 和 $\sin\varphi_2$ 均为正值，Δu 为正值，说明二次侧端电压随负载电流 I_2 的增大而下降，φ_2 越大，Δu 越大，如图 1-21 中曲线 3 所示；当负载为容性负载时，$\varphi_2<0$，$\cos\varphi_2>0$，而 $\sin\varphi_2<0$，Δu 为负值，即表示二次侧端电压 U_2 随负载电流 I_2 的增加而升高，同样 φ_2 绝对值越大，Δu 的绝对值越大，如图 1-21 中曲线 1 所示。实际中，电力变压器所带的负载经常是感性负载，所以端电压是下降的。

2. 变压器的损耗、效率和效率特性

（1）变压器的损耗　变压器只有铜耗和铁耗两大类。每类损耗又分基本损耗和附加损耗两部分。

变压器的铁耗指空载损耗，其基本损耗部分主要指铁心中的磁滞损耗和涡流损耗；附加损耗主要有由于铁心接缝处磁通密度分布不均所引起的损耗，以及铁轭夹件、拉紧螺杆和油箱等结构部件中的涡流损耗。由于变压器运行中所加电压不变，所以从空载到满载铁耗基本不变，所以铁耗又称为定值损耗。

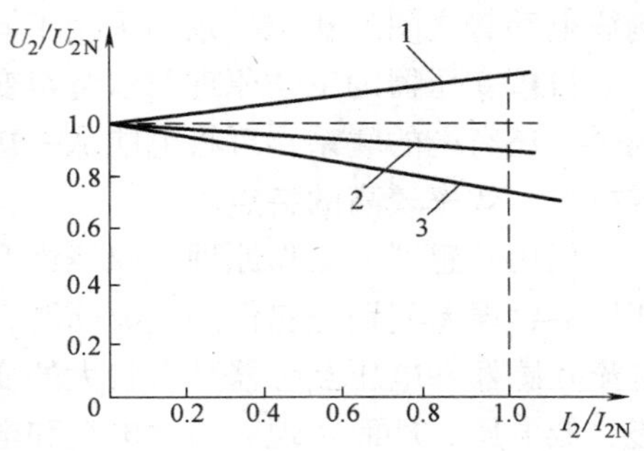

图 1-21　变压器的外特性曲线

变压器的铜耗指负载损耗，其基本损耗指一次、二次绕组内直流电阻所引起的直流电阻损耗，附加损耗主要是肌肤效应和邻近效应使绕组有效电阻变大所增加的损耗。铜耗与电流的二次方成正比，所以又称为变值损耗。

（2）变压器效率及效率特性　变压器在传递能量的过程中，也会损耗能量。致使输出功率总是小于输入功率。输出功率 P_2 与输入功率 P_1 的比值称为效率 η，即

$$\eta=\frac{P_2}{P_1}\times 100\%=\frac{P_1-P_{Cu}-P_{Fe}}{P_1}\times 100\%=\left(1-\frac{P_{Cu}+P_{Fe}}{P_2+P_{Cu}+P_{Fe}}\right)\times 100\% \tag{1-20}$$

变压器效率特性曲线如图 1-22 所示。

（二）变压器的并联运行

现代变电站容量很大，电力系统中常常采用变压器并联运行的方式供电。变压器并联运行是指两台或两台以上的变压器一、二次侧同名端分别连接到对应的公共母线上，图 1-23 所示为变压器Ⅰ与变压器Ⅱ并联。

采用变压器并联运行，可以随着负载的变化改变投入并联运行变压器的台数，尽可能使变压器接近满载；可以从电网上切除故障变压器进行检修，而不会影响其他变压器的正常运行，保证电网正常供电。但并联变压器的台数不宜过多，否则将增加设备投资和安装面积，反而不经济。

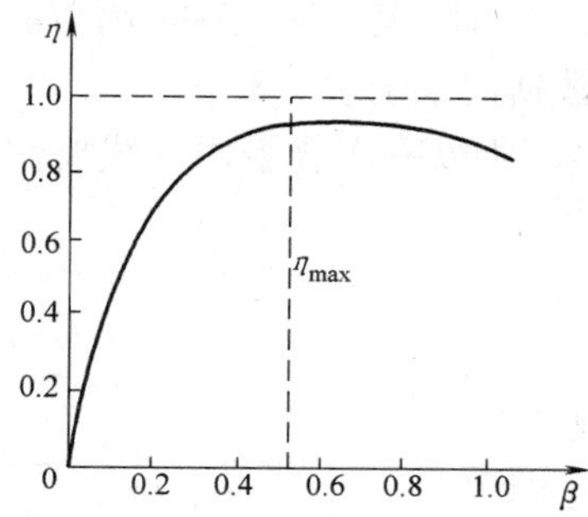

图 1-22　变压器的效率特性曲线

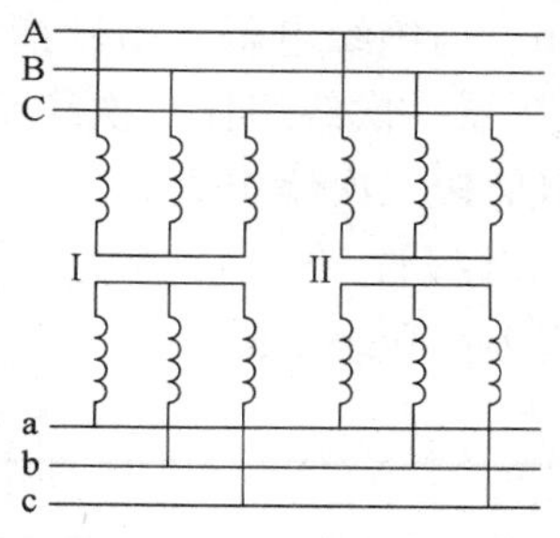

图 1-23　变压器并联运行示意图

1. 变压器并联运行的条件

要实现变压器的理想并联运行必须满足如下条件：

1）各台变压器一、二次侧的额定电压相同，电压比相等。

2）各台变压器具有相同的联结组标号。

3）各台变压器短路阻抗标幺值 Z_K^* 相等，并且短路阻抗角尽量相同。

2. 变压器并联运行的优点

1）提高供电的可靠性。

2）提高供电的经济性。

3. 变压器并联运行的理想状态

1）空载时各变压器绕组之间无环流。

2）负载后，各变压器的负载系数相等。

3）负载后，各变压器的负载电流与总的负载电流同相位。

三、项目实施

（一）变压器绝缘电阻的测量

（1）实验目的　掌握变压器绝缘电阻测量的方法。

（2）预习要点　测量仪表的选取。

（3）实验内容

1）测量绕组对地的绝缘电阻。

2）测量相与相之间的绝缘电阻。

（4）实验设备

1）500V 等级绝缘电阻表。

2）单相变压器。

（5）实验方法及实验步骤

1）绕组对地绝缘电阻的测量：放置好变压器，用 500V 绝缘电阻表的地端夹住变压器外壳，用绝缘电阻表的另一端充分接触变压器一次绕组的一端。摇动绝缘电阻表，使绝缘电阻表的转速达到 120r/min，当绝缘电阻表指针指示稳定后再读数。使用同样方法测量二次绕组的对地绝缘电阻，将数据记录于表 1-2 中。

2）绕组间绝缘电阻的测量：放置好变压器后，用绝缘电阻表地端夹住变压器一次侧，再用绝缘电阻表的另一端充分接触变压器二次侧，摇动绝缘电阻表，使绝缘电阻表的转速达到 120r/min，当绝缘电阻表指针指示稳定后再读数。将数据记录于表 1-3 中。

3）变压器一次绕组比二次绕组流经的电流要小得多，所以一次绕组用导线要比二次绕组细而电阻值较二次绕组大。

（6）实验报告

填写表 1-4 和表 1-5。

表 1-4　绕组对地绝缘电阻

	一次侧	二次侧
绕组对地绝缘电阻/MΩ		

表 1-5　绕组间绝缘电阻

一次绕组与二次绕组间绝缘电阻/MΩ	

（7）注意事项

1）在测量一次绕组与二次绕组之间的绝缘电阻时，切不可用绝缘电阻表把一次绕组（或二次绕组）两端同时接起来测量。

2）测量绕组对地绝缘电阻时接地端要充分接触变压器的外壳。

（二）变压器直流电阻的测量

（1）实验目的　掌握变压器直流电阻测量的方法。

（2）预习要点

1）为什么要测量变压器的直流电阻。

2）测量变压器直流电阻都有哪些方法。

（3）实验内容

1）一次绕组直流电阻的测量。

2）二次绕组直流电阻的测量。

（4）实验设备

1）可调直流电源、直流电压表、直流电流表和可调电阻。

2）单相变压器。

（5）实验方法及实验步骤

1）变压器各部分的温度与冷却介质温度之差不超过 ±2K 时测量的电阻，称为实际冷态电阻。

2）测量电路如图 1-24 所示，其中 R 选 900Ω，电流表用直流电流表，电压表用直流电压表（量程选 20V）。

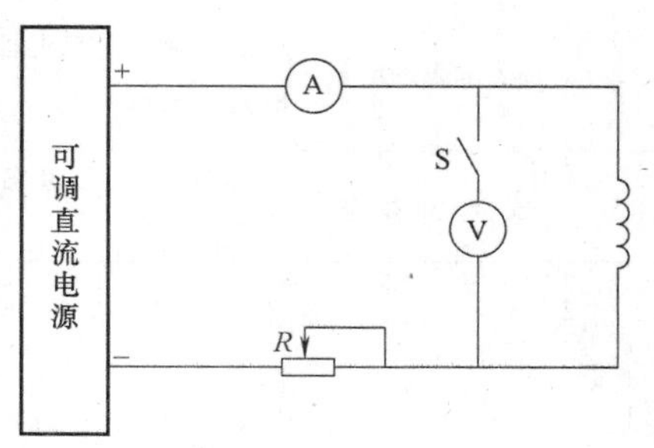

图 1-24　直流电阻的测量

3）测量直流电阻时，测量电流不能超过线圈额定电流的 10%，以防止因电流过大引起绕组温度上升而影响实验结果。

4）把 R 调节到最大，将变压器一次绕组接入电路中，打开可调直流电源开关，缓慢调节电压使直流电流表显示 30mA，此时停止电源调节。把 R 逐渐减小，直到电流表显示 45mA 时，记录电流并合上电压表开关 S，记录此时电压。读完后，先断开开关 S 再断电。用同种方法记录三组数据，填到表 1-6 中。**注意：**电流不能超过 45mA。

5）同理，把 R 调节到最大，把变压器二次绕组接入电路中，缓慢调节电压使直流电流表显示 30mA 时，停止电源调节。把 R 逐渐减小，直到电流表显示 100mA 时，记录电流并合上开关 S，记录此时电压，读完后，先断开开关再断电。用同种方法记录三组数据，填到表 1-6 中。**注意：**电流不能超过 180mA。

（6）实验报告　根据 $R = U/I$ 计算电阻值，通过计算平均值求取一、二次侧冷态直流电阻值完成表 1-6。

表 1-6　直流电阻的测量

	一次侧			二次侧		
U/V						
I/A						
R/Ω						
R_{AV}						

（7）注意事项

1）开启电源时不要先把电压表接到电路中。

2）电压表及电流表的位置不得接反。

（8）思考题

有一变压器一次侧冷态直流电阻为无穷大，为什么？

（三）考核与评价

项目考核内容与考核标准见表 1-7。

表 1-7　项目考核内容与考核标准

序号	考核内容	考核要求	配分	评分标准	得分
1	绝缘电阻的测量	能正确测量变压器的绝缘电阻	40	1）不会使用绝缘电阻表，扣 10 分 2）相间绝缘电阻测量不正确，扣 10 分 3）高压侧对地绝缘电阻测量不正确，扣 10 分 4）低压侧对地绝缘电阻测量不正确，扣 10 分	

（续）

序号	考核内容	考核要求	配分	评分标准		得分
2	直流电阻的测量	能正确测量变压器的直流电阻	40	1）电路图连接错误，扣10分 2）实验过程操作错误，扣10分 3）直流电阻计算数值错误，扣20分		
3	安全文明操作	确保人身和设备安全	20	违反安全文明操作规程，扣10～20分		
备注		合　计				
		教师评价		年　月　日		

四、知识拓展——变压器常见故障及处理方法

1. 声音异常

变压器正常运行时，铁心振动而发出清晰有规律的“嗡嗡”声。但当变压器负载有变化或变压器本身发生异常及故障时，将产生异常声响。若平时注意多听，对变压器正常运行时的声音比较熟悉，相比较之下就容易察觉出变压器的异常声响。变压器的异常声响有如下几种。

1）声音比平时沉重，但无杂音，一般由变压器过载所引起。变压器长期过载是烧坏变压器的主要原因，因此这是不允许的。当发生变压器过载运行时，要设法减少一些次要负载以减轻变压器的负担。

2）声音尖，一般由变压器电源电压过高所引起，电源电压过高不利于变压器的运行，对用电设备也不利，而且会增加变压器的铁耗，因此，应及时向有关部门报告处理。

3）声音嘈杂、混乱，一般由变压器内部结构松动引起。主要部件松动会影响变压器的正常运行，要注意及时检修。

4）发出“噼叭”的爆裂声，这可能是变压器绕组或铁心的绝缘被击穿。这种情况会造成严重事故，因此要立即停电检修。

5）由于系统短路或接地而通过大量的短路电流，会使变压器产生很大的噪声。

6）铁心谐振会使变压器发出粗细不均的噪声。

2. 变压器油温过高

变压器上层油温超过允许温度可能是由于变压器过载、散热不好或内部故障造成的。油温过高会损坏变压器的绝缘，严重的甚至会烧毁整个变压器。因此，一旦发现变压器油温过高，应及时查明原因并采取相应措施。

3. 油位显著下降

变压器正常运行时，油位上升或下降是由温度变化造成的，变化不会太大。当油位下降显著，甚至从油位计中看不见油位时，则可能是因为变压器出现了漏油、渗油现象，这往往是因为变压器油箱损坏、放油阀门没有拧紧、变压器顶盖没有盖严以及油位计损坏等造成的。油位太低会加速变压器油的老化、变压器绝缘情况恶化，进而引起严重后果。所以要多检查、多维护，及时添加变压器油，若渗油、漏油情况严重，应及时将变压器停止运行并进

行检修。

4. 油色异常、有焦臭味

新变压器油呈微透明的淡黄色，变压器运行一段时间后油色会变为浅红色。若油色变暗，则说明变压器的绝缘老化；如油色变黑（油中含有碳质）甚至有焦臭味，则说明变压器内容有故障（铁心局部烧毁、绕组相间短路等）。这些情况若未能引起注意，将会导致严重后果。出现上述情况时，应使变压器停止运行并进行检修，对变压器油进行处理或换成合格的新变压器油。

变压器油在变压器中起绝缘和冷却作用，若油质变坏就起不到应有的作用。为防止变压器油因油质变坏而产生的严重后果，应在变压器正常运行时定期抽取油样进行化验，以便及时发现问题。

5. 套管对地放电

套管表面不清洁或有裂纹和破损时，会造成套管表面存在漏电流，发出“吱吱”的闪络声，阴雨大雾天还会发出“噼噼”放电声，极易引起对地放电而击穿套管，造成变压器引出线一相接地。因此，发现套管对地放电时，应使变压器停止运行并更换套管。若套管之间搭接有导电的杂物，可能会造成套管间放电，应注意及时清理。

6. 变压器着火

变压器在运行中发生火灾的主要原因有：铁心穿心螺栓绝缘损坏、铁心硅钢片绝缘损坏、高压或低压绕组层间短路、引出线混线、引出线碰油箱及过载等。

当变压器着火时，应首先切断电源，然后再灭火，若是变压器顶盖上部着火，应立即打开下部放油阀，将油放至着火点以下或全部放出，同时用不导电的灭火器（如四氯化碳、二氧化碳及干粉灭火器等）或干燥的沙子灭火，严禁用水或其他导电的灭火器灭火。

五、项目小结

变压器的外特性和效率特性是衡量变压器性能的重要标志。电压变化率反映了输出电压随负载变化而变化的程度，即电压的稳定性。效率反映了变压器运行的经济性。为提高供电的可靠性和供电效率，减少初次投资，现今的电力系统常采用多台变压器并联运行。变压器并联运行要满足三个条件：①电压比应相等；②联结组标号必须相同；③变压器短路阻抗电压降应相等。

梳理与总结

变压器是把一个数值的交流电压变换为另一数值的交流电压的交流电能变换装置。变压器的基本工作原理是电磁感应定律，一、二次绕组间的能量传递以磁场作为媒介，因此，变压器的关键部件是具有高导磁系数的闭合铁心和套在铁心柱上的一、二次绕组。电力变压器的其他主要部分还有油箱、变压器油和绝缘套管等。

变压器工作时在铁心柱中产生铁耗，在绕组中产生铜耗和在金属构件中产生附加损耗等，所有损耗都转化为热量。通常将铁心和绕组浸在变压器油中，以利于热量的散发。根据散热要求，采取不同的散热方式和不同的油箱结构形式。

变压器铭牌上给出额定容量、额定电压、额定电流以及额定频率等，应了解它们的定义及它们之间的关系。

变压器的主要性能指标有电压变化率 ΔU 和效率 η，其数值受变压器参数和负载大小及性质的影响。

三相变压器的磁路系统分为各相磁路彼此独立的三相变压器组和各相磁路彼此相关的三相心式变压器两种。

三相变压器的一、二次绕组，可以接成星形，也可以接成三角形。三相变压器一、二次侧对应线电动势(或电压)间的相位关系与绕组绕向、联结组标号和三相绕组的连接方法有关。其相位差均为30°的倍数，通常用时钟表示法来表明其联结组标号，共有12个联结组标号。为了生产和使用方便，规定了标准联结组。

变压器并联运行时，如能满足电压比相等、联结组标号相同和短路电压有功分量及无功分量分别相等的条件，则其并联运行的经济性最好，装置容量能够充分利用。而实际上最后一条不易满足，但应做到尽量接近。

自耦变压器一、二次绕组间不仅有磁的联系，还有电的联系。其功率的传递包括两部分：一是通过电磁感应关系传递的电磁功率为$\left(1-\frac{1}{K_A}\right)S_N$；另一是直接传导的功率为$\frac{1}{K_A}S_N$。通过电磁作用传递的功率(又称计算功率)越小，其线型尺寸和损耗亦越小，自耦变压器的优点越突出，但由于自耦变压器短路阻抗标幺值较小，故短路电流较大。电压互感器和电流互感器的工作原理同变压器，在使用时都应将二次侧及铁心接地。在一次侧接电源时，电压互感器的二次侧不允许短路，而电流互感器的二次侧则绝对不允许开路。

思考与练习

1-1 电力变压器的主要用途有哪些？为什么电力系统中变压器的安装容量比发电机的安装容量大？

1-2 变压器能否直接改变直流电压的等级？

1-3 为什么变压器的空载损耗可近似看成铁耗，而短路损耗可近似看成铜耗？

1-4 为什么变压器的空载电流很小？

1-5 变压器的一、二次额定电压都是如何定义的？

1-6 变压器并联运行的条件是什么？哪一个条件要求绝对严格？

1-7 计算下列变压器的电压比：

(1) 单相变压器，额定电压为 $U_{1N}/U_{2N}=3300\text{V}/220\text{V}$；

(2) 三相变压器，Yy 联结，额定电压为 $U_{1N}/U_{2N}=10000\text{V}/400\text{V}$；

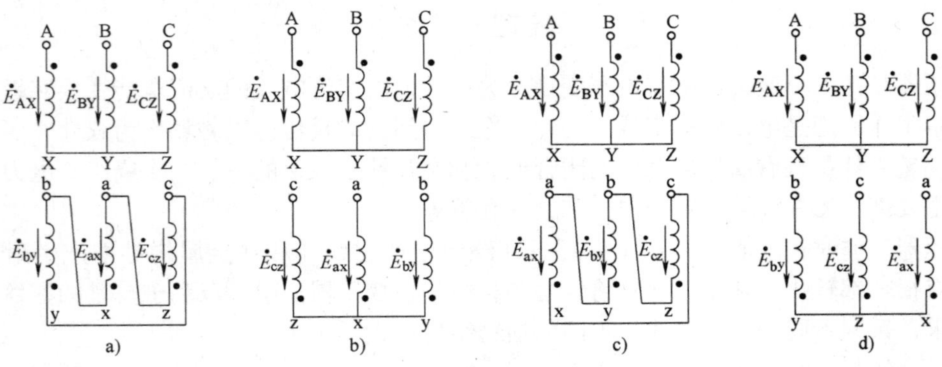

图 1-25　题 1-9 图

（3）三相变压器，Yd 联结，额定电压为 $U_{1N}/U_{2N}=10000V/400V$。

1-8　变压器铭牌数据为 $S_N=100kV\cdot A$，$U_{1N}/U_{2N}=6300V/400V$，高、低压绕组均为 Y 联结，低压绕组每相匝数为 40 匝，求：

（1）高压侧绕组每相匝数；

（2）如果高压侧绕组由 6300V 改为 1000V，并保持主磁通及低压绕组额定电压不变，则新的高低压绕组每相匝数为多少？

1-9　画出图 1-25 的相量图并判定联结组标号。

模块二　异步电动机技术

> 知识目标：1. 熟悉异步电动机的结构、型号和技术参数。
> 　　　　　2. 掌握异步电动机的工作原理及应用。
> 能力目标：1. 能正确选择和使用异步电动机，合理选择其起动、制动及调速方案。
> 　　　　　2. 具有异步电动机的运行和维护的能力。

三相异步电动机具有结构简单、制造方便、坚固耐用、维护容易、运行效率高及工作特性好的优点；和相同容量的直流电动机相比，异步电动机的重量仅为直流电动机的一半，其价格仅为直流电动机的1/3左右；而且异步电动机的交流电源可直接取自电网，用电既方便又经济。所以大部分的工业、农业生产机械和家用电器中都用异步电动机作原动机，其单机容量从几十瓦到几千千瓦不等。我国总用电量的2/3左右是被异步电动机消耗掉的。

项目一　三相异步电动机的认识

一、项目导入

三相异步电动机主要由定子和转子两部分构成，定子相当于变压器的一次侧，转子相当于变压器的二次侧，它是利用电磁感应原理将电能转换为机械能的。三相异步电动机是现代化生产中应用最广泛的一种动力设备。

本项目主要在介绍三相异步电动机结构、工作原理以及铭牌数据的基础上，进行三相笼型异步电动机直流电阻和绝缘电阻的测量训练。

二、相关知识

（一）三相异步电动机的基本结构

图2-1是一台三相笼型异步电动机的外形图和结构图。它主要是由定子部分（静止的）和转子部分（转动的）两大部分组成，定子、转子之间是空气隙，另外还有端盖、轴承、机座及风扇等部件。下面分别作简要介绍。

1. 异步电动机的定子结构

异步电动机的定子是由机座、定子铁心和定子绕组三个部分组成的。

（1）机座　异步电动机的机座主要用于固定和支撑定子铁心和绕组，如图2-2所示。中小型电动机一般采用铸铁机座，大、中型电动机采用钢板焊接的机座。电动机损耗产生的热

量主要通过机座散出，为了加大散热面积，机座外部有很多均匀分布的散热筋。机座两端面上安装有端盖，端盖用于支撑转子，并保持定、转子之间的气隙值。

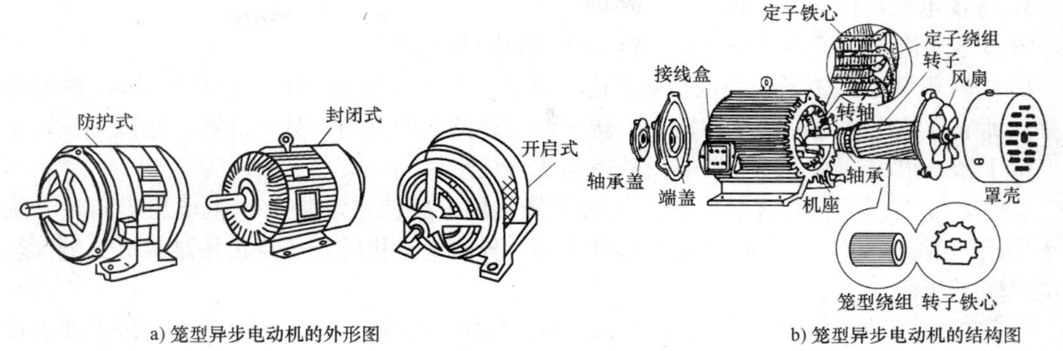

a) 笼型异步电动机的外形图　　b) 笼型异步电动机的结构图

图 2-1　三相笼型异步电动机

（2）定子铁心　定子铁心装在机座里，是电动机磁路的一部分，如图 2-3 所示。为了降低定子铁心的铁耗，定子铁心用 0.5mm 厚的硅钢片叠压而成，硅钢片两面还应涂上绝缘漆，用以降低交变磁通在铁心中产生的涡流损耗。定子铁心内圆上开有槽，槽内放置定子绕组（也叫电枢绕组）。

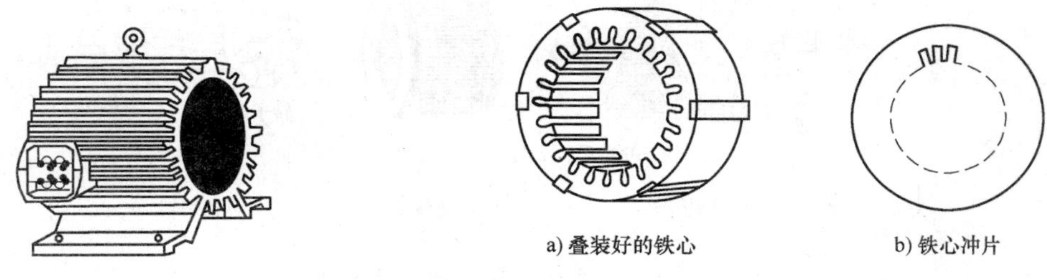

a) 叠装好的铁心　　b) 铁心冲片

图 2-2　异步电动机的机座　　图 2-3　定子铁心及定子冲片

（3）定子绕组　异步电动机的定子绕组是电动机的电路部分。小型异步电动机定子绕组通常由高强度漆包圆线绕成线圈，再嵌入铁心槽内；大、中型电动机使用矩形截面导线预先制成成型绕组，再嵌入槽内。每相绕组按一定的规律连接，三相构成对称绕组。绕组与槽壁间用绝缘隔开。三相绕组的 6 个出线，引到机座接线盒内的接线板上，可按要求接成Y或△，如图 2-4 所示。

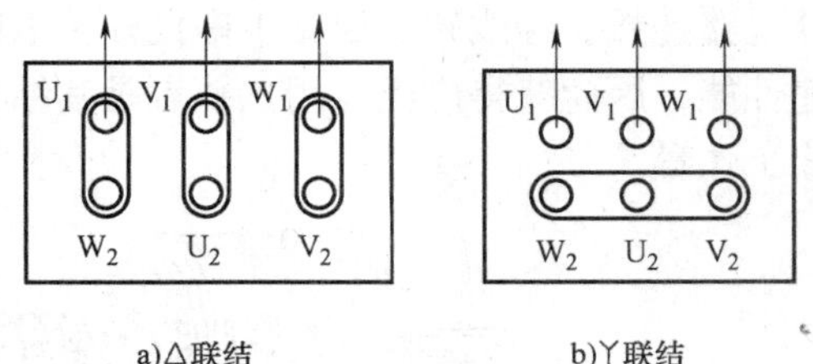

a)△联结　　b)Y联结

图 2-4　三相异步电动机接线

2. 定子与转子间的气隙

异步电动机的气隙比同容量直流电动机的气隙小得多，在中、小型异步电动机中，气隙一般为 0.2～1.5mm。由于气隙是电动机能量转换的主要场所，所以气隙大小与电动机性能有很大关系。异步电动机的励磁电流是由定子电源供给的，气隙大时，磁路磁阻增加，要求的励磁电流也增加，从而影响电动机的功率因数。为了提高功率因数，应尽量让气隙小些，但也不应太小，否则，不但给制造带来困难，也可能使定、转子摩擦或碰撞。如果从减少附

加损耗及减少高次谐波磁动势产生的磁通来看，气隙又应该大些，因此对于气隙的大小问题应该全面考虑。

3. 异步电动机的转子结构

异步电动机的转子由转子铁心、转子绕组和转轴组成。

（1）转子铁心　转子铁心也是磁路的一部分，与定子铁心一样，也由 0.5mm 厚的硅钢片叠压而成，整个铁心固定在转轴上。转子铁心外圆上冲有均匀分布的槽，用以安放转子绕组。由于槽缝很小，整个转子铁心的外表面成圆柱形。

（2）转子绕组　三相异步电动机的转子绕组用来感应电动势及产生电流，同时与旋转磁场作用产生转矩，是电动机的重要部件之一。异步电动机的转子绕组按结构分为笼型转子和绕线转子两种。

1）笼型转子分铜条转子和铸铝转子两种，如图 2-5 所示。铜条转子是在转子铁心槽内插入铜条(又称导条)，铁心两端槽口外用铜环将全部导条焊接，全部导条自行闭合，其形状为圆柱形笼子。铸铝转子是将熔化的铝注入转子槽内，同时注上短路环和风扇，使导条与短路环构成闭合绕组，其形状也是圆柱形笼子。笼型转子的工艺和结构简单、制造方便、经济耐用。

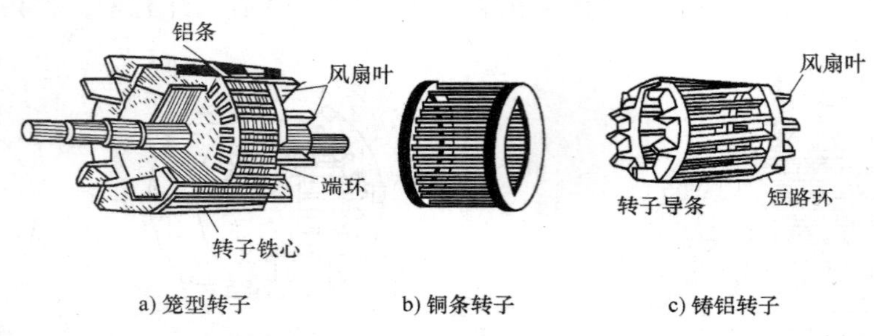

图 2-5　笼型转子示意图

2）绕线转子的铁心槽内嵌放三相对称绕组，与定子绕组相似，如图 2-6 所示。转子绕组采用Y联结，三相绕组的首端接到转轴上的三个集电环，再通过电刷、集电环间的滑动与外电路连接。绕线转子回路中串接外接电阻或其他电气设备，以改善电动机的起动性能和调速性能，因此获得广泛应用。缺点是其结构比笼型转子复杂，而且电刷、集电环还增加了维修工作量。

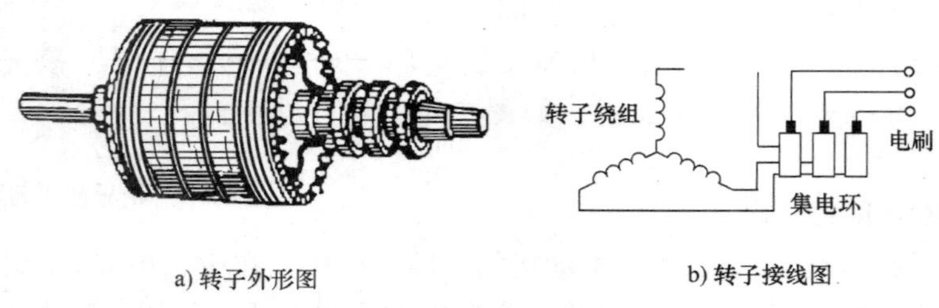

图 2-6　绕线转子结构示意图

（二）三相异步电动机的工作原理

1. 旋转磁场

三相交流异步电动机的三相定子绕组在空间上互差 120°(电角度)，连接成星形(Y)或

三角形(△)，是对称三相负载，简化后如图 2-7 所示。定子绕组接通电源后流入三相对称交流电流，电流曲线如图 2-8 所示。

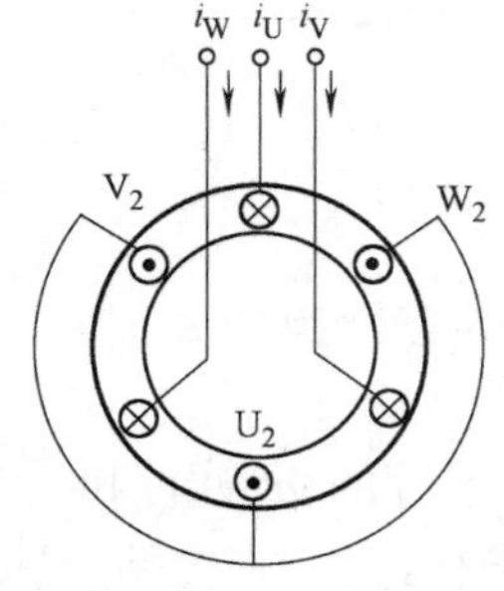

图 2-7　简化的三相定子绕组

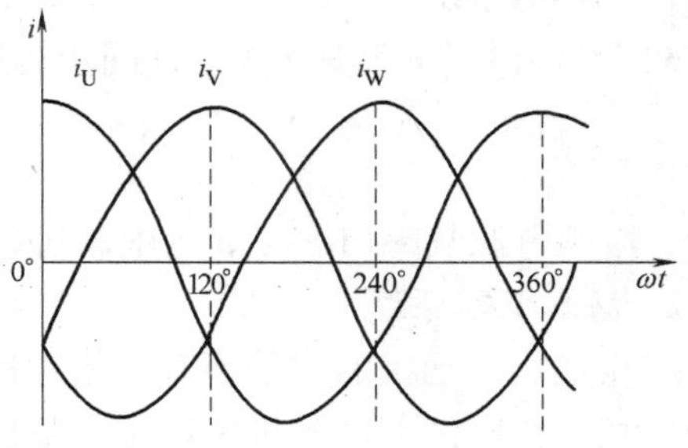

图 2-8　三相对称交流电流曲线

假设某相绕组电流瞬间为正时，电流从该相绕组的首端流入，尾端流出；电流为负时，则方向相反。选取电流相位角 $\omega t=0°$、120°、240°、360°这四个瞬时，对应这四个时刻的各绕组电流方向及磁场分别如图 2-9a、b、c、d 所示。根据右手螺旋定则可判断相应的合成磁场为旋转磁场。

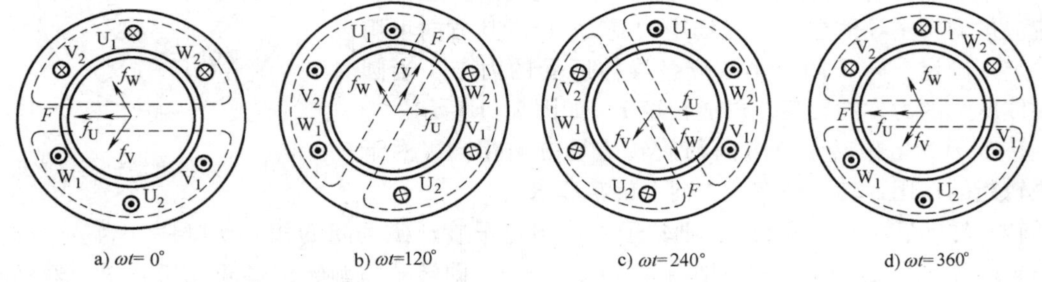

图 2-9　一对磁极的旋转磁场

如果电动机的每相绕组由两个串联的线圈组成，三相绕组联结成Y，各相绕组的首端或尾端在空间上互差 60°放置(电角度仍互差 120°)，如图 2-10 所示。用同样的方法可判断出这时的磁场有两对磁极(即四个磁极)，仍按绕组位置沿 U_1、V_1、W_1 方向旋转，与电源相序相同，但电流变化一周时，磁场在空间上仅旋转半周。

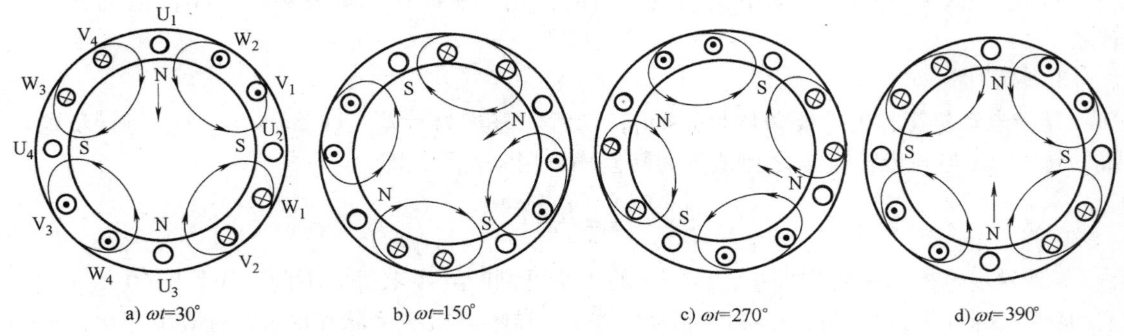

图 2-10　两对磁极(四极)的旋转磁场

由此可得出如下结论：

1）三相旋转磁场产生的条件是：三相对称绕组通以三相对称电流。

2）旋转磁场的转向与三相电源通入定子绕组电流的相序一致。

3）旋转磁场的转速 n_1（又称同步转速）的表达式为

$$n_1 = \frac{60f_1}{p}$$

式中，f_1 为电源频率（Hz）；p 为电动机磁极对数，它取决于定子绕组的分布。

2. 基本工作原理

三相异步电动机的定子装有三相对称绕组，当接入三相对称的交流电源时，流入定子绕组的三相对称电流在电动机中产生的基波磁场是一个以同步转速 n_1 旋转的旋转磁场，设旋转方向为逆时针。转子导体嵌放在转子铁心外圆槽内，开始时转子不动，旋转磁场的磁力线切割转子导体产生感应电动势 e_2，方向由右手螺旋定则确定。由于所有转子导体在端部连接，于是导体中有电流 i 流过，如果暂不考虑电动势与电流的相位差，导体中的电流方向与电动势方向相同，即转子的上半圆周各导体的电流方向均为⊙（见图 2-11），流出纸面；下半圆周导体的电流方向均为⊗，流入纸面。这样有电流流过的转子导体在旋转磁场中的受力为 f，其方向可用左手定则确定。转子的上半圆周各导体所受的力与下半圆周导体所受的力方向相反，形成转矩 T，如图 2-11 所示。

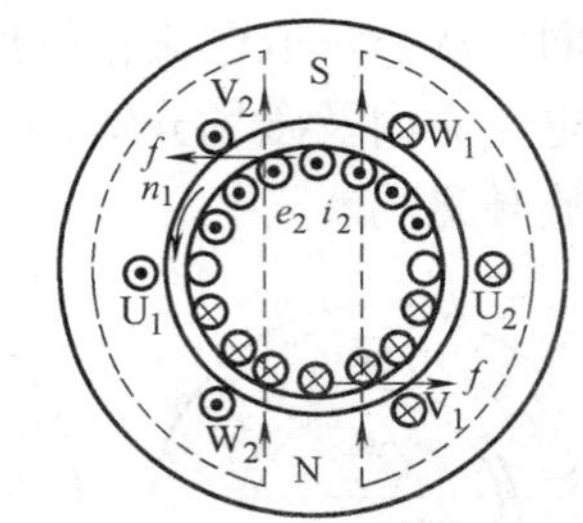

图 2-11　异步电动机工作原理

转矩 T 为电磁转矩，方向与旋转磁场方向相同，由于电磁转矩的作用，转子便在该方向上旋转起来。

转子转动后，其转速为 n，则转子导体与定子旋转磁场间的相对切割速度为 $\Delta n = n_1 - n$。当 $n = n_1$ 时，$\Delta n = 0$，相应地有 $e_2 = 0$，$i_2 = 0$，即转子与旋转磁场间无相对切割运动时，转子绕组中无感应电动势和电流，也就没有驱动转子转动的电磁转矩，可见 $n < n_1$ 是异步电动机维持运行的必要条件，异步电动机之称也因此而得名。

综上所述，异步电动机的基本工作原理是：

1）三相对称绕组中通入三相对称电流产生圆形旋转磁场。

2）转子导体切割旋转磁场感应出电动势和电流。

3）转子载流导体在磁场中受到电磁力的作用，从而形成电磁转矩，驱使电动机转子转动。

3. 转差率

异步电动机工作的必要条件是 $n < n_1$，二者之差称为转差，即 $\Delta n = n_1 - n$。将异步电动机的转差 Δn 与同步转速 n_1之比值称为转差率，用 s 表示，即

$$s = \frac{n_1 - n}{n_1} \tag{2-1}$$

s 是异步电机的重要物理量，根据 s 的大小可判断异步电机的不同工作状态（$0 < s < 1$ 为电动状态、$s < 0$ 为发电状态、$s > 1$ 为制动状态）。异步电机电动状态时，s 的微小变化，也会引起转速较大的变化，即 $n = (1 - s)n_1$。电动机不同转速时，转差率的情况如下：

1）异步电动机定子刚接上电源瞬间，转子尚未转动，$n = 0$，则转差率 $s = 1$。

2）当异步电动机转速 $n=n_1$ 时，转差率 $s=0$。

3）当异步电动机转速 $0<n<n_1$ 时，转差率在 0 ~1 内变化。

4）异步电动机额定运行时，$n\approx n_N$，则 $s_N\approx0.02\sim0.06$。

5）空载时，n 接近 n_1，则 $s\approx0.0005\sim0.005$。

（三）三相异步电动机的铭牌数据

三相异步电动机的机座上都装有铭牌，如表 2-1 所示。铭牌上标明了该电动机的技术数据和电动机型号等。

表 2-1 三相异步电动机铭牌

三相异步电动机							
型号	Y2—200L—4	功率	30kW	电流	57.63A	电压	380V
频率	50Hz	接法	△	转速	1470r/min	LW	79dB/A
防护等级	IP54	工作制	S1	绝缘等级	F	重量	270kg
××电机厂							

1. 型号

电动机的型号表明了电动机的名称、规格和基本技术条件的产品代号。一般采用大写印刷体的汉语拼音字母和阿拉伯数字组成。其中汉语拼音字母是根据电动机的全名称选择有代表意义的汉字，再用该汉字的第一个拼音字母组成，如某三相异步电动机型号表示如下：

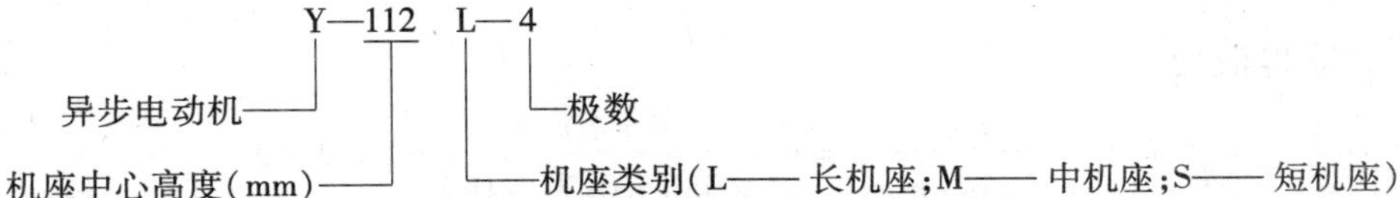

Y 系列异步电动机是普通用途的小型笼型全封闭、自冷式三相异步电动机，常用于金属切削机床、通用机械、矿山机械及农业机械等。我国生产的异步电动机种类很多，其他类型的异步电动机可参阅产品目录。

2. 额定值

异步电动机按额定值运行时称为额定运行状态，异步电动机有如下几个额定值。

（1）额定功率 P_N 额定功率指电动机在额定运行状态时轴上输出的机械功率，单位为 W 或 kW。

（2）额定电压 U_N 额定电压指电动机在额定运行状态下加在定子绕组上的线电压，单位为 V 或 kV。为了区分定、转子边的量，在定子边的量加下标 1，如 U_{1N}；转子边的量加下标 2，如 U_{2N}。

（3）额定电流 I_N 额定电流指电动机在定子绕组加额定电压、输出额定功率时，定子绕组中的线电流，单位为 A。

（4）额定频率 f_N 额定频率是指电动机所接电源的标准频率，单位为 Hz。我国工业用电的频率是 50Hz。

（5）额定转速 额定转速指电动机定子绕组所加电源为额定频率、额定电压，且轴端输出额定功率时电动机的转速，单位为 r/min。

（6）额定效率 η_N 和额定功率因数 $\cos\varphi_N$　指电动机在额定负载时，电动机的效率和定子边的功率因数。电动机额定运行时有

$$P_N = \sqrt{3}U_N I_N \eta_N \cos\varphi_N \tag{2-2}$$

3. 铭牌上的其他重要数据

（1）绝缘等级与额定温升　绝缘等级指电动机主绝缘所使用的绝缘材料的耐热等级。如 Y 系列小型异步电动机采用 B 级绝缘材料，其最高允许工作温度为 130℃。

额定温升指电动机额定状态下运行时，电动机绕组允许的温度升高值。国家标准规定：标准环境温度按 40℃计算，若电动机绕组温升为 80℃，再考虑 10℃的裕度，则达到了电动机绕组绝缘的最高允许工作温度 130℃，所以要采用 B 级绝缘。

（2）定子绕组接法　指额定电压下电动机规定的接线方式。国家标准规定：Y 系列异步电动机的额定功率为 3kW 及以下者采用Y联结，4kW 及以上者采用△联结，4kW 以上的异步电动机可选用Y-△减压起动。

（3）工作制　指电动机额定状态运行时所允许的持续时间。分连续（S1）、短时（S2）和断续（S3）三种，后两种方式指电动机只能短时、间歇地工作。

（4）防护等级　指为满足环境要求电动机采取的外壳防护形式，通常有开启式（IP11）、防护式（IP22）和封闭式（IP44）等三类。

异步电动机更详尽的技术数据，可参见产品说明书、电机工程手册等有关资料。

【例 2-1】　已知一台三相异步电动机的额定功率 $P_N = 4\text{kW}$，额定电压 $U_N = 380\text{V}$，额定功率因数 $\cos\varphi_N = 0.77$，额定效率 $\eta_N = 0.84$，额定转速 $n_N = 960\text{r/min}$，试求额定电流 I_N 为多少？

解：额定电流为

$$I_N = \frac{P_N}{\sqrt{3}U_N \eta_N \cos\varphi_N} = \frac{4\times10^3}{\sqrt{3}\times380\times0.77\times0.84}\text{A} = 9.4\text{A}$$

三、项目实施

（一）三相笼型异步电动机绝缘电阻的测量

（1）实验目的

1）掌握三相笼型异步电动机绝缘电阻测量的方法。

2）了解相关的仪表知识。

（2）预习要点　绝缘电阻表量程选取的原则。

（3）实验内容

1）测量绕组对地的绝缘电阻。

2）测量相与相之间的绝缘电阻。

（4）实验设备

1）500V 等级绝缘电阻表。

2）三相笼型异步电动机。

（5）实验方法及实验步骤

1）电动机的绝缘是比较容易损坏的部分，电动机的绝缘不良，将会造成严重后果，如烧毁绕组、电动机机壳带电等。所以经过修理的电动机和尚未使用过的新电动机，在使用之

前都要进行绝缘测试和耐压试验，以保证电动机的安全运行。

2）正确选择绝缘电阻表的规格，对于额定电压在500V以下的电动机，使用500V绝缘电阻表；对于额定电压在500～3000V的电动机使用1000V绝缘电阻表，对于3000V以上的电动机应用2500V的绝缘电阻表。

3）三相异步电动机的绝缘电阻包括相间绝缘电阻以及绕组对机壳的绝缘电阻两部分。

4）绕组对地绝缘电阻的测量：放置好三相笼型异步电动机，500V绝缘电阻表的地端接三相笼型异步电动机外壳，绝缘电阻表的另一端充分接触三相笼型异步电动机绕组的一端。摇动绝缘电阻表，使绝缘电阻表的转速达到120r/min，持续1min，当绝缘电阻表指针指示稳定后再读数。依次测量另外两绕组的对地绝缘电阻，记录数据，填写在表2-2中。

5）绕组与绕组之间绝缘电阻的测量：放置好三相笼型异步电动机后，绝缘电阻表地端接三相笼型异步电动机U_1相绕组一侧，绝缘电阻表的另一端充分接触V_1绕组一侧，摇动绝缘电阻表，使绝缘电阻表转速达到120r/min并持续1min，记录此时电阻值。同理测量U_1相与W_1相，V_1相与W_1相的电阻，记录数据，填写到表2-3中。

（6）实验报告　完成表2-2和表2-3。

表2-2　绕组对地绝缘电阻

	R_{U1}	R_{V1}	R_{W1}
R/MΩ			

表2-3　绕组间绝缘电阻

	R_{U1V1}	R_{U1W1}	R_{V1W1}
R/MΩ			

当绝缘电阻满足下式时视为符合要求：

$$R_M \geqslant \frac{U_N}{1000+\frac{P_N}{100}} \tag{2-3}$$

式中，R_M为绝缘电阻允许值(MΩ)；U_N为被测绕组的额定电压(V)；P_N为被测电动机的额定功率(kW)。

（7）注意事项

1）应认识电动机绝缘电阻的重要性，它是判断电动机检修质量的重要项目。若绝缘电阻低，则电动机容易发热，甚至漏电，引起安全事故。引起绝缘电阻低的原因主要有电动机绝缘老化、电动机绕组受潮、绕组绝缘损坏、接线板损坏及导电部分表面油污严重等。

2）正确选择测量仪表。

3）对测量结果应正确计算和进行正确判断。

（二）三相笼型异步电动机直流电阻的测量

（1）实验目的　掌握三相笼型异步电动机三相绕组直流电阻的测量方法。

（2）预习要点　测量三相笼型异步电动机直流电阻的意义。

（3）实验项目　三相笼型异步电动机直流电阻的测量。

（4）实验设备

1）可调直流电源、直流电压表、直流电流表及可调电阻。

2）三相笼型异步电动机。

（5）实验方法及实验步骤

1）将电动机在室内静置一段时间，用温度计测量电动机绕组端部、铁心或轴承的表面温度，若此时温度与周围空气温度相差不大于 ±2K，则称电动机绕组端部、铁心或轴承的表面温度为绕组在冷态下的温度。

2）测量电路如图 2-12 所示，其中电阻 R 选 850Ω，电流表用直流电流表。电压表用直流电压表（量程选择 20V 档）。

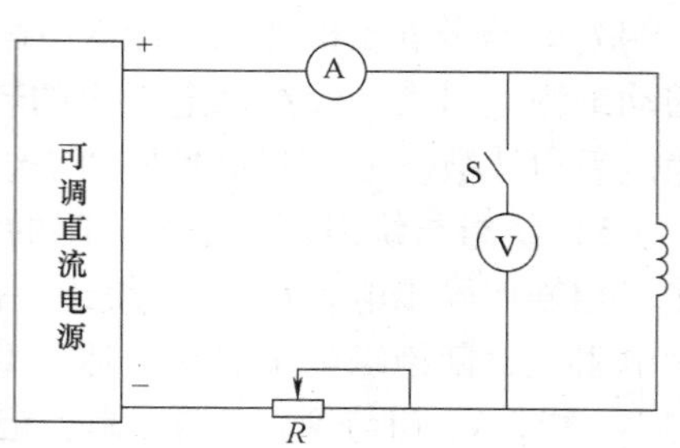

图 2-12　测量直流电阻电路图

3）把 R 调到最大，将三相笼型异步电动机其中一个绕组接入电路中，闭合直流电源开关，调节调压器，使可调直流电源电压升高，直至测量回路的直流电流表显示 30mA。把 R 顺时针慢慢旋转，直到电流表显示 100mA 时，闭合电压表开关 S。将此时电压、电流表读数记录于表 2-4 中。记录完后，先断开开关 S，再切断可调直流电源。

4）用同样方法分别在 80mA、60mA 电流下测量两组数据，将数据记录于表 2-4 中。

5）用同样的方法测量另外两绕组的直流电阻。将测量得到的数据记录于表 2-4 中。

（6）实验报告　完成表 2-4。

表 2-4　电动机直流电阻的测量

绕组 / 测量值	绕　组　Ⅰ			绕　组　Ⅱ			绕　组　Ⅲ		
I/mA									
U/V									
R/Ω									
R_{AV}/Ω									

注：填写以上表格时，根据 $R=U/I$ 计算电阻值。

测量绕组的直流电阻是为了检查绕组的接线情况和焊接质量，复查电动机绕组的线径、匝数和并联支路数。

三相电阻的不平衡度应符合标准，误差要求为 ±2%，其计算式为

$$\delta_{rp}=\frac{\Delta r}{\frac{R_{U1}+R_{V1}+R_{W1}}{3}}\times 100\% \tag{2-4}$$

式中，δ_{rp} 为三相电阻的不平衡度；Δr 为相电阻的最大值或最小值与三相电阻平均值的差（Ω）；R_{U1}、R_{V1}、R_{W1} 为三相电阻值（Ω）。

（7）注意事项

1）在测量冷态直流电阻时，测量电流不能超过绕组额定电流的 10%，以防止因实验电流过大而引起绕组温度的上升而影响实验结果。

2）起动电源时不要先把电压表接到电路中。

（三）考核与评价

项目考核内容与考核标准见表2-5。

表2-5 项目考核内容与考核标准

序号	考核内容	考核要求	配分	评分标准	得分
1	绝缘电阻的测量	能正确测量异步电动机的绝缘电阻	40	1）不会使用绝缘电阻表，扣10分 2）绕组对地绝缘电阻测量不正确，扣10分 3）绕组间绝缘电阻测量不正确，扣10分 4）不能根据实验结果判定绕组绝缘电阻是否满足要求，扣10分	
2	直流电阻的测量	能正确测量异步电动机的直流电阻	40	1）电路图连接错误，扣10分 2）实验过程操作错误，扣10分 3）直流电阻计算数值错误，扣20分	
3	安全文明操作	确保人身和设备安全	20	违反安全文明操作规程，扣10～20分	
备注			合计		
		教师评价		年 月 日	

四、知识拓展——异步电动机与变压器的比较

异步电动机和变压器在结构上有很大区别，它们的功能也不相同，但是它们具有类似的工作原理。在电磁关系方面，异步电动机和变压器有许多相似方面，通过比较可以加深对它们的理解，下面从两者相似和相区别的方面加以比较分析。

1. 异步电动机和变压器相似的方面

1）从基本工作原理来看，异步电动机和变压器都利用电磁感应原理。变压器的一、二次绕组之间由同一交变磁场联系着，通过磁场的感应作用，将一次绕组从电源吸收的功率传送到二次绕组。异步电动机的定子绕组产生感应作用，实现机电能量向异步电动能量的转换，故异步电动机又称为感应电动机。可见，两者在工作原理上是完全相同的，异步电动机在原理上相当于二次侧可以旋转的变压器。

2）从励磁方面来看，两者都是单边励磁的电气设备。即一边（变压器的一次绕组、异步电动机的定子绕组）接电源，而另一边（变压器的二次绕组、异步电动机的转子绕组）的电动势和电流都是靠电磁感应产生的。当电源电压一定时，它们的主磁通最大值也都近似为恒定值，而与负载的大小关系不大，这也是它们的共同特点之一。

3）从结构上看，异步电动机的定子绕组相当于变压器的一次绕组，转子绕组相当于变压器的二次绕组。

2. 异步电动机与变压器相区别的方面

1）变压器是静止的电气设备，异步电动机是旋转运动的电气设备。

2）变压器的主磁场是脉动磁场，而异步电动机的主磁场是旋转磁场。

3）变压器中只有能量的传递，通过磁场媒介将一次侧的电能传送到二次侧。异步电动

机中除了能量的传递之外，还进行能量的转换，即定子绕组中的电能通过气隙主磁场传送到转子绕组以后，有相当大的一部分要转换成机械能，从转子轴输出给机械负载。

4）异步电动机的绕组是短距的分布绕组，而变压器的绕组为全距的集中绕组。

5）异步电动机的主磁通磁路有气隙存在，而变压器的主磁路均为铁心。

五、项目小结

1）三相异步电动机具有结构简单、造价低廉、坚固耐用以及便于维护的优点而被广泛应用。

2）三相异步电动机旋转磁场产生的条件是：三相对称绕组通以三相对称电流；其转向取决于三相电流的相序；同步转速 $n_1=60f_1/p$；异步电动机转子转速总是小于同步转速，而又接近于同步转速；其转差率的范围为 $0<s<1$。

项目二　三相异步电动机绕组展开图的绘制

一、项目导入

三相异步电动机的定子绕组是由许多嵌放在定子铁心槽内的线圈按一定的规律分布、排列并连接而成。为满足异步电动机的运行要求，必须保证各绕组的形状、尺寸及匝数都相同，且在空间的分布彼此相差120°电角度。定子绕组结构形式较多，若按槽内层数来分，可分为单层绕组和双层绕组；按每极每相所占槽数来分，可分为整数槽绕组和分数槽绕组；若按绕组的结构和形状来分，又可分为链式绕组、同心式绕组、交叉式绕组、叠绕组和波绕组等。本项目重点介绍单层链式绕组展开图的绘制。

二、相关知识

（一）交流绕组的基本知识

三相交流电动机要求三相绕组能感应出一定的三相对称正弦波电动势，因此各相交流绕组都是由线圈按一定规律和方式连接的，所以线圈是组成交流绕组的重要单元。

1. 线圈及节距 y

线圈可由一匝或多匝串联而成，它有两个引出线，一个叫首端（头），另一个叫末端（尾），如图2-13所示。

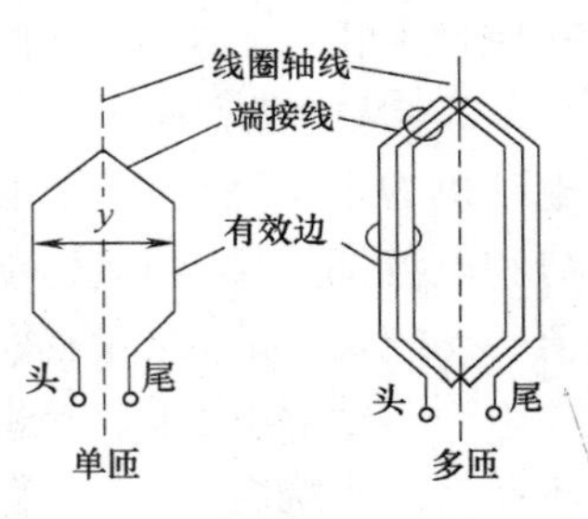

图2-13　线圈示意图

线圈的直线部分嵌于铁心的槽内，电动机运行时，线圈的直线部分切割磁场而感应出电动势，故称为有效边。要使线圈的两个有效边产生的电动势叠加（不抵消），则线圈的两个有效边必须始终处于不同的磁极下面，即两个有效边必须跨过一定的距离，这个距离称为节距 y。为了使线圈得到的感应电动势尽可能大，应使线圈的节距 y 与电动机的极距尽可能相等，即 $y\approx\tau$。

如果已知电动机有 Z 个槽，$2p$ 个磁极，则用槽数表示的极距τ为

$$\tau=\frac{Z}{2p} \tag{2-5}$$

交流绕组中，$y=\tau$的绕组称为整距绕组，$y<\tau$的绕组称为短距绕组，$y>\tau$的绕组称为长距绕组。常用的是整距和短距绕组。

2. 电角度与机械角度

电机内圆周在几何上分成360°或2π弧度，这个角度称为机械角度。然而在电机内圆可以设置p对磁极。从电磁观点来看，空间按正弦波分布的磁场则经过N、S一对磁极时，恰好相当于正弦曲线的一个周期，如有导体去切割这个磁场，经过N、S一对磁极，导体中所感应产生的正弦电动势的变化亦为一个周期，即经过360°电角度，因而一对磁极占有的空间是360°电角度。若电机圆周有p对磁极，则电机圆周按电角度计算就为$p\times360°$，而机械角度总是360°，因此：

$$电角度=p\times机械角度 \tag{2-6}$$

3. 槽距角α

相邻槽之间的电角度称为槽距角α。由于定子槽在定子内圆上是均匀分布的，如Z为定子槽数，p为极对数，则槽距角为

$$\alpha=\frac{p\times360°}{Z} \tag{2-7}$$

若槽内放置元件边，当同一磁场扫过各槽元件边时，则相邻槽内的元件边的感应电动势在时间上相差α电角度。

4. 相带

为了使三相绕组对称，通常要使每个极面下每相绕组所占的范围相等，这个范围称为相带。由于一个极面相当于180°电角度，分配到m相，则每相的相带为180°/m。对于三相电动机，$m=3$，每个极面下每相绕组应占有60°电角度，按60°相带排列的绕组称为60°相带绕组。60°相带绕组是把每个极面下的槽分为三等份，并认为位于第一个60°范围内的槽属于U相，位于第二个60°范围内的槽属于W相，位于第三个60°范围内的槽属于V相，依此类推。对60°相带绕组来讲，一对磁极的相带的顺序是$U_1W_2V_1U_2W_1V_2$（U_1U_2、V_1V_2、W_1W_2分别为U、V、W三相绕组线圈的头、尾所对应的线圈边），如果有多对磁极，其余各对磁极按此顺序重复。一个24槽，4极电动机的相带顺序为：第一对磁极是$U_1W_2V_1U_2W_1V_2$，第二对磁极重复$U_1W_2V_1U_2W_1V_2$，如图2-14所示。

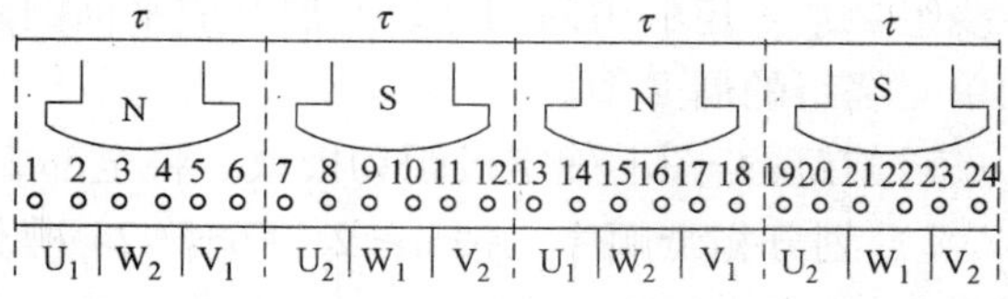

图2-14　三相绕组的相带

5. 每极每相槽数q

每一个磁极下每相绕组所占的槽数，称为每极每相槽数，用符号q表示，则每极每相槽数为

$$q=\frac{Z}{2pm} \tag{2-8}$$

式中，m为相数。

每极每相槽数q表示每个相带内所占有的槽数。当$Z=24$，$p=2$，$m=3$时，每极每相槽数$q=2$，即在每个磁极下每个相带范围内占有2个槽。

6. 极相组

将一个磁极下属于同一相的 q 个线圈按一定的方式串联成的线圈组，称为极相组。

（二）三相单层绕组

所谓的对称三相绕组，是由三个在空间上互差 120°电角度的独立绕组所组成，它们的排列和连接由极距、相带和极数等参数确定。在确定了一相绕组的线圈在定子槽内的排列以及线圈间的连接后，其余两相绕组由空间互差 120°电角度的原则，进行相似的排列和连接，就可以构成整个对称三相绕组。

下面以 $Z=24$ 的电动机定子结构连接成一个 $2p=4$ 的单层绕组为例，说明单层绕组的排列和连接。

1. 绕组基本数据的确定

（1）极距　交流绕组看不到具体的磁极，磁极的效应（即要求的 4 极）要在绕组中通入电流以后才能显示出来。因而必须按照对磁动势极数的要求排列三相绕组，根据给定的定子槽数 Z 和极对数 p 去确定极距，用定子槽数表示的极距为

$$\tau=\frac{Z}{2p}=\frac{24}{4}=6$$

（2）每极每相槽数

$$q=\frac{Z}{2pm}=\frac{24}{12}=2$$

（3）槽距角

$$\alpha=\frac{p\times360^\circ}{Z}=\frac{2\times360^\circ}{24}=30^\circ$$

2. 相绕组的展开图

交流绕组可以用展开图的形式表示线圈和绕组的连接，所谓绕组展开图，就是假想将定子绕组从某一齿的中间切开，并展开成平面的连接图。下面根据交流绕组的基本数据画出三相单层绕组的展开图。

1）在展开图上确定极距和极数。将全部 24 槽分为 4 极，每极 6 槽。

2）划分相带顺序。按 $q=2$ 将全部 24 槽分为 12 个相带，按相带顺序 $U_1W_2V_1U_2W_1V_2$ 标出 12 个相带 $1U_1$、$2W_2$、$1V_1$、$1U_2$、$1W_1$、$1V_2$、$2U_1$、$1W_2$、$2V_1$、$2U_2$、$2W_1$、$2V_2$，确定出属于 U 相绕组的相带有 $1U_1$、$1U_2$、$2U_1$、$2U_2$ 四个，并且分别应属于四个不同的极下。

3）确定线圈边中的电流方向。由于每极每相槽数 $q=2$，所以每个极距内每相必须放置两个线圈边，相邻极距下的线圈边中电流必须相反，这是因为只有相邻极距下线圈边中的电流方向相反时，所建立的磁场才具有四个极。由此可以得到 U 相 8 个线圈边的电流方向。

4）组成线圈和线圈组。根据 $y=\tau=6(1\sim7)$，将线圈边 1 ~ 7、2 ~ 8、13 ~ 19、14 ~ 20 组成四个线圈。这里介绍的是线圈设计思路，实际中，是先按 $y=\tau=6$ 将线圈制成，嵌线时，只要把线圈边嵌入对应的槽中即可。线圈嵌好后，按相邻极距下线圈边中的电流方向相反的原则连接成线圈组，得到两个线圈组。由于单层绕组每对极下的线圈只能连接成一个线圈组，所以，单层绕组的线圈组数等于极对数。

5）连接相绕组。按照相邻极距下线圈边中的电流方向相反的原则，两个线圈组可以串联也可以并联。为了取得较大的相电动势，按线圈组电动势叠加原则，可以将两个线圈组串

联，形成一条支路的相绕组，如图 2-15 所示，图中的箭头表示电流方向。也可以将两个线圈组并联组成两条支路的相绕组。显然线圈组是连接电路的最小单元。

总结相绕组展开图绘制过程，可见：

1）单层绕组的线圈组数等于极对数 p。

2）当 p 个线圈组串联成一个支路时，串联支路数 $a=1$，单层绕组并联时，最大并联支路数等于极对数 $a_{max}=p$。

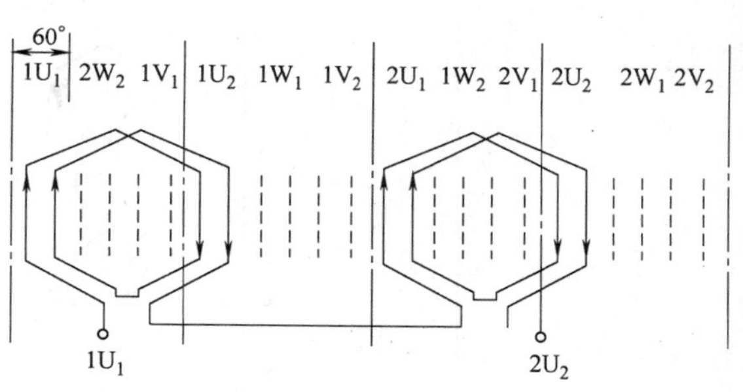

图 2-15　单层相绕组的构成

3. 三相绕组的展开图

按照 U 相绕组展开图的规律，将 $1V_1$、$1V_2$、$2V_1$、$2V_2$ 四个相带的线圈边组成 V 相绕组，将 $1W_1$、$1W_2$、$2W_1$、$2W_2$ 四个相带的线圈边组成 W 相绕组，如图 2-16 所示。可见，这样构成的三相绕组结构、槽数、匝数均相同，仅仅是各相绕组的空间位置相差 120°。这就是对称三相交流绕组。

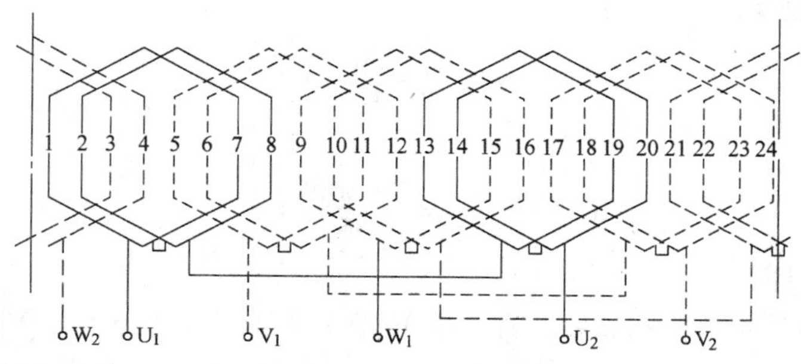

图 2-16　三相交流绕组的展开图

满足相邻极下线圈边电流方向相反时，线圈边连接成线圈的方法以及线圈构成线圈组的方法并不是唯一的，为了达到简化工艺、节省材料的目的，还有单层同心式绕组（见图 2-17），单层链式绕组（见图 2-18）。图 2-16 所示的是单层叠绕组。

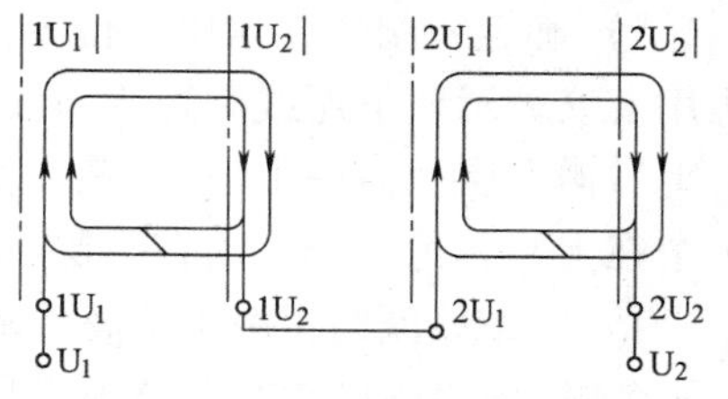

图 2-17　三相单层同心式绕组

（三）三相双层叠绕组

双层绕组是指定子的每个槽内有上下两个线圈边，每个线圈边为一层。每个线圈的一个边嵌在某一个槽的上层时，其另一个边放在相隔节距为 y 的另一槽的下层。由于一个槽内有两个线圈边，所以电动机线圈总数等于定子总槽数。双层绕组的优点是：所有线圈尺寸相同，便于绕制，端接部分形状排列整齐，有利于散热和增强机械强度。从电磁角度来看，可以选择最有利的节距 y，结合绕组本身均匀地分布这一性质，可改善磁动势和电动势波形。大多数 7kW 以上的交流电动机使用双层绕组。交流电动机的双层绕组根据线圈形状以及端接部分的连接形式，有叠绕组和波绕组两种。

下面以三相 $2p=4$、$Z=36$ 的三相异步电动机铁心为例说明三相双层绕组的排列和连接。

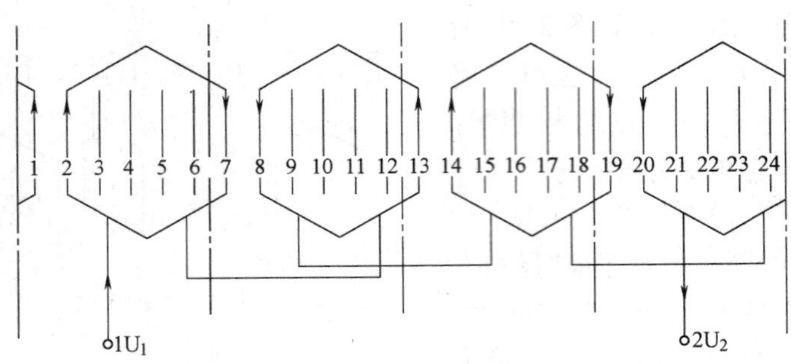

图 2-18　三相单层链式绕组

1. 绕组基本数据的确定

（1）极距

$$\tau = \frac{z}{2p} = 9$$

为了改善磁动势和电动势波形，选取节距 $y < \tau$的短距绕组，即选择 $y = 8$。

（2）每极每相槽数

$$q = \frac{Z}{2pm} = \frac{36}{12} = 3$$

（3）槽距角

$$\alpha = \frac{p \times 360°}{Z} = \frac{2 \times 360°}{36} = 20°$$

2. 作 U 相展开图

1）在展开图上确定极距和极数。将全部 36 槽分为 4 极，每极下有 9 槽。

2）划分相带顺序。按 $q = 3$ 将全部 36 槽分为 12 个相带，按相带顺序 $U_1W_2V_1U_2W_1V_2$ 标出 12 个相带 $1U_1$、$2W_2$、$1V_1$、$1U_2$、$1W_1$、$1V_2$、$2U_1$、$1W_2$、$2V_1$、$2U_2$、$2W_1$、$2V_2$，每极下有 3 个相带，每个相带有 3 槽。

3）确定线圈边在槽中的位置。由于双层绕组每槽有两个线圈边，所以槽中的上层线圈边用实线表示，下层线圈边用虚线表示。如将 U 相第一个线圈的一个边（线圈左侧的边）放入 1 号槽上层，另一个边（线圈右侧的边）按 $y = 8$ 放入 9 号槽的下层，即一个线圈的两个边，一个在上层，另一个一定在下层。

4）组成线圈组。由于每极每相槽数 $q = 3$，所以每个极距内每相必须有三个槽，如本例中第一个极（图 2-19 中左侧的 N 极）下 U 相的 1、2、3 号槽。根据 $y = 8(1 \sim 9)$，将第一个极下 U 相的 3 个线圈按上下层分别放入 1 ~ 9、2 ~ 10、3 ~ 11 六个槽中，组成第一个线圈组。第二个

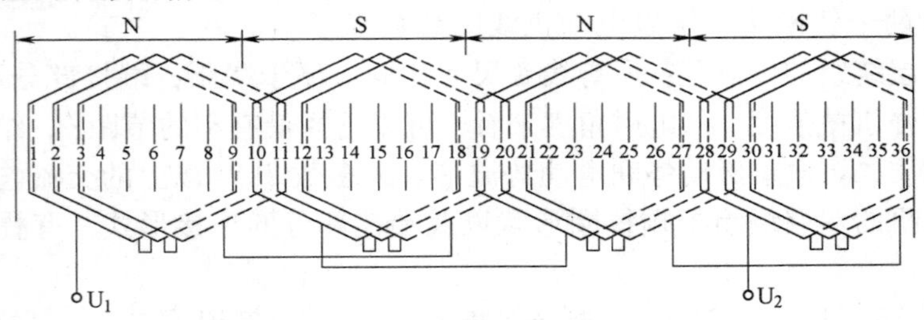

图 2-19　三相双层叠绕组

极(图 2-19 中左侧的 S 极)从 10 号槽开始(因$\tau=9$)，组成第二个线圈组，依次画出 U 相所有的线圈组。显然，一个极下相邻的q个线圈组成一个线圈组，使得双层绕组的每对极下有两个线圈组，并且这两个线圈组反向串联连接。所以双层绕组的线圈组数等于极数 $2p$。

5）连接相绕组。连接相绕组时，按相邻极距下线圈边中的电流方向相反的原则，将两个线圈组串联，以便获得较大的相电动势。若全部 $2p$ 个线圈组都串联构成相绕组，则相绕组为一条支路，即$a=1$。亦可将线圈组并联，组成多条并联支路。双层绕组最大可能的并联支路数 $a_{max}=2p$。

3. 连接 V、W 相绕组

按 U 相绕组相同结构、匝数嵌放 V、W 相绕组，仅空间位置错开 120°或 240°电角度，以此构成的三相绕组是对称绕组。

三、项目实施

（一）案例分析

【例 2-2】 Y 系列三相单层绕组电动机，极数 $2p=4$，定子槽数 $Z=24$，试列出 60°相带的分相情况，并画出三相单层链式绕组展开图(U 相)。

解： 由 $Z=24$、$2p=4$ 得，$\tau=\dfrac{Z}{2p}=6$，对于短距绕组，取 $y=5$。

1）计算每极每相槽数和槽距角：

$$q=\frac{Z}{2mp}=2 \qquad \alpha=\frac{p\times360^\circ}{Z}=30^\circ$$

2）分相带，列表，参见表 2-6。

表 2-6　分相带情况

	U_1	W_2	V_1	U_2	W_1	V_2
第一对极	1，2	3，4	5，6	7，8	9，10	11，12
第二对极	13，14	15，16	17，18	19，20	21，22	23，24

3）画绕组展开图，如图 2-20 所示。

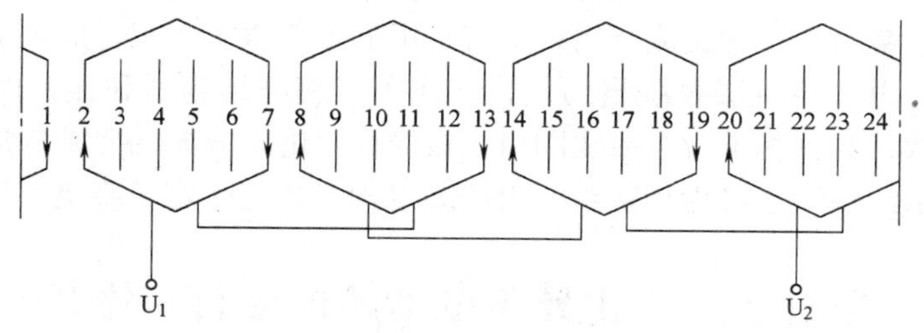

图 2-20　U 相绕组展开图

（二）同步训练

某 Y 系列三相单层绕组电动机的极数 $2p=4$，定子槽数 $Z=24$，试列出 60°相带的分相情况，并画出三相单层链式绕组展开图(V 相或 W 相)。

（三）考核与评价

项目考核内容与考核标准见表 2-7。

表 2-7　项目考核内容与考核标准

序号	考核内容	考核要求	配　分		得分
1	计算	能正确计算出绕组相关参数	20		
2	分极分相	能正确列出分极分相表	20		
3	画绕组展开图	能正确绘制出 V 相或 W 相绕组展开图	30		
4	线圈连接	能正确连接线圈，确定绕组首末端标记	30		
备注			合　计		
			教师评价	年　月　日	

四、知识拓展——单相异步电动机绕组展开图的绘制

某单相异步电动机极数 $2p=4$，定子槽数 $Z=24$，试画出绕组展开图。

解：

1）计算极距、节距、每极每相槽数及槽距角。

$$\tau=\frac{Z}{2p}=6 \quad y=6 \quad q=\frac{Z}{2mp}=2 \quad \alpha=\frac{p\times360°}{Z}=30°$$

2）画绕组展开图，如图 2-21 所示。

五、项目小结

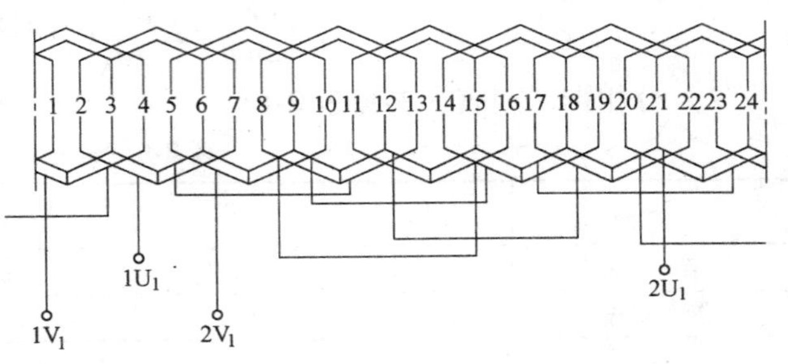

图 2-21　单相电动机绕组展开图

交流定子绕组是交流电动机的主要电路。异步电动机从电源输入电功率，通过定子绕组以电磁感应的方式传递到转子，再由转子输出机械功率。定子绕组也可以认为是交流电动机的“心脏”。学习定子绕组的目的，在于理解异步电动机主电路组成的情况。交流电动机的定子绕组是一种交流绕组，交流绕组的形式很多，其构成原则是一致的。

在本项目中，以三相单层叠绕组为例，叙述了三相绕组排列和连接的方法，即计算极距、每极每相槽数，划分相带，组成线圈组，按极性对电流方向的要求构成相绕组。即由线圈组成线圈组→由线圈组连接为相绕组→由相绕组构三相交流定子绕组。

项目三　三相异步电动机的运行与维护

一、项目导入

合理地选择电动机及其安装和接线方式，以及对其进行运行监控、维护和定期检查维修，是消除故障隐患、防止故障发生，提高电动机寿命的重要手段。本项目在讨论三相异步电动机运行特性和工作特性的基础上，介绍三相异步电动机绕组的拆除、绕制、嵌线及装

配，同时，还安排了试验与故障排除实训。

二、相关知识

（一）三相异步电动机的空载运行

1. 主磁通

主磁通 Φ_m 是定、转子绕组共同交链的磁通。磁路由定子铁心、转子铁心和气隙组成，主磁通 Φ_m 从定子开始，经过气隙到达转子，再经过气隙回到定子，形成闭合磁路。主磁通是定、转子间进行能量交换的载体，其磁路磁导率受铁心饱和程度的影响。

2. 漏磁通

漏磁通 $\Phi_{1\sigma}$ 仅仅和定子绕组自身交链，没有进入转子。其磁路主要在气隙中闭合，磁路磁导率不受铁心饱和的影响，可以认为是常数。三相异步电动机交流绕组的漏磁通按磁路主要分为槽漏磁通和端部漏磁通。

3. 电磁关系

三相异步电动机定子绕组接在对称的三相电源上，转子轴上不带机械负载时的运行，称为空载运行。由于空载运行时转子转速几乎与同步转速相等，转子导体切割磁场的速度很小，可认为转子的感应电动势 $\dot{E}_2=0$，转子电流 $\dot{I}_2=0$，则空载运行时的电磁关系为

$\dot{U}_1$(三相系统) → $\dot{I}_0$(三相系统) →
- → $\dot{\Phi}_m$ → $\dot{E}_2$；→ $\dot{E}_1$
- → $\dot{\Phi}_{1\sigma}$ → $\dot{E}_{1\sigma}$
- → $R_1\dot{I}_0$

（二）三相异步电动机的负载运行

1. 负载运行时的电磁关系

所谓负载运行，就是指异步电动机的定子绕组外加对称三相电压，转子带上机械负载时的运行状态。

负载运行时的电磁关系为

$\dot{U}_1$(三相系统) → $\dot{I}_1$(三相系统) → F_1
- $\dot{I}_1$ → $R_1\dot{I}_1$
- F_1 → $\dot{\Phi}_{1\sigma}$ → $\dot{E}_{1\sigma}$
- F_1、F_2 → F_0 → $\dot{\Phi}_0$ → $\dot{E}_1$；→ $\dot{E}_{2s}$

$\dot{I}_2$(多相系统) → F_2
- F_2 → $\dot{\Phi}_{2\sigma}$ → $\dot{E}_{2\sigma}$
- $\dot{I}_2$ → $R_2\dot{I}_2$
- $\dot{E}_{2s}$、$\dot{E}_{2\sigma}$、$R_2\dot{I}_2$ ⇢ $\dot{I}_2$

2. 转子绕组的电磁量

异步电动机转子运行并带上负载后，$n<n_1$，且转子（转速为 n）与旋转磁场（转速为 n_1）同方向旋转。旋转磁场以相对转速 $\Delta n=n_1-n$ 切割转子绕组 N_2 而产生电动势 E_{2s}。转子各物理量与转差率的关系如图 2-22 所示。

（三）三相异步电动机的功率平衡、转矩平衡和工作特性

1. 功率平衡和转矩平衡

（1）功率平衡　异步电动机在能量转换过程中不可避免地会产生各种损耗，在定子侧

有定子铜耗 P_{Cu1}、定子铁耗 P_{Fe1}；转子侧有转子铜耗 P_{Cu2}、转子铁耗 P_{Fe2} 以及机械损耗 P_{mec} 和附加损耗 P_{ad}，但由于正常运行时，转子频率很小，转子铁耗 P_{Fe2} 常忽略不计。三相异步电动机功率流程图如图 2-23 所示。功率的平衡方程式为

$$\left.\begin{aligned} P_1 &= P_{em} + P_{Cu1} + P_{Fe} \\ P_{em} &= P_m + P_{Cu2} \\ P_m &= P_{mec} + P_{ad} + P_2 = P_0 + P_2 \end{aligned}\right\}$$

式中，P_{mec} 表示机械磨损引起的机械损耗，P_{ad} 表示由其他原因引起的附加损耗。

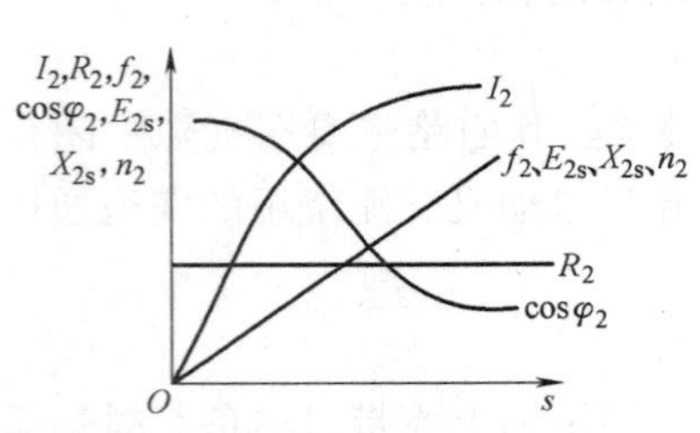

图 2-22　转子各物理量与转差率的关系

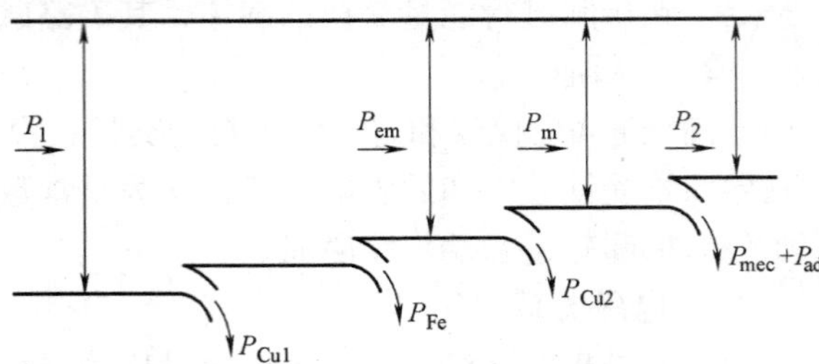

图 2-23　异步电动机的功率流程图

通过气隙传递给转子的电磁功率 P_{em}，一部分 $(1-s)P_{em}$ 转变为机械功率 P_m，另一部分 sP_{em} 转变为转子铜损 P_{Cu2}，又称转差功率，故正常工作时 s 较小（$s_N \approx 0.02 \sim 0.06$），$P_{Cu2}$ 也较小，电动机工作效率较高。

（2）转矩平衡　根据异步电动机的功率平衡方程式 $P_m = P_0 + P_2$，左右两边同除以 Ω，可得电动机转矩平衡方程式为

$$T_{em} = T_0 + T_2 \tag{2-9}$$

式中，$T_{em} = P_{em}/\Omega_1 = P_m/\Omega = 9.55P_m/n$，为电动机电磁转矩，起拖动作用；$\Omega_1$ 为同步角速度，Ω 为机械角速度；$T_0 = P_0/\Omega = 9.55P_0/n$，为电动机空载转矩，起制动作用；$T_2 = P_2/\Omega = 9.55P_2/n$，为电动机输出机械转矩，它的大小与负载转矩 T_L 相等，但方向相反。

2. 三相异步电动机的工作特性

（1）转速特性 $n=f(P_2)$　异步电动机在额定电压和额定频率下，输出功率变化时转速变化的曲线称为转速特性，用函数 $n=f(P_2)$ 表示。

异步电动机空载运行时，转子电流 I_2' 很小，P_2 也很小，转速 $n \approx n_1$；随着输出功率 P_2 的增加，转子电流 I_2' 增加，转速 n 随之下降；到额定负载时，n 与同步转速还是十分接近，一般异步电动机 $n_N = (0.98 \sim 0.95)n_1$。可见异步电动机的转速特性 $n=f(P_2)$ 是一条倾斜的直线（仅在额定功率范围之内），如图 2-24 所示。

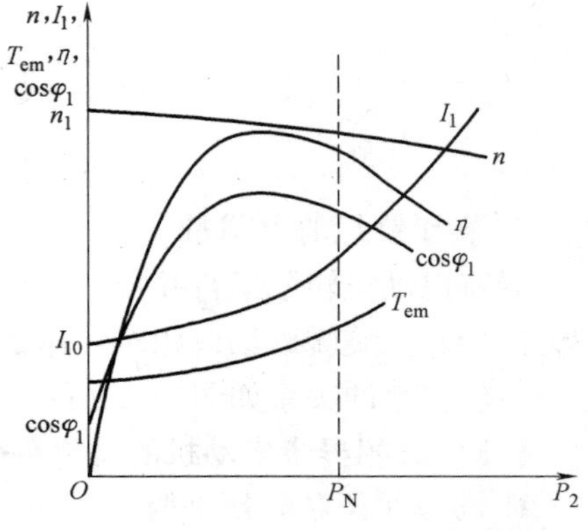

图 2-24　异步电动机的工作特性

（2）定子电流特性 $I_1=f(P_2)$　根据三相异步电动机的磁通势平衡方程式可知 $\dot{I}_1 = \dot{I}_{10} + (-\dot{I}_2')$，因为 $\dot{I}_{10}$ 在 P_2 变化时保持不变。在 $P_2=0$ 时，$I_2' \approx 0$，$\dot{I}_1 = \dot{I}_{10}$；随着负载功率 P_2 的增大，转子电流 I_2' 增大，定子电流 $\dot{I}_1$ 也增大，所以定子电流 $\dot{I}_1$ 基本上也随 P_2 线性增大。定子电流特性曲线 $I_1=f(P_2)$ 如图 2-24 所示。

(3) 功率因数特性 $\cos\varphi_1 = f(P_2)$ 异步电动机运行时需从电网中吸取无功电流进行励磁，它的功率因数永远小于1，所以定子电流 I_1 总滞后于电源电压 U_1。空载时，定子电流为 I_{10}，基本上为励磁电流，这时功率因数很低，约0.1～0.2。当负载增大时，励磁电流 I_{10} 保持不变，有功电流随着 P_2 的增大而增大，使 $\cos\varphi_1$ 也随着增大，接近额定负载时，功率因数为最高。如果进一步增大负载，转速下降速度加快，s 上升较快，使 R_2'/s 下降较快，转子电流有功分量下降，使定子电流有功分量比例也下降，从而使 $\cos\varphi_1$ 反而减小。因此如异步电动机的功率选择不合适，长期处于轻载或空载下运行，会使电动机长期处于功率因数很低的状况下工作，将大大浪费电能。功率因数特性曲线 $\cos\varphi_1 = f(P_2)$ 如图 2-24 所示。

(4) 电磁转矩特性 $T_{em} = f(P_2)$ 将 $T_2 = P_2/\Omega$ 代入异步电动机稳态运行的转矩平衡方程 $T_{em} = T_2 + T_0$，得

$$T_{em} = \frac{P_2}{\Omega} + T_0 \tag{2-10}$$

异步电动机空载，即 $P_2 = 0$ 时，$T_{em} = T_0$；当 P_2 在 $0 \sim P_N$ 之间变化时，空载转矩 T_0 保持不变，s 变化很小，Ω 变化不大，根据式(2-10)可知，T_{em} 随 P_2 的增加而正向增加。电磁转矩特性曲线 $T_{em} = f(P_2)$ 为一近似直线，如图 2-24 所示。

(5) 效率特性 $\eta = f(P_2)$ 异步电动机效率公式为

$$\eta = \frac{P_2}{P_1} = 1 - \frac{\sum P}{P_2 + \sum P} \tag{2-11}$$

从式(2-11)可知，电动机空载时，$P_2 = 0$，$\eta = 0$；随着输出功率 P_2 的增加，效率的变化情况取决于损耗 $\sum P$ 的变化；而 $\sum P = P_{Cu1} + P_{Fe} + P_{Cu2} + P_{mec} + P_{ad}$，其中 P_{Fe} 和 P_{mec} 为定值损耗，即当 P_2 变化时，这部分损耗值保持不变，而 P_{Cu1}、P_{Cu2} 和 P_{ad} 为变值损耗，随着输出功率 P_2 的增大，开始时变值损耗在 $\sum P$ 中占有很小的比例，$\sum P$ 增加得很慢，所以 η 上升很快。随着 η 的增大，变值损耗增加速度加快，使 η 增大速度减慢，当定值损耗等于变值损耗时，电动机的效率达最大值。对中、小型异步电动机，当 $P_2 = 0.75P_N$ 左右时，效率最高，即 $\eta = \eta_{max}$，当效率为 η_{max} 时，若负载继续增大，效率反而要降低。一般来说，电动机的容量越大，效率越高。从这一点来看，选择电动机的容量时，应保持电动机长期工作在小于且接近额定负载的情况下。效率曲线 $\eta = f(P_2)$ 如图 2-24 所示。

三、项目实施

(一) 电动机绕组的拆除

1. 实训目的

1) 熟悉电动机的基本结构。

2) 掌握电动机绕组拆除、清槽与线槽修整的基本方法和工艺要求。

3) 进一步学会使用锤子、活扳手等电工工具。

2. 实训器材

小型笼型异步电动机组件1套；活扳手、木(橡皮)榔头、撬棍、螺钉旋具等电工工具1套；厚木板、零件箱1个，棉花、润滑油适量。

3. 实训内容与步骤

电动机绕组被烧毁或老化后，就不能再使用了，只有拆除旧绕组更换新绕组后，电动机

才能重新使用。电动机种类很多，绕组方式也各有差异，但电动机绕组的拆除方法是相同的。这里以小功率三相笼型电动机绕组拆卸为例介绍电动机绕组的拆除方法与步骤。

（1）拆卸前的准备

1）备齐常用电工工具及拉码等拆卸工具。

2）查阅并记录需拆卸电动机的型号、外形和主要技术参数。

3）在端盖、轴、螺钉、接线桩等零部件上做好标记。

（2）拆卸步骤

小型电动机的拆卸应按如下几个基本步骤进行。

1）卸下电动机尾部的风罩。

2）拆下电动机尾部的扇叶。

3）拆下前轴承外盖和前、后端盖的紧固螺钉。

4）用木板（或铜板、铅板）垫在转轴前端，用木榔头将转子和后盖从机座敲出，木榔头可直接敲打转轴前端。

5）取出转子。

6）用木棒伸进定子铁心，顶住前端内侧，用木榔头将前端盖敲离机座，最后拉下前后轴承及轴承内盖。

7）拆除定子绕组。

8）清槽、整角。

（3）几个主要部件的拆卸方法

1）转子的取出。在抽出转子前，应在转子下面气隙和绕组端部垫上厚纸板，以免抽出转子时碰伤绕组或铁心，对于3kg以内的转子，可直接用手抽出。

2）端盖的拆卸。先拆下后轴承外盖，再旋下后端盖的紧固螺钉，最后，将前端盖拆下，为便于校正，在端盖与机座的接缝处要做好标记，两个端盖的记号应有所区别。拆卸时应注意：

① 可用螺钉旋具或铲沿缝口四周轻轻撬动，再用锤子轻轻敲打端盖与机壳的接缝处，但不可用力过猛。

② 对于容量较小的电动机，只需拆下后盖，而前盖将连着风扇与转子一起抽出。

③ 拆端盖时，应先拆除负载侧端盖。

3）旧绕组拆除。旧绕组拆除是电动机拆装过程中最重要的内容。为了易于修复，保持原来电动机的性能，在旧绕组的拆除过程中，应按下列步骤进行。

① 详细记录电动机的铭牌数据和绕组数据，按表2-8和表2-9填写相关内容。

表2-8　电动机铭牌数据记录表

名　称	内容与数据	名　称	内容与数据
型号		额定电压	
额定功率		额定电流	
额定转速		接法	
绝缘等级		安装方式	

表 2-9　电动机绕组数据记录表

名　称	内容与数据	名　称	内容与数据
槽数		线圈嵌放方法	
每槽导线数		线圈端部的伸出长度	
导线型号与规格		线圈展开的长度	
导线并绕根数		导线绝缘的性质	
绕组形式		绑扎的个数和尺寸	
线圈的匝数		槽楔的材料	
线圈的节距		槽楔的尺寸和形状	
线槽尺寸		导线总重量	
铁心长度			

② 在小型电动机中，一般采用半封口式线槽，拆卸绕组比较困难，大多数情况下必须先将线圈的一端铲断，然后从另一端用钳子把导线拉出来。方法是用一把锋利的带斜度的扁铲，将扁铲的斜面平放在槽口上，用锤子敲击，便可以将导线一根一根地铲断，操作时用力不要太猛，以防把铁心铲坏。注意拆除过程中应保留一个完整的线圈以便量取其各部分的数据。

③ 对于双层绕组，先拆除上层导线，再拆除下层导线；对同心绕组，先拆除外层导线，再拆里层导线。

④ 对于难以取出的线圈，可以用加热法将旧线圈加热到一定温度，再将线圈从槽楔中拉出来。常用的加热方法有电热鼓风恒温干燥箱加热法、通电加热法和用木柴直接燃烧法等。

4）清槽与整角。拆除旧的绕组后，定子槽内留有残余的绝缘物质和杂质，为保证电动机的性能，必须清理定子槽。在清理过程中不准用锯条、凿子在槽内乱拉乱划，以免产生毛刺，影响嵌线质量，应轻轻剥去绝缘物，再用皮老虎或用压缩空气吹去槽内的灰尘和杂质。

如果铁心边缘局部张开或用火烧法拆除绕组时因敲打、拉凿引起槽齿变形，必须对定子槽进行整角。方法是用一块硬质木块对准胀开的定子齿的上部，用锤子敲打木块，直到恢复原状为止。若铁心高低不平，处理时不允许用锉刀，以免因产生毛刺使个别硅钢片间连接而形成短路，造成铁心发热。此时，可用扁铲轻轻打下凸出部分，然后用皮老虎或压缩空气吹出铁屑，再涂上一层绝缘漆。

定子铁心常见的故障多是由于修理过程中不注意，或铁心两端压环的位置不合适，垫圈和铁心边缘上的硅钢片不够坚硬，使定子两端面上的槽齿沿轴的方向向外张开成扇形，这种现象很容易损坏线圈绝缘。出现上述情况时，可用螺栓夹紧圆盘，再通过圆盘压紧铁心，使其恢复原状。螺栓的单位拉紧力一般应不小于 200N/mm^2。

4. 实训内容及要求

将一台小型三相笼型异步电动机绕组完全拆除。说明：定子绕组未浸漆，应尽量保持完好，不得用加热法拆除绕组。

1）按步骤拆除电动机，并将电动机的原始数据和拆卸情况记入表 2-10 中。

2）各种工具的操作方法正确。

3）将拆除的所有零部件逐个清点，登记备用。

表 2-10 实训记录表

步 骤	内 容	工 艺 要 点
1	拆前的准备工作	电工工具： 电工仪表： 其他工具： 电动机铭牌：
2	拆卸顺序	1） 2） 3） 4） 5） 6）
3	拆卸轴承	1）使用工具________ 2）方法________
4	拆卸端盖	1）使用工具________ 2）工艺要点________ 3）注意事项________
5	拆除线圈	1）使用工具________ 2）工艺要点________ 3）注意事项________
6	清槽	1）使用工具________ 2）工艺要点________ 3）注意事项________
7	整角	1）使用工具________ 2）工艺要点________ 3）注意事项________
8	整理零部件	所有部件及其编号：

（二）电动机线圈的绕制

1. 实训目的

掌握电动机线圈绕制的基本方法和基本工艺。

2. 实训器材

绕线机、绕线模及漆包线。

3. 讲解示范内容

（1）绕线专用工具介绍

1）绕线机。在工厂中绕制线圈都采用专用的大型绕线机。对于普通小型电动机的线圈，可用小型手摇绕线机。

2）绕线模。绕制线圈必须在绕线模上进行，绕线模一般用质地较硬的木质材料或硬塑料制成，应不易破裂和变形。因为嵌线的质量，线圈的耗铜量、外形尺寸以及电动机重换绕组后的运行特性都和绕线模的大小有密切的关系，所以绕线模的尺寸大小应根据电动机的线圈尺寸制作。

如果极相组是由几个线圈连在一起组成的，就需制作几个相同的模子，这样，整个极相组就可以一次绕成，中间没有接头。这种做法虽然嵌线稍麻烦些，但外形美观，并且避免发

生个别线圈反接的可能。

3）划线板。由竹子或硬质塑料等制成，划线端呈鸭嘴形，划线板要光滑，厚薄适中，要求能划入槽内 2/3 处。

4）压线板。一般用黄铜或低碳钢制成，当嵌完每槽导线后，就利用压线板将蓬松的导线压实，并应使竹签能顺利打入槽内。

（2）定子绕组展开图的绘制　定子绕组展开图的绘制如图 2-25 所示。

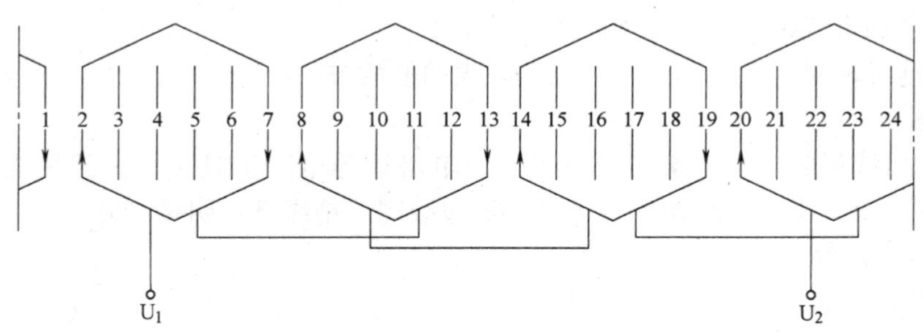

图 2-25　U 相绕组展开图

（3）线圈的绕制方法

1）绕线模尺寸的确定。在线圈嵌线过程中，有时线圈嵌不下去，或嵌完后难以整形；线圈端部凸出，盖不上端盖，即便勉强盖上也会使导线与端盖相碰触而发生接地短路故障。这些都是因为绕线模的尺寸不合适造成的。绕线模的尺寸选得太小会造成嵌线困难，太大又会浪费导线，使导线难以整形且增加绕组电阻和端部漏抗，影响电动机的电气性能。因此，绕线模尺寸必须合适。选择绕线模的方法为：在拆线时应保留一个完整的旧线圈，作为选用新线圈的尺寸依据，新线圈尺寸可直接从旧线圈上测量得出，然后用一段导线按已决定的节距在定子上先测量一下，试做一个绕线模模型来决定绕线模尺寸，绕线模端部不要太长或太短，以方便嵌线为宜。

2）绕线注意事项。

① 新线圈所用导线的粗细、绕制匝数以及导线截面积，应按原线圈的数据选择。

② 检查导线有无掉漆，如有，需涂绝缘漆，晾干后才可绕线。

③ 绕线前，将绕线模正确地安装在绕线机上，用螺钉拧紧，导线放在绕线架上，将线圈始端留出的线头缠在绕线模的小钉上。

④ 摇动手柄，从左向右开始绕线。在绕线的过程中，导线在绕线模中要排列整齐、均匀，不得交叉或打结，并随时注意导线的质量，如果绝缘有损坏应及时修复。

⑤ 若在绕线过程中发生断线，可在绕完后再焊接接头，但必须把焊接点留在线圈的端接部分，而不准留在槽内，因为在嵌线时槽内部分的导线要承受机械力，容易被损坏。

⑥ 将扎线放入绕线模的扎线口中，绕到规定匝数时，将线圈从绕线槽上取下，逐一清数线圈匝数，不够的添上，多余的拆下，再用扎线扎好。然后按规定长度留出接线头，剪断导线，从绕线模上取下即可。

⑦ 采用连绕的方法可减少线圈间的接头。把几个同样的绕线模紧固在绕线机上，绕法同上，绕完一把用扎线扎好一把，直到全部完成。按次序把线圈从绕线模上取下，整齐地放在搁线架上，以免碰破导线绝缘层或把线圈搞脏、搞乱，影响线圈质量。

⑧ 绕线机长时间使用后，可能导致齿轮啮合不好，标度不准，因此一般不用于连绕；用于单把绕线时也应即时校正，绕后清数，确保匝数的准确性。

4. 实训内容及要求

线圈的绕制要求：正确使用绕线机；线圈外观整齐，数据准确。

（三）电动机绕组的嵌线

1. 实训目的

1）掌握电动机绕组嵌线的基本方法和基本工艺。

2）掌握绝缘电阻的测量方法和绝缘电阻表的使用方法。

2. 实训器材

划线板、压线板各 1 套，剪刀、电工刀、电烙铁等电工工具 1 套，万用表、绝缘电阻表、干电池各 1 只，小型三相调压器 1 只，漆包线圈、绝缘纸、引槽纸若干。

3. 讲解示范内容

（1）嵌线的基本方法

1）绝缘材料的裁制。为了保证电动机的质量，新绕组的绝缘必须与原绕组的绝缘相同。小型电动机定子绕组的绝缘，一般用两层 0.12mm 厚的电缆纸，中间隔一层玻璃（丝）漆布或黄蜡绸。绝缘纸外端部最好用双层，以增加绝缘强度。槽绝缘的宽度以放到槽口下角为宜，下线时另用引槽纸。为了方便，不用引槽纸也可以，只要将绝缘纸每边高出铁心内径 25～30mm 即可。

线圈端部的相间绝缘可根据线圈节距的大小来裁制，应保持相间绝缘良好。

2）嵌线顺序。

1-3-5-24-7-2-9-4-11-6-13-8-15-10-17-12-19-14-21-16-23-18-20-22

注意：①1、3、5、9、19、23 为带出线端槽；②三绕组 6 根出线尽量靠近电动机出线口。

3）单链短节距绕组的嵌线方法。

① 先将 U 相第一个线圈的一个有效边嵌入槽 1 中，线圈的另一个有效边暂时还不能嵌入槽 20 中。为了防止未嵌入槽内的线圈边和铁心角相摩擦而破坏导线绝缘层，要在导线的下面垫上一块牛皮纸或绝缘纸。

② 空一个槽（2 号槽）暂时不嵌线，再将 W 相第一个线圈的一个有效边嵌入槽 3 中。同样，线圈的另一个有效边暂时还不能嵌入槽 22 中。

③ 然后，再空一个槽（4 号槽）暂不嵌线，将 V 相第一个线圈的一个有效边嵌入槽 5 中，这个线圈的另一个有效边就可以嵌入槽 24 中。

④ 接下来的嵌法一样，依次 U、W、V 类推，直到全部线圈的有效边都嵌入槽中后，才能将开始嵌线的两线圈的另一个有效边分别嵌入槽 20 和槽 22 中。

（2）嵌线的主要工艺要求　嵌线是电动机装配中的主要环节，必须按特定的工艺要求进行。

① 嵌线。嵌线前，应先把绕好线圈的引线理直，并套上黄蜡管，将引槽纸放入槽内，但绝缘纸要高于槽口 25～30mm，在槽外部分张开。为了加强槽口两端的绝缘及机械强度，绝缘纸两端伸出部分应折叠成双层，两端应伸出铁心 10mm 左右。然后，将线圈的宽度稍微压缩，使其便于放入定子槽内。

嵌线时，最好在线圈上涂些蜡，这样有利于嵌线。然后，用手将导线的一边疏散开，用手指将导线捻成一个扁片，从定子槽的左端轻轻顺入绝缘纸中，再顺势将导线轻轻地从槽口左端拉入槽内。在导线的另一边与铁心之间垫一张牛皮纸，防止线圈未嵌入的有效边与定子铁心摩擦，划破导线绝缘层。若一次拉入有困难，则可将槽外的导线理好放平，再用划线板把导线一根一根地划入槽内。

嵌线时要细心。嵌好一个线圈后要检查一下，看其位置是否正确，然后，再嵌下一个线圈。导线要放在绝缘纸内，若把导线放在绝缘纸与定子槽的中间，将会造成线圈接地或短路。注意，不能过于用力把线圈的两端向下按，以免定子槽的端口将导线绝缘层划破。

② 压导线。嵌完线圈，如槽内导线太满，可用压线板沿定子槽来回地压几次，将导线压紧，以便能将竹楔顺利打入槽口，但一定注意不可猛撬。端部槽口转角处，往往容易凸起，使线嵌不进去，可垫着竹板轻轻敲打至平整为止。

③ 封槽口。嵌完后，用剪子将高于槽口 5mm 以上的绝缘纸剪去。用划线板将留下的 5mm 绝缘纸分别向左或向右划入槽内。将竹楔一端插入槽口，压入绝缘纸，用锤子轻轻敲入。竹楔的长度要比定子槽长 7mm 左右，其厚度不能小于 3mm，宽度应根据定子槽的宽窄和嵌线后槽内的松紧程度来确定，以导线不发生松动为宜。

④ 端部相间绝缘。线圈端部、每个极相端之间必须加垫绝缘物。根据绕组端部的形状，可将相间绝缘纸剪裁成三角形等形状，高出端部导线约 5 ~ 8mm，插入相邻的两个绕组之间，下端与槽绝缘接触，把两相绕组完全隔开。双层绕组相间绝缘可采用两层绝缘纸中间夹一层 0.18mm 的绝缘漆布；单层绕组相间绝缘可用两层 0.18mm 的绝缘漆布或一层复合青壳纸。

⑤ 端部整形。为了不影响通风散热，同时又使转子容易装入定子内膛，必须对绕组端部进行整形，形成外大里小的喇叭口。整形方法：用手按压绕组端部的内侧或用木榔头敲打绕组，严禁损伤导线漆膜和绝缘材料，使绝缘性能下降，以致发生短路故障。

⑥ 包扎。端部整形后，用白布带对线圈进行统一包扎，因为虽然定子是静止不动的，但电动机在起动过程中，导线也会受电磁力的作用。

（3）接线　接线分为内部接线和外部接线两部分。内部接线就是嵌线完毕后，把线圈的组与组连接起来，根据电动机的磁极数和绕组数，按照绕组的展开图把每相绕组顺次连接起来，组成一个完整的三相绕组线路；外部接线就是将三相绕组的 6 个接线端（其中有 3 个首端、3 个尾端）按星形或三角形连接到接线排上。

端部接线时，必须注意以下几点：

① 确定出线口，清理线圈接头。焊接接头前要留出一定的焊头长度，清除其绝缘漆层，并将导线头打磨干净，扭在一起。

② 用焊锡焊接是最普遍、最简单的方法。焊接时应先将处理干净的待焊导线端头涂上钎焊剂，及时将烧热的电烙铁放在被焊导线上进行预热，待钎焊剂沸腾冒烟时，迅速用焊锡丝接触烙铁头和导线头，使焊锡在钎焊剂的作用下自动流入焊接处。电烙铁要平稳移开，以免在接头处留下尖端。操作时，要严防焊液滴到绕组上，损坏绕组绝缘，造成匝间短路。电烙铁不能烧得过热，以免电烙铁头急剧氧化而挂不上焊锡。对于小型电动机，使用 50W 以下的电烙铁即可。

（4）绕组的检查与测试　接线完成后，应仔细检查三相绕组的接线有无错误，绝缘有无损坏，线圈是否有接地、短路或断路等现象。

① 检查每相绕组是否接反。

② 检查三相绕组首尾端是否接反。

③ 检查相间与相地间的绝缘情况。线圈嵌好后，要求绝缘良好。若绕组对地绝缘不良或相间绝缘不良，就会造成绝缘电阻过低而不合格。检验绕组对地绝缘和相间绝缘的方法是用绝缘电阻表测量其绝缘电阻。

把绝缘电阻表未标有接地符号的一端接到电动机绕组的引出线端，把标有接地符号的一端接在电动机的机座上，以120r/min 的速度摇动绝缘电阻表的手柄进行测量。测量时既可分相测量，也可三相并在一起测量。测量相间绝缘电阻时，应把三相绕组的6个引出线端连接头全部拆开，用绝缘电阻表分别测量每两相之间的绝缘电阻。

低压电动机可采用500V 绝缘电阻表，要求对地绝缘电阻与相间绝缘电阻不小于5MΩ。如低于此值，就必须经干燥处理后才能进行耐压试验。

4. 实训内容及要求

1）小型三相异步电机定子绕组的嵌线。要求：

① 画出定子展开图，按图嵌线。

② 操作方法正确，动作规范。

③ 结果符合电动机的原始数据。

④ 注意相间绝缘和相地绝缘。

⑤ 所拆零部件摆放有序整齐。

⑥ 注意操作安全。

2）接线与绝缘检查。要求：

① 用多种方法反复检查接线，确保准确无误。

② 用绝缘电阻表反复检查绝缘情况，并记录每一次测量的电阻值。

（四）电动机的装配、试验与故障排除

1. 实训目的

1）掌握电动机的安装、试验与故障排除的一般方法。

2）掌握万用表、钳形电流表、绝缘电阻表等电工仪表的使用方法。

2. 实训器材

电工仪表；自装配电动机1台；电工工具。

3. 讲解示范内容

（1）电动机的装配　电动机的装配工序与拆卸时的工序相反。主要步骤及工艺要求如下。

1）装配前的检查。

装配前应认真清点各零部件的个数，检查定子、转子、轴承上有无杂物或油污。

检查轴承质量是否合格，用机油清洗轴承，并加适当润滑脂。安装时标号必须向外，以便以后更换时核查轴承型号。

2）装配端盖。

① 后端盖的装配。将轴伸端朝下垂直放置，在其端面上垫上木板，将后端盖套在后轴承上，用木榔头敲打，把后端盖敲进去后，装轴承外端盖。注意紧固内外轴承盖螺栓时，要

同时拧紧，不能先拧紧一个，再拧紧另一个。

② 前端盖的装配。将前端盖对准机座标记，用木榔头均匀敲击端盖四周，不可单边着力。在拧上端盖的紧固螺栓时，也要四周均匀用力，按对角线上下左右逐步拧紧，不能先拧紧一个，再拧紧另一个，不然会造成耳攀断裂和转子同心度不良。在装前轴承外端盖时，先在轴承外端盖孔内插入一根螺栓，一只手顶住螺栓，另一只手慢慢转动转轴，内轴承盖也随之转动，当手感觉到轴承内外盖螺孔对齐时，就可以将螺栓拧入内轴承盖的螺孔内。

3）装配后的机械性能检查。

① 所有紧固螺钉是否拧紧。

② 轴承内是否有杂声。

③ 转子是否灵活，无扫膛、无松动现象。

④ 轴伸径向偏摆是否超过允许值。

（2）电动机装配后的电气检查与试验

1）直流电阻的测定。测量目的是检验定子绕组在装配过程中是否造成线头断裂、松力及绝缘不良等现象。具体方法是测三相绕组的直流电阻是否平衡，要求误差不超过平均值的4%。根据电动机功率的大小，绕组的直流电阻可分为高电阻（10Ω 以上）和低电阻。高电阻用万用表测量，低电阻用精度较高的电桥测量，测量三次，取其平均值。

2）绝缘电阻的测定。测量目的主要是检验绕组对地绝缘和相间绝缘。

① 测量对地绝缘电阻。把绝缘电阻表未标有接地符号的一端接至电动机绕组的引出线端，把标有接地符号的一端接在电动机的机座上，以 120r/min 的速度摇动绝缘电阻表的手柄进行测量。测量时既可分相测量，又可三相并在一起测量。

② 测量相间绝缘电阻。把三相绕组的 6 个引出线端连接头全部拆开，用绝缘电阻表分别测量每两相之间的绝缘电阻。

3）反转试验。将三相电源任意两相对调，三相异步电动机便反转运行。

4. 实训内容及要求

1）小型异步电动机的装配，要求按步骤将前面拆除的电动机重新装配起来，并保持原电动机的基本参数不变。

2）电动机装好后必须进行常规试验，要求记录试验的全部数据。

5. 思考题

1）试说明极距、节距、电角度、槽距角、相带、极相组、每极每相槽数、整距绕组及短距绕组等术语。

2）电枢绕组基本要求有哪些？

3）怎样判断电枢绕组是单层绕组还是双层绕组？

4）说明三相绕组端部的连接以及三相绕组引出线的原则与方法。

5）异步电动机定子绕组有几种连接方法？

6）电动机装配时应注意哪些问题？

7）简述嵌线的工艺过程。

8）怎样进行连接线的焊接？焊接时应注意哪些问题？

（五）考核与评价

项目考核内容与考核标准见表 2-11。

表 2-11 项目考核内容与考核标准

序号	考核内容	考核要求	配分	评分标准	得分
1	拆卸、装配	能正确拆卸、组装电动机	40	1）拆卸和装配方法及步骤不正确，每次扣 10 分 2）拆装不熟练，扣 10 分 3）丢失零部件，每件扣 10 分 4）拆卸后不能组装，扣 10 分 5）损坏零部件，扣 10 分	
2	检查、校验	能正确检查、校验电动机	40	1）丢失或漏装零部件，扣 5 分 2）装配后绝缘电阻太小，扣 5 分 3）装配后出现短路或断路，扣 20 分 4）校验方法不正确，扣 5 分 5）校验结果不正确，扣 5 分	
3	安全文明操作	确保人身和设备安全	20	违反安全文明操作规程，扣 10～20 分	
备注		合计			
		教师评价		年 月 日	

四、知识拓展——三相异步电动机的常见故障及处理方法

三相异步电动机的故障一般可分为电气故障和机械故障。电气故障主要包括定子绕组故障、转子绕组故障和电路故障；机械故障包括轴承故障、风扇故障、端盖故障、转轴故障及机壳故障等。

要正确判断电动机发生故障的原因，是一项复杂而细致的工作。电动机在运行时，不同的故障原因会产生很相似的故障现象，这给分析、判断和查找故障原因带来一定的难度。为了尽量缩短因故障停机的时间，迅速修复电动机，对故障原因的判断就要快而准。造成电动机故障的原因很多，仅靠最初查出的故障是不够的，还应在初步分析的基础上，使用各种仪表(万用表、绝缘电阻表、钳形表及电桥)进行必要的测量检查。除了要检查电动机本身可能出现的故障外，还要检查所拖带的机械设备及供电线路和控制线路。通过认真检查，找出故障点，准确地分析造成故障的原因，才能有针对性地进行处理，并采取预防措施，以防止故障再次发生。

五、项目小结

正常运行的异步电动机是一种单边励磁的电动机，即只有一边接到电源上，另一边的电动势、电流依靠感应作用而产生，因此，从空载到负载，其气隙磁场基本不变；而直流电动机则属于双边励磁的电动机，磁极、电枢两边都有电源相接，其气隙磁场是随负载变化的。

电磁转矩是载流导体在磁场中受力而产生的，在电磁转矩的作用下，电动机转子才能拖动机械负载，向负载输出机械功率，因此电磁转矩是电动机进行机械能量转换的关键。额定电磁转矩、最大电磁转矩和起动电磁转矩都是异步电动机的重要性能指标。

当电源的电压和频率均为额定值，而负载变化时，电动机的转差率(或转速)、效率、

功率因数、输出转矩及定子电流随输出功率而变化的关系称为异步电动机的工作特性，从工作特性可知，异步电动机基本上也是一种恒速的电动机，但在任何负载下功率因数始终是滞后的，这是异步电动机的不足之处。异步电动机的电磁转矩与转差率的关系极为重要，必须掌握其分析方法，并认识其特点。

项目四 三相异步电动机的应用

一、项目导入

三相异步电动机的起动性能要求起动电流小、起动转矩足够大；调速性能要求调速范围宽、调速平滑性佳、具有硬机械特性；制动性能要求准确停车、平稳下放重物等。本项目通过案例介绍三相异步电动机的起动、制动和调速方法的选择与计算。

二、相关知识

（一）三相异步电动机的机械特性

三相异步电动机的机械特性是指在定子电压、频率和参数固定的条件下，电磁转矩 T_{em} 与转速 n(或转差率 s)之间的函数关系：$T_{em}=f(n)$ 或 $T_{em}=f(s)$。通常把 $T_{em}=f(s)$ 称为 T—s 曲线。

1. 机械特性的表达式

（1）机械特性的物理表达式

$$T_{em}=C_T\Phi_m I_2'\cos\varphi_2 \tag{2-12}$$

式中，C_T 为电磁转矩常数；Φ_m 为主磁通；$I_2'\cos\varphi_2$ 为转子电流有功分量。

（2）机械特性的参数表达式

$$T_{em}=\frac{3pU_1^2\frac{R_2'}{s}}{2\pi f_1\left[\left(R_1+\frac{R_2'}{s}\right)^2+(X_{1\sigma}+X_{2\sigma}')^2\right]} \tag{2-13}$$

式(2-13)是用电动机参数表示 $T_{em}=f(s)$ 的关系式。等式右边包含了定子电阻 R_1、定子漏抗 $X_{1\sigma}$、转子折算电阻 R_2' 和转子折算漏抗 $X_{2\sigma}'$。这些参数当电动机制造好以后就有确定值，供电频率 f_1 不变时这些参数不变，电动机极对数 p 为常数。这就是三相异步电动机的机械特性参数表达式。当固定 U_1、f_1 时，可以将 $T_{em}=f(s)$ 之间的关系用曲线表示，称为 T—s 曲线，如图 2-26 所示。

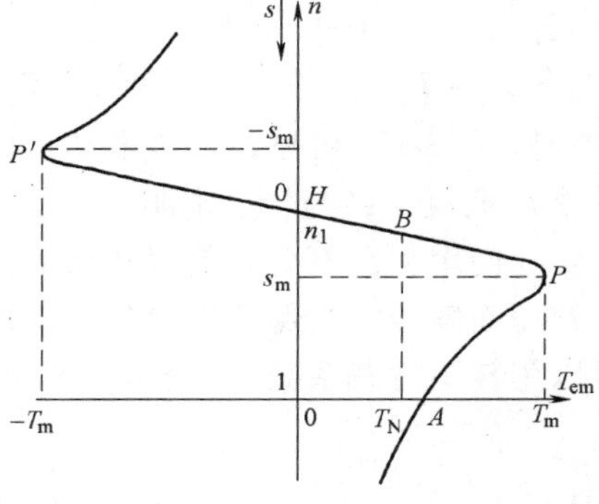

图 2-26 三相异步电动机的 T—s 曲线

1）T—s 曲线分析。从图 2-26 可见，异步电动机的机械特性是一条曲线，并且跨Ⅰ、Ⅱ及Ⅳ三个象限。下面对异步电动机的 T—s 曲线进行分析。

① 额定工作点 B。异步电动机工作在额定点 B 时，电动机的各项参数均为额定值。其特点是：$n=n_N$，$s=s_N$，$T_{em}=T_N$，$I_1=I_{1N}$。

② 起动点 A。起动点 A 的转速 $n=0$，转差率 $s=1$，起动电流为 I_{st}，$I_{st}=(5\sim7)I_{1N}$，对应的电磁转矩为 T_{st}，T_{st}称为起动转矩。将 $s=1$ 代入式(2-15)，可得到异步电动机的起动转矩公式为

$$T_{st}=\frac{p}{2\pi f_1}\frac{3U_1^2R_2'}{(R_1+R_2')^2+(X_{1\sigma}+X_{2\sigma}')^2} \tag{2-14}$$

由式(2-14)可知：当电源频率f_1 和电动机的参数为常数时，起动转矩 T_{st}与定子相电压的二次方成正比。所以电源电压较低时，起动转矩明显降低。增加转子回路的电阻 R_2'，可以增加起动转矩 T_{st}。起动转矩 T_{st}的大小常用起动转矩倍数 K_{st}表示，即

$$K_{st}=\frac{T_{st}}{T_N} \tag{2-15}$$

K_{st}反映了电动机的起动能力，是笼型异步电动机的一个重要技术参数，该数据可在产品目录中查到。起动时，只有当起动转矩 T_{st}大于负载转矩 T_L 时，系统才能起动。

③ 同步转速点 H。H 点所对应的转速是理想空载转速，即同步转速 n_1。从 T—s 曲线中可见，H 点的特点是 $n=n_1(s=0)$，电磁转矩 $T_{em}=0$，转子电流 $I_2=0$，定子电流 $I_1=I_{10}$。在实际运行中，没有外转矩拖动电动机，电动机转速是不能达到 n_1 点的。所以电动机的实际空载转速是小于 n_1 的。

④ 最大转矩点 P。最大转矩点 P 对应的电磁转矩为异步电动机电磁转矩的最大值 T_m，称为最大转矩。最大转矩 T_m 对应的转差率 s_m 称为临界转差率。最大转矩 T_m 可以通过对式(2-13)中的 s 求导，并令 $dT_{em}/ds=0$ 求出 $T_{em}=T_m$ 时的转差率 s_m，即

$$s_m=\pm\frac{R_2'}{\sqrt{R_1^2+(X_{1\sigma}+X_{2\sigma}')^2}} \tag{2-16}$$

从式(2-16)可见，s_m 仅与电动机的参数有关，与电动机电压和转速无关，与转子回路的电阻 R_2' 成正比，因此改变转子回路电阻，可以改变产生最大转矩时的转差率 s_m。当绕线转子异步电动机转子回路串入电阻时，s_m 将变大，当 $s_m=1$ 时，起动转矩 $T_{st}=T_m$，达到最大。将 s_m 代入式(2-13)，即可求得最大电磁转矩 T_m 为

$$T_m=\pm\frac{3pU_1^2}{4\pi f_1[\pm R_1+\sqrt{R_1^2+(X_{1\sigma}+X_{2\sigma}')^2}]} \tag{2-17}$$

式(2-17)取正号时，对应于 T—s 曲线中的 P 点，是异步电动机电动运行状态时可产生的最大电磁转矩 T_m 的工作点；取负号时，则对应图中的 P'点是发电运行状态时的最大转矩 $-T_m$ 的工作点。由于式(2-17)中的 R_1 前有正负号，所以 T_m 和 $-T_m$ 的绝对值并不相等，即 $|T_m|<|-T_m|$。当忽略 R_1 时，$|T_m|=|-T_m|$。

从式(2-17)可见，异步电动机的最大转矩 T_m 与电源电压 U_1 的二次方成正比，与电源频率f_1 成反比，与转子电阻 R_2' 无关。当转子回路串电阻时，虽然 s_m 变大，但 T_m 保持不变。在实际使用中，不允许负载转矩 T_L 大于 T_m。如果电动机所带负载转矩 $T_L>T_m$，拖动系统就会减速而停转。为保证不会因短期过载而停转，异步电动机应有一定的过载能力。过载能力可以用转矩过载系数 K_T 表示，即

$$K_T=\frac{T_m}{T_N} \tag{2-18}$$

⑤ 稳定运行区域。异步电动机的机械特性分为以下两个区域。

a）转差率 $0\sim s_m$ 区域。在此区域内转差率 s 比较小，式(2-13)可以近似为

$$T_{em}=\frac{3pU_1^2sR_2'}{2\pi f_1[(sR_1+R_2')^2+s^2(X_{1\sigma}+X_{2\sigma}')^2]}$$

$$\approx\frac{3pU_1^2s}{2\pi f_1R_2'}\propto s \tag{2-19}$$

从式(2-19)可见，T_{em}与 $s(n)$ 近似成直线关系，该区域是异步电动机的稳定区域，一般情况下异步电动机要求运行在这一区域。只要负载转矩小于电动机的最大转矩，电动机就可以在该区域内稳定运行。

b）转差率 $s_m\sim1$ 区域。在此区域内转差率 s 比较大，转矩公式(2-13)可以近似为

$$T_{em}=\frac{3pU_1^2\frac{R_2'}{s}}{2\pi f_1\left[\left(R_1+\frac{R_2'}{s}\right)^2+(X_{1\sigma}+X_{2\sigma}')^2\right]}$$

$$\approx\frac{3pU_1^2\frac{R_2'}{s}}{2\pi f_1[(R_1)^2+(X_{1\sigma}+X_{2\sigma}')^2]}\propto\frac{1}{s} \tag{2-20}$$

从式(2-20)可见，T_{em}与 $s(n)$ 近似成反比关系。即 s 增大时，T_{em}减小，在该区域为异步电动机的不稳定区域。但水泵、风机类负载可以在此区域稳定运行。

2）异步电动机在三个不同象限的运行情况如下。

① 在Ⅰ象限时，电动机转速在 $0<n<n_1$、转差率在 $0<s<1$ 的范围内，电磁转矩 T_{em}为正值，转子旋转方向与旋转磁场的旋转方向一致，电动机处于电动运行状态。

② 在Ⅱ象限时，电机转速 $n>n_1$、转差率 $s<0$，电磁转矩 T_{em}为负值，转速为正，转子的旋转方向与旋转磁场的旋转方向一致，此时，电动机处于发电运行状态，也是一种制动状态。

③ 在Ⅳ象限时，电机转速 $n<0$、转差率 $s>1$，电磁转矩 T_{em}为正，转子的旋转方向与旋转磁场的旋转方向相反，电动机处于制动状态。

（3）机械特性的实用表达式

$$T_{em}=\frac{2K_TT_N}{\frac{s_m}{s}+\frac{s}{s_m}} \tag{2-21}$$

异步电动机的实用公式很简单，使用起来也较方便。同时最大转矩对应的转差率 s_m 的公式也是很有用的。

【例2-3】 一台三相绕线转子异步电动机，已知额定功率 $P_N=150\text{kW}$，额定电压 $U_{1N}=380\text{V}$，额定频率 $f_1=50\text{Hz}$，额定转速 $n_N=1460\text{r/min}$，转矩过载系数 $K_T=2.3$。求电动机的转差率 $s=0.02$ 时的电磁转矩及拖动恒转矩负载860N · m时电动机的转速。

解：根据额定转速 n_N 的大小可以判断出旋转磁场的转速 $n_1=1500\text{r/min}$。则额定转差率为

$$s_N=\frac{n_1-n}{n_1}=\frac{1500-1460}{1500}=0.027$$

临界转差率为　$s_m=s_N(K_T+\sqrt{K_T^2-1})=0.027\times(2.3+\sqrt{2.3^2-1})=0.118$

额定转矩为 $T_N=\frac{P_N}{\Omega_N}=\frac{60}{2\pi}\times1000\frac{P_N}{n_N}=9550\frac{P_N}{n_N}=9550\times\frac{150}{1460}\text{N}\cdot\text{m}=981.2\text{N}\cdot\text{m}$

当 $s=0.02$ 时的电磁转矩为

$$T_{em}=\frac{2K_TT_N}{\frac{s_m}{s}+\frac{s}{s_m}}=\frac{2\times2.3\times981.2}{\frac{0.118}{0.02}+\frac{0.02}{0.118}}\text{N}\cdot\text{m}=743.5\text{N}\cdot\text{m}$$

设电磁转矩为 860N · m 的转差率 s'，由实用公式得

$$T_{em}=\frac{2K_TT_N}{\frac{s_m}{s'}+\frac{s'}{s_m}}$$

代入数据得 $860=\frac{2\times2.3\times981.2}{\frac{0.118}{s'}+\frac{s'}{0.118}}$（由于定、转子回路阻抗没变，所以 s_m 不变）上式是一个二次方程，解得 $s_1'=0.0234$，$s_2'=0.596$。根据 T—s 曲线可知，当电动机负载转矩 860N · m 小于额定转矩 $T_N=981.2\text{N}\cdot\text{m}$ 时，对应转差率 s' 也应小于 $s_N=0.027$。所以 $s_2'=0.596$ 不合题意，舍去。

电动机转速为 $n=(1-s')n_1=(1-0.0234)\times1500\text{r/min}=1465\text{r/min}$

2. 固有机械特性和人为机械特性

（1）固有机械特性　三相异步电动机在额定电压、额定频率不变，定、转子回路不接入任何电路元件条件下的机械特性称为固有机械特性。

一般来讲，对于任一异步电动机，固有的机械特性曲线只有一条。当改变任一参数时，就变为一条人为机械特性曲线了。

（2）人为机械特性　三相异步电动机用于电力拖动时，固有的机械特性远远不能满足负载运行的要求，因此常常需要人为地改变电动机的机械特性。人为地改变异步电动机的电源电压 U_1、电源频率 f_1、定子极对数 p、定子回路的电阻 R_1、电抗 $X_{1\sigma}$ 和转子回路电阻 R_2'、电抗 $X_{2\sigma}'$ 这些参数中的一个或两个时，异步电动机的机械特性就会发生变化，从而得到不同的人为特性。下面介绍几种常用的人为机械特性。

1）改变定子电压的人为机械特性。一般情况下，改变定子电压 U_1 的大小通常是降低定子电压，这是由于异步电动机的磁路在额定电压下已有些饱和以及电动机绝缘的限制，因而不宜再升高电压。下面只讨论降低定子电压 U_1 时的人为机械特性。在降低定子电压时，电动机其他参数均不变。其特点是：

① 异步电动机的同步转速 $n_1=\frac{60f_1}{p}$，与电压 U_1 无关，可见，不管 U_1 降至何值，n_1 的大小不会改变。就是说，不同电压 U_1 的人为机械特性，都通过 $(0,n_1)$ 点。

② 异步电动机临界转差率 $s_m=\frac{R_2'}{\sqrt{R_1^2+(X_{1\sigma}+X_{2\sigma}')^2}}$，与电压 U_1 无关，不同电压 U_1 的人为机械特性，s_m 相同。

③ 异步电动机的电磁转矩 $T_{em}\propto U_1^2$。因此，最大转矩 T_m 以及起动转矩 T_{st} 都要随 U_1 的降低而按 U_1^2 规律减小。不同电压 U_1 的人为特性如图 2-27 所示。

2）定子回路串接三相对称电阻的人为机械特性。在其他量不变的条件下，仅改变异步

电动机定子回路电阻，如串入三相对称电阻 R_f。显然，定子回路串入电阻，不影响同步转速 n_1。但是，从式(2-13)、式(2-14)、式(2-16)和式(2-17)看出，电磁转矩 T_{em}、起动转矩 T_{st}、最大电磁转矩 T_m 和临界转差率 s_m 都随着定子回路电阻值增大而减小。在分析计算异步电动机定子回路串接三相对称电阻的各种情况时，其计算公式中的 R_1 代入定子回路的电阻和串接电阻 R_f 之和(一相值)即可。用绘制固定机械特性曲线的方法，可以画出定子回路串接三相对称电阻的人为机械特性曲线，如图 2-28 所示。

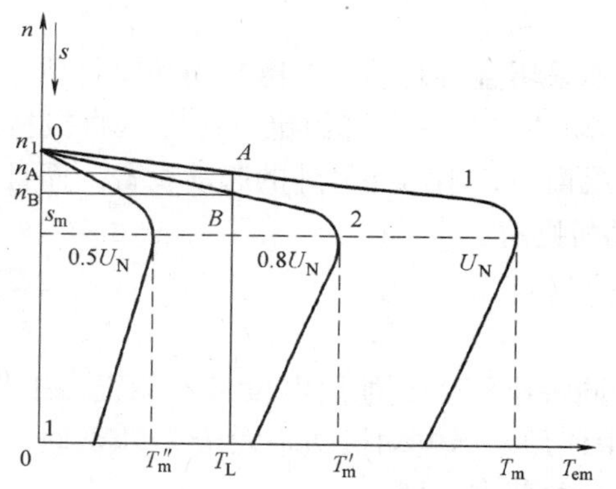

图 2-27 改变定子电压的人为机械特性

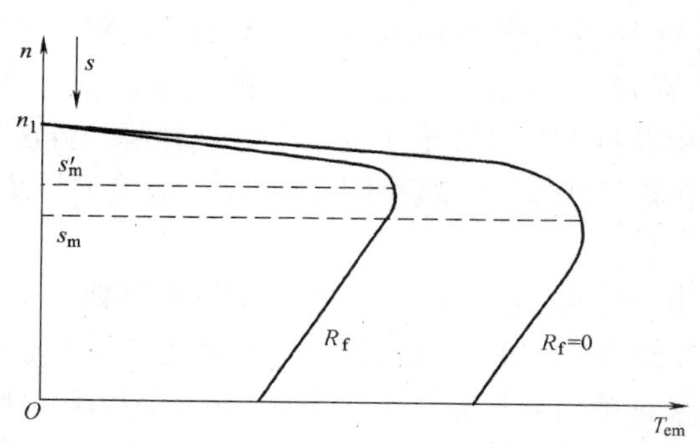

图 2-28 定子回路串接三相对称电阻的人为机械特性

3）定子回路串接三相对称电抗的人为机械特性。异步电动机定子回路串入三相对称电抗 X_c 时，n_1 不变，但是由式(2-14)、式(2-16)和式(2-17)可知 T_{st}、s_m 及 T_m 均减小了，其人为机械特性如图 2-29 所示。这种情况一般用于笼型异步电动机的减压起动。

4）转子回路串接三相对称电阻的人为机械特性。绕线转子三相异步电动机转子绕组可以串入三相对称电阻。串入三相对称电阻后，n_1 不变，从式(2-17)看出，最大电磁转矩与转子每相电阻值无关，即转子串入电阻后，T_m 不变。从式(2-16)看出，临界转差率 $s_m \propto R'_2 \propto R_2$，这里 R_2 是包括串接电阻 R_{2c}后的总电阻。可见转子回路串电阻后，只有 s_m 的值随电阻的增加而增加。转子回路串接三相对称电阻后的人为机械特性曲线如图 2-30 所示。

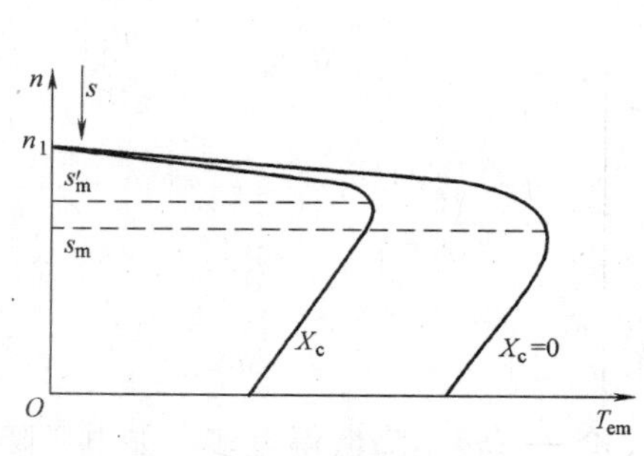

图 2-29 定子回路串接三相对称电抗时的人为机械特性

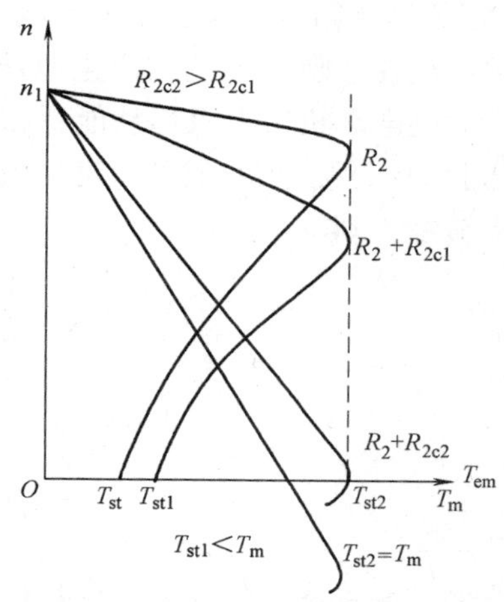

图 2-30 转子回路串接三相对称电阻时的人为机械特性

（二）三相异步电动机的起动

异步电动机拖动系统在起动过程中的要求一是要有足够大的起动转矩 T_{st}，使拖动系统具有较大的加速转矩，尽快达到正常运行状态；二是要求起动电流 I_{st}不能太大，以免引起电源电压下降，影响其他电气设备的正常工作。所以对异步电动机起动性能的要求以及起动方式的选择，应根据其所在的供电电网的容量以及所带负载的不同而进行不同处理。本节分别介绍笼型异步电动机及绕线转子异步电动机的起动方法。

1. 笼型异步电动机的起动方法

三相笼型异步电动机转子不能串电阻，所以只能采用直接起动、减压起动和软起动。

（1）三相笼型异步电动机的直接起动　直接起动的方法就是将额定电源电压直接接到笼型异步电动机的定子绕组上。这种起动方法操作最简单，不需要另外的起动设备，而且起动转矩 T_{st}比减压起动时大。对于一般笼型异步电动机则有

$$I_{st}=K_iI_{1N}=(5\sim7)I_{1N} \tag{2-22}$$

式中，I_{st}为起动电流；K_i 为起动电流倍数。

这么大的起动电流会引起电网电压下降，造成同一电网中其他用电设备不能正常工作。一般直接起动只能在7.5kW以下的小功率电动机中使用。当电动机功率大于7.5kW时，可用下面经验公式计算起动电流倍数是否满足直接起动的要求，即

$$K_i=\frac{I_{st}}{I_{1N}}\leqslant\frac{1}{4}\left[3+\frac{\text{电源总容量(kV·A)}}{\text{起动电动机功率(kW)}}\right] \tag{2-23}$$

（2）三相笼型异步电动机的减压起动　当笼型异步电动机功率较大而起动负载转矩较小时，可以进行减压起动。通过减压来限制起动电流 I_{st}。异步电动机的起动转矩为

$$T_{st}=\frac{3p}{2\pi f_1}\cdot\frac{U_1^2R_2'}{(R_1+R_2')^2+(X_{1\sigma}+X_{2\sigma}')^2} \tag{2-24}$$

从式(2-24)可见，若起动时降低电压 U_1，则起动转矩以 U_1^2 成比例减小。所以，对于一个具体的拖动系统，一定要考虑到减压起动时是否有足够大的起动转矩。下面具体分析四种减压起动的方法。

1）定子串电阻或串电抗减压起动。电动机起动过程中，在定子电路中串联电阻或电抗，起动电流在电阻或电抗上产生电压降，降低了定子绕组上的电压，起动电流也随之减小。由于大型电动机串电阻起动能耗太大，多采用串电抗进行减压起动。如果用 I_{st}、T_{st}表示全电压起动（直接起动）时的起动电流和起动转矩，用 I_{st}'、T_{st}'表示电压降至 U_1' 时的起动电流和起动转矩，则有：

$$\left.\begin{aligned}&\frac{U_1'}{U_1}=k<1\\&\frac{I_{st}'}{I_{st}}=k\\&\frac{T_{st}'}{T_{st}}=\left(\frac{U_1'}{U_1}\right)^2=k^2\end{aligned}\right\}$$

显然减压起动降低了电流，但却付出了较大的代价——转矩降低得更多。如电压降至直接起动电压的80%时，减压起动电流和起动转矩分别为 $0.8I_{st}$和 $0.64T_{st}$。可见，在电动机的定子回路串电阻或电抗的起动方法，只适用于轻载起动。

2）自耦变压器减压起动。由于自耦变压器减压起动时，异步电动机的定子电压和起动电流与变压器二次侧相等，分别为 U_2 和 I_2。设直接起动时异步电动机的定子绕组所加电压为 U_1 时，起动电流为 I_{st}。通过自耦变压器起动以后，自耦变压器从电网汲取的电流 I_1 为

$$I_1 = \left(\frac{1}{K_A}\right)I_2 = \left(\frac{1}{K_A}\right)^2 I_{st} \tag{2-25}$$

式中，K_A 为自耦变压器的电压比。

电压降低到 $U_2 = \left(\frac{1}{K_A}\right)U_1$ 时，起动转矩降低到$\left(\frac{1}{K_A}\right)^2 T_{st}$（$T_{st}$是电压为 U_1 时的起动转矩），可见起动转矩与起动电流降低同样的倍数，即

$$T'_{st} = \left(\frac{1}{K_A}\right)^2 T_{st} \tag{2-26}$$

这种起动方法获得了较好的起动性能，起动电流和起动转矩降低了同样的倍数。

串自耦变压器减压起动的方法适用于容量较大的低电压电动机的起动，应用广泛，可以手动也可以自动控制。其优点是电压抽头可供不同负载选择；缺点是体积大、质量大、价格高。

3）星形-三角形(Y-△)减压起动。

Y-△减压起动是利用三相定子绕组的不同联结实现减压起动的一种方法。使用这种起动方法的异步电动机在正常运行时是联结成△的，而且每相绕组引出两个出线端，共引出六个出线端，起动时联结成Y，当转速稳定时再联结成△。

直接起动时的线电流 $I_{st\triangle}$ 与Y联结减压起动时的线电流 I_{stY} 的关系为

$$\frac{I_{stY}}{I_{st\triangle}} = \frac{\frac{I_{p\triangle}}{\sqrt{3}}}{\sqrt{3}I_{p\triangle}} = \frac{1}{3} \quad 即 \quad I_{stY} = \frac{1}{3}I_{st\triangle} \tag{2-27}$$

直接起动时的起动转矩 $T_{st\triangle}$ 与Y-△减压起动时的起动转矩 T_{stY} 的关系为

$$T_{stY} = \frac{1}{3}T_{st\triangle} \tag{2-28}$$

Y-△减压起动设备简单，价格便宜，因此是首选的起动方法。Y系列电动机中，对于4kW 以上的三相笼型异步电动机，其定子绕组都设计成△联结，以便采用Y-△减压起动。

2. 绕线转子异步电动机的起动方法

绕线转子异步电动机可以采用转子电路串接三相对称电阻或频敏变阻器的起动方法，这种起动方法不仅可以减小起动电流，还可以增加起动转矩，使起动性能大为改善，这是笼型异步电动机所不具有的特点。下面介绍绕线转子异步电动机的这两种起动方法。

（1）转子串接电阻分级起动　转子串接电阻分级起动是指在绕线转子异步电动机转子回路串接多级电阻，起动时逐级切除转子所串接电阻的起动过程。图 2-31 为绕线转子异步电动机转子串接三级电阻的分级起动的接线图与机械特性。

电动机起动时先闭合 KM 接通定子绕组电源，KM_1、KM_2、KM_3 为断开状态，三级起动电阻 R_{c1}、R_{c2}、R_{c3}全部串入转子回路中，其机械特性如图 2-31b 中曲线 1 所示。从图中可见，起动转矩 $T_{st1} = T_m > T_N$，如果电动机在额定负载 T_N 下起动，此时 $T_{st1} > T_N$，绕线转子异步电动机拖动负载转动，转速 n 沿曲线 1 上升。为了追求更大的起动加速度，当起动转矩降

到 T_{st2}，转速升到 b 点时，KM_3 闭合，转子回路串接的三相电阻 R_{c3} 同时被短接，电动机立即切换到特性曲线 2，运行点从 b 点平移到 c 点，转速 n 再沿曲线 2 上升。当转速升到 d 点时，切除电阻 R_{c2}。这样电阻逐段被切除，电动机逐段加速，直到在固有特性上的 i 点稳定运行时，起动过程结束。为了保证起动过程平稳快速，一般使起动转矩的最大值 T_{st1} 取 $(1.5\sim2)T_N$，起动转矩最小值 T_{st2} 取 $(1.1\sim1.2)T_N$。

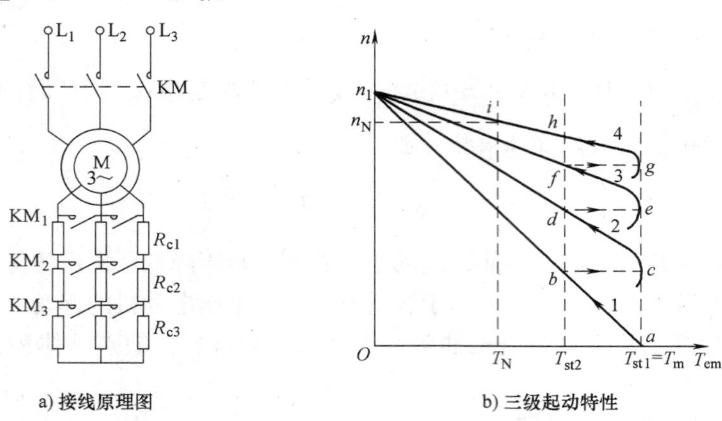

a) 接线原理图　　b) 三级起动特性

图 2-31　绕线转子电动机串电阻三级起动接线及其起动特性

起动电阻的计算方法可分两种情况：

1）当已知起动级数 m 和 T_1 时，先按 $\alpha^m=\dfrac{T_N}{s_N T_1}$ 计算 α，然后利用 $T_1=\alpha T_2$ 计算 T_2，并校核 $T_2\geqslant(1.1\sim1.2)T_L$，如不满足，需修改 T_1，或修改 m，重新计算 α，再校核 T_2，直至 T_2 大小合适；最后按下式计算电阻

$$\begin{cases}R_{2c1}+R_2=R_2\alpha\\ R_2+R_{2c2}=(R_2+R_{2c1})\alpha=\alpha^2R_2\\ \vdots\\ R_2+R_{2cm}=\alpha(R_2+R_{2cm-1})=\alpha^mR_2\end{cases}$$

2）当已知起动级数 m 和 T_2 时，先按 $\alpha=\sqrt[m+1]{\dfrac{T_N}{s_N T_2}}$ 计算 α，再校核是否 $T_1\leqslant0.85T_m$，如不满足，需修改 T_2，或修改 m，直至合适，最后按下式计算电阻。

$$\begin{cases}R_{2c1}+R_2=R_2\alpha\\ R_2+R_{2c2}=(R_2+R_{2c1})\alpha=\alpha^2R_2\\ \vdots\\ R_2+R_{2cm}=\alpha(R_2+R_{2cm-1})=\alpha^mR_2\end{cases}$$

【例 2-4】 某绕线转子异步电动机拖动机械负载，电动机的技术数据为 $P_N=40\text{kW}$，$I_{2N}=61.5\text{A}$，$K_T=2.6$，$n_N=1460\text{r/min}$，$E_{2N}=420\text{V}$。起动时负载转矩 $T_L=0.75T_N$，求采用转子串电阻三级起动时的各级起动电阻值。

解：

额定转差率

$$s_N=\frac{n_1-n_N}{n_1}=\frac{1500-1460}{1500}=0.027$$

转子每相电阻 $$R_2=\frac{s_N E_{2N}}{\sqrt{3}I_{2N}}=\frac{0.027\times 420}{\sqrt{3}\times 61.5}\Omega=0.106\Omega$$

最大起动转矩　$T_1\leqslant 0.85T_m=0.85K_T T_N=0.85\times 2.6\times T_N=2.21T_N$

取　$T_1=2.21T_N$

起动转矩比 $$\alpha=\sqrt[m]{\frac{T_N}{s_N T_1}}=\sqrt[3]{\frac{T_N}{0.027\times 2.21T_N}}=2.56$$

校核切换转矩 $$T_2=\frac{T_1}{\alpha}=\frac{2.21T_N}{2.56}=0.863T_N$$

$$1.1T_L=1.1\times 0.75T_N=0.825T_N$$

$T_2>1.1T_L$，满足要求。

计算各级起动特性曲线所需串接的外电阻为

$$R_{2c1}=R_2(\alpha-1)=0.106\times(2.56-1)\Omega=0.165\Omega$$

$$R_{2c2}=(R_2+R_{2c1})\alpha=R_2(\alpha^2-1)=0.106\times(2.56^2-1)\Omega=0.589\Omega$$

$$R_{2c3}=\alpha(R_2+R_{2c2})=R_2(\alpha^3-1)=0.106\times(2.56^3-1)\Omega=1.672\Omega$$

在实际工程中，常常采用三个电阻组成三级起动特性，第三级串 R_{c1}，第二级需在 R_{c1} 基础串电阻 R_{c_2}，第一级需在 R_{c2} 与 R_{c1} 上再串电阻 R_{c3}，即第一级为 R_{c1}、R_{c2} 及 R_{c3} 之和。这三个电阻分别为

$$R_{c1}=R_{2c1}-R_2=(0.165-0.106)\Omega=0.059\Omega$$

$$R_{c2}=R_{2c2}-R_{2c1}=(0.589-0.165)\Omega=0.424\Omega$$

$$R_{c3}=R_{2c3}-R_{2c2}=(1.672-0.589)\Omega=1.083\Omega$$

（2）转子回路串频敏变阻器起动　对于容量较大的绕线转子异步电动机，常采用频敏变阻器来替代起动电阻，因为频敏变阻器的等效电阻随着起动过程的转速升高自动减小。

频敏变阻器实际上是一个三相铁心绕组，它的铁心是由钢板或铁板叠成，其厚度大约是普通变压器硅钢片厚度的 100 倍，三个铁心柱上绕着连接成Y联结的三个绕组，像一个没有二次绕组的三相变压器，其结构如图 2-32a 所示。与变压器空载时的一次侧等效电路类似，频敏变阻器的等效电路是由一个绕组电阻 R_1、一个电抗 X_m 和一个反映铁心铁耗的等效电阻 R_m 串联而成，如图 2-32b 所示。

起动开始，频敏变阻器串入转子回路，由于 $n=0$，$s=1$，三相转子电流频率 $f_2=sf_1=50$Hz，为最大，其等效电阻 R_m 也最大，所以可以有效地限制起动电流，提高起动转矩。在起动过程中随着转速 n 的上升，s 下降，转子电流频率 $f_2=sf_1$ 逐渐下降，R_m 自动逐渐减小，起动电流和起动转矩平滑变化。为了不影响电动机正常的工作性能，起动结束后，频敏变阻器被短接。

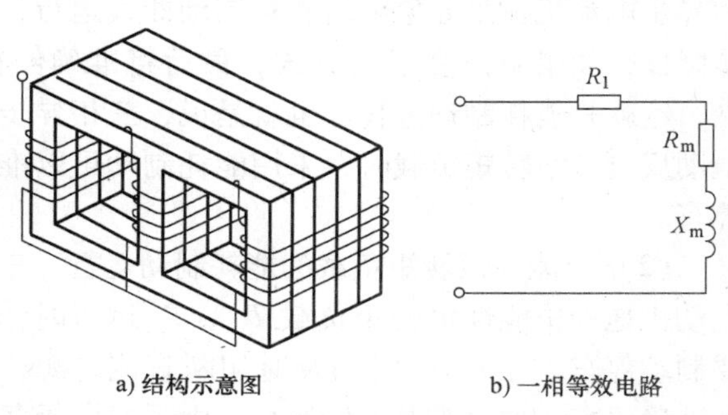

a) 结构示意图　　b) 一相等效电路

图 2-32　频敏变阻器

（三）三相异步电动机的制动

当电磁转矩 T_{em} 与转速 n 的方向相反时，电动机处于制动状态。在制动运行状态中，根据 T_{em} 与 n 的不同情况，又分成了

能耗制动、反接制动和回馈制动三种。

1. 能耗制动

能耗制动是当三相异步电动机处于电动运行状态，并有转速 n 时，切断电动机的三相交流电源，并立即把直流电通入它的定子绕组的运行状态，其电路原理如图 2-33 所示。在电源切换后，由于电动机继续以转速 n 转动，所以转动的转子绕组切割空间磁动势 $\overline{F}_f$，产生感应电动势 E_{2s}，E_{2s}引起电流 I_{2s}，转子电流 I_{2s}与恒定磁场作用产生转矩 T_{em}，根据左手定则可以判定 T_{em}的方向与转速 n 的方向相反，如图 2-34 所示。

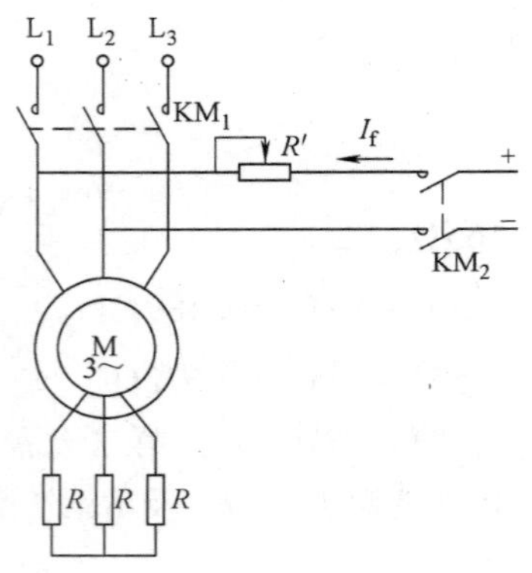

图 2-33　三相异步电动机能耗制动的电路原理

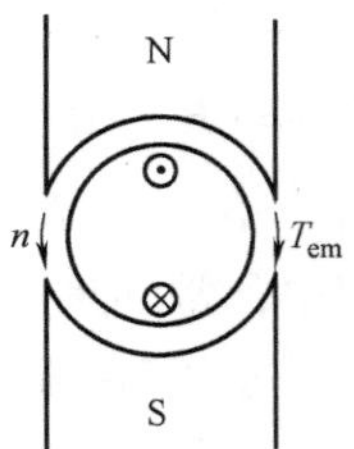

图 2-34　异步电动机能耗制动力的产生原理

如果电动机拖动的负载为反抗性恒转矩负载，在制动转矩的作用下，电动机减速运行。直至转速 $n=0$ 时，磁动势 $\overline{F}_f$ 与转子相对静止，$E_{2s}=0$，$I_{2s}=0$，$T_{em}=0$，减速过程终止。

上述制动过程中，系统原来储存的动能被消耗了，这部分能量主要被电动机转换为电能消耗在转子回路中，与他励直流电动机的能耗制动过程相似。因此，上述过程亦称为能耗制动过程。

（1）反抗性恒转矩负载时的能耗制动与停车　三相异步电动机拖动反抗性恒转矩负载 T_{L1}，采用能耗制动运行时，电动机的运行点如图 2-35 所示。制动前，电动机拖动负载 T_{L1}在固有机械特性曲线上的 A 点稳定运行，采用能耗制动后，运行点立即从 A 点变到 B 点，然后异步电动机在第Ⅱ象限沿能耗制动曲线运行，转速逐步降低，如果不改变运行方式，最后将准确停在 $n=0$ 处，这就是能耗制动过程。也就是说，三相异步电动机拖动反抗性恒转矩负载时，采用能耗制动可以准确制动停车。

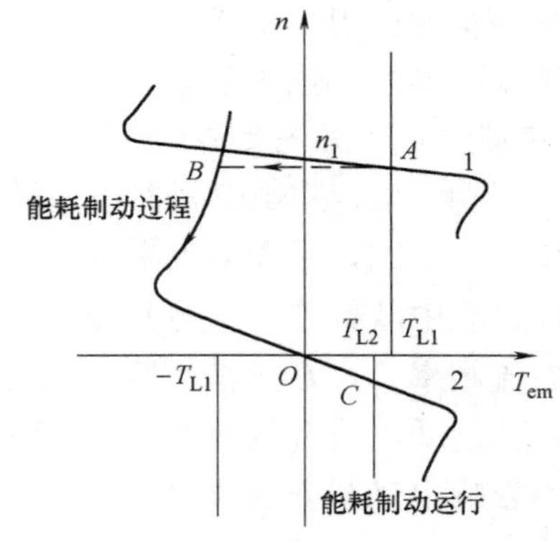

图 2-35　能耗制动

1—固有机械特性　2—能耗制动机械特性

（2）位能性恒转矩负载的能耗制动运行　三相异步电动机拖动位能性恒转矩负载 T_{L1}、T_{L2}运行时，如果需要制动停车，在 $n=0$ 时需及时切断直流电源，才能保证准确停车；如果需要反转运行，则不能切断直流电源，应先减速到 $n=0$ 后，接着便反转，

如图 2-35 所示。电动机运行点从 A 点平移到 B 点是由于在制动瞬间拖动系统转速来不及变化的缘故。$A \to B \to O \to C$，最后稳定运行于第Ⅳ象限的工作点 C，这就是位能性恒转矩负载的能耗制动运行。

这种运行状态下，电动机电磁转矩 $T_{em}>0$，而转速 $n<0$，即电磁转矩 T_{em} 方向与转速 n 方向相反。如起重机低速(指转速绝对值比同步转速 n_1 小)下放重物时，经常运行在这种状态。通过改变直流励磁电流 I_f 的大小或改变转子回路所串电阻 R_c 的大小，均可以调节能耗制动运行时电动机的转速。

能耗制动运行时的功率关系与能耗制动停车时是一致的，电动机轴上输入的机械功率来自于负载位能的减少。机械功率在电动机内转换为电功率后消耗在转子回路中。

2. 反接制动

(1) 改变电源相序的反接制动　当异步电动机带负载稳定运行在电动状态时，突然改变定子电源相序，使异步电动机的旋转磁场方向瞬间与转速方向相反，电动机便进入了反接制动状态。

对于绕线转子异步电动机，为了限制反接制动时过大的电流冲击，电源相序反接的同时在转子电路中串接较大电阻，对于笼型异步电动机可在定子回路中串入电阻。三相绕线转子异步电动机的反接制动接线原理和机械特性如图 2-36 所示。

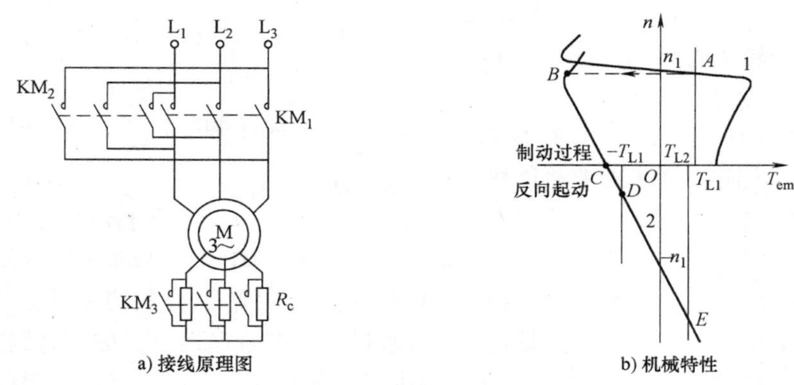

a) 接线原理图　　b) 机械特性

图 2-36　三相绕线转子异步电动机的反接制动运行原理

1—固有机械特性　2—负序电源、转子回路串电阻的人为机械特性

图中，当接触器 KM_1、KM_3 闭合时，电动机在第Ⅰ象限的机械特性曲线 1 上的 A 点稳定电动运行；反接制动时，KM_1、KM_3 断开，KM_2 闭合，改变了电源相序，转子回路串入电阻。反接制动后，电动机的运行点从曲线 1 的 A 点平移到反相序机械特性曲线 2 的 B 点，电动机的电磁转矩为 $-T_{em}$。在 $-T_{em}$ 和负载转矩的共同作用下，电动机转速急速下降，从运行点 B 点沿曲线 2 降到 C 点，转速为零。从 $B \to C$ 的运行过程称为反接制动。反接制动到 C 点后，根据负载的形式和大小，可能出现以下三种运行状态。

1) 反抗性负载且 $|-T_L|>|-T_C|$。如果反接制动曲线上的 C 点转矩 $-T_C$ 与负载转矩 $-T_L$ 满足 $|-T_L|>|-T_C|$，如图 2-36b 所示，异步电动机将准确停车。

2) 反抗性负载且 $|-T_L|<|-T_C|$。当反接制动曲线上 C 点的转矩 $-T_C$ 与反抗性负载转矩 $-T_L$ 满足 $|-T_L|<|-T_C|$ 时，由于异步电动机反向起动转矩大于反向负载转矩，异步电动机将反转运行，运行点沿反接制动曲线 2 运行至 D 点，最终稳定运行在第Ⅲ象限，这时

异步电动机工作在反向运行状态，如图 2-36b 所示。在这种条件下，如果需要制动停车，必须在反接制动到 C 点时切断电源，确保准确停车。

3）位能性负载。当异步电动机拖动位能性负载反接制动到 C 点时，运行点沿曲线 2 从 $B \to C \to D \to -n_1 \to E$，最后稳定运行在 E 点，异步电动机工作在反向回馈制动状态。关于回馈制动状态将在后面专题分析。

综上分析，稳定电动运行的异步电动机相序突然反接以后，其最终的运行状态与负载形式及其大小有关。所谓反接制动，是指电动机的旋转磁场和转速相反的情况下在第Ⅱ象限的一段运行过程。

（2）倒拉反转反接制动　三相绕线转子异步电动机拖动位能性恒转矩负载运行时，转子回路内串入较大电阻使电动机反转运行于第Ⅳ象限的运行状态，称为倒拉反转运行状态。

前面分析人为机械特性时已知，三相绕线转子异步电动机转子串电阻可以使转速降低，如果拖动位能性恒转矩负载运行时，所串的电阻超过某一数值后，电动机还要反转，进入倒拉反转运行状态。图 2-37a 为倒拉反转运行时的接线原理图。

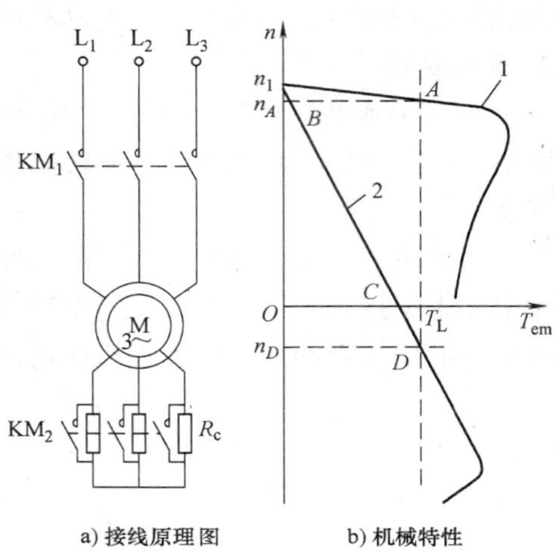

图 2-37　三相绕线转子异步电动机的倒拉反转运行
1—固有机械特性曲线
2—转子回路串较大电阻的人为机械特性曲线

在图 2-37a 中，当 KM_1、KM_2 闭合时，转子回路不串入电阻，电动机带动负载以转速 n_A 稳定上升，电动机运行于图 2-37b 中的固有机械特性曲线上的 A 点。当断开 KM_2 时，转子回路串入电阻 R_c，此时电动机的机械特性变为曲线 2，运行点从 A 点平移到曲线 2 上的 B 点，此时电动机转矩小于负载转矩，负载拖动系统减速运行，称之为倒拉反转运行。当系统运行在 $n=0$ 时的 C 点，电动机转矩仍小于负载转矩，电动机将在位能负载的倒拉作用下沿曲线 2 反向加速转动，直到电动机的电磁转矩等于负载矩转为止，电动机将稳定运行于倒拉反转反接制动状态的 D 点。显然，在倒拉反转反接制动状态下的运行是一种稳定运行状态，在这种状态下电动机的旋转磁场方向不变，而电动机的转速变为 $-n$，所以转差率为

$$s=\frac{n_1-(-n)}{n_1}=\frac{n_1+n}{n_1}>1$$

倒拉反转运行是转差率 $s>1$ 的一种稳态，其功率关系与反接制动过程一样，电磁功率 $P_{em}>0$，机械功率 $P_m<0$，转子回路总铜耗 $P_{Cu}=P_{em}+|P_m|$。但是倒拉反转运行时负载向电动机送入机械功率是靠负载储存的位能的减少来实现的。

3. 回馈制动

异步电动机的转速超过同步转速时，便进入回馈制动运行状态。在异步电动机电力拖动系统中，只有在外界能量(位能、动能)的作用下，转速才有可能超过同步转速，引起电磁转矩反向成为制动转矩，电动机进入回馈制动状态。异步电动机回馈制动分正向回馈制动和反

向回馈制动两种情况。

（1）正向回馈制动　正向回馈制动是指异步电动机在正向运行时，超过同步转速而进入回馈制动状态（Ⅱ象限）。正向回馈一般发生在电动机车牵引车辆下坡、电动机正向运行时降低定子电流频率或增加定子绕组的极对数等情况下。

如图2-38所示，当异步电动机在固有特性上A点运行时，如果突然过度降低定子电流频率，使同步转速由n_1降为n_1'，机械特性由曲线1变为曲线2，由于电动机转速不能突变，使电动机转速$n>n_1'$，运行点从曲线1的A点平移至曲线2的B点，电磁转矩变为负值，在电磁转矩和负载转矩的共同作用下，电动机很快减速，运行点沿$B\rightarrow n_1'\rightarrow C$最终稳定在$C$点。在$B\rightarrow n_1'$段，异步电动机的电磁转矩为负，而转速为正，而且电动机转速大于同步转速n_1'，这就是正向回馈制动状态。

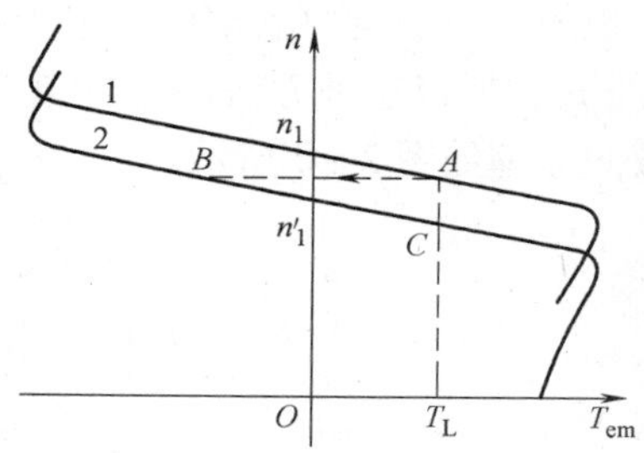

图2-38　异步电动机频率过度降低时的正向回馈制动

（2）反向回馈制动　当三相异步电动机拖动位能性恒转矩负载，并且电源为负相序时，电动机会高速运行于第Ⅳ象限，此时电磁转矩为T_{em}，转速为$-n$，如图2-39中的B点。此时T_{em}与$-n$方向相反，为制动转矩，且$|n|>|n_1|$，电动机工作在发电运行状态，把机械能转变为电能返送回电网，所以属于反向回馈制动。

起重机高速下放重物时经常采用反向回馈制动的运行方式，其转速达到$|n|>n_1$。若负载大小不变，转子回路串入电阻后，转速绝对值会进一步加大，如图2-39中的C点；串入电阻值越大，转速绝对值越高。

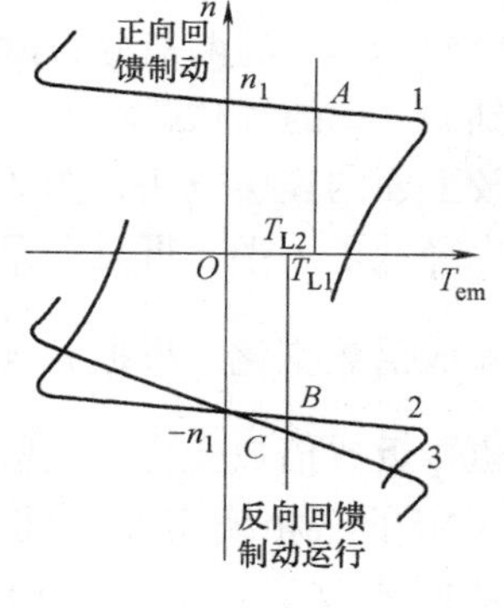

图2-39　三相异步电动机反向回馈制动
1—固有机械特性　2—负相序固有机械特性
3—负相序、转子回路串电阻的人为机械特性

（四）三相异步电动机的调速

近年来，随着电力电子技术、微电子技术、计算机技术以及自动控制技术的迅猛发展，交流电动机调速日趋完善，其调速性能可以与直流电动机媲美，价格也不高。因此交流电动机电力拖动系统正逐步取代直流电动机电力拖动系统。

三相异步电动机的转速公式为

$$n=n_1(1-s)=\frac{60f_1}{p}(1-s) \tag{2-29}$$

从式(2-29)可见，三相异步电动机的调速方法可以分成以下几种类型：

1）变极调速，通过改变定子绕组极对数p调速。

2）变频调速，改变供电电源频率f_1调速。

3）能耗转差调速，调速过程中保持n_1不变，通过改变转差率s达到调速的目的。这种调速方式包括降低电源电压、绕线转子异步电动机转子回路串电阻等方法。

1. 变极调速

变极调速是根据$n_1=\frac{60f_1}{p}$改变定子绕组极对数p，来改变同步转速n_1。由于异步电动机

正常运行时，转差率 s 都很小，根据 $n=(1-s)n_1$ 可知，电动机的转速与同步转速接近，故改变同步转速 n_1 就可达到改变电动机转速 n 的目的。这种调速方法的特点是只能按极对数的倍数改变转速。

（1）变极调速的基本原理　定子极对数的改变通常是通过改变定子绕组的连接方法来实现的。由于笼型电动机的定子绕组极对数改变时，转子极对数能自动地改变，始终保持 $p_2=p_1$，所以这种方法一般只能用于笼型异步电动机，通过改变定子绕组连接而改变磁极对数的原理如图 2-40 所示。

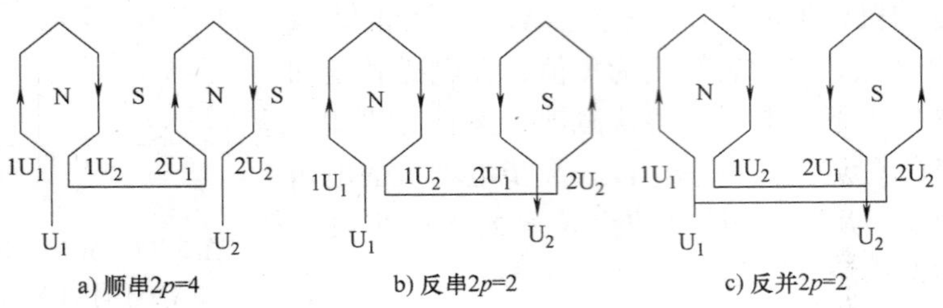

图 2-40　异步电动机变极原理

图 2-40 是一相绕组的两个线圈，$1U_1$、$1U_2$ 表示第一个线圈的首、尾；$2U_1$、$2U_2$ 表示第二个线圈首、尾。如果将两个线圈首、尾依次串联相接，可得到 $2p=4$ 的四极分布磁场，如图 2-40a 所示。如将第一个线圈的尾 $1U_2$ 与第二个线圈的尾 $2U_2$ 连接，组成反向串联结构，可得到 $2p=2$ 的两极分布磁场，如图 2-40b 所示，或接成图 2-40c 中的反向并联接法，即可得到 $2p=2$ 的气隙磁场。

比较上面的连接方法，图 2-40b、c 中的第二个线圈中的电流方向与图 2-40a 中的相反，极对数也降低了一半，可见，只要将一相绕组中的任一半相绕组的电流反向，电动机绕组的极对数就成倍数变化。根据 $n_1=\dfrac{60f_1}{p}$，同步转速 n_1 就发生变化，如果拖动恒转矩负载，运行转速也接近成倍数变化，这就是单相绕组的变极调速原理。

由于定子三相绕组在空间上是对称的，其他两相改变方法与此相同，只是在空间上相差 120°电角度。

（2）Y-YY变极调速　这种电动机定子绕组采用Y联结，如图 2-41a 所示。每相绕组由两个半相绕组相串联而成，出线端 $1U_1$、$1V_1$ 和 $1W_1$ 与三相电源连接，两半相绕组出线端 $2U_1$、$2V_1$ 和 $2W_1$ 断开。

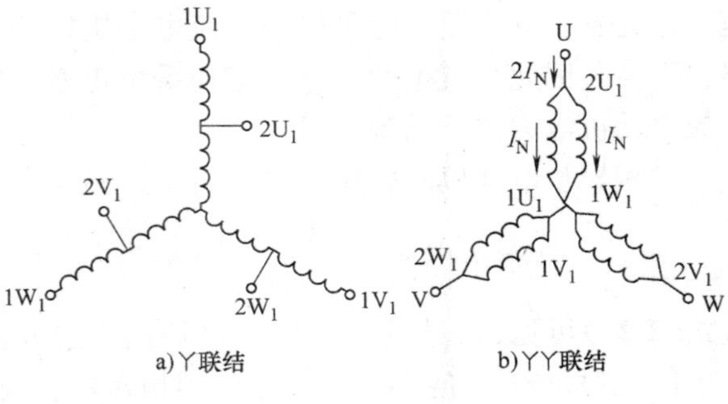

图 2-41　异步电动机Y-YY变极调速接线

这时每相两个半相绕组是顺串的，定子绕组为Y联结。如果这时电动机的磁极数 $2p=4$，其同步转速 $n_1=1500\text{r/min}$。

定子的YY联结，如图 2-41b 所示。出线端 $2U_1$、$2V_1$ 和 $2W_1$ 分别接对应的三相电源，而出线端 $1U_1$、$1V_1$ 和 $1W_1$ 三端短接，这样定子绕组就接成两个Y联结的绕组，这种情况下，每相绕组是由两部分绕组反接并联的，所以这时电动机的磁极数 $2p=2$，同步转速 $n_1=$

3000r/min。

当定子绕组从Y联结改为YY联结时，假设电动机的功率因数 $\cos\varphi_1$ 和效率 η 不变。为了充分利用电动机，每半相绕组中流过的电流仍为 I_{1N}，则电动机的输出功率为

Y联结时　　$P_{Y}=\sqrt{3}U_{1N}I_{1N}\cos\varphi_1$

YY联结时　　$P_{YY}=\sqrt{3}U_{1N}(2I_{1N})\cos\varphi_1=2P_{Y}$

电动机的输出转矩为

Y联结时　　$T_{Y}=9550\dfrac{P_{Y}}{n_{Y}}\approx 9550\dfrac{P_{Y}}{n_{1Y}}$

YY联结时　　$T_{YY}=9550\dfrac{P_{YY}}{n_{YY}}\approx 9550\dfrac{2P_{Y}}{2n_{1Y}}=9550\dfrac{P_{Y}}{n_{1Y}}=T_{Y}$

以上分析可见，由Y联结改接为YY联结后，电动机的输出功率近似增加了一倍，而转矩近似保持不变，所以Y-YY变极调速属于恒转矩调速，适用于恒转矩负载。机械特性如图 2-42 所示。

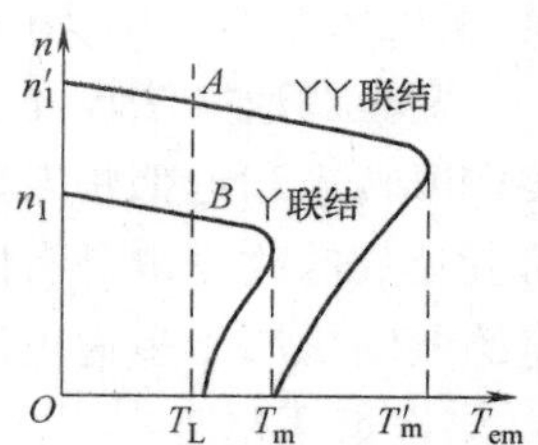

图 2-42　Y-YY变极调速的机械特性

从图 2-42 可见，Y联结和YY联结的最大转矩是不同的，可以证明，$T_{mYY}=2T_{mY}$，而 $s_{mYY}=s_{mY}$。

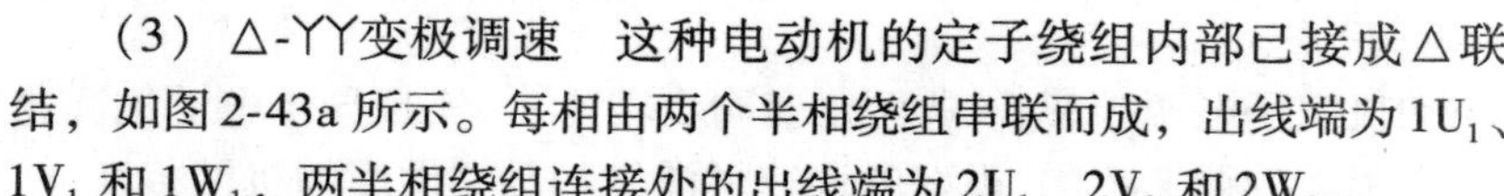

（3）Δ-YY变极调速　这种电动机的定子绕组内部已接成Δ联结，如图 2-43a 所示。每相由两个半相绕组串联而成，出线端为 $1U_1$、$1V_1$ 和 $1W_1$，两半相绕组连接处的出线端为 $2U_1$、$2V_1$ 和 $2W_1$。

Δ联结时，出线端 $1U_1$、$1V_1$ 和 $1W_1$ 接三相电源，出线端 $2U_1$、$2V_1$ 和 $2W_1$ 悬空。这时每相两个半相绕组是顺向串联，定子绕组接成Δ联结，如图 2-43a 所示。如果这时电动机的磁极数 $2p=4$，同步转速 $n_1=1500$r/min。YY联结时，出线端 $2U_1$、$2V_1$ 和 $2W_1$ 分别接对应的三相电源，而 $1U_1$、$1V_1$ 和 $1W_1$ 被短接，使定子绕组接成两个并联的Y联结绕组，即变成YY绕组了。这种情况下，每相的两个半相绕组也是反向并联的，使电动机的磁极数变为 $2p=2$，同步转速 $n_1=3000$r/min。

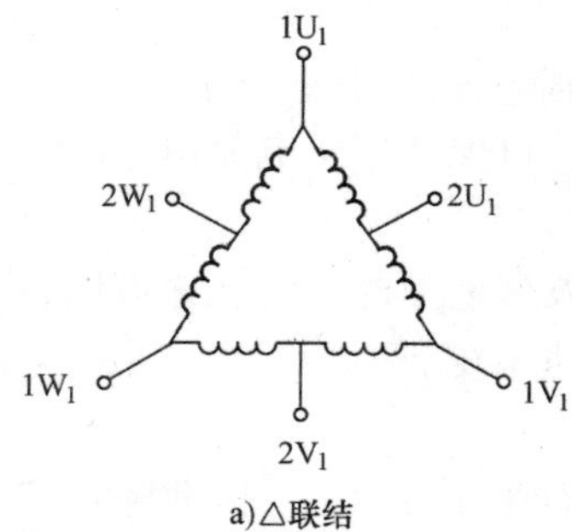

a)Δ联结

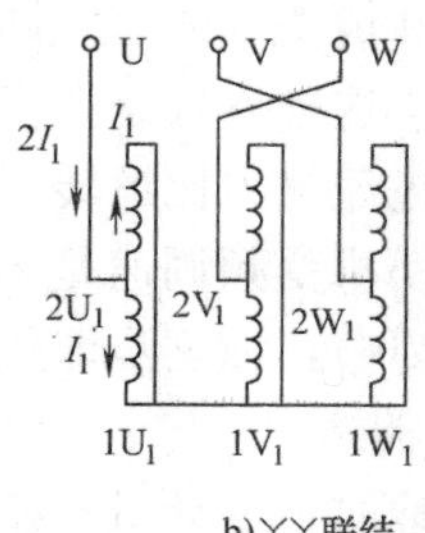

b)YY联结

图 2-43　异步电动机Δ-YY变极调速接线

当定子绕组从Δ联结改为YY联结时，仍假设电动机的功率因数 $\cos\varphi_1$ 和效率 η 不变，为了充分利用电动机的容量，每半相绕组中流过的电流为 I_1（对应Δ联结时的相电流），电动机的输出功率为

Δ联结时　　$P_{\Delta}=\sqrt{3}U_{1N}(\sqrt{3}I_1)\eta\cos\varphi_1$

YY联结时 $$P_{YY}=\sqrt{3}U_{1N}(2I_1)\eta\cos\varphi_1=\frac{2}{\sqrt{3}}P_{\triangle}=1.15P_{\triangle}$$

电动机的输出转矩为

△联结时 $$T_{\triangle}=9550\frac{P_{\triangle}}{n_{\triangle}}\approx 9550\frac{P_{\triangle}}{n_{1\triangle}}$$

YY联结时 $$T_{YY}=9550\frac{P_{YY}}{n_{Y}}\approx 9550\frac{P_{YY}}{n_{1Y}}=9550\times\frac{2}{\sqrt{3}}\frac{P_{\triangle}}{2n_{1\triangle}}=\frac{1}{\sqrt{3}}T_{\triangle}=0.577T_{\triangle}$$

以上结果说明当△联结改成YY联结后，电动机输出功率变化不大，比较接近于恒功率调速，而输出转矩降低为近二分之一，这种调速方法比较适用于电动机拖动恒功率负载的调速，其机械特性如图2-44所示。

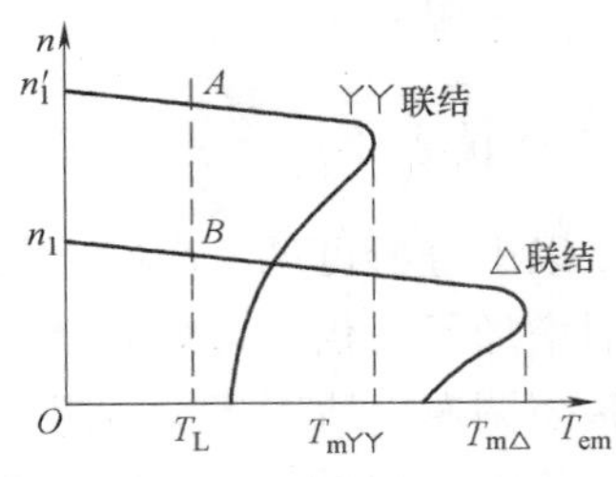

图2-44 △-YY联结的机械特性

变极调速方法设备简单，运行可靠，机械特性较硬，可以实现恒转矩和近似恒功率调速。但是转速只能成倍数变化，而且极数的改变也是有限的，是一种有级调速，能进行变极调速的电动机属于多速电动机。

2. 变频调速

变频调速是改变异步电动机定子电源频率f_1，从而改变同步转速n_1，实现异步电动机调速的一种方法。这种调速方法有很大的调速范围，很好的调速平滑性和足够硬度的机械特性，使异步电动机可获得类似于他励直流电动机的调速性能，是目前异步电动机调速的主流方法。

变频调速时以额定频率f_{1N}为基频，可以从基频向上调速，得到$f_1>f_{1N}$，也可以从基频向下调速，得到$f_1<f_{1N}$。

有两种恒功率运行方式，第一种为恒电压调节，电动机需要有较大的过载系数（由于过载能力降低），但电源逆变器可在恒压恒流下工作。第二种属于恒转差频率调节，电动机有普通的过载系数，但电源逆变器需要足够的高电压和最大电流的要求。两种运行方式下，异步电动机拖动系统都需求闭环控制。

除了恒转矩和恒功率的变频调速方式外，还有一种常用的变频调速方式，就是恒电流变频调速控制方式。这种方式是在变频调速过程中，可保持定子电流恒定。这也是一种恒转矩调速方法，不过过载能力比恒转矩调速的要小。

三相异步电动机变频调速是异步电动机最有发展前途的一种调速方法，三相异步电动机的这种调速系统目前正在逐步取代直流电动机调速系统。

3. 能耗转差调速

能耗转差调速时，电动机转差功率sP_{em}全部消耗在转子上，因此随着转差率的增加，转差功率sP_{em}的消耗也会增加，这将引起转子发热加剧，效率降低，所以这种调速方式称转差功率消耗型调速。能耗转差调速包括改变定子电压调速、绕线转子异步电动机转子回路串电阻调速和电磁转差离合器调速。

（1）降压调速　从降低定子端电压的人为机械特性知道，在降低电压时，其同步转速n_1和临界转差率s_m不变，电磁转矩$T_{em}\propto U_1^2$。当电动机拖动恒转矩负载时，降低电源电压可以降低转速，如图2-45所示。

由图2-45可见，当负载转矩为恒转矩T_{L1}时，如电压由U_{1N}降到U_1'时，转速将由n_a降

到 n_b，随着电压 U_1 的降低，转差率 s 在增加，从而达到了调速的目的。但是随着电压 U_1 的降低，T_m 下降很快，使电动机的带负载能力大为下降。对于恒转矩负载，电动机不能在 $s > s_m$ 时稳定运行，因此调速范围只有 $0 \sim s_m$，对于一般的异步电动机，s_m 很小，所以调速范围很小。但若负载为通风机类负载，如图 2-45 中的特性曲线 T_{L2}，在 $s > s_m$ 时，拖动系统也能稳定运行，因此调速范围显著扩大了。

对于恒转矩负载调速，可以通过设计具有较大转子电阻的高转差率笼型异步电动机获得较宽的调速范围，如图 2-46 所示。

从图 2-46 可见，高转差率笼型异步电动机降压时得到了较大的调速范围，但特性太软，其稳定性常常不能满足生产机械的要求，而且低压时的过载能力较低，负载的波动稍大，电动机有可能停转。

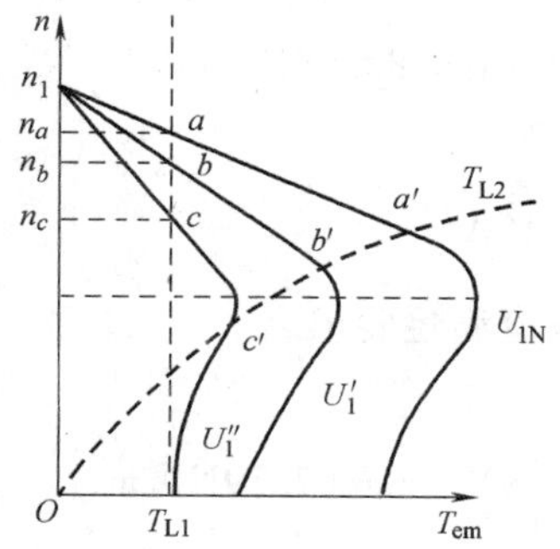

图 2-45　异步电动机改变定子电压调速时的机械特性

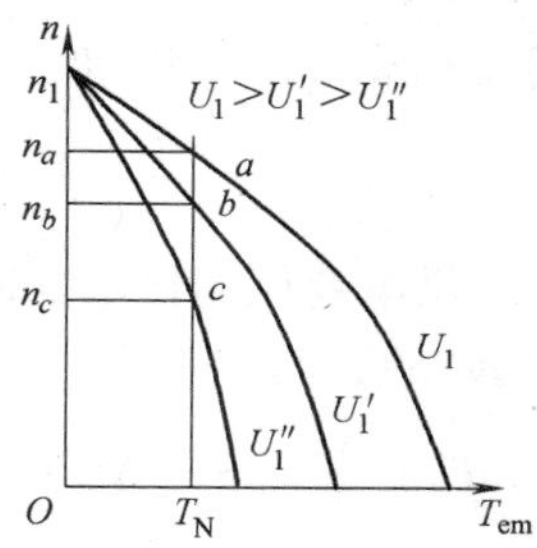

图 2-46　高转差率笼型异步电动机降压调速时的机械特性

（2）绕线转子异步电动机转子回路串电阻调速　绕线转子异步电动机转子回路串电阻调速也是一种改变转差的调速方法。图 2-45 为绕线转子异步电动机转子回路串电阻的调速原理和特性图。

如果图 2-47a 中的 KM_1 闭合，转子未串电阻，电动机拖动恒转矩负载 T_L 在图 2-47b 中 a 点运行，电动机转速为 n_a；当需要降低拖动系统转速时，KM_1 断开，KM_2 闭合，电阻 R_{c1} 串入转子回路，电动机特性变为 $R_2 + R_{c1}$，运行点从 a 点平移到 a' 点，转子电流 I_2' 减小，电磁转矩 $T_{em} = C_T \Phi_m I_2' \cos\varphi_2$ 降低，使 $T_{em} < T_L$，电动机减速，转差率 s 增加，引起转子电动势 sE_2 相应增加，导致转子电流 I_2' 和 T_{em} 增加，使系统达到新的稳定点 b，重新回到 $T_{em} = T_L$，但转速下降。当转速降低，即 s 增高时，转子损耗功率 $P_{Cu2} = sP_{em}$ 增高，η 下降，故这种调速方法经济性不高。但这种方法具有简单、初期投资低的优点，适用于恒转矩负载，如起重机，对于通风机负载也可适用。

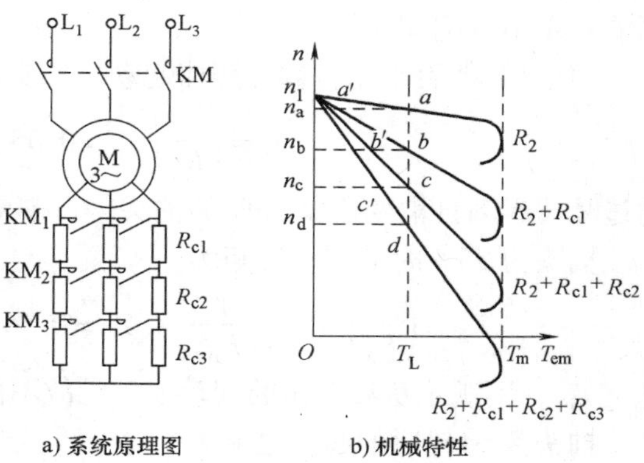

图 2-47　转子串电阻调速原理及机械特性

三、项目实施

（一）案例分析

【例 2-5】 一台笼型三相异步电动机 $P_N=28kW$，$U_{1N}=380V$，$I_{1N}=58A$，$\cos\varphi_{1N}=0.88$，$n_N=1455r/min$，起动电流倍数 $K_i=6$，起动转矩倍数 $K_{st}=1.1$，转矩过载系数 $K_T=2.3$，△联结。供电变压器要求起动电流不大于150A，起动时负载转矩为73.5N·m。现有一台自耦变压器，抽头有55%、64%、73%三种。1）问能否用Y-△起动；2）能否用串电抗起动；3）能否用自耦变压器起动，若能用，计算使用哪一种抽头。请选择一种合适的起动方法。

解：

电动机额定转矩 $T_N=9550\dfrac{P_N}{n_N}=9550\times\dfrac{28}{1455}N\cdot m=183.78N\cdot m$

正常起动转矩应不小于 $T_{stL}=1.1T_L=1.1\times73.5N\cdot m=80.85N\cdot m$

1）计算能否采用Y-△起动。Y-△起动时的起动电流为

$$I'_{st}=\frac{1}{3}I_{st}=\frac{1}{3}\times6\times58A=116A$$

116A 小于供电变压器要求的起动电流小于150A，电流满足要求。

Y-△起动时的起动转矩为

$$T'_{st}=\frac{1}{3}T_{st}=\frac{1}{3}K_{st}\times183.78=\frac{1}{3}\times1.1\times183.78N\cdot m=67.39N\cdot m$$

$T'_{st}<T_{stL}$起动转矩小于负载转矩，故不能采用Y-△起动。

2）计算能否采用串电抗起动。由于供电变压器要求起动电流不大于150A，先按限定最大起动电流150A计算起动转矩，即

$$T''_{st}=\left(\frac{I''_{st}}{I_{st}}\right)^2T_{st}=\left(\frac{I''_{st}}{I_{st}}\right)^2K_{st}T_N=\left(\frac{150}{6\times58}\right)^2\times1.1\times183.78N\cdot m=37.4N\cdot m$$

$T''_{st}<T_{stL}$，显然当起动电流满足供电变压器要求时，起动转矩不能满足负载要求，因此不能采用串电抗起动。

3）计算能否采用自耦变压器起动。抽头为55%时的起动电流为

$$I_1=\left(\frac{1}{K_A}\right)^2I_{st}=0.55^2\times6\times58A=105.27A$$

通过减压起动自耦变压器55%的抽头，自耦变压器一次侧电流小于150A，电流满足要求。

抽头为55%时的起动转矩为

$$T'_{st}=\left(\frac{1}{K_A}\right)^2T_{st}=\left(\frac{1}{K_A}\right)^2K_{st}T_N=0.55^2\times1.1\times183.78N\cdot m=61.15N\cdot m$$

$T'_{st}<T_{stL}$，不满足负载转矩的起动要求，故不能采用55%的抽头。

抽头为64%时的起动电流为

$$I'_1=\left(\frac{1}{K_A}\right)^2I_{st}=0.64^2\times6\times58A=142.5A$$

通过减压起动自耦变压器64%的抽头，自耦变压器一次侧电流小于150A，电流满足要求。

抽头为64%时的起动转矩为

$$T''_{st}=\left(\frac{1}{K_A}\right)^2T_{st}=\left(\frac{1}{K_A}\right)^2K_{st}T_N=0.64^2\times1.1\times183.78N\cdot m=82.80N\cdot m$$

$T'_{st} > T_{stL}$，满足负载转矩的起动要求，可以采用64%的抽头。

抽头为73%时的起动电流为

$$I''_1 = \left(\frac{1}{K_A}\right)^2 I_{st} = 0.73^2 \times 6 \times 58\text{A} = 185.45\text{A}$$

电流不满足供电变压器的要求，不能采用73%的抽头。

故该异步电动机采用自耦变压器的64%抽头减压起动。

【例2-6】 如图2-48所示，一台三相绕线转子异步电动机，$P_N = 22\text{kW}$，$n_N = 723\text{r/min}$，$E_{2N} = 197\text{V}$，$I_{2N} = 70.5\text{A}$，$K_T = 3$。电动机运行在固有机械特性曲线的额定工作点上，现采用改变电源相序反接制动，要求制动开始时的制动转矩为$2T_N$，求制动时转子每相串入的电阻R_c。

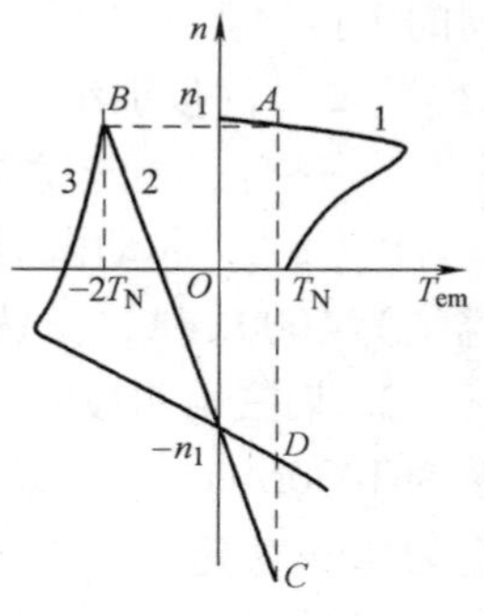

图2-48　例2-6图

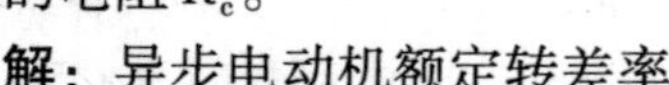

解： 异步电动机额定转差率

$$s_N = \frac{n_1 - n_N}{n_1} = \frac{750 - 723}{750} = 0.036$$

转子绕组每相电阻

$$R_2 = \frac{s_N E_{2N}}{\sqrt{3} I_{2N}} = \frac{197 \times 0.036}{\sqrt{3} \times 70.5}\Omega = 0.058\Omega$$

固有机械特性的临界转差率为

$$s_m = s_N (K_T + \sqrt{K_T^2 - 1}) = 0.036 \times (3 + \sqrt{3^2 - 1}) = 0.209$$

反接制动机械特性曲线上开始制动时的转差率

$$s_B = \frac{n_1 + n_N}{n_1} = 2 - s_N = 1.964$$

根据实用转矩公式计算反接制动机械特性的临界转差率s'_m，将s'_m、s_B、$T_{em} = 2T_N$代入实用转矩公式得

$$\frac{2T_N}{T_m} = \frac{2}{\dfrac{s_B}{s'_m} + \dfrac{s'_m}{s_B}} = \frac{2}{K_T}$$

化简得

$$s'^2_m - K_T s_B s'_m + s_B^2 = 0$$

代入数据得

$$s'^2_m - 3 \times 1.964 s'_m + 1.964^2 = 0$$

解之得

$$s'_{m1} = 5.142, \quad s'_{m2} = 0.75$$

根据式$s_m = \dfrac{R'_2}{\sqrt{R_1^2 + (X_{1\sigma} + X'_{2\sigma})^2}}$可知，

当R_1、$X_{1\sigma}$和$X'_{2\sigma}$不变时，临界转差率与转子回路电阻成正比，故有

$$\frac{s_m}{s'_m} = \frac{R'_2}{R'_2 + R'_c} = \frac{R_2}{R_2 + R_c}$$

化简为

$$R_c = \left(\frac{s'_m}{s_m} - 1\right) R_2$$

将s'_{m1}和s'_{m2}分别代入上式解得

$$R_{c1} = \left(\frac{s'_{m1}}{s_m} - 1\right)R_2 = \left(\frac{5.142}{0.209} - 1\right) \times 0.058\Omega = 1.369\Omega$$

$$R_{c2} = \left(\frac{s'_{m2}}{s_m} - 1\right)R_2 = \left(\frac{0.75}{0.209} - 1\right) \times 0.058\Omega = 0.150\Omega$$

根据计算结果，电动机分别串入 $R_{c1} = 1.369\Omega$、$R_{c2} = 0.150\Omega$ 时均能满足题意要求，显然不同的串接电阻对应了不同的反接制动特性曲线，如图 2-48 曲线 2、3 所示。

（二）同步训练

1. 一台三相笼型异步电动机，$P_N = 75\text{kW}$，$n_N = 1470\text{r/min}$，$U_N = 380\text{V}$，定子为△联结，$I_N = 137.5\text{A}$，起动电流倍数 $K_i = 6.5$，起动转矩倍数 $K_T = 1.0$，拟带半载起动，电源变压器容量为 1000kVA，试选择适当的减压起动方法。

2. 某三相四极笼型异步电动机，Y联结，额定功率为 11kW，额定电压为 380V，额定转速为 1430r/min，过载系数为 2.2，拖动 80% 额定恒转矩负载。求：1）电动机转速；2）电压变为 80% 额定电压时的转速。

（三）考核与评价

项目考核内容与考核标准见表 2-12。

表 2-12　项目考核内容与考核标准

序号	考核内容	考核要求	配分		得分
1	训练 1	能正确选择起动方法	50		
2	训练 2	能正确计算出电动机的转速	50		
备注			合计		
			教师评价	年　月　日	

四、知识拓展——软起动

软起动器是一种集电动机软起动、软停车、轻载节能和多种保护功能于一体的新型电动机控制装置，国外称为 Soft Starter。软起动器采用三相反并联晶闸管作为调压器，将其接入电源和电动机定子之间，这种电路有三相全控桥式整流电路等。使用软起动器起动电动机时，晶闸管的输出电压逐渐增加，电动机逐渐加速，直到晶闸管完全导通，电动机工作在额定电压的机械特性上，实现平滑起动，可降低起动电流，避免起动过电流跳闸。待电动机达到额定转速时，起动过程结束，软起动器自动用旁路接触器取代已完成任务的晶闸管，为电动机正常运行提供额定电压，以降低晶闸管的热损耗，延长软起动器的使用寿命，提高其工作效率，又使电网避免了谐波干扰。软起动器还提供软停车功能，软停车与软起动过程相反，电压逐渐降低，转数逐渐下降到零，避免自由停车引起的转矩冲击，能有效地避免水泵停止时所产生的水锤效应。

下面简单介绍几种电子式软起动器的起动方法。

1）限电流或恒电流起动法。用电子软起动器实现起动时限制电动机起动电流或保持恒定的起动电流，主要用于轻载软起动。

2）斜坡电压起动法。用电子软起动器实现电动机起动时定子电压由小到大的斜坡线性上升，主要用于重载软起动。

3）转矩控制起动法。用电子软起动器实现电动机起动时起动转矩由小到大的线性上升，该方法起动的平滑性好，能够降低起动时对电网的冲击，是较好的重载软起动方法。

4）电压控制起动法。用电子软起动器控制电压以保证电动机起动时产生较大的起动转矩，是较好的轻载软起动方法。

五、项目小结

衡量异步电动机起动性能最主要的指标是起动电流和起动转矩。异步电动机的调速方法有三种，即变极调速法、变频调速法和变转差率调速法。制动即电磁转矩方向与转子转向相反，电磁制动分为能耗制动、反接制动和回馈制动。异步电动机的起动、调速及制动的各种方法见表2-13、表2-14 和表2-15。

表 2-13　笼型异步电动机起动方法比较

起动方法	U_1'/U_N	I_{st}'/I_{st}	T_{st}/T_{st}'	优　缺　点
直接起动	1	1	1	起动最简单，起动电流大，起动转矩不大，适用于小容量轻载起动
串电阻起动	$\frac{1}{a}$	$\frac{1}{a}$	$\frac{1}{a^2}$	起动设备简单，起动转矩小，适用于轻载起动
Y-△起动	$\frac{1}{\sqrt{3}}$	$\frac{1}{3}$	$\frac{1}{3}$	起动设备简单，起动转矩小，适用于轻载起动
自耦变压器起动	$\frac{1}{k}$	$\frac{1}{k^2}$	$\frac{1}{k^2}$	起动转矩大，有三种抽头可选，起动设备复杂，可带较大负载起动

表 2-14　三相异步电动机调速方案比较

调速方法 调速指标	改变同步转速		调节转差率		
	改变极对数	改变电源频率	转子串电阻（绕线转子式）	串级调速（绕线转子式）	改变定子电压
调速方向	上、下	上、下	下调	下调	下调
调速范围	不广	宽广	不广	宽广	宽广
调速平滑性	差	好	差	好	好
调速相对稳定性	好	好	差	好	较好
适合的负载类型	恒转矩Y/YY 恒功率△/YY 顺串Y-反串Y	恒转矩(f_N 以下) 恒功率(f_N 以上)	恒转矩	恒转矩 恒功率	恒转矩 通风机类
电能损耗	小	小	低速时大	小	低速时大
设备投资	少	多	少	多	较多

表 2-15　三相异步电动机各种制动方法比较

	能耗制动	反接制动		回馈制动
		定子两相反接	倒拉反转	
方法、条件	断开交流电源的同时，在定子两相中通入直流电流	突然改变定子电源相序，使定子旋转磁场方向改变	电源方向不变，在转子回路中串入较大电阻使电动机反转	电动机的转速超过同步转速
能量关系	吸收系统储存的动能并转换成电能，消耗在转子电路电阻上	吸收系统储存的动能，作为轴上输入的机械功率并转换成电能后，连同定子传递给转子的电磁功率一起，全部消耗在转子电路电阻上		轴上输入的机械功率转换成电功率，由定子回馈给电网
优点	制动平稳，便于实现准确停车	制动强烈，停车迅速	能使位能性负载在 $n<n_1$ 下稳定下放	能向电网回馈电能，比较经济
缺点	制动较慢，需要一套直流电源	能量损耗大，控制较复杂，不易实现准确停车	能量损耗大	在 $n<n_1$ 时不能实现回馈制动
适用场合	要求平稳准确停车的场合，限制位能性负载的下放速度	要求迅速停车和需要反转的场合	限制位能性负载的下放速度，并在 $n<n_1$ 的情况下采用	限制位能性负载的下放速度，并在 $n>n_1$ 的情况下采用

项目五　单相异步电动机的认识

一、项目导入

单相异步电动机是利用单相交流电源供电、转速随负载变化而稍有变化的一种小容量交流电动机。由于它结构简单、成本低廉、运行可靠、维修方便，并可直接在单相 220V 交流电源上使用，因此被广泛应用于办公场所、家用电器、教学仪器及医疗设备等方面。此外，在工农业生产及其他领域也有应用。本项目主要介绍单相异步电动机的主要类型、工作原理及拆装实训。

二、相关知识

由单相电源供电的异步电动机称为单相异步电动机。它的运行原理与三相异步电动机基本相同，但也有自己的特点。单相异步电动机的定子绕组有两相不对称绕组，但两相绕组使用同一电源，转子为笼型。可见，单相异步电动机结构比三相异步电动机简单，电源获得也方便。单相异步电动机的这些优点使其在小型机械、家用电器、医疗器械及仪器仪表中广泛应用。但是，单相异步电动机单位容量的体积比三相异步电动机要大，因此一般只做成几瓦到几百瓦的小容量电动机。

（一）单相异步电动机的工作原理

使用单相电源是单相异步电动机的最大优势。但是对异步电动机来说，单相电源在单相绕组中只能产生脉振磁动势，那么，脉振磁动势是如何使单相异步电动机起动并运行的呢？可见，学习单相异步电动机中的脉振磁动势是十分重要的。

1. 脉振磁动势——双旋转磁场理论

当单相异步电动机的工作绕组通入单相交流电时，在气隙中会产生脉振磁动势 F，该磁场的大小、方向随时间按正弦规律变化。一个脉振磁动势可分解为转速相等、转向相反、幅值各为 $\frac{1}{2}F_1$ 的两个旋转磁动势 F_+ 和 F_-。这两个旋转磁动势在转子绕组中感应相应的电动势和电流，从而产生正、反向两个电磁转矩 T_{em+} 和 T_{em-}，如图 2-49 所示。如果电动机被正转转矩 T_{em+} 拖动，则反转转矩 T_{em-} 成为制动转矩，这时对于正向旋转磁场，电动机的转差率为 s_+ 时，对于反转磁场的转差率应为 s_-，即

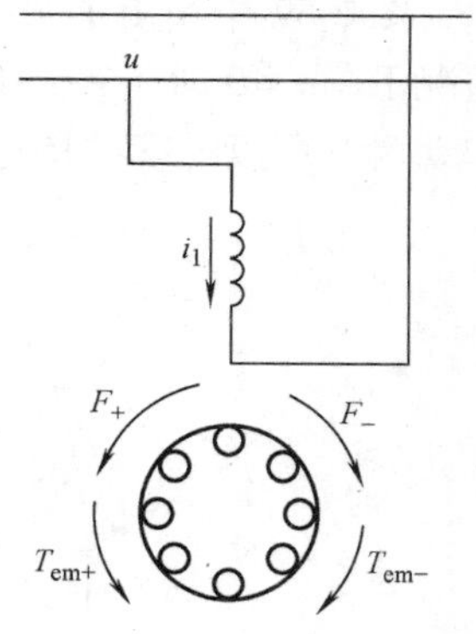

图 2-49 单相绕组的双旋转磁场及转矩

$$s_+ = \frac{n_1 - n}{n_1} \tag{2-30}$$

$$s_- = \frac{-n_1 - n}{-n_1} = \frac{n_1 + n}{n_1} = \frac{2n_1 + n - n_1}{n_1} = 2 - \frac{n_1 - n}{n_1} = 2 - s_+ \tag{2-31}$$

和三相异步电动机一样，可以绘出正转电磁转矩和转差率的关系曲线 $T_{em+} = f(s)$（即机械特性）、反转电磁转矩和转差率的关系曲线 $T_{em-} = f(s)$，如图 2-50 所示。

图 2-50 中，$T_{em+} = f(s)$（曲线 1）和 $T_{em-} = f(s)$（曲线 2）相对于原点对称，其合成电磁转矩为 $T_{em} = f(s)$（曲线为 3），通过原点。

从图 2-50 可见，单相绕组脉振磁动势分解为两个旋转磁动势后，其笼型转子产生的合成转矩有如下特点：

1）电动机 $n = 0$ 时，即 $s_+ = 1$ 时，合成转矩 $T_{em} = 0$，电动机无起动转矩。

2）电动机 $n \neq 0$ 时，即 $0 < s_+ < 1$ 或 $0 < s_- < 1$ 时，合成电磁转矩不为零。

3）对于正转磁场，$0 < s_+ < 1$ 时，电动机处于电动正转状态，T_{em+} 为拖动性质，同时 T_{em-} 为制动转矩（同理可以说明反转磁场），使单相交流电动机总转矩减小，因而输出功率减小，效率降低。

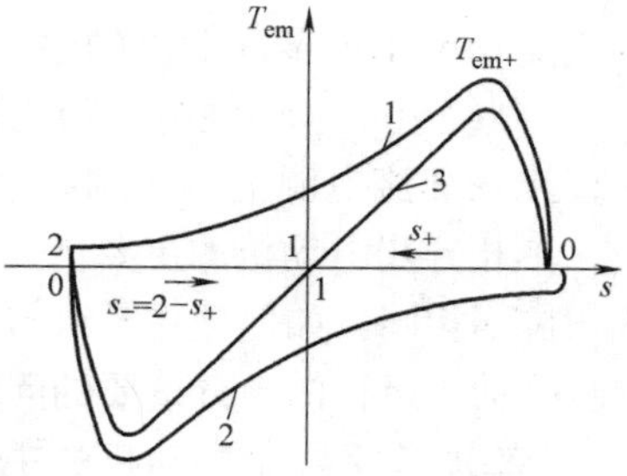

图 2-50 单相绕组单相电流时的转矩转差率曲线

显然，单相异步电动机虽无起动转矩，但一经起动，就会转动而不停止。这样单相异步电机的起动问题，便成为一个重要问题。

2. 单相异步电动机的工作原理

为了能正常运行，实际单相异步电动机有两相绕组，即工作绕组和起动绕组，同时接入相位不同的两相电流，两相绕组将产生两个磁动势。如果这两个磁动势幅值不同，其合成磁动势将是一个椭圆形旋转磁动势。椭圆形旋转磁动势 F 可以分解为两个幅值不同、转向相反的旋转磁动势 F_+ 和 F_-，如图 2-51 所示。

如果正转磁动势 F_+ 产生的电磁转矩为 T_{em+}，反转磁动势 F_- 产生的电磁转矩为 T_{em-}，由于 $F_+ \neq F_-$（$F_+ > F_-$），则合成电磁转矩曲线 T_{em}（机械特性）不通过坐标原点，如图 2-52 所示。

图 2-52 中绘出了 T_{em+}、T_{em-} 和 T_{em} 三条曲线。从机械特性曲线可以看出，在 $F_+ > F_-$ 的情况下，$n=0$ 时，$T_{em}>0$，电动机有起动转矩，能正向起动；$n>0$ 时，$T_{em}>0$，说明正向起动后，可以继续维持正向电动运行。这就是单相异步电动机的运行原理。

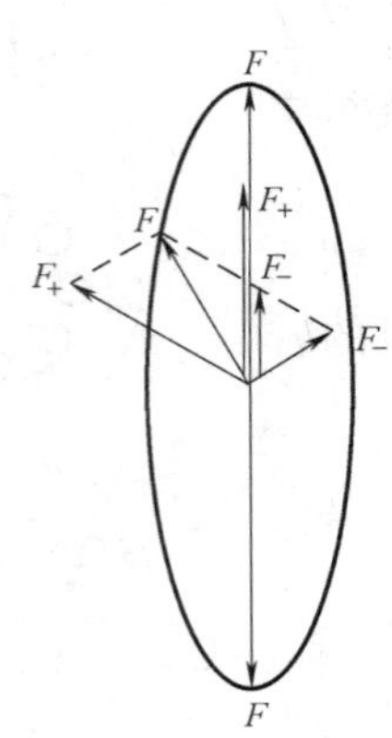

图 2-51　椭圆形旋转磁场的分解

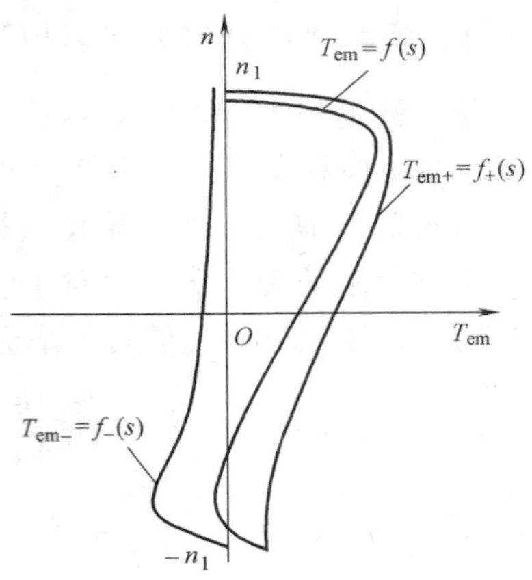

图 2-52　椭圆形磁动势时单相异步电动机的机械特性

显然两相对称的定子绕组通入两相对称电流时，两相绕组产生的磁动势为圆形旋转磁动势，这与三相异步电动机情况相同。

总结上述分析，单相异步电动机起动的必要条件是：定子应具有空间不同相位的两个绕组，且两相绕组中通入不同相位的交流电流。

实际单相异步电动机的两个绕组称为主绕组和副绕组，主绕组是工作绕组(或称运行绕组)，副绕组是起动绕组，与主绕组相差 90°空间电角度。主绕组在电动机起动与运行时都一直接在交流电源上，而副绕组只是在起动时必须通交流电源，起动后可以切除不用。

单相异步电动机的主要优点是使用单相交流电源，而副绕组中的电流却要求与主绕组的电流相位不相同，如何把主绕组与副绕组中的电流相位分开，即所谓的“分相”，就变成了单相异步电动机运行的十分重要的问题。单相异步电动机的分类就是以不同的分相方法而区别的。

(二) 单相异步电动机的主要类型

根据单相异步电动机结构和相应起动方法的不同，常用的单相异步电动机可分为以下两种类型。

1. 分相式单相异步电动机

(1) 电阻分相起动单相异步电动机　电阻分相起动单相异步电动机的副绕组串入电阻 R 通过一个起动开关和主绕组并联接到单相电源上，如图 2-53a 所示。

为使主绕组中的电流与副绕组中的电流之间有相位差，通常设计副绕组匝数比主绕组少一些，而副绕组的导线截面积比主绕组也小得更多，这样，副绕组的电抗就比主绕组的小，而电阻却比主绕组大得多。当两个绕组并接于同一单相电源时主绕组通过的电流为 $\dot{I}_m$，副绕组通过的电流为 $\dot{I}_a$，其电流相量图如图 2-53b 所示。可见副绕组的电流 $\dot{I}_a$ 比主绕组的电流 $\dot{I}_m$ 相位超前。总电流 $\dot{I}_L$ 被分成主、副绕组中的不同电流，以形成椭圆形旋转磁场。

起动开关的作用是：当转子转速上升到一定大小(一般为 75% ~80% 的同步转速)时，断开副绕组电路，使电动机运行在只有主绕组通电的情况下。一种常用的起动开关是离心开

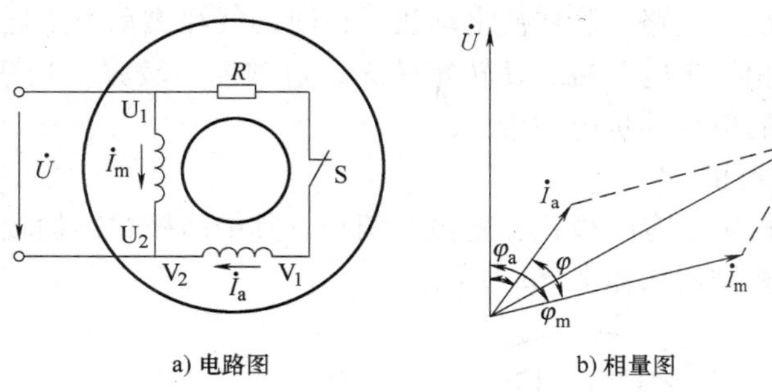

图 2-53 单相异步电动机的电阻分相起动

关，它装在电动机的转轴上随着转子一起旋转，当转速升到一定值时，依靠离心块的离心力克服弹簧的拉力(或压力)，使动触头与静触头脱离接触，切断副绕组电路。

这种单相异步电动机由于两相绕组中电流的相位相差不大，气隙磁动势椭圆度较大，其起动转矩较小。

如果把主绕组或者副绕组中的任何连接电源的两出线端对调，就可以把气隙旋转磁动势旋转方向改变，因而转子转向也随之改变。

(2) 电容分相起动单相异步电动机　电容分相起动单相异步电动机的副绕组 V_1-V_2 串联了一个电容 C 和一个起动开关 s，然后再和主绕组 U_1-U_2 并联到同一个电源上，其接线如图 2-54a 所示，副绕组回路串联的电容可使副绕组回路呈容性，从而使副绕组在起动开关

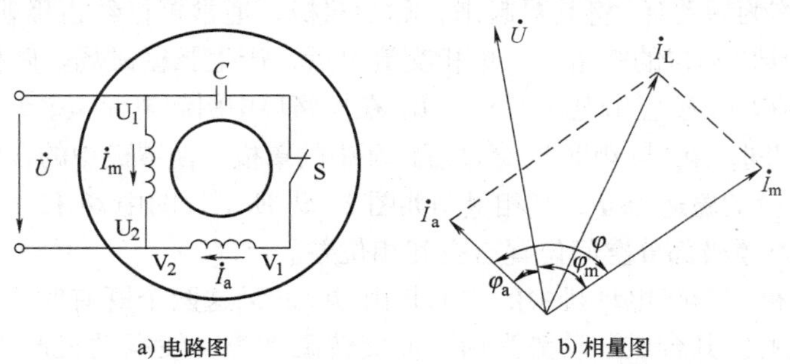

图 2-54 单相电容分相起动异步电动机

闭合时，其电流 $\dot{I}_a$ 领先电源电压一个相位角。由于主绕组的阻抗是感性的，它的起动电流 $\dot{I}_m$ 落后电源电压一个相位角，如图 2-54b 所示。因此电动机起动时，副绕组起动电流领先主绕组起动电流近 90°相位角，起动时能产生一个接近圆形的旋转磁动势，形成较大的起动转矩。由于 $\dot{I}_a$ 和 $\dot{I}_m$ 相位差较大，电动机可以得到较小的起动电流 $\dot{I}_L$。

电容分相起动单相异步电动机改变方向的方法与电阻分相单相异步电动机相同。

(3) 电容起动与运行单相异步电动机　为了使电动机既有较好的起动性能，又有较好的运行性能，在副绕组 V_1-V_2 中连接两个相互并联的电容，C 和 C_{st}，其中电容 C_{st}与起动开关串联，如图 2-55 所示。电容 C_{st} 只在起动时接入，起动结束后被起动开关断开；电容 C 在电

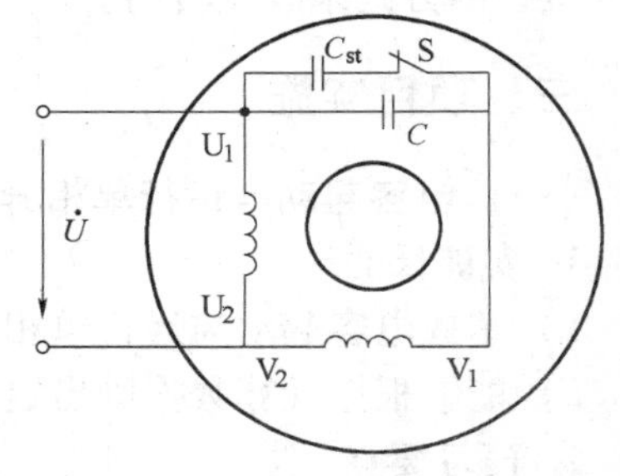

图 2-55 电容起动与运行异步电动机

动机运行时长期串入副绕组支路，这样使电动机运行时的气隙磁动势接近圆形磁动势。

电容起动与运行单相异步电动机起动转矩较大，过载能力较强，功率因数和效率较高，噪声较小，是比较理想的单相异步电动机。

2. 单相罩极异步电动机

单相罩极异步电动机定子有凸极式和隐极式两种，其中凸极式结构较为简单。凸极式单相罩极异步电动机的主要结构如图 2-56a 所示。

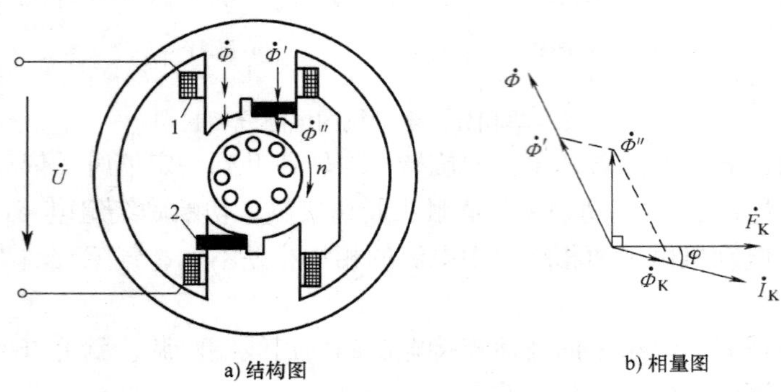

a) 结构图　　b) 相量图

图 2-56　凸极式单相罩极异步电动机

1—绕组　2—短路环

单相罩极异步电动机主磁极上装置主绕组，主绕组与单相电源相连，主磁极极靴一侧开有槽，并用铜环(称为短路环)将其罩起来，称为罩极。通常罩极约占极靴表面积的 1/3。

当单相罩极异步电动机的绕组通入单相交流电后，产生脉振磁场。磁极磁通的一部分 $\dot{\Phi}'$ 穿过短路环，从而在环中感应出电动势 $\dot{E}_K$，$\dot{E}_K$ 在短路环中引起电流 $\dot{I}_K$，$\dot{I}_K$ 在罩极中产生磁通 $\dot{\Phi}_K$，其相位与 $\dot{I}_K$ 相同，$\dot{\Phi}_K$ 与 $\dot{\Phi}'$同时穿过短路环中的罩极，使罩极中的合成磁通为 $\dot{\Phi}''=\dot{\Phi}'+\dot{\Phi}_K$；主磁极未罩部分的磁通为 $\dot{\Phi}$，其相量图如图 2-56b 所示。图中 $\dot{\Phi}$ 和 $\dot{\Phi}''$间有一个时间相位差，且未罩极部分与罩极部分空间位置有空间相位差。

综上所述，罩极式异步电动机中的磁通是由 $\dot{\Phi}$ 和 $\dot{\Phi}''$这两个既有时间相位差，又有空间相位差的磁通合成的。其合成磁动势为椭圆形旋转磁动势，使电动机产生一定的起动转矩，其旋转方向由超前相绕组转向落后相绕组，即从未罩部分向罩极部分转动。一旦电动机起动之后，则按单相电动机工作原理工作。

单相罩极异步电动机起动转矩很小，但结构简单、制造方便，多用于小型电风扇、电唱机和录音机，容量一般在 30～40W 以下。单向罩极异步电动机因罩极结构已制成，不能靠改变接线的方式来改变转向。

三、项目实施

(一) 电容起动与运行单相异步电动机拆除前的数据记录与计算

1. 实训目的

1）掌握电容起动与运行单相异步电动机拆除之前的数据记录与计算。

2）能够根据计算数据画出定子绕组绕线分布图。

2. 预习要点

1）认识电容起动与运行单相异步电动机定子和转子的结构。

2）各种数据的具体含义及计算方法。

3）不同绕组的绕制方法和适用场合及其优缺点。

3. 实训项目

1）电容起动与运行单相异步电动机的数据记录。

2）单相异步电动机定子绕组绕制之前的数据计算。

3）画出定子绕组的展开图。

4. 实训设备

1）电工工具。

2）电容起动与运行单相异步电动机。

5. 实训方法及实训步骤

（1）电动机相关参数

1）电动机的铭牌数据：额定功率 $P_N=120W$；额定电压 $U_N=220V$；起动电容为 $4\mu F/500V$；额定电流 $I_N=1A$；额定转速 $n_N=1420r/min$；绝缘等级为 E 级。

2）定子相关数据：定子槽数 $Z=24$；极对数 $p=2$；定子内径为 60mm；定子外径为 120mm；定子长度为 52mm；绕组形式为同心式绕组；并联支路 $a=1$；主绕组线径为 0.35mm；副绕组线径为 0.41mm；主绕组大、小两线圈匝数分别为 260 匝和 130 匝；副绕组大、小两线圈匝数分别为 200 匝和 100 匝。

3）转子相关数据：转子直径为 60mm；铁心长度为 60mm。

（2）绕组数据计算

1）绕组元件数 S。电动机绕组由许多线圈构成，每一个线圈就是一个绕组元件。双层绕组的元件总数等于定子槽数。

$$S=Z=24$$

式中，Z 为定子铁心的总槽数。

2）极距τ。极距是指每个磁极所占有的定子虚槽数，即

$$\tau=\frac{Z}{2p}=\frac{24}{2\times2}=6$$

式中，p 为电动机极对数。

3）每槽所占的电角度 α。主副绕组间隔 90°电角度分布在定子铁心槽中，每相每槽的电角度为

$$\alpha=\frac{2\pi\times p}{Z}=\frac{2\pi\times2}{24}=\frac{\pi}{6}=30°$$

4）每极每相槽数 q。相带指每极每相的槽数，即

$$q=\frac{Z}{2pm}=\frac{24}{2\times2\times1}=6$$

5）给各相绕组分布槽号。假如 2 号槽放置主绕组元件的一边，则另一边必定放置在 7 号槽，下一个元件的一边应放置在 3 号槽（同心式），依次类推可得到主绕组各元件边分布的槽号如下：

2—7，3—6，8—13，9—12，14—19，15—18，20—1，21—24

同理副绕组元件边分布的槽号如下：

5—10，6—9，11—16，12—15，17—22，18—21，23—4，24—3

6）根据以上计算结果画出定子绕组分布图。

① 画出定子铁心槽位的展开图并标注对应的槽号。

② 根据绕组分布连接主、副绕组并标注电流方向(为使连接图清晰明了,建议绕组间使用不同颜色加以区分)。

③ 根据电流方向划分磁极。

具体绕组分布图如图 2-21 所示。

（二）电容起动与运行单相异步电动机绕组的拆除

1. 实训目的

掌握电容起动与运行单相异步电动机绕组拆除的方法。

2. 预习要点

了解电容起动与运行单相异步电动机的拆除方法，它和变压器拆除有什么区别？

3. 实训项目

电容起动与运行单相异步电动机的拆除。

4. 实训设备

1）电工工具。

2）电容起动与运行单相异步电动机。

5. 实训方法及实训步骤

（1）电动机的拆除方法　将电动机两端的端盖螺钉取下，用木榔头轻轻敲打轴承使端盖顶出机座，再用扳手等工具取下两侧端盖。

取端盖时要小心，不要让带转子的端盖碰到铁心，以免将铁心及漆包线划伤。

（2）定子的拆除方法

1）用压线板把竹楔从槽中顶出，将绕组端部棉线解开(或剪断)。

2）从定子中取出定子绕组，通过绕线机把主绕组及副绕组分别绕制开来，在绕制过程中可用螺钉旋具将导线拉直。记录主、副绕组匝数以便重绕时作为参考，最后用棉线及胶带扎紧主副绕组，分别放置，以免搅乱。

3）拆除绕组后，应清除槽内绝缘残留物，修正槽形。

6. 注意事项

在拆除时应将各零部件按顺序依次放置好。

（三）电容起动与运行单相异步电动机绕组绕线

1. 实训目的

掌握电容起动与运行单相异步电动机绕组的绕线方法。

2. 预习要点

电容起动与运行单相异步电动机定子绕组的绕线方法。

3. 实训项目

单相电容起动与运行异步电动机定子绕组的绕线。

4. 实训设备

1）电容起动与运行单相异步电动机。

2）电工工具。

3）手摇式绕线机。

5. 实训方法及实训步骤

1）线圈绕制的匝数要绝对准确，首尾端头要用不同颜色导线连接，防止弄错首尾端头。

2）试绕线圈，验证绕线模制作得是否合适。

3）绕线模紧固在绕线机上，把线轴上的漆包线端头拉至绕线模上固定。

4）绕线时，导线要排列紧密。

5）线圈绕完后，应扎紧绕组以防松散，然后在从绕线机上取下，再继续绕下一个线圈。

6）绑扎线圈时，用白线绳将线圈两端扎紧，两线头应套绝缘套管和线圈扎在一起。

（四）电容起动与运行单相异步电动机的嵌线和组装

1. 实训目的

掌握电容起动与运行单相异步电动机定子的嵌线和组装方法。

2. 预习要点

预习电容起动与运行单相异步电动机组装时的注意事项。

3. 实训项目

电容起动与运行单相异步电动机的嵌线和组装。

4. 实训设备

1）电容起动与运行单相异步电动机。

2）电工工具。

5. 实训方法及实训步骤

（1）嵌线工艺

1）线圈整形：右手大拇指和食指捏住线圈一有效边，左手捏住另一有效边，两手同时用力，右手向外翻，左手向内翻，把线圈尽量捏扁。

2）嵌入线圈：线圈的引线朝向进线孔方向，先嵌靠近身体侧的线圈有效边，用两手把线圈有效边尽量捏扁，将线圈边的左端从槽口右侧倾斜着嵌入槽内，然后向另一侧拉入使整个线圈嵌入到槽内。如有小部分导线压不进槽里，可用划线板划入，但必须注意划线板必须从槽的一端一直划到另一端，并且必须使所划的导线全部嵌入槽内，然后再划入其余导线，切不可随意乱划以免导线交叉轧在槽口无法嵌入。

3）靠近身体侧的线圈边嵌好后，再把另一线圈边倒向前面嵌进槽里，这一线圈边嵌法不同于先嵌的线圈边，要采用划线板划入。**注意：**并不是每个线圈的两边都同时嵌线，也有嵌若干个线圈边后再回头嵌原先的另一线圈边的，要视具体情况而定。

4）为防止暂时不嵌入槽内的另一线圈边影响其他线圈边的嵌线操作，可用线绳吊起或用厚纸暂时衬垫。

5）压实导线：导线全部嵌入槽内，如槽内导线太满，可利用压线板顺定子槽来回压几次，将导线压紧，以便槽楔顺利插入。

6）封槽口：将引槽纸齐槽剪平，折合封好，并用压线板压实，插入槽楔。槽楔一般用竹楔，竹楔应在变压器油中煮过。

7）端部相间绝缘处理（即隔相）：隔相时应将任两相绕组完全隔开，不要错隔、漏隔。隔相纸应插到底。

8）接线：按前面所述绕组连接方法，对照展开图完成接线。

9）线圈引出线的接线和焊接：在引出线上套上套管伸到机壳外边，刮净漆包线上的绝缘，尽量不要损坏金属导体部分。

10）端部整形：把绕组端部整形成外大里小的喇叭口形状。整形方法是用手按压绕组端部内侧，或用木榔头衬着竹板，轻轻敲打，使端部成形。其直径大小要适当，不可太靠近机壳。

11）端部包扎：可用扎线包扎。

（2）电动机的组装

1）先把定子绕组两个出线端从机壳伸出来，然后把转子放进定子腔内。再把固定在端盖上的导线从机壳中抽出，注意在此过程中用力不要太猛以免划伤导线。

2）把前后端盖用螺钉固定。

（五）电容起动与运行单相异步电动机绝缘电阻的测量

1. 实验目的

掌握电容起动与运行单相异步电动机绝缘电阻测量的方法。

2. 预习要点

1）绝缘电阻表的选取原则。

2）绝缘电阻表的使用方法。

3. 实验项目

1）测量绕组对地绝缘电阻。

2）测量绕组间的绝缘电阻。

4. 实验设备

1）500V 等级绝缘电阻表。

2）电容起动与运行单相异步电动机。

5. 实验方法及实验步骤

1）放置好电容起动与运行单相异步电动机，将电动机主绕组、副绕组的公共端拆开。用 500V 绝缘电阻表的地端夹住电容起动与运行单相异步电动机外壳，用绝缘电阻表的另一端充分接触电容起动与运行单相异步电动机绕组的一端。摇动绝缘电阻表，使绝缘电阻表的转速达到 120r/min，当绝缘电阻表指针指示稳定后再读数。同样方法测量另外一组对地绝缘电阻，将测量数据记录于表 2-16 中。

2）放置好电容起动与运行单相异步电动机后，用绝缘电阻表地端夹住电容起动与运行单相异步电动机主绕组一侧，再用绝缘电阻表的另一端充分接触电容起动与运行单相异步电动机副绕组一侧，摇动绝缘电阻表，使绝缘电阻表的转速达到 120r/min，当绝缘电阻表指针指示稳定后再读数。将测量数据记录的表 2-17 中。

6. 实验报告

完成表 2-16 和表 2-17。

表 2-16　绕组对地的绝缘电阻

	主绕组对地	副绕组对地
$R/\mathrm{M\Omega}$		

表 2-17　绕组间的绝缘电阻

	主绕组与副绕组
$R/\mathrm{M\Omega}$	

7. 注意事项

1）在测量绕组间的绝缘电阻时，切不可把绝缘电阻表接到同一绕组的两端测量。

2）测量时绝缘电阻表接地端要充分接触电容起动与运行单相异步电动机的外壳。

（六）考核与评价

项目考核内容与考核标准见表2-18。

表2-18 项目考核内容与考核标准

序号	考核内容	考核要求	配分	评分标准	得分
1	拆卸、装配	能正确拆卸、组装单相电动机	40	1）拆卸和装配方法及步骤不正确，每次扣10分 2）拆装不熟练，扣10分 3）丢失零部件，每件扣10分 4）拆卸后不能组装，扣10分 5）损坏零部件，扣10分	
2	检查、校验	能正确检查、校验单相电动机	40	1）丢失或漏装零部件，扣5分 2）装配后绝缘电阻太小，扣5分 3）装配后出现短路或断路，扣20分 4）校验方法不正确，扣5分 5）校验结果不正确，扣5分	
3	安全文明操作	确保人身和设备安全	20	违反安全文明操作规程，扣10～20分	
备注			合计		
			教师评价	年 月 日	

四、知识拓展——单相异步电动机的常见故障及处理方法

单相异步电动机的常见故障分为机械部分故障和电气部分故障两大类。机械部分故障主要有轴承损坏，轴颈磨损以及轴部弯曲、断裂、变形等。电气部分故障主要有主、副绕组短路、断路、碰地和接线错误等。电动机发生故障时，应根据故障现象对其相应部分进行处理。

电气故障可采取测量主、副绕组电阻值的方法来判断。如果测量主、副绕组直流电阻与正常值相比有较大差别，或拆开电动机发现绕组有明显过热现象甚至烧损时，应部分或全部重新绕制主、副绕组。单相电动机大多表现为副绕组烧毁。

如检查中发现直流电阻阻值变大，一般是由于接线端松脱开路，主、副绕组断线所致。

若电动机外壳带电则表明其绕组对地绝缘电阻下降，这样容易发生触电事故。发现电动机外壳带电应立即停止运行，用绝缘电阻表测量绕组对地电阻，查明原因。若因受潮所致，则应对其绕组进行烘干直至绝缘电阻恢复到规定值。一般电器对地绝缘电阻值应远大于0.5MΩ，对于家用电器使用的电动机，其绝缘电阻值应达到远大于2MΩ方可投入使用。若烘干法不能使其绝缘电阻恢复到以上要求值时，则应对其重新进行浸漆处理，直至符合要求。

五、项目小结

单相交流绕组通入单相交流电会产生脉振磁动势，该磁动势可分解为两个幅值相等、转速相同、转向相反的旋转磁动势，从而在气隙中建立正转和反转磁场。这两个旋转磁场切割转子导体，并分别在转子导体中产生感应电动势和感应电流。该电流与磁场相互作用产生正、反电磁转矩，正向电磁转矩使转子正转，反向电磁转矩使转子反转。这两个转矩叠加起来就是使电动机转动的合成转矩。

单相异步电动机的主要特点有：

1）$n=0$，$s=1$，$T=T_{+}+T_{-}=0$，说明单相异步电动机无起动转矩，如不采取其他措施，则电动机不能起动。

2）当$s\neq1$时，$T\neq0$，T无固定方向，它取决于s的正、负。

3）由于反向转矩存在，使合成转矩随之减小，故单相异步电动机的过载能力较低。

梳理与总结

转差率s是一个反映异步电动机运行状态和负载大小的基本变量。异步电动机转子与基波旋转磁场之间的相对运动，决定了闭合的转子导体中感应电动势、电流以及电磁转矩的大小和方向。$s=\dfrac{n_1-n}{n_1}$，当$0<s<1$，即$0<n<n_1$时，为电动机状态；$s<0$，即$n>n_1$时，为发电机状态；$s>1$，即$n<0$时，为电磁制动状态。

异步电动机与变压器有许多相似之处，如它们都是只有一边接交流电源，另一边的电动势、电流由电磁感应产生，两边并无直接的电联系。变压器是静止电器，主磁场是交变脉动磁场，异步电动机是旋转电动机，主磁场是旋转磁场。

异步电动机是将电能转换成机械能的装置，应了解能量转换过程中功率平衡和转矩平衡的关系。电动机输出的是机械功率，因此电磁转矩是一个关键物理量，当端电压及频率不变时，电磁转矩T与转差率s(或转速n)之间的关系称为机械特性。机械特性曲线是反映异步电动机运行性能的重要曲线，又称为T—s曲线，它是一条二次曲线，其中额定运行点、最大转矩点和起动点最具代表性。

异步电动机的工作特性是指随着负载的变化，其转速、输出转矩、定子电流、功率因数及效率等的变化情况。从使用的观点看，效率和功率因数是重要的性能指标，通过损耗分析和运行参数分析可以采用合适的方法提高异步电动机经济运行的水平，达到节能的目的。

笼型异步电动机的起动性能较差，起动电流很大，而起动转矩却不大。一台电动机采用什么方法起动，取决于供电系统的容量、负载的要求和电动机的起动性能。电网容量允许的情况下，首先考虑全压直接起动；为了降低起动电流，常采用减压起动，有自耦变压器减压起动、Y-△转换减压起动和定子回路串电抗器减压起动等。为了获得较高的起动转矩和较低的起动电流，增大起动时的转子回路电阻是十分有效的方法，绕线转子异步电动机在转子回路内串入电阻或频敏变阻器，可以获得很好的起动性能。

制动是生产机械对异步电动机提出的特殊要求，也是异步电动机的又一种运行状态。制动运行时异步电动机的电磁转矩T与转速n的方向相反，电动机将吸收转轴上的动能转换成电能。为适应不同的生产机械所提出的不同要求，异步电动机常用的制动方法有：反接制

动、能耗制动和回馈制动等。

异步电动机调速是当前电动机控制技术发展的重要内容之一。调速性能可从调速范围、平滑性、调速功耗以及调速设备的成本和可靠性来衡量。根据异步电动机的转速公式，其转速 n 与频率 f、极对数 p 和转差率 s 有关。异步电动机调速比较困难，一般需要配置专门的调速装置或由特殊的绕组构成调速系统。笼型异步电动机应用较多的是变频调速、变极调速和调压调速等，绕线转子异步电动机常用转子回路中串电阻或串级调速。

单相异步电动机只需要单相交流电流，所以使用广泛。当转子静止时单相绕组流入交流电流，产生脉振磁场，合成起动转矩为零。单相电动机自起动的必要条件是定子空间分布的两相绕组中流入时间和相位不同的两相电流，形成椭圆形旋转磁场。按其起动和运行时定子主副绕组电流不同分相方法，形成不同类型的单相异步电动机，它们的性能也不尽相同，常用的有电容分相起动电动机、电阻分相起动电动机和罩极电动机等。

思考与练习

2-1　异步电动机的额定功率 P_N 是输入功率还是输出功率？

2-2　三相异步电动机中的气隙为什么必须做得很小？

2-3　异步电动机的基本工作原理是什么？为什么异步电动机的转速只能低于同步转速？

2-4　异步电动机的转子有哪两种类型？各有何特点？

2-5　一台三相异步电动机铭牌上标明 $f=50\text{Hz}$、额定转速 $n_N=1460\text{r/min}$，该电动机的极数是多少？额定运行时的转差率是多少？

2-6　如何利用转差率的数值判断异步电动机的三种运行状态？三种运行状态的电功率和机械功率流向（机械能转换为电能或是电能转换为机械能）如何？

2-7　什么是三相异步电动机的固有机械特性？什么是三相异步电动机的人为机械特性？

2-8　改变三相异步电动机的定子电压为什么只降低电压？对于降低定子电压的人为机械特性，它的最大转矩是否变化？临界转差率是否变化？若有变化，如何变化？

2-9　三相异步电动机起动电流越大，起动转矩也越大吗？负载转矩大小对起动有什么影响？

2-10　三相异步电动机采用定子串接电抗器减压起动、Y-△减压起动和自耦变压器减压起动时，起动电流及起动转矩与直接起动有什么不同？

2-11　笼型异步电动机有哪些调速方法？这些调速方法的依据是什么？各有何特点？

2-12　绕线转子异步电动机有哪些调速方法？这些调速方法的依据是什么？各有何特点？

2-13　异步电动机的制动方式有哪些？各有什么特点？

2-14　反接制动和倒拉反转反接制动的相同之处和不同之处有哪些？

2-15　一台三相笼型异步电动机的数据为：$P_N=40\text{kW}$，$U_{1N}=380\text{V}$，$n_N=2930\text{r/min}$，$\eta_N=0.9$，$\cos\varphi_{1N}=0.85$，$K_i=5.5$，$K_T=1.2$，定子绕组为△联结，供电变压器允许的起动电流为150A。能否在下列情况下用Y-△减压起动？

1）负载转矩为 $0.25T_N$；

2）负载转矩为 $0.5T_N$。

2-16　一台三相绕线转子异步电动机，$P_N=22\text{kW}$，$n_N=723\text{r/min}$，$E_{2N}=197\text{V}$，$I_{2N}=70.5\text{A}$，$K_T=3$。电动机运行在固有机械特性曲线的额定工作点上，现采用电源反接制动，要求制动开始时的制动转矩为 $2T_N$。求制动时转子每相串入电阻 R_c 的值。

2-17　已知一台三相异步电动机的额定数据为：$P_N=4.5\text{kW}$，$n_N=950\text{r/min}$，$\eta_N=84.5\%$，$\cos\varphi_N=0.8$，起动电流与额定电流之比 $I_{st}/I_N=5$，$\lambda=2$，起动转矩与额定转矩之比 $T_{st}/T_N=1.4$，额定电压为220/

380V，接法为星/三角，$f_1=50\text{Hz}$。求(1)磁极对数 p；(2)额定转差率 S_N；(3)额定转矩 T_N；(4)三角形联结和星形联结时的额定电流 I_N；(5)起动电流 I_{st}；(6)起动转矩 T_{st}。

2-18　一台三相四极笼型异步电动机，转子绕组为Y联结，其额定数据为：$P_N=11\text{kW}$，$U_{1N}=380\text{V}$，$n_N=1430\text{r/min}$，$K_T=2.2$，拖动恒转矩负载 $T_L=0.85T_N$，求：1）电动机转速；2）如果采用减压调速，当电源电压降到 $0.8U_{1N}$时电动机的转速；3）采用变频调速，且保持 E_1/f_1 为常数，当定子电压频率降至额定频率的70%时电动机的转速。

2-19　三相异步电动机断相时能否起动？为什么？如果在运行时断了一相电源相线，能否继续运行？为什么？

2-20　单相电容分相起动异步电动机是怎样改变转向的？

2-21　单相异步电动机两根电源线对调会反转吗？为什么？

2-22　简述单相罩极异步电动机的工作原理，它有哪些优、缺点？

模块三　直流电机和控制电机技术

知识目标：1. 熟悉直流电动机的结构、型号、技术参数。
2. 掌握直流电动机的工作原理及应用。
3. 了解控制电机的工作原理及应用。

能力目标：1. 能正确选择和使用直流电动机，合理选择其起动、制动及调速方案。
2. 具有直流电动机的运行和维护的能力。

电机是机械能与电能相互转换的装置。直流发电机能把机械能变为直流电能，直流电动机把直流电能变为机械能。

由于直流电动机有良好的起动特性，能在较宽的范围内平滑而经济地调速，所以它被广泛地用于电力机车、城市轨道交通车辆、无轨电车、轧钢机、机床和起重设备等机械中。直流发电机则可作为各种直流电源，如直流电动机的电源、同步发电机的励磁电源(称为励磁机)，电镀和电解用的低压电源等。在自动控制系统中，小容量直流电动机广泛作为伺服电动机和测量、执行元件使用，如挡风玻璃擦拭电动机、吹风机电动机、电动窗用电动机等。

项目一　直流电机的认识

一、项目导入

与交流电机相比，直流电机结构复杂，成本高，运行维护较困难。但直流电动机调速性能好，起动转矩大，过载能力强，在起动和调速要求较高的场合，如起重机械、运输机械、冶金传动机构、精密机械设备及自动控制系统等领域均获得了较广泛的应用。本项目主要介绍直流电机单叠绕组展开图的绘制方法。

二、相关知识

(一) 直流电机的主要结构及工作原理

1. 直流电机的主要结构

直流电机是由静止的定子部分和转动的转子部分构成的，定、转子之间有一定大小的间隙(称为气隙)，如图 3-1 所示。

(1) 定子部分　直流电机的定子部分主要由主磁极、换向极、机座和电刷装置等组成。

1) 主磁极。又称主极，由铁心和励磁绕组组成。

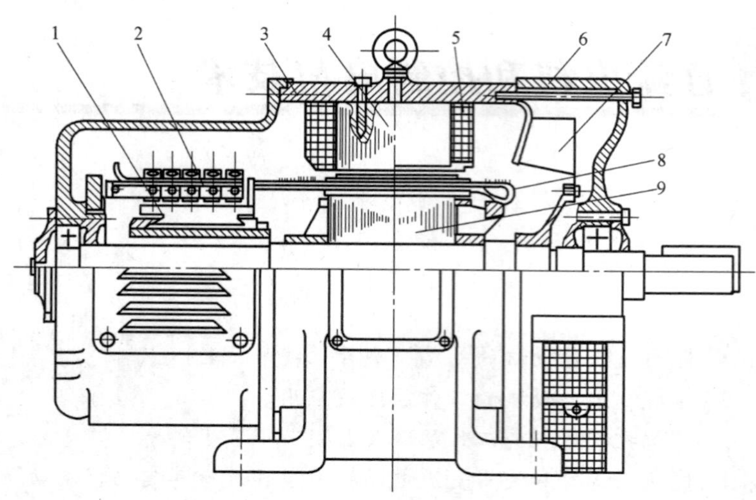

图 3-1 小型直流电机的结构
1—换向器 2—电刷装置 3—机座 4—主磁极 5—换向极 6—端盖 7—风扇 8—电枢绕组 9—电枢铁心

2）换向极。容量在 1kW 以上的直流电机，在相邻两主磁极之间要装上换向极。换向极又称附加极或间极，其作用是改善直流电机的换向。

3）机座。一般直流电机都用整体机座。所谓整体机座，就是一个机座同时起两方面的作用：一是起导磁的作用；二是起机械支撑的作用。

4）电刷装置。电刷装置是把直流电压、直流电流引入或引出的装置。

（2）转子部分 直流电机转子部分主要由电枢铁心、电枢绕组、换向器、转轴和风扇等组成。

1）电枢铁心。电枢铁心的作用有两个：一是作为主磁路的主要部分；二是嵌放电枢绕组。

2）电枢绕组。它是直流电机的主要电路部分，是实现机电能量转换的关键性部件。

3）换向器。在直流发电机中，它的作用是将绕组内的交变电动势转换为电刷端上的直流电动势；在直流电动机中，它将电刷上所通过的直流电流转换为绕组内的交变电流。

2. 直流电机的基本工作原理

（1）直流发电机的工作原理 直流发电机的模型与直流电动机相同，不同的是电刷上不外加直流电压，而是利用原动机拖动电枢朝某一方向（如逆时针方向）旋转，如图 3-2 所示。这时导体 ab 和 cd 分别切割 N 极和 S 极下的磁力线，产生感应电动势，电动势的方向用右手螺旋定则确定。在图示情况下，导体 ab 中电动势的方向由 b 指向 a，导体 cd 中电动势的方向由 d 指向 c，所以电刷 A 为正极性，电刷 B 为负极性。电枢旋转 180°时，导体 cd 转至 N 极下，感应电动势的方向由 c 指向 d，电刷 A 与 cd 所连换向片接触，仍为正极性；导体 ab 转至 S 极下，感应电动势

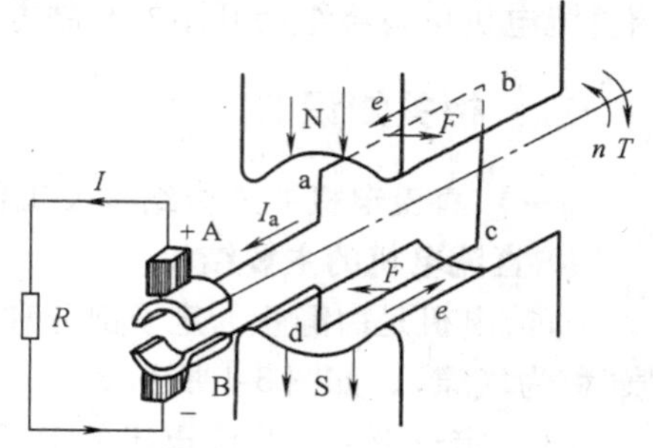

图 3-2 直流发电机模型

的方向变为 a 指向 b，电刷 B 与 ab 所连换向片接触，仍为负极性。可见，直流发电机电枢绕组中的感应电动势的方向是交变的，而通过换向器和电刷的作用，在电刷 A 和 B 两端输出的电动势是方向不变的直流电动势，这种作用称为整流。若在电刷 A 和 B 之间接上负载，发电机就能向负载供给直流电能，这就是直流发电机的基本工作原理。

应该注意到，直流发电机带上负载以后，电枢导体成为载流导体，导体中的电流方向与电动势方向相同，利用左手定则，还可以判断出由电磁力产生的电磁转矩方向与运动方向相反，起制动作用。

根据上述原理分析，可以看出直流发电机有如下特点：

1）直流发电机将输入的机械功率转换成电功率输出。

2）利用换向器和电刷，直流发电机将导体中的交变电动势和电流整流成直流输出。

3）直流发电机导体中的电流与电动势方向相同。

4）电磁转矩起制动作用。

从以上分析可以看出，一台直流电机原则上既可以作为电动机运行，也可以作为发电机运行，这取决于外界不同的条件。将直流电源外加于电刷，输入电能，电机能将电能转换为机械能，拖动生产机械旋转，作电动机运行；如用原动机拖动直流电机的电枢旋转，输入机械能，电机能将机械能转换为直流电能，从电刷上引出直流电动势，作发电机运行。同一台电机，既能作为电动机运行，又能作为发电机运行的原理，在电机理论中称为可逆原理。

（2）直流电动机的工作原理　图 3-3 是直流电动机的基本工作原理，N 和 S 是一对固定的磁极(一般是电磁铁,也可以是永久磁铁)。磁极之间有一个可以转动的铁质圆柱体，称为电枢铁心。铁心表面固定一个用绝缘导体构成的线圈 abcd，线圈的两端分别接到相互绝缘的两个弧形铜片上，弧形铜片称为换向片，它们的组合体称为换向器。在换向器上放置固定不动而与换向片滑动接触的电刷 A 和 B，线圈 abcd 通过换向器和电刷接通外电路。电枢铁心、线圈(电枢绕组)和换向器构成的整体称为电枢。

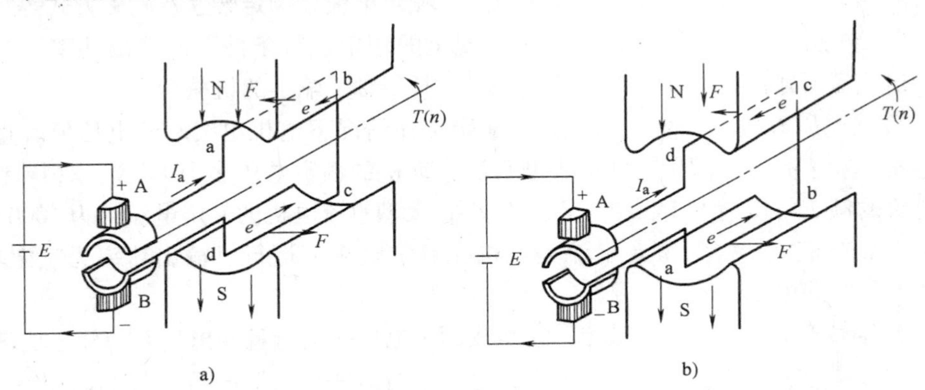

图 3-3　直流电动机的基本工作原理

此模型作为直流电动机运行时，将直流电源加于电刷 A 和 B。如将电源正极加于电刷 A，电源负极加于电刷 B，则线圈 abcd 中流过电流，在导体 ab 中，电流由 a 流向 b，在导体 cd 中，电流由 c 流向 d，如图 3-3a 所示。载流导体 ab 和 cd 均处于 N 极和 S 极之间的磁场当中，受到电磁力的作用，电磁力的方向用左手定则确定，可知这一对电磁力形成一个转矩，称为电磁转矩，转矩的方向为逆时针方向，使整个电枢逆时针方向旋转。当电枢旋转 180°

时，导体 cd 转到 N 极下，导体 ab 转到 S 极下，如图 3-3b 所示，由于电流仍从电刷 A 流入，cd 中的电流变为由 d 流向 c，而 ab 中的电流由 b 流向 a，从电刷 B 流出，由左手定则判断可知，电磁转矩的方向仍是逆时针方向。

由此可见，加于直流电动机的直流电源，借助换向器和电刷的作用，变为电枢绕组中的交变电流，这种将直流电流变为交变电流的作用称为逆变。由于电枢绕组所处的磁极也是同时交变的，从而使电枢产生的电磁转矩的方向恒定不变，确保直流电动机朝确定的方向连续旋转，这就是直流电动机的基本工作原理。

可以看到，一旦电枢旋转，电枢导体就会切割磁力线，产生感应电动势。在图 3-3a 所示时刻，可以判断出 ab 导体中的感应电动势由 b 指向 a，而此时的导体电流由 a 指向 b，因此直流电动机导体中的电流和电动势方向相反。

实际的直流电动机，电枢圆周上均匀地嵌放许多线圈，相应地换向器由许多换向片组成，这使电枢绕组所产生总的电磁转矩足够大并且分布比较均匀，从而电动机的转速也比较均匀。

根据上述原理，可以看出直流电动机有如下特点：

1）直流电动机将输入电功率转换成机械功率输出。

2）电磁转矩起驱动作用。

3）利用换向器和电刷，直流电动机将输入的直流电流逆变成导体中的交变电流。

4）直流电动机导体中的电流与感应电动势方向相反。

3. 直流电机的铭牌数据

型号为 Z2—51 的直流电机是一台机座号为 5、电枢铁心为短铁心的第 2 次改型设计的直流电机。机座号表示直流电机电枢铁心外直径的大小，有 1 ~ 9 号共 9 种机座号，机座号数越大，直径越大。电枢铁心长度分为短铁心和长铁心两种，1 表示短铁心，2 表示长铁心。直流电机的铭牌数据还有额定功率、额定电压、额定电流、额定转速及励磁方式等。

（1）额定功率 P_N(kW)　额定功率是在规定的额定运行条件下的输出功率。对于发电机，是指出线端所输出的电功率；对于电动机，是指轴上输出的机械功率。

（2）额定电压 U_N(V)　额定电压是在额定工作情况下电机出线端的电压值。直流电机的额定电压一般不高，我国生产的中小型直流电动机的额定电压多为 110V、220V 和 440V，直流发电机的额定电压为 115V、230V 和 460V；大型直流电机的额定电压约为 1000V。

（3）额定电流 I_N(A)　额定电流是电机在额定电压下运行且输出功率为额定功率时，通过出线端的线路电流。

（4）额定转速 n_N(r/min)　额定转速是在额定电压下运行且输出功率为额定功率时转子的转速。对无调速要求的电机，一般不允许电机运行时的最大转速超过 $1.2n_N$。

（5）直流电机的基本公式

1）直流发电机的额定功率应为

$$P_N = U_N I_N \tag{3-1}$$

2）直流电动机的额定功率为

$$P_N = U_N I_N \eta_N \tag{3-2}$$

3）电动机轴上输出的额定转矩为

$$T_{2N} = \frac{P_N}{\Omega_N} = 9.55\frac{P_N}{n_N} \tag{3-3}$$

（二）直流电机的绕组

电枢绕组是直流电机的一个重要组成部分，电机中机电能量的转换就是通过电枢绕组实现的，所以直流电机的转子也称为电枢。电枢绕组是由多个形状完全相同的单匝元件（当然也可以是多匝元件）以一定规律排列和连接起来的，用 S 表示元件数。

1. 单叠绕组

（1）绕组节距　所谓节距，是指被连接起来的两个元件边或换向片之间的距离，以所跨过的元件边数或虚槽数或换向片数来表示。元件的上层边用实线表示，下层边用虚线表示。

1）第一节距。同一元件的两个元件边在电枢周围上所跨的距离，用电枢表面相隔的槽数来表示，称为第一节距 y_1。一个磁极在电枢圆周上所跨的距离称为极距 τ，当用槽数表示时，极距的表达式为

$$\tau = \frac{Z}{2p} \tag{3-4}$$

式中，p——为磁极对数。

为使每个元件的感应电动势最大，第一节距 y_1 应尽量等于一个极距 τ，但 τ 不一定是整数，而 y_1 必须是整数，为此，一般取第一节距

$$y_1 = \frac{Z}{2p} \pm \varepsilon = 整数 \tag{3-5}$$

式中，ε 为小于 1 的分数。

$y_1 = \tau$ 的元件为整距元件，绕组称为整距绕组；$y_1 < \tau$ 的元件称为短距元件，绕组称为短距绕组；$y_1 > \tau$ 的元件称为长距元件，其电磁效果与 $y_1 < \tau$ 的元件相近，但端接部分较长，耗铜多，一般不用。

2）第二节距。第一个元件的下层边与直接相连的第二个元件的上层边之间在电枢圆周上的距离，用槽数表示，称为第二节距 y_2。

3）合成节距。直接相连的两个元件的对应边在电枢圆周上的距离，用槽数表示，称为合成节距 y。

4）换向器节距。每个元件的首、末两端所接的两片换向片在换向器圆周上所跨的距离，用换向片数表示，称为换向器节距 y_K。由图 3-4 可见，换向器节距 y_K 与合成节距 y 总是相等的，即

$$y_K = y$$

（2）单叠绕组的连接方法和特点　下面通过一个实例来说明。

设一台直流发电机 $2p = 4$，$Z = S$（元件个数）$= K$（换向片个数）$= 16$，连接成单叠右行绕组。

1）计算各节距。

第一节距 y_1

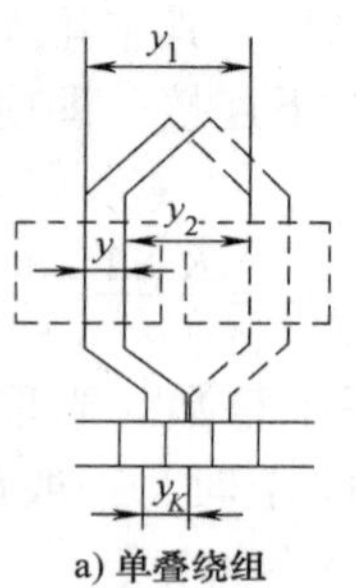

a) 单叠绕组

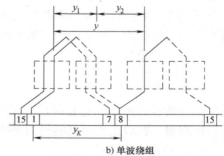

b) 单波绕组

图 3-4　绕组节距示意图

$$y_1=\frac{Z}{2p}\pm\varepsilon=\frac{16}{4}=4 \qquad (3\text{-}6)$$

合成节距 y 和换向器节距 y_K

$$y=y_K=1 \qquad (3\text{-}7)$$

第二节距 y_2

$$y_2=y_1-y=3 \qquad (3\text{-}8)$$

2）绘制绕组展开图。如图 3-5 所示。所谓绕组展开图，就是假想将电枢及换向器沿某一齿的中间切开，并展开成平面的连接图。

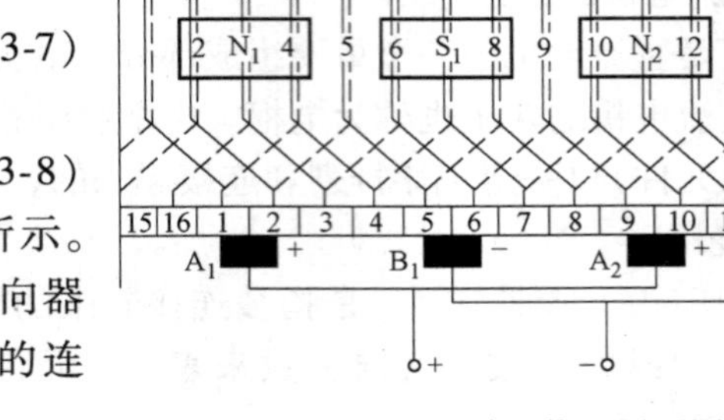

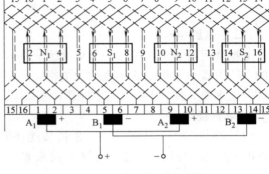

图 3-5 单叠绕组展开图

3）绕组元件连接顺序图，如图 3-6 所示。

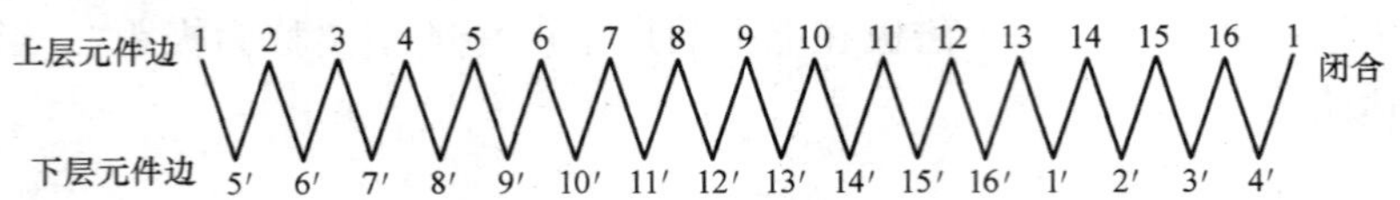

图 3-6 单叠绕组元件连接顺序图

4）绕组并联支路电路图，如图 3-7 所示。

（3）电枢绕组中的单叠绕组的特点

1）位于同一个磁极下的各元件串联起来组成一条支路，即支路对数等于极对数，$a=p$（a 为支路对数）。

2）当元件的几何形状对称，电刷放在换向器表面上的位置对准主磁极中心线时，正、负电刷间感应电动势为最大，被电刷所短路的元件里感应电动势最小。

3）电刷杆数等于极数。

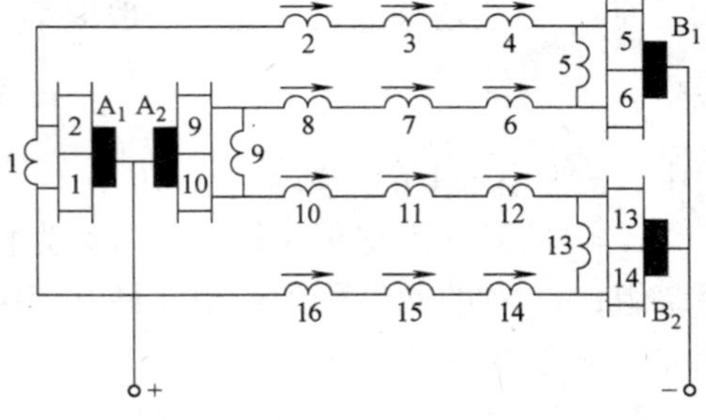

图 3-7 单叠绕组并联支路图

2. 单波绕组

（1）单波绕组的节距计算　单波绕组元件的节距如图 3-4b 所示。单波绕组元件的节距与单叠绕组的区别只在换向器节距 y_K 上。在选择 y_K 时，首先应使相串联的两个元件相距约为两个极距，它们的元件边处在极性相同的不同磁极下对应的位置上。由于这两个元件在相同极性的磁极下，电磁力的方向相同，故可以把它们串联在一个支路中。其次，当沿电枢向一个方向绕一周经过了 p 个串联的元件以后，其末尾所连换向片 py_K，必须落在与起始的换向片 1 相邻的位置，才能使周二周继续往下连接，即应满足 $py_K=K\pm1$。因此，单波绕组元件的换向器节距为

$$y_K=\frac{K\pm1}{p} \qquad (3\text{-}9)$$

式中，正负号的选择首先要满足 y_K 是一个整数。当取负号时，为左行绕组；当取正号时，为右行绕组。在取正负号都能得到整数的 y_K 时，一般都取负号，这时端接可短些。

（2）单波绕组的特点

1）同极性下各元件串联起来组成了一条支路，支路对数等于 1，与 p 无关。

2）当元件的几何形状对称，电刷放在换向器表面上的位置对准主磁极中心线时，正、负电刷间感应电动势为最大，被电刷所短路的元件里感应电动势最小。

3）电刷杆数等于极数。

单叠绕组适用于低电压、大电流的直流电机；单波绕组适用于较高电压、较小电流的直流电机。

三、项目实施

（一）案例分析

【例 3-1】 已知一台四极直流电动机，$Z=16$，单叠绕组，试画出它的绕组展开图。

解： 作图步骤如下。绕组展开图如图 3-5 所示。

第一步，先画 16 根等长等距的实线，代表各槽上层元件边，再画 16 根等长等距的虚线，代表各槽下层元件边。让虚线与实线靠近一些。实际上一根实线和一根虚线代表一个槽（指虚槽），依次把槽编上号码。

第二步，放置主磁极。让每个磁极的宽度大约等于 0.7τ，4 个磁极均匀放置在电枢槽之上，并标上 N、S 极性。假定 N 极的磁力线进入纸面，S 极的磁力线从纸面穿出。

第三步，画 16 个小方块代表换向片，并标上号码，为了作图方便，使换向片宽度等于槽与槽之间的距离。为了能连出形状对称的元件，换向片的编号应与槽的编号有一定的对应关系（由第一节距 y_1 来考虑）。

第四步，连接绕组。为了便于连接，将元件、槽和换向片按顺序编号。编号时把元件号码、元件上层边所在槽的号码以及元件上层边相连接的换向片号码编号一致，即 1 号元件的上层边放在 1 号槽内并与 1 号换向片相连接。这样当 1 号元件的上层边放在 1 号槽（实线）并与 1 号换向片相连后，因为 $y_1=4$，则 1 号元件的下层边应放在第 5 号槽（$1+y_1=5$）的下层（虚线）；因 $y=y_K=1$，所以 1 号元件的末端应连接在 2 号换向片上（$1+y=2$）。一般应使元件左右对称，这样 1 号换向片与 2 号换向片的分界线正好与元件的中心线重合。然后将 2 号元件的上层边放入 2 号槽的上层（$1+y=2$），下层边放在 6 号槽的下层（$2+y_1=6$），2 号元件的上层边连在 2 号换向片上，下层边连在 3 号换向片上。按此规律排列与连接下去，一直把 16 个元件都连起来为止。校核第 2 节距：第 1 元件放在第 5 槽的下层边与第 2 元件放在第 2 槽的上层边，它们之间满足 $y_2=3$ 的关系。其他元件也如此。

第五步，确定每个元件边里导体感应电动势的方向。图 3-5 中，所考虑的是发电机，箭头表示电枢旋转方向，即自右向左运动，根据右手螺旋定则就可判定各元件边的感应电动势的方向，即在 N 极下的导体电动势方向向下，在 S 极下导体电动势方向是向上的。在图示这一瞬间，1、5、9、13 四个元件正好位于两个主磁极的中间，该处气隙磁密为零，所以不感应电动势。

第六步，放电刷。在直流电机里，电刷组数也就是电刷杆的数目，与主磁极的个数一样多。对本例来说，就是四组电刷 A_1、B_1、A_2、B_2，它们均匀地放在换向器表面圆周方向的位置。每个电刷的宽度等于换向片的宽度。放电刷的原则是，要求正、负电刷之间得到最大的感应电动势，或被电刷所短路的元件中感应电动势最小，这两个要求实际上是一致的。在图 3-5 里，由于每个元件的几何形状对称，如果把电刷的中心线对准主磁极的中心线，就能满足上述要求。图 3-5 中，被电刷所短路的元件正好是 1、5、9、13，这几个元件中的电动势恰好为零。实际运行时，电刷是静止不动的，电枢在旋转，但是，被电刷所短路的元件，永远都处于两个主磁极之间的地方，当然感应电动势为零。

（二）同步训练

已知一台四极直流电动机，$Z=20$，单叠绕组，试画出它的绕组展开图。

（三）考核与评价

项目考核内容与考核标准见表3-1。

表3-1 项目考核内容与考核标准

<table>
<tr><td>序号</td><td>考核内容</td><td>考核要求</td><td colspan="2">配分</td><td>得分</td></tr>
<tr><td>1</td><td>放置磁极</td><td>能正确放置磁极</td><td colspan="2">20</td><td></td></tr>
<tr><td>2</td><td>放置换向片</td><td>能正确放置换向片</td><td colspan="2">20</td><td></td></tr>
<tr><td>3</td><td>连接绕组</td><td>能正确连接绕组</td><td colspan="2">40</td><td></td></tr>
<tr><td>4</td><td>放置电刷</td><td>能正确放置电刷</td><td colspan="2">20</td><td></td></tr>
<tr><td rowspan="2">备注</td><td rowspan="2" colspan="2"></td><td colspan="2">合计</td><td></td></tr>
<tr><td>教师评价</td><td colspan="2">年 月 日</td></tr>
</table>

四、知识拓展—— 直流电动机的励磁方式

直流电动机因为励磁方式不同，它的基本特性就不同，所以是按励磁方式最常用的分类法可分为他励直流电动机、并励直流电动机、串励直流电动机和复励直流电动机。

1. 他励直流电动机

他励直流电动机的励磁电流由其他直流电源供给，如图3-8a所示。

2. 并励直流电动机

并励直流电动机的励磁绕组与电动机的电枢绕组并联，电枢电压等于励磁电压，如图3-8b所示。

3. 串励直流电动机

串励直流电动机的励磁绕组与电枢串联，电枢电流与励磁电流相等。电枢电流也是它本身的励磁电流，如图3-8c所示。

4. 复励直流电动机

复励直流电动机有两部分励磁绕组，一部分与电枢并联，一部分与电枢串联，如图3-8d所示。

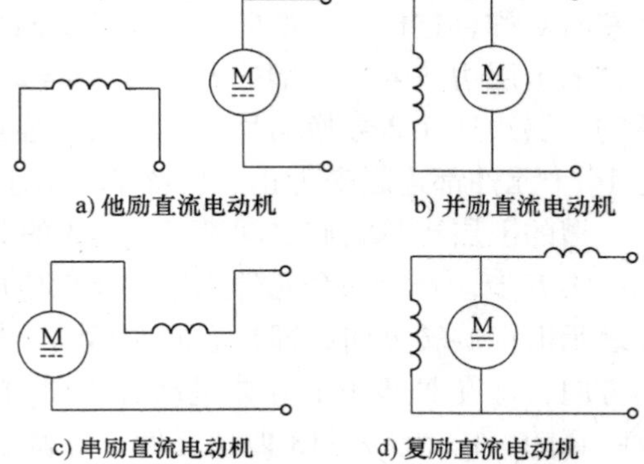

图3-8 直流电动机的励磁方式

五、项目小结

直流发电机是根据电磁感应原理而工作的，电枢元件的电动势是交变的，通过换向器和电刷的作用变换成电刷两端的直流电压。

直流电动机是根据电磁力定律而工作的。电刷两端外加一直流电，通过换向器和电刷的作用变换成电枢元件中的交流电，从而产生单向的电磁转矩而旋转。

直流电机由定子和转子两部分构成。定子包括主磁极、换向极，机座和电刷装置，其主要作用是产生主磁场。转子包括电枢铁心、电枢绕组、换向器和转轴，其主要作用是产生感应电动势 E_a 和电磁转矩 T_{em}，是直流电机能量转换的核心。

无论是发电机还是电动机，只要电枢绕组切割磁力线，都将产生感应电动势 $E_a = C_e \Phi n$，只要电枢绕组中有电流流过且置于磁场中，都将产生电磁转矩 $T_{em} = C_T \Phi I_a$。

项目二　直流电机的运行与维护

一、项目导入

直流电动机以良好的起动性能及在宽范围内平滑而经济的调速性能，在电力系统中有不可替代的作用，但其结构比交流电动机复杂。因此，直流电动机的正确使用和维护是保证设备正常运行的一项重要工作。本项目主要讨论直流电动机冷态直流电阻的测量。

二、相关知识

（一）直流电机的电枢电动势和电磁转矩

1. 直流电机电枢绕组的感应电动势

电枢绕组的感应电动势是指直流电机正负电刷之间的感应电动势，也就是电枢绕组一条并联支路的电动势。电枢绕组元件边内的导体切割气隙合成磁场，产生感应电动势，由于气隙磁通密度(尤其是负载时气隙合成磁通密度)在一个极下的分布不均匀，为分析推导方便起见，可把磁通密度看成均匀分布的，取一个极下气隙磁通密度的平均值为 B_{av}，从而可得一根导体在一个极距范围内切割气隙磁通密度产生的电动势的平均值 e_{av}，其表达式为

$$e_{av} = B_{av} l v \tag{3-10}$$

式中，B_{av} 为一个极下气隙磁通密度的平均值，称为平均气隙磁通密度(T)；l 为电枢导体的有效长度(槽内部分,m)；v 为电枢表面的线速度(m/s)。

设电枢绕组总的导体数为 N，则每一条并联支路总的串联导体数为 $N/2a$，因而电枢绕组的感应电动势为

$$E_a = \frac{N}{2a} e_{av} = \frac{N}{2a} \frac{2p}{60} \Phi n = \frac{pN}{60a} \Phi n = C_e \Phi n \tag{3-11}$$

式中，a 为支路对数。

2. 电枢绕组的电磁转矩

电枢绕组中流过电枢电流 i_a 时，元件的导体中流过支路电流 i_a，成为载流导体，在磁场中受到电磁力的作用。电磁力 f 的方向按左手定则确定，一根导体所受电磁力的大小为

$$f = B l i_a \tag{3-12}$$

如果仍把气隙合成磁场看成是均匀的，气隙磁通密度用平均值 B_{av} 表示，则每根导体所受电磁力的平均值为

$$f_{av} = B_{av} l i_a \tag{3-13}$$

一根导体所受电磁力形成的电磁转矩的大小为

$$T_{av}=f_{av}\frac{D}{2} \tag{3-14}$$

式中，D 为电枢外径。

由于不同极性磁极下电枢导体中电流的方向不同，所以电枢所有导体产生的电磁转矩方向都是一致的，因而电枢绕组的电磁转矩等于一根导体电磁转矩的平均值 T_{av} 乘以电枢绕组总的导体数 N，即

$$T_{em}=NT_{av}=NB_{av}li_{a}\frac{D}{2}=N\frac{\Phi}{\tau l}l\frac{I_a}{2a}\frac{1}{2}\frac{2p\tau}{\pi}=\frac{pN}{2\pi a}\Phi I_a=C_T\Phi I_a \tag{3-15}$$

电枢电动势 $E_a=C_e\Phi_n$ 和电磁转矩 $T_{em}=C_T\Phi I_a$ 是直流电机两个重要的公式。对于同一台直流电机，电动势常数 C_e 和转矩常数 C_T 之间具有确定的关系，即

$$C_T=\frac{60a}{2\pi a}C_e=9.55C_e \tag{3-16}$$

（二）直流发电机的基本方程式和运行特性

根据励磁方式的不同，直流发电机可分为他励直流发电机、并励直流发电机、串励直流发电机和复励直流发电机。励磁方式不同，发电机的特性就不同。下面分析他励直流发电机的原理和特性。

1. 直流发电机稳态运行时的基本方程式

图 3-9 为一台他励直流发电机的示意图。电枢旋转时，电枢绕组切割主磁通，产生电枢电动势 E_a，如果外电路接有负载，则产生电枢电流 I_a，I_a 的正方向与 E_a 相同，如图 3-9 所示。

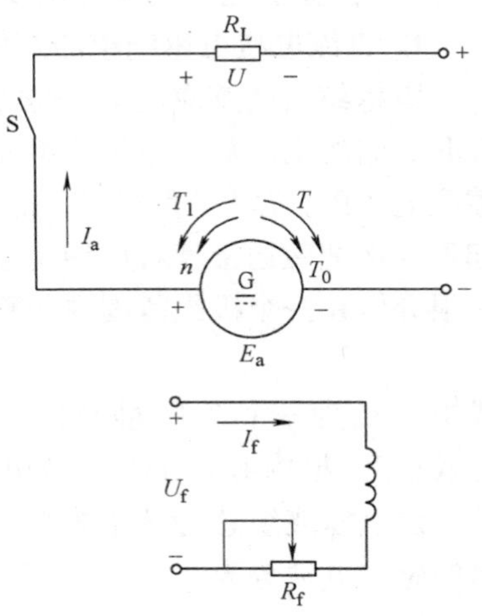

图 3-9 发电机方向标注惯例

（1）电动势平衡方程式　根据图 3-9 中所示电枢回路各物理量的正方向，由基尔霍夫电压定律可以列出电动势平衡方程式为

$$U=E_a-R_aI_a \tag{3-17}$$

上式表明，直流发电机的端电压 U 等于电枢电动势 E_a 减去电枢回路内部的电阻电压降 R_aI_a，所以电枢电动势 E_a 应大于端电压 U。

（2）转矩平衡方程式　直流发电机以转速 n 稳态运行时，作用在发电机轴上的转矩有三个：一个是原动机的拖动转矩 T_1，方向与 n 相同；一个是电磁转矩 T_{em}，方向与 n 相反，为制动性质的转矩；还有一个由发电机的机械损耗及铁耗引起的空载转矩 T_0，也是制动性质的转矩。因此，可以写出稳态运行时的转矩平衡方程式为

$$T_1=T_{em}+T_0 \tag{3-18}$$

（3）功率平衡方程式　将上式乘以发电机的机械角速度 Ω，得

$$T_1\Omega=T_{em}\Omega+T_0\Omega \tag{3-19}$$

可以写成

$$P_1=P_{em}+P_0 \tag{3-20}$$

式中，$P_1 = T_1\Omega$，为原动机输给发电机的机械功率，即输入功率；$P_{em} = T_{em}\Omega$，为发电机的电磁功率；$P_0 = T_0\Omega$，为发电机的空载损耗功率。

电磁功率

$$P_{em} = T_{em}\Omega = \frac{pN}{2\pi a}\Phi I_a \frac{2\pi n}{60} = \frac{pN}{60a}\Phi I_a n = E_a I_a \tag{3-21}$$

和直流电动机一样，直流发电机的电磁功率亦是既具有机械功率的性质，又具有电功率的性质，所以是机械能转换为电能的那一部分功率。直流发电机的空载损耗功率也是包括机械损耗 P_{mec} 和铁耗 P_{Fe} 两部分。

上式表明：发电机输入功率 P_1 的其中一小部分供给空载损耗 P_0，大部分为电磁功率，是由机械功率转换为电功率的。

将电动势平衡方程式两边乘以电枢电流 I_a，得

$$E_a I_a = UI_a + R_a I_a^2 \tag{3-22}$$

即

$$P_{em} = P_2 + P_{Cua} \tag{3-23}$$

式中，$P_2 = UI_a$，为发电机输出的功率；$P_{Cua} = R_a I_a^2$，为电枢回路铜耗。

上式可以写成如下形式：

$$P_2 = P_{em} - P_{Cua} \tag{3-24}$$

综合以上功率关系，可得出功率平衡方程式：

$$P_1 = P_{em} + P_0 = P_2 + P_{Cua} + P_{mec} + P_{Fe} \tag{3-25}$$

为更清楚地表示直流发电机的功率关系，可用图 3-10 所示的功率流程图来表达。

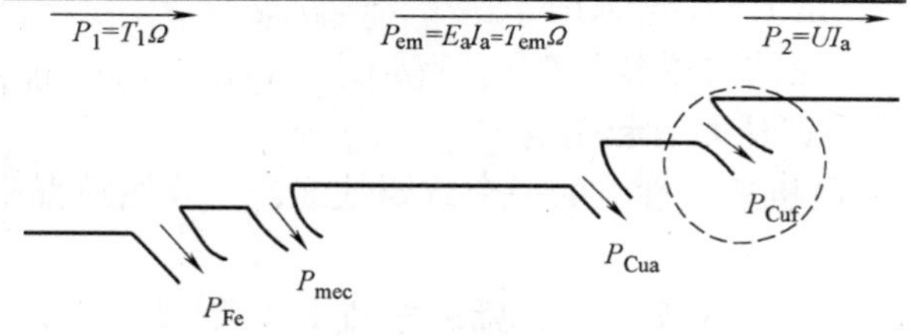

图 3-10　他励直流发电机的功率流程图

一般情况下，直流发电机的总损耗为

$$\sum P = P_{Cua} + P_{Cuf} + P_{Fe} + P_{mec} \tag{3-26}$$

直流发电机的效率为

$$\eta = \frac{P_2}{P_1} \times 100\% = \left(1 - \frac{\sum P}{P_2 + \sum P}\right) \times 100\% \tag{3-27}$$

2. 他励直流发电机的运行特性

直流发电机运行时有 4 个主要物理量，即电枢端电压 U、励磁电流 I_f、负载电流 I（他励时 $I = I_a$）和转速 n。其中转速 n 由原动机确定，一般保持为额定值不变。因此，运行特性就是 U、I_a 和 I_f 三个物理量保持其中一个不变时，另外两个物理量之间的关系。显然，运行特性应有三个。

（1）空载特性　$n = n_0$，$I_a = 0$ 时，端电压 U_0 与励磁电流 I_f 之间的关系 $U_0 = f(I_f)$ 称为空

载特性。

空载时，他励直流发电机的端电压 $U_0=E_a=C_e\Phi n$，n 为常数时，$U_0\propto\Phi$，所以空载特性 $U_0=f(I_f)$ 与直流发电机的空载磁化特性 $\Phi=f(I_f)$ 相似，都是一条饱和曲线。I_f 比较小时，铁心不饱和，特性近似为直线；I_f 较大时，铁心随 I_f 的增大而逐步饱和，空载特性出现饱和段。一般情况下，直流发电机的额定电压处于空载特性曲线开始弯曲的线段上，即图 3-11 中 A 点附近。因为如果工作于不饱和部分，磁路导磁截面积大，用铁量多，且较小的磁动势变化会引起电动势和端电压明显变化，造成电压不稳定；如果工作在过饱和部分，会使励磁电流太大，用铜量增加，同时使电压的调节性能变差。

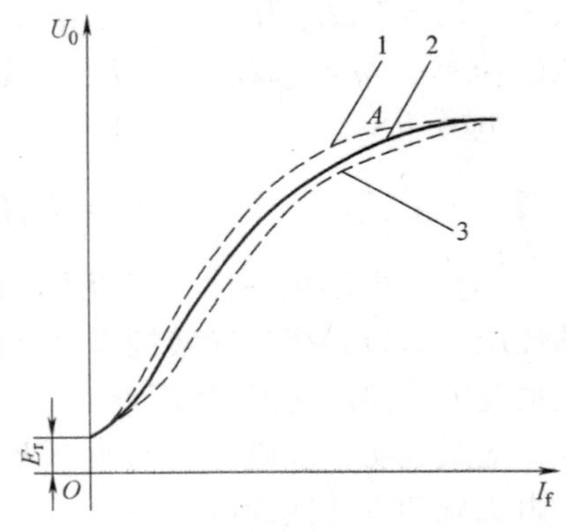

图 3-11　他励直流发电机的空载特性

（2）外特性　$n=n_N$，$I_f=I_{fN}$时，端电压 U 与负载电流 I 之间的关系 $U=f(I)$ 称为外特性。

如图 3-12a 所示，他励直流发电机的负载电流 I(亦即电枢电流 I_a)增大时，端电压会有所下降。从电动势方程式 $U=E_a-R_aI_a=C_e\Phi n-R_aI_a$ 分析可知，使端电压 U 下降的原因有两个：一是当 $I=I_a$ 增大时，电枢回路电阻上的电压降 I_aR_a 增大，引起端电压下降；二是 $I=I_a$ 增大时，电枢磁动势增大，电枢反应的去磁作用使每极磁通 Φ 减小，E_a 减小，从而引起端电压 U 下降。ΔU 是衡量发电机运行性能的一个重要数据，一般他励直流发电机的电压变化率约为 10%。

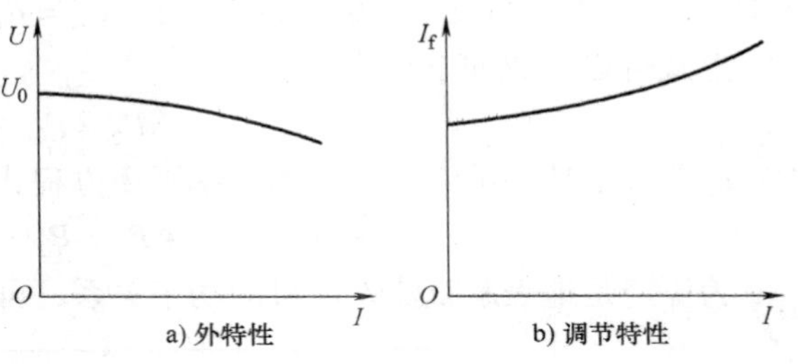

图 3-12　他励直流发电机的外特性和调节特性

（3）调节特性　$n=n_N$，U 为常数时，励磁电流 I_f 与负载电流 I 之间的关系 $I_f=f(I)$ 称为调节特性。

如图 3-12b 所示，调节特性曲线是随负载电流增大而上翘的，这是因为随着负载电流的增大，电压有下降趋势，为维持电压不变，就必须增大励磁电流，以补偿电阻电压降和电枢反应去磁作用的增加，由于电枢反应的去磁作用与负载电流的关系是非线性的，所以调节特性也不是直线。

（三）直流电动机的基本方程式和工作特性

1. 直流电动机稳态运行的基本方程式

图 3-13 为并励直流电动机的示意图。接通直流电源时，励磁绕组中流过励磁电流 I_f，建立主磁场，电枢绕组流过电枢电流 I_a，一方面形成电枢磁动势 F_a，通过电枢反应使主磁场变为气隙合成磁场，另一方面使电枢元件导体中流过支路电流与磁场作用产生电磁转矩 T_{em}，使电枢朝 T 的方向以转速 n 旋转。电枢旋转时，电枢导体又切割气隙合成磁场，产生电枢电动势 E_a，在电动机中，此电动势的方向与电枢电流 I_a 的方向相反，称为反电动势。当电动机稳态运行时，有如下平衡关系。

（1）电压平衡方程式 根据图 3-13 中所设各量的正方向，可以列出电压平衡方程式和电流平衡方程式为

$$\begin{aligned} U &= E_a + R_a I_a \\ I &= I_a + I_f \end{aligned} \tag{3-28}$$

式中，R_a 为电枢回路电阻（Ω），其中包括电刷和换向器之间的接触电阻。

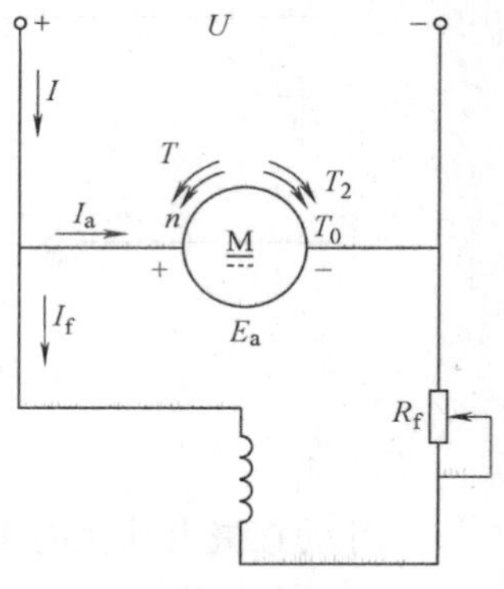

图 3-13 并励直流电动机

此式表明，直流电机在电动机运行状态下的电枢电动势 E_a 总小于端电压 U。

（2）转矩平衡方程式 稳态运行时，作用在电动机轴上的转矩有三个。一个是电磁转矩 T_{em}，方向与转速 n 相同，为拖动转矩；一个是电动机空载损耗转矩 T_0，是电动机空载运行时的阻转矩，方向总与转速 n 相反，为制动转矩；还有一个是轴上所带生产机械的负载转矩 T_2，即电动机轴上的输出转矩，一般亦为制动转矩。稳态运行时的转矩平衡方程式为拖动转矩等于总的制动转矩，即

$$T_{em} = T_2 + T_0 \tag{3-29}$$

（3）功率平衡方程式 电动机输入功率为

$$\begin{aligned} P_1 &= UI = U(I_a + I_f) = (E_a + R_a I_a) I_a + UI_f \\ &= E_a I_a + R_a I_a^2 + UI_f = P_{em} + P_{Cua} + P_{Cuf} \end{aligned} \tag{3-30}$$

式中，$P_{em} = E_a I_a$，为电磁功率；$P_{Cua} = R_a I_a^2$，为电枢回路的铜耗；$P_{Cuf} = UI_f$，为励磁绕组的铜耗。

电动机的电磁功率为

$$P_{em} = E_a I_a = \frac{pN}{60a}\Phi n I_a = \frac{pN}{2\pi a}\Phi I_a \frac{2\pi n}{60} = T_{em}\Omega \tag{3-31}$$

式中，$\Omega = 2\pi n/60$，为电动机的机械角速度（rad/s）。

从式（3-31）中可知 $P_{em} = E_a I_a$，电磁功率具有电功率性质；从 $P_{em} = T_{em}\Omega$ 可知，电磁功率又具有机械功率性质，其实质是因为电磁功率是属于电动机由电能转换为机械能的那一部分功率。

将转矩平衡方程式两边乘以机械角速度 Ω，得

$$T_{em}\Omega = T_2\Omega + T_0\Omega \tag{3-32}$$

可写成

$$P_{em} = P_2 + P_0 = P_2 + P_{mec} + P_{Fe} \tag{3-33}$$

式中，$P_2 = T_2\Omega$，为轴上输出的机械功率；$P_0 = T_0\Omega$，为空载损耗，包括机械损耗 P_{mec} 和铁损耗 P_{Fe}。

可以作出并励直流电动机的功率流程图，如下图 3-14a 所示。图中 P_{Cuf} 为励磁绕组的铜耗，称为励磁损耗。并励时，由输入功率 P_1 供给；他励时，P_{Cuf} 由其他直流源供给，他励直流电动机的功率流程图如图 3-14b 所示。

并励直流电动机的功率平衡方程式

$$P_1 = P_2 + P_{Cuf} + P_{Cua} + P_{Fe} + P_{mec} = P_2 + \sum P \tag{3-34}$$

式中，$\sum P = P_{Cuf} + P_{Cua} + P_{Fe} + P_{mec}$，为并励直流电动机的总损耗。

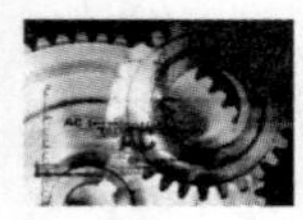

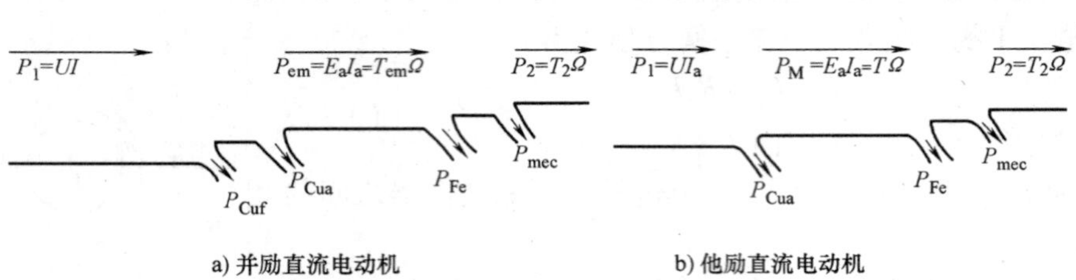

a) 并励直流电动机　　b) 他励直流电动机

图 3-14　直流电动机功率流程图

2. 并励直流电动机的工作特性

并励直流电动机的工作特性是指当电动机的端电压 $U=U_N$、励磁电流 $I_f=I_{fN}$，电枢回路不串外加电阻时，转速 n、电磁转矩 T_{em}、效率 η 分别与电枢电流 I_a 之间的关系。

（1）转速特性 $n=f(I_a)$　当 $U=U_N$、$I_f=I_{fN}(\Phi=\Phi_N)$ 时，转速 n 与电枢电流 I_a 之间的关系 $n=f(I_a)$ 称为转速特性。

将电动势公式 $E_a=C_e\Phi n$ 代入电压平衡方程式 $U=E_a+R_aI_a$ 中，可得转速特性公式：

$$n=\frac{U_N}{C_e\Phi_N}-\frac{R_a}{C_e\Phi_N}I_a \tag{3-35}$$

可见，如果忽略电枢反应的影响，$\Phi=\Phi_N$ 保持不变，则 I_a 增加时，转速 n 下降。但因 R_a 一般很小，所以转速 n 下降不多，$n=f(I_a)$ 为一条稍稍向下倾斜的直线，如图 3-15 中的曲线 1 所示。如果考虑负载较重，I_a 较大时电枢反应去磁作用的影响，则随着 I_a 的增大，Φ 将减小，因而使转速特性出现上翘现象，如图中曲线 1 的后面部分所示。

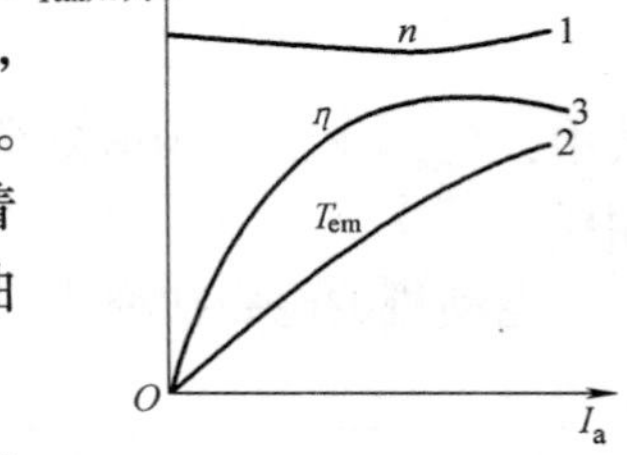

图 3-15　并励直流电动机的工作特性

（2）转矩特性 $T_{em}=f(I_a)$　当 $U=U_N$、$I_f=I_{fN}(\Phi=\Phi_N)$ 时，电磁转矩 T_{em} 与电枢电流 I_a 之间的关系 $T_{em}=f(I_a)$ 称为转矩特性。

由 $T_{em}=C_T\Phi I_a$ 可知，不考虑电枢反应影响时，$\Phi=\Phi_N$ 不变，T_{em} 与 I_a 成正比，转矩特性为过原点的直线。如果考虑电枢反应的去磁作用，则当 I_a 增大时，转矩特性略为向下弯曲，如图 3-15 中的曲线 2 所示。

（3）效率特性 $\eta=f(I_a)$　当 $U=U_N$、$I_f=I_{fN}(\Phi=\Phi_N)$ 时，效率 η 与电枢电流 I_a 的关系 $\eta=f(I_a)$ 称为效率特性。

并励直流电动机的效率为

$$\eta=\frac{P_2}{P_1}\times100\%=\left(1-\frac{\sum P}{P_1}\right)\times100\%=\left[1-\frac{P_{Fe}+P_{mec}+P_{Cua}}{U(I_a+I_f)}\right]\times100\% \tag{3-36}$$

式中，铁耗 P_{Fe} 是电动机旋转时电枢铁心切割气隙磁场而引起的涡流损耗与磁滞损耗之和，其大小决定于气隙磁通密度与转速；机械损耗 P_{mec} 包括轴承及电刷的摩擦损耗和通风损耗，其大小主要决定于转速；励磁绕组的铜耗 $P_{Cuf}=UI_f$，当 $U=U_N$ 时，I_f 不变，P_{Cuf} 也不变。

由此可看出，以上三种损耗都不随电枢电流变化，亦即不随负载变化，通常将这三种损耗之和称为不变损耗。电枢回路的铜耗 $P_{Cua}=R_aI_a^2$ 与电枢电流的二次方成正比，亦即随负载的变化明显变化，故称为可变损耗。

当电枢电流 I_a 开始由零增大时，可变损耗增加缓慢，总损耗变化小，效率 η 明显上升；

当忽略式(3-35)分母中的 $I_f(I_f \ll I_a)$ 时，可以由 $d\eta/dI_a=0$ 求得当 I_a 增大到电动机的不变损耗等于可变损耗，即 $P_{Fe}+P_{mec}+P_{Cuf}=R_aI_a^2$ 时，电动机的效率达到最高；I_a 再进一步增大时，可变损耗在总损耗中所占的比例变大了，可变损耗和总损耗都将明显上升，使效率 η 反而略为下降。并励直流电动机的效率特性如图 3-15 中的曲线 3 所示，一般电动机在负载为额定值的 75% 左右时效率最高。

三、项目实施

（一）他励直流电动机冷态直流电阻的测量

1. 实验目的

掌握他励直流电动机电枢励磁绕组直流电阻的测量方法。

2. 预习要点

为什么要测量他励直流电动机的直流电阻?

3. 实验项目

1）电枢绕组直流电阻的测量。

2）励磁绕组直流电阻的测量。

4. 实验设备

1）直流可调电源、直流电压表、直流电流表和可调电阻。

2）他励直流电动机。

5. 实验方法及实验步骤

1）将电动机在室内静置一段时间，用温度计测量电动机绕组端部、铁心或轴承的表面温度，若此时温度与周围空气温度相差不大于 2K，则称电动机绕组端部、铁心或轴承的表面温度为绕组在冷态下的温度。

2）按图 3-16 接线，其中 R 选 900Ω，电流表用直流电流表，量程选 100mA。电压表用直流电压表，量程选 20V。

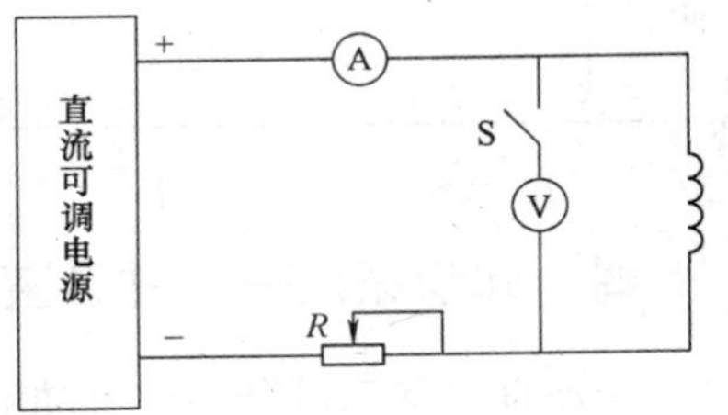

图 3-16　直流电阻的测量

3）把 R 调节到最大，将他励直流电动机电枢绕组接入电路中，接通直流可调电源，缓慢调节电源电压使电流表显示 30mA 时，停止电源调节。把 R 顺时针慢慢旋转，直到电流表显示 50mA 时，闭合电压表开关 S，记录此时电压和电流值。读完后，先断开开关再断电。用同样的方法在不同电流值时再记录两组数据填写到表 3-2 中。调节过程中电流不能超过 100mA。

4）同理，把 R 调节到最大，把他励直流电动机励磁绕组接入电路中，接入直流可调电源后缓慢调节电源电压使电流表显示 30mA 时，停止电源调节。把 R 顺时针慢慢旋转，直到电流表显示 100mA 时，记录电流值并闭合开关 S，记录此时电压值，读完后，先断开开关再断电。用同种方法再记录两组数据，填写到表 3-2 中，调节过程中电流不能超过 100mA。

6. 实训报告

将实验中所记录数据填写至表 3-2 中，根据 $R=U/I$ 计算电阻值，通过计算平均值求取电枢绕组和励磁绕组电阻。

表 3-2　实验数据

	电枢绕组			励磁绕组		
U/V						
I/A						
R/Ω						
R_{AV}						

7. 注意事项

1）测量直流电阻时，测量电流不能超过绕组额定电流的 10%，以防止因实验电流过大而引起绕组温度上升影响实验结果。

2）开启电源时不要先把电压表接到电路中，在断开电路时应先断开电压表再断开电路电源。

（二）考核与评价

项目考核内容与考核标准见表 3-3。

表 3-3　项目考核内容与考核标准

序号	考核内容	考核要求	配分	得分
1	电枢绕组	能正确测量出电枢绕组的电压、电流值	20	
2	励磁绕组	能正确测量出励磁绕组的电压、电流值	20	
3	电阻值计算	能正确计算出两绕组的电阻值	30	
4	电阻平均值计算	能正确计算出两绕组电阻的平均值	30	
备注			合计	
			教师评价	年　月　日

四、知识拓展——并励直流发电机的自励条件

并励直流发电机是一种自励电机。当原动机拖动发电机旋转时，电枢绕组切割剩磁通产生感应电动势。此电动势在并励绕组回路中产生一个不大的励磁电流，该电流产生的磁通必须与剩磁通方向一致，使气隙磁通增强，从而使电枢电动势和端电压升高，励磁电流增加，气隙磁场进一步加强，如此循环激励，直至建立稳定的端电压。稳定点由发电机的空载特性曲线与励磁回路串电阻特性曲线的交点确定。

并励直流发电机的自励，必须满足三个条件：

① 发电机的主磁极必须有剩磁通；

② 并励绕组两端的极性必须正确配合，使励磁电流所产生的磁动势与剩磁通方向一致；

③ 励磁回路的总电阻必须小于与发电机运行转速相应的临界电阻。

五、项目小结

电机电枢绕组切割气隙磁场产生感应电势 E_a，$E_a = C_e\Phi n$，电枢电流和气隙磁场相互作

用产生电磁转矩 T_{em}，$T_{em}=C_T\Phi I_a$。

电机稳定运行时，各物理量之间相互制约，其制约关系由基本方程式表示。运用直流电机的基本方程式可分析直流电机的特性以及进行定量计算。对于直流电动机的特性，应重点掌握。

项目三 直流电动机的应用

一、项目导入

直流电动机起动时，为避免起动电流过大，一般不允许直接起动，多采用电枢串电阻和减压起动；直流电动机可以采用降低电源电压、电枢串电阻及改变磁通三种方法调速；直流电动机的制动方法有能耗制动、反接制动和回馈制动三种。本项目通过案例学习直流电动机的起动、制动和调速方法的选择与计算。

二、相关知识

（一）他励直流电动机的机械特性

电动机的机械特性是指电动机的转速 n 与电磁转矩 T_{em} 之间的关系，即 $n=f(T_{em})$，机械特性是电动机机械性能的主要表现，它与运动方程式相联系，是分析电动机起动、调速及制动等问题的重要工具。

1. 机械特性的一般表达式

他励直流电动机的机械特性方程式可从电动机的基本方程式导出。他励直流电动机的电路原理如图 3-17 所示。

根据图 3-17 可以列出电动机的基本方程式为：

① 感应电动势方程　$E_a=C_e\Phi n$

② 电磁转矩　$T_{em}=C_T\Phi I_a$

③ 电压平衡方程式　$U_d=I_aR_\Sigma+E_a$

图 3-17　他励直流电动机的电路原理

将 E_a 和 T_{em} 的表达式代入电压平衡方程式中，可得机械特性方程式的一般表达式为

$$n=\frac{U_d}{C_e\Phi}-\frac{R_\Sigma}{C_eC_T\Phi^2}T_{em} \tag{3-37}$$

在机械特性方程式(3-37)中，当电源电压 U_d、电枢总电阻 R_Σ 和磁通 Φ 为常数时，即可画出他励直流电动机的机械特性曲线 $n=f(T_{em})$，如图 3-18 所示。

由图 3-18 中的机械特性曲线可以看出，转速 n 随电磁转矩 T_{em} 的增大而降低，是一条向下倾斜的直线。这说明电动机加上负载后，转速会随负载的增加而降低。

下面讨论机械特性上的两个特殊点和机械特性曲线的斜率。

（1）理想空载点 $A(0,n_0)$　在方程式(3-37)中，当 $T_{em}=0$ 时，$n=U_d/C_e\Phi=n_0$，称为理想空载转速，即

$$n_0=\frac{U_d}{C_e\Phi} \tag{3-38}$$

由式(3-38)可见，调节电源电压 $U_{\rm d}$ 或磁通 Φ，可以改变理想空载转速 n_0 的大小。必须指出，电动机的实际空载转速 n_0' 比 n_0 略低，如图3-18所示。这是因为，电动机在实际的空载状态下运行时，其输出转矩 $T_2=0$，但电磁转矩 $T_{\rm em}$ 不可能为零，必须克服空载阻力转矩 T_0，即 $T_{\rm em}=T_0$，所以实际空载转速 n_0' 为

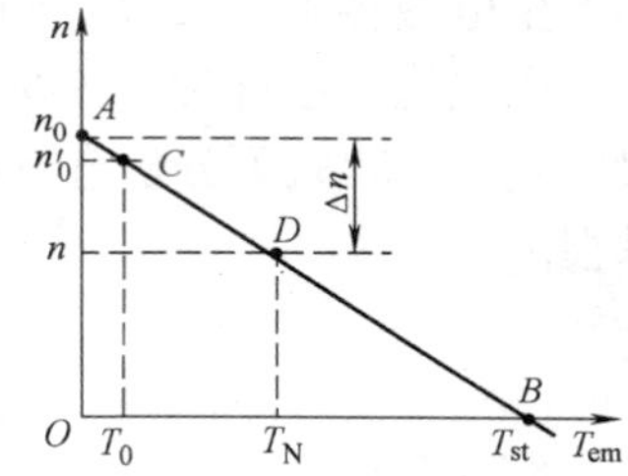

图3-18 他励直流电动机的机械特性

$$n_0'=\frac{U_{\rm d}}{C_e\Phi}-\frac{R_\Sigma}{C_eC_T\Phi^2}T_0=n_0-\frac{R_\Sigma}{C_eC_T\Phi^2}T_0 \tag{3-39}$$

(2) 堵转点或起动点 $B(T_{\rm st},0)$ 在图3-18中，机械特性曲线与横轴的交点 B 称为堵转点或起动点。在堵转点，$n=0$，因而 $E_{\rm a}=0$，此时电枢电流 $I_{\rm a}=U_{\rm d}/R_\Sigma=I_{\rm st}$ 称为堵转电流或起动电流。与堵转电流相对应的电磁转矩 $T_{\rm st}$ 称为堵转转矩或起动转矩。

(3) 机械特性曲线的斜率 方程式(3-37)中，右边第二项表示电动机带负载后的转速降，用 Δn 表示，则

$$\Delta n=\frac{R_\Sigma}{C_eC_T\Phi^2}T_{\rm em}=\beta T_{\rm em} \tag{3-40}$$

式中，$\beta=\frac{R_\Sigma}{C_eC_T\Phi^2}$ 为机械特性曲线的斜率，在同样的理想空载转速下，β 越小，Δn 越小，即转速随电磁转矩的变化较小，称此机械特性为硬特性；β 越大，Δn 也越大，即转速随电磁转矩的变化较大，称此机械特性为软特性。

将公式(3-38)及式(3-40)代入式(3-37)，得机械特性方程式的简化式为

$$n=n_0-\beta T_{\rm em} \tag{3-41}$$

2. 固有机械特性

当他励直流电动机的电源电压 $U_{\rm d}=U_{\rm N}$、磁通 $\Phi=\Phi_{\rm N}$，且电枢回路中没有附加电阻，即 $R_{\rm e}=0$ 时，电动机的机械特性称为固有机械特性。固有机械特性的方程式为

$$n=\frac{U_{\rm N}}{C_e\Phi_{\rm N}}-\frac{R_{\rm a}}{C_eC_T\Phi_{\rm N}^2}T_{\rm em} \tag{3-42}$$

根据式(3-42)可绘出他励直流电动机的固有机械特性曲线如图3-19所示。其中，D 点为额定运行点。由于 $R_{\rm a}$ 较小，$\Phi=\Phi_{\rm N}$ 数值最大，所以此时机械特性曲线的斜率 β 最小，他励直流电动机的固有机械特性较硬。

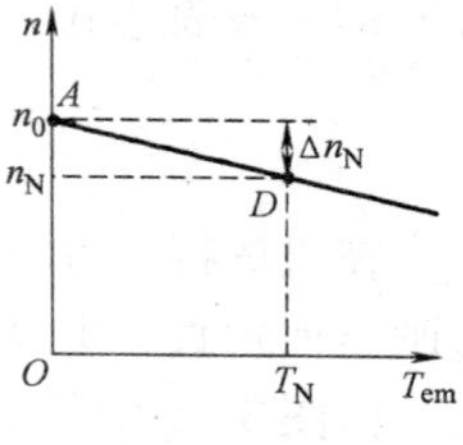

图3-19 他励直流电动机的固有机械特性

3. 人为机械特性

改变固有机械特性方程式中的电源电压 $U_{\rm d}$，气隙磁通 Φ 和电枢回路串附加电阻 $R_{\rm e}$ 这三个参数中的任意一个、两个或三个，所得到的机械特性称为人为机械特性。

(1) 电枢回路串接电阻 $R_{\rm e}$ 时的人为机械特性 此时 $U_{\rm d}=U_{\rm N}$、$\Phi=\Phi_{\rm N}$、$R_\Sigma=R_{\rm a}+R_{\rm e}$，电枢串接电阻 $R_{\rm e}$ 时的人为机械特性方程为

$$n=\frac{U_{\rm N}}{C_e\Phi}-\frac{R_\Sigma}{C_eC_T\Phi^2}T_{\rm em} \tag{3-43}$$

与固有机械特性相比，电枢回路串接电阻 R_e 时的人为机械特性的特点如下。

① 理想空载点 $n_0=\dfrac{U_d}{C_e\Phi}$保持不变。

② 斜率β随 R_e 的增大而增大，使转速降 Δn 增大，特性变软。图 3-20 所示是不同 R_e 时的一组人为机械特性曲线，它是从理想空载点 n_0 发出的一组射线。

③ 对于相同的电磁转矩，转速 n 随 R_e 的增大而减小。

（2）改变电源电压 U_d 时的人为机械特性　当 $\Phi=\Phi_N$，电枢不串接电阻($R_e=0$)，改变电源电压 U_d 时的人为机械特性方程式为

$$n=\frac{U_d}{C_e\Phi_N}-\frac{R_a}{C_eC_T\Phi_N^2}T_{em} \tag{3-44}$$

根据式(3-44)可以画出改变电源电压 U_d 时的人为机械特性曲线，如图 3-21 所示。

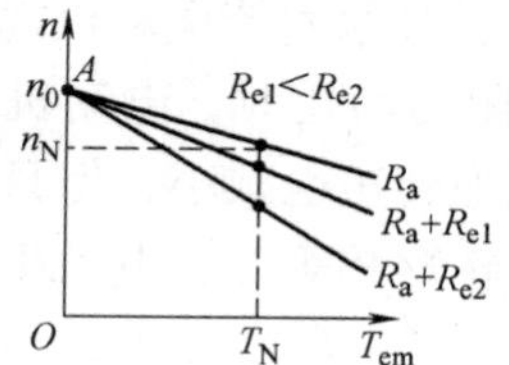

图 3-20　R_e 不同时的人为机械特性曲线

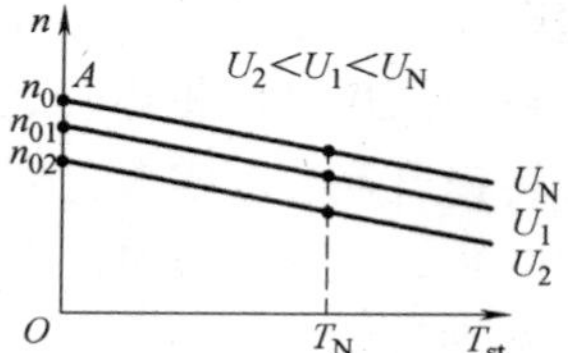

图 3-21　改变电源电压时的人为机械特性曲线

与固有机械特性相比，改变电源电压 U_d 时的人为机械特性的特点如下。

1）理想空载转速 n_0 随电源电压 U_d 的降低而成比例降低。

2）斜率β保持不变，机械特性的硬度不变。图 3-21 所示的是不同电压 U_d 时的一组人为机械特性曲线，该特性曲线为一组平行直线。

3）对于相同的电磁转矩，转速 n 随 U_d 的减小而减小。

注意：由于受到绝缘强度的限制，电压只能从额定值 U_N 向下调节。

（3）改变磁通 Φ 时的人为机械特性　一般他励直流电动机在额定磁通 $\Phi=\Phi_N$ 下运行时，电动机已接近饱和。改变磁通只能在额定磁通以下进行调节。此时 $U_d=U_N$，电枢不串接电阻($R_e=0$)，减弱磁通时的人为机械特性方程式为

$$n=\frac{U_N}{C_e\Phi_N}-\frac{R_a}{C_eC_T\Phi_N^2}T_{em} \tag{3-45}$$

根据式(3-45)可以画出改变磁通 Φ 时的人为机械特性曲线如图 3-22 所示。与固有机械特性相比，减弱磁通 Φ 时的人为机械特性的特点如下。

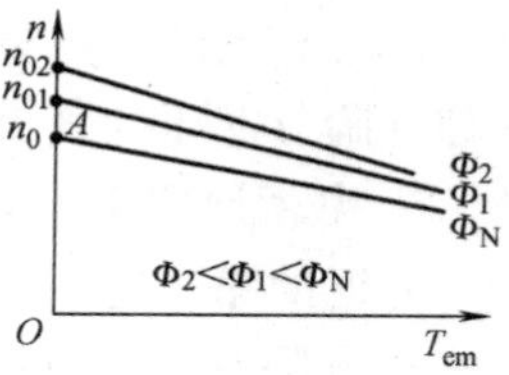

图 3-22　改变磁通时的人为机械特性曲线

1）理想空载点 $n_0=U_N/C_e\Phi$ 随磁通 Φ 的减弱而升高。

2）斜率β与磁通 Φ 成反比，减弱磁通 Φ，使斜率β增大，机械特性变软。图 3-22 所示为弱磁通时的一组人为机械特性曲线，该特性曲线随磁通 Φ 的减弱，理想空载转速 n_0 升高，斜率变大。

显然，在实际应用中，同时改变两个甚至三个参数时，人为机械特性同样可根据特性方程式得到。

（二）他励直流电动机的起动和反转

电动机从接入电源开始转动到稳定运行的全部过程称为起动过程或起动。电动机在起动瞬间的转速为零，此时的电枢电流称为起动电流，用 I_{st} 表示，对应的电磁转矩称为起动转矩，用 T_{st} 表示。

直流电动机的起动性能指标为：

① 起动转矩 T_{st} 足够大（$T_{st} > T_L$）；

② 起动电流 I_{st} 不可太大，一般限制在一定的允许范围之内，一般为 $(1.5 \sim 2)I_N$；

③ 起动时间短，符合生产机械的要求；

④ 起动设备简单、经济、可靠及操作简便。

直流电动机常用的起动方法有直接起动、减压起动和电枢回路串电阻起动。

1. 直接起动

直接起动就是将电动机直接接到额定电压的电网上起动。他励直流电动机起动时，必须先保证有磁场，而后加电枢电压，当 T_{st} 大于拖动系统的总阻力转矩时，电动机开始转动并加速。随着转速升高，I_{st} 增大，使电枢电流下降，相应的电磁转矩也减小，但只要电磁转矩大于总阻力转矩，n 仍能增加，直到电磁转矩降到与总阻力转矩相等时，电动机才达到稳定恒速运行，起动过程结束。

直接起动的优点是起动不需要起动设备，操作简单，起动转矩大；缺点是起动电流大（由上例可知）。过大的起动电流将引起电网电压的下降，影响到其他用电设备的正常工作，对电动机自身会造成换向恶化、绕组发热，同时很大的起动转矩将损坏拖动系统的传动机构，所以直接起动只限用于容量很小的直流电动机。一般直流电动机在起动时，都必须设法限制起动电流，为了限制起动电流，可以采用降低电源电压和电枢回路串联电阻的起动方法。

2. 减压起动

减压起动即起动前将施加在电动机电枢两端的电压降低，用以限制起动电流，为了获得足够大的起动转矩。起动电流通常限制为 $(1.5 \sim 2)I_N$，起动电压应为

$$U_{st} = I_{st}R_a = (1.5 \sim 2)I_N R_a \tag{3-46}$$

因此在起动过程中，为保证有足够大的起动转矩，需使 I_{st} 保持在 $(1.5 \sim 2)I_N$ 范围内，电源电压 U_d 必须不断升高，直到电压升至额定电压，电动机进入稳定运行状态，起动过程结束。

减压起动的优点是在起动过程中能量损耗小，起动平稳，便于实现自动化；缺点是需要一套可调节电压的直流电源，增加了设备投资。

3. 电枢回路串电阻起动

电枢回路串电阻起动时，电源电压为额定值且恒定不变，在电枢回路中串接起动电阻 R_{st} 来达到限制起动电流的目的。电枢回路串电阻起动时的起动电流为

$$I_{st} = \frac{U_N}{R_a + R_{st}} \tag{3-47}$$

在电枢回路串电阻起动的过程中，应相应地将起动电阻逐级切除，这种起动方法称为电枢串电阻分级起动。因为在起动过程中，如果不切除电阻，随着转速的增加，电枢电动势 E_a 增大，使起动电流下降，相应的起动转矩也减小，转速上升缓慢，使起动过程时间延长，

且起动后转速较低。如果把起动电阻一次全部切除，会引起过大的冲击电流。

下面以三级起动为例来说明电枢回路串电阻分级起动的过程。图 3-23 为他励直流电动机分三级起动时的接线图。

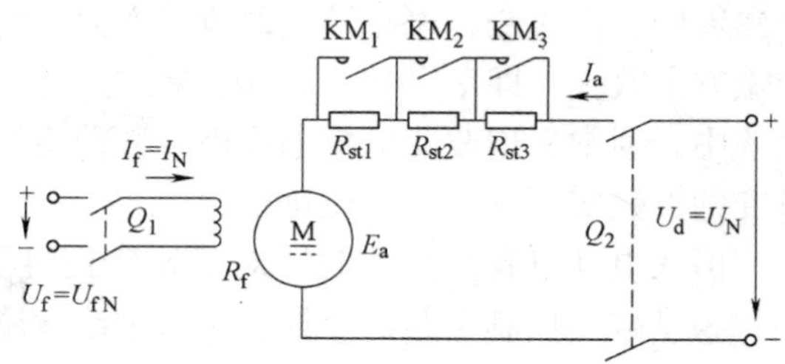

图 3-23　他励直流电动机串电阻分级起动

合上开关 Q_1，电动机励磁回路通电后，合上开关 Q_2，其他接触器触点（KM_1、KM_2 及 KM_3）断开，此时电枢和三段电阻 R_{st1}、R_{st2} 及 R_{st3} 串联接上额定电压，起动电流为

$$I_{st1}=\frac{U_N}{R_a+R_{st1}+R_{st2}+R_{st3}} \tag{3-48}$$

由起动电流 I_{st1} 产生起动转矩 T_{st1}，如图 3-24 所示。图 3-24 同时表示了他励直流电动机分三级起动时的机械特性。

由图 3-24 可见，由于 $T_{st1}>T_L$，电动机开始起动，转速上升，转矩下降，电动机的工作点从 A 点沿特性线段 $\overline{AB}$ 上移，加速度逐步变小。为了得到较大的加速度，到 B 点时，KM_3 闭合，电阻 R_{st3} 被切除，B 点的电流 I_{st2} 为切换电流。电阻 R_{st3} 被切除后，电动机的机械特性曲线变成直线段 $\overline{CDn_0}$。电阻被切除瞬间，由于机械惯性，转速不能突变，电动势 E_a 也保持不变，因而电流将随 R_{st3} 的切除而突然增大，转矩也按比例增加，电动机的工作点从 B 点过渡到特性线段 $\overline{CDn_0}$ 上的 C 点。如果电阻设计恰当，可以保证 C 点的电流与 I_{st1} 相等，电动机产生的转矩 T_{st1} 保证电动机又获得较大的加速度。电动机由 C 点加速到 D 点时，再闭合 KM_2，切除 R_{st2}，运行点由 D 点过渡到特性线段 $\overline{EFn_0}$ 上的 E 点，电动机的电流又从 I_{st2} 回升到 I_{st1}，转矩由 T_{st2} 增至 T_{st1}。电动机由 E 点加速到 F 点时，KM_1 闭合，切除电阻 R_{st1}，运行点由 F 点过渡到固有机械特性上的 G 点，电动机的电流再一次从 I_{st2} 回升到 I_{st1}，转矩由 T_{st2} 增至 T_{st1}，拖动系统继续加速到 W 点稳定运行，起动过程结束。

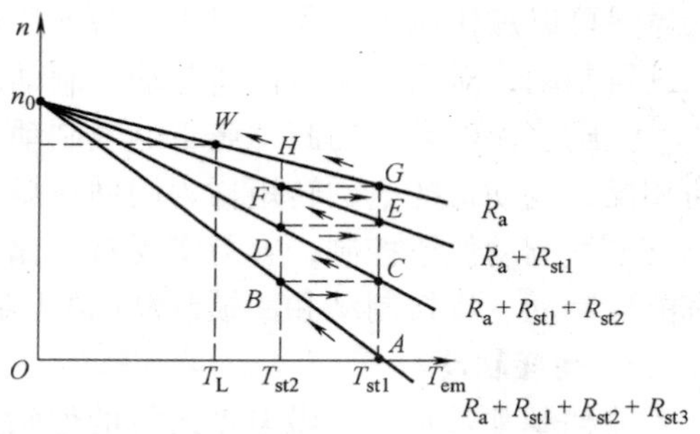

图 3-24　他励直流电动机电枢串电阻分级起动的人为机械特性

必须指出，分级起动时使每一级的 I_{st2}（或 T_{st2}）与 I_{st1}（或 T_{st1}）大小一致，可以使电动机有较均匀的加速度，并能改善电动机的换向，缓和转矩对传动机构与生产机械的有害冲击。一般取起动转矩 $T_{st1}=(1.5\sim2)T_N$、$T_{st2}=(1.1\sim1.3)T_N$。相应的起动电流 I_{st2}、I_{st1} 也是额定电流的相同倍数。

电枢回路串电阻分级起动能有效地限制起动电流，起动设备简单、操作简便，广泛应用于各种中、小型直流电动机中。但在起动过程中能量消耗大，不适用于经常起动的大、中型直流电动机。

4. 他励直流电动机的反转——反向电动机运行

他励直流电机作反向电动机运行时，必须改变电磁转矩的方向。根据左手定则，电磁转矩的方向由磁场方向和电枢电流的方向决定，所以，只要将磁通 Φ 和电枢电流 I_a 中任意一个参数的方向改变，电磁转矩即改变方向。所以他励直流电机作反向电动机运行时，其电磁转矩方向改变，即 $T_{em}<0$，$n<0$，T_{em}与 n 仍为同方向，T_{em}仍然是拖动性转矩。在直流拖动系统中，通常采用改变电枢电压极性，即将电枢绕组反接，而保持励磁绕组两端的电压极性不变的方法实现反向电动机运行。

但在电动机容量很大时，对于反转速度要求不高的场合，则因励磁电路的电流和功率小，为了减小控制电器的容量，可采用改变励磁绕组极性的方法来实现电动机的反转。

（三）他励直流电动机的制动

对于一个拖动系统，制动的目的是使电力拖动系统停车（制停），有时也为了限制拖动系统的转速（制动运行），以确保设备和人身的安全。制动的方法有自由停车、机械制动和电气制动。

自由停车是指切断电源，系统就会在摩擦转矩的作用下转速逐渐降低，最后停车，这称为自由停车。自由停车是最简单的制动方法，但自由停车一般较慢，特别是空载自由停车，则需要较长的时间。机械制动就是靠机械装置所产生的机械摩擦转矩进行制动。这种制动方法虽然可以加快制动过程，但机械磨损严重，增加了维修工作量。电气制动是指通过电气方法进行制动，对需要频繁快速起动、制动和反转的生产机械，一般采用电气制动。

他励直流电动机的制动属于电气制动。电气制动时电动机的电磁转矩与被拖动的负载转向相反，电动机的电磁转矩称为制动转矩。制动时可以使能量回馈到电网，节约能源消耗。

电气制动便于控制，容易实现自动化，比较经济。常用他励直流电动机的电气制动方法有能耗制动、反接制动和回馈制动（再生制动）。

1. 能耗制动

能耗制动是把正在做电动运行的他励直流电动机的电枢从电网上切除，并接到一个外加的制动电阻 R_b 上构成闭合回路。图 3-25 为他励直流电动机能耗制动的电路原理图。

为了便于比较，在图 3-25a 中标出了电动机在电动运行状态时各物理量的方向。制动时，保持磁通不变，接触器 KM_1 常开触点断开，切断电枢电源，同时常闭触点闭合把电枢接到制动电阻 R_b 上，电动机进入制动状态，如图 3-25b 所示。电动机开始制动瞬间，由于惯性，转速 n 仍保持与原电动状态相同的方向和大小，因此电枢电动势 E_a 在此瞬间的大小和方向也与电动状态时相同，此时 E_a 产生电流 I_a，I_a 的方向与 E_a 相同（$I_a<0$）。能耗制动时，根据电动势平衡方程可得

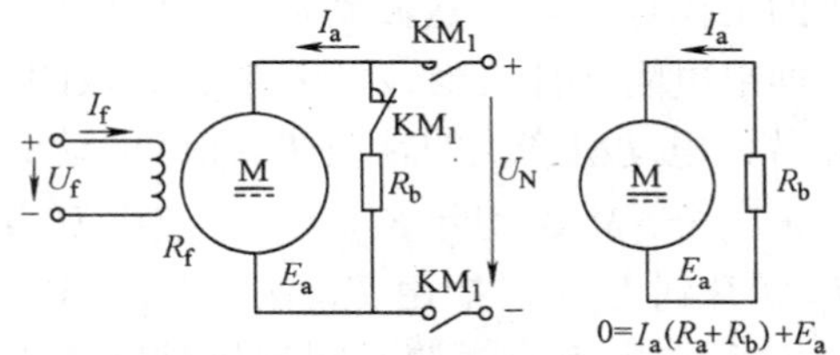

a) 能耗制动的电路原理图　b) 发电运行时的参考方向

图 3-25　他励直流电动机能耗制动的电路原理图

$$0=E_a+I_a(R_a+R_b) \tag{3-49}$$

所以

$$I_a=-\frac{E_a}{R_a+R_b} \tag{3-50}$$

式中，电枢电流 I_a 为负值，其方向与电动状态时的正方向相反。由于磁通保持不变，因此，电磁转矩为反向，与转速方向相反，反抗由于惯性而继续维持的运动，起制动作用，从而使系统较快地减速。在制动过程中，电动机把拖动系统的动能转变成电能并消耗在电枢回路的

电阻上，因此称为能耗制动。

能耗制动的特点是：$U_d=0$，$R_\Sigma=R_a+R_b$。能耗制动的机械特性方程式为

$$n=\frac{U_d}{C_e\Phi}-\frac{R_\Sigma}{C_eC_T\Phi^2}T_{em}=-\frac{R_a+R_b}{C_eC_T\Phi^2}T_{em} \tag{3-51}$$

由式(3-51)可见，n 为正时，T_{em} 为负；$n=0$ 时，$T_{em}=0$。所以能耗制动时的机械特性曲线是一条过坐标原点的直线，如图 3-26 所示。

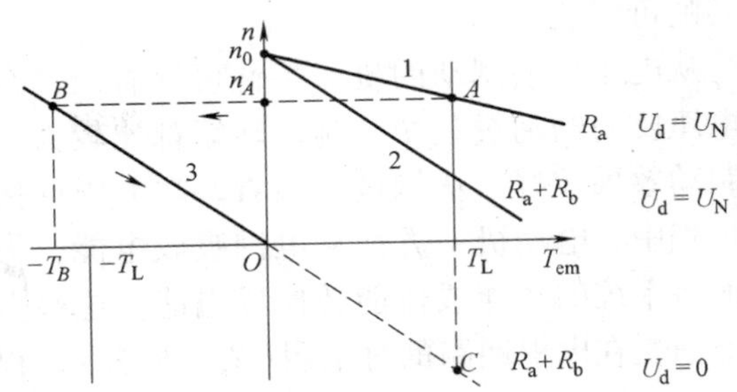

图 3-26　能耗制动时的机械特性曲线

2. 反接制动

（1）电压反接制动　电压反接制动就是将正向运行的他励直流电动机的电源电压突然反接，同时电枢回路串入制动电阻 R_b，其电路如图 3-27 所示。

从图 3-27 可见，当接触器 KM_1 接通，KM_2 断开时，电动机稳定运行于电动状态。为使生产机械迅速停车或反转时，突然断开 KM_1，并同时接通 KM_2，这时电枢电源反接，同时串入了制动电阻 R_b。在电枢反接瞬间，由于转速 n 不能突变，电枢电动势 E_a 不变，但电源电压 U_d 的方向改变了，为负值，此时电动势方程和电枢电流为

$$-U_N=E_a+I_a(R_a+R_b) \tag{3-52}$$

$$I_a=\frac{-U_N-E_a}{R_a+R_b} \tag{3-53}$$

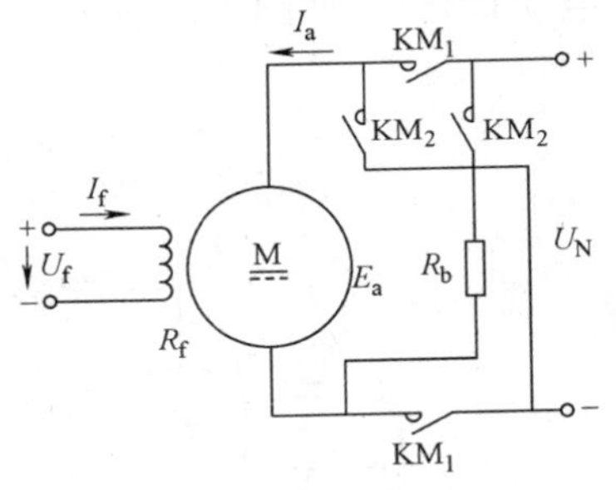

图 3-27　他励直流电动机的反接制动电路

从式(3-53)可见，反接制动时，I_a 为负值，说明制动时电枢电流与制动前相反，电磁转矩也相反(负值)。由于制动时电动机转速未变，故电磁转矩与转速方向亦相反，起制动作用，电动机处于制动状态，此时电枢被反接，故称为反接制动。在电磁转矩和负载转矩的共同作用下，电动机转速迅速下降。

反接制动的电路特点是：$U_d=-U_N$，$R_\Sigma=R_a+R_b$。由此可得，反接制动时他励直流电动机的机械特性方程式为

$$n=\frac{U_d}{C_e\Phi}-\frac{R_\Sigma}{C_eC_T\Phi^2}T_{em}=\frac{-U_N}{C_e\Phi}-\frac{R_a+R_b}{C_eC_T\Phi^2}T_{em} \tag{3-54}$$

机械特性曲线如图 3-28 中$\overline{BCED}$所示，是一条通过$(0,-n_0)$点，位于第Ⅱ、Ⅲ、Ⅳ象限的直线。

如果制动前电动机运行于电动状态，如图 3-28 中的 A 点。在电枢电压反接瞬间，由于转速 n 不能突变，电动机的工作点从 A 点跳变至电枢反接制动机械特性的 B 点。此时，电磁转矩反向(与负载转矩同方向)，在电磁转矩与负载转矩的共同作用下，电动机的转速迅速降低，工作点从 B 点沿特性曲线下降到 C 点，此时 $n=0$，但 $T_{em}\neq0$，机械特性曲线为第Ⅱ象限的$\overline{BC}$段，为电枢电压反接制动过程的恃性曲线。

如果制动的目的是为了停车，则必须在转速到零以前，及时切断电源，否则系统有自行

反转的可能性。

从电压反接制动的机械特性可以看出，在整个电压反向制动过程中，制动转矩都比较大，因此制动效果较好。从能量关系看，在电压反接制动过程中，电动机一方面从电网吸收电能，另一方面将系统的动能或位能转换成电能，这些电能全部消耗在电枢回路的总电阻($R_a + R_b$)上，很不经济。

电压反接制动适用于快速停车或要求快速正、反转的生产机械。

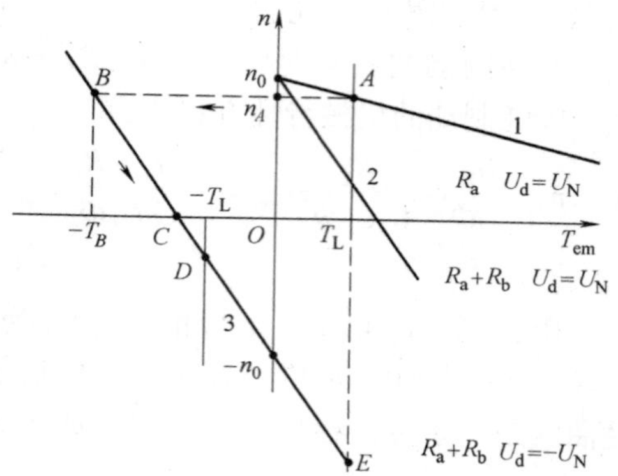

图 3-28 电枢电压反接制动的机械特性

（2）倒拉反转制动　这种制动一般发生在起重机下放重物的情况，电路如图 3-29 所示。

电动机提升重物时，接触器 KM 常开触点闭合，电动机运行在固有机械特性曲线的 A 点（电动状态），如图 3-30 所示。

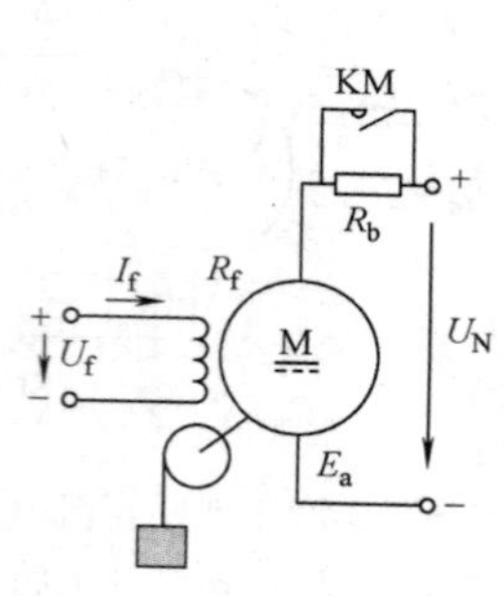

图 3-29 他励直流电动机的倒拉反转制动电路图

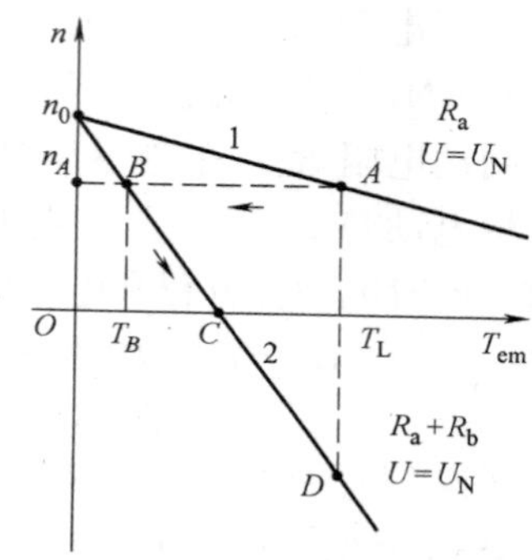

图 3-30 他励直流电动机速度反向的机械特性

下放重物时，将接触器 KM 常开触点断开，此时电枢回路内串入了较大的电阻 R_b。由于电动机转速不能突变，工作点从固有机械特性曲线的 A 点跳至对应的人为机械特性曲线的 B 点上。在 B 点，由于 $T_{em} < T_L$，电动机减速，工作点沿特性曲线下降至 C 点。在 C 点，$n=0$，但仍有 $T_{em} < T_L$，在负载重力转矩的作用下，电动机反转，重物被下放，此时，由于 n 反向（负值），E_a 也反向（负值），电枢电流为

$$I_a = \frac{U_N + E_a}{R_a + R_b} \tag{3-55}$$

$$U_N = -E_a + I_a(R_a + R_b) \tag{3-56}$$

式中，电枢电流为正值，说明电磁转矩保持原方向，与转速方向相反，电动机运行在制动状态，由于 n 与 n_0 方向相反，即负载倒拉着电动机转动，因而称为倒拉反转制动。这种反接制动状态是由位能性负载转矩拖动电动机反转而形成的。

重物在下放的过程中，随着电动机反向加速，E_a 增大，I_a 与 T_{em} 也相应增大，直至运行到曲线的 D 点，$T_{em} = T_L$，电动机以此速度匀速下放重物。

倒拉反转制动的特点是：$U_d = U_N$，$R_\Sigma = R_a + R_b$。其机械特性方程式为

$$n=\frac{U_d}{C_e\Phi}-\frac{R_\Sigma}{C_eC_T\Phi^2}T_{em}=n_0-\frac{R_a+R_b}{C_eC_T\Phi^2}T_{em} \tag{3-57}$$

倒拉反转制动运行时，由于电枢回路串入了大电阻，电动机的转速会变为负值，所以倒拉反转制动运行的机械特性在第Ⅳ象限 CD 段(见图 3-30)。电动机要进入倒拉反转制动状态必须满足两个条件：一是负载一定为位能性负载；二是电枢回路必须串入大电阻。

倒拉反转制动的能量转换关系与反接制动时相同，区别仅在于机械能的来源不同。倒拉反转制动运行中的机械能来自负载的位能，因此制动方式不能用于停车，只可以用于下放重物。

3. 回馈制动

他励直流电动机在电动状态下运行时，由于电源电压 U_d 大于电枢电动势 E_a，电枢电流 I_a 从电源流向电枢，电流与磁场作用产生拖动转矩，电源向电动机输入的电功率为 $U_dI_a>0$。回馈制动是指当电源电压 U_d 小于电枢电势 E_a 时，E_a 迫使 I_a 改变方向，电磁转矩也随之改变方向成为制动转矩，此时由于 U_d 与 I_a 方向相反，I_a 从电枢流向电源，$U_dI_a<0$，电动机向电源回馈电功率，所以把这种制动称为回馈制动。也就是说，回馈制动时电动机工作在发电状态。

(1) 反接制动时的回馈制动　电枢反接制动且负载为位能性负载，在 $n=0$ 时，如不切除电源，电动机便在电磁转矩和位能性负载转矩的作用下迅速反向加速；当 $|-n|>|-n_0|$时，电动机进入反向回馈制动状态，此时因 n 为负，$T_{em}>0$，机械特性曲线位于第Ⅳ象限。反向回馈制动状态在高速下放重物的系统中应用较多。

(2) 电车下坡时的回馈制动　当电车下坡时，虽然基本运行阻力转矩依然存在，但由电车重力所形成的坡道阻力为负值，并且坡道阻力转矩绝对值大于基本阻力转矩，则合成后的阻力转矩 $-T_B$ 与 n 同方向(为负值)，在 $-T_B$ 和电磁转矩的共同作用下，电动机做加速运动，工作点沿固有机械特性曲线上移。到 $n>n_0$ 时，$E_a>U_d$，I_a 反向(与 E_a 同方向)，T_{em}反向(与 n 反方向)，电动机运行在发电状态，这就是正向回馈制动状态。随着转速的继续升高，起制动作用的电磁转矩在增大，当 $-T_{em}=-T_B$ 时，电动机便稳定运行，工作点在固有机械特性曲线的 B 点。

这种制动的特点是：电动机的电源接线不变，但在正向回馈制动时，由于起制动作用的电磁转矩是负值，所以 $n>n_0$，特性曲线位于第Ⅱ象限。

(3) 降低电枢电压调速时的回馈制动　在降低电压的调速过程中，也会出现回馈制动。当突然降低电枢电压，感应电动势还来不及变化时，就会发生 $E_a>U$ 的情况，即出现了回馈制动状态。

图 3-31 所示为他励直流电动机降压调速中的回馈制动特性曲线。当电压从 U_N 降到 U_1时，理想空载转速由 n_0 降到 n_{01}，机械特性曲线向下平移，转速从 n_A 到 n_{01}期间，由于 $E_a>U_d$，将产生回馈制动，此时电流 I_a 的方向将与正向电动状态时相反，即 I_a 与 T_{em}均为负，而 n 为正，故回馈制动特性曲线在第Ⅱ象限。

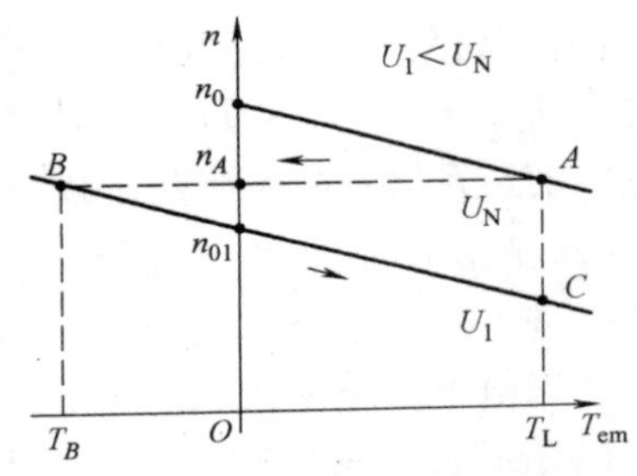

图 3-31　降压调速回馈制动

如果减速到 n_{01}时，不再降低电压，则转速将继续降低，但转速低于 n_{01}后，则 $E_a<U_d$，电流 I_a 且将恢复到正向电动

运行状态时的方向，电动机恢复到电动运行状态。

如果想继续保持回馈制动状态，则必须不断降低电压，以实现在回馈制动状态下系统的减速。回馈制动同样会出现在他励直流电动机增加磁通 Φ 的调速过程中。在回馈制动过程中，电功率 U_dI_a 回馈给电网。因此与能耗制动及反接制动相比，从电能消耗来看，回馈制动是经济的。

（四）他励直流电动机的调速

绝大多数生产机械都有调速要求。他励直流电动机的机械特性为

$$n=\frac{U_d}{C_e\Phi}-\frac{R_\Sigma}{C_eC_T\Phi^2}T_{em}$$

稳态时，电动机的电磁转矩 T_{em} 由负载转矩 T_L 决定，故要调节转速 n，可以利用改变电压 U_d、改变电枢回路总电阻 R_Σ 和改变磁通 Φ 三种方法。

1. 降低电源电压调速

降压调速的原理可用图 3-32 说明。设电动机拖动恒转矩负载 T_L，在额定电压 U_N 下运行于 A 点，转速为 n_A，如图 3-32 中曲线 1 所示。现将电源电压降为 U_1，忽略电磁惯性，电动机的机械特性如图 3-32 中曲线 2 所示。由于电动机的转速不能突变，由特性 1 变为特性 2，转速不变，于是，电动机的运行点由 A 点变为 C 点。在 C 点，对应的电磁转矩为 T_C，$T_C<T_L$，电动机将减速。随着转速的下降，反电动势 E_a 减小，电流增加，电磁转矩亦增大，减速过程沿特性曲线 2 由 C 点至 B 点，到达 B 点以后，$T_B=T_L$，电动机进入新的稳态以转速 n_B 运行。

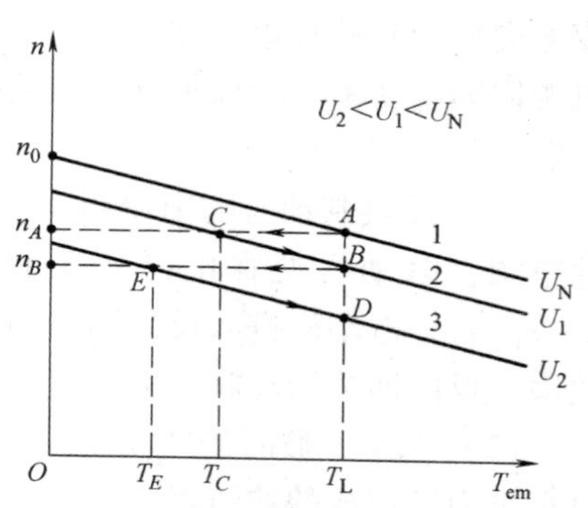

图 3-32　他励直流电动机的降压调速

当将电源电压从 U_1 降为 U_2 时，同理，电动机稳定后，在转速 n_D 下运行。从图 3-32 中可看出，当逐步降低电源电压时，稳态转速也依次降低。

降压调速可以得到较大的调速范围，只要电源电压连续可调，就可实现转速的平滑调节，即无级调速。

2. 电枢回路串电阻调速

电枢串电阻调速原理可用图 3-33 来说明。设电动机拖动恒转矩负载，运行于 A 点，当电枢回路串入电阻 R_{e1} 时，电动机的机械特性变为 $\overline{n_0B}$。由于电动机的转速不能突变，于是，电动机的运行点将由 A 点变为 C 点，C 点所对应的电磁转矩为 T_C，显然 $T_C<T_L$，电动机将减速，在到达 B 点以前，T_{em} 始终小于 T_L，故减速过程沿机械特性曲线 $\overline{n_0B}$ 由 C 点向 B 点进行，在 B 点，$T_B=T_L$，电动机进入新的稳态，转速由 n_A 下降至 n_B。

当电枢回路串入电阻 R_{e1} 变为 R_{e2} 时，同理，电动机稳定后，在转速 n_D 下运行。从图 3-33 中可看出，当电枢回路串入电阻变大时，稳态转速也依次

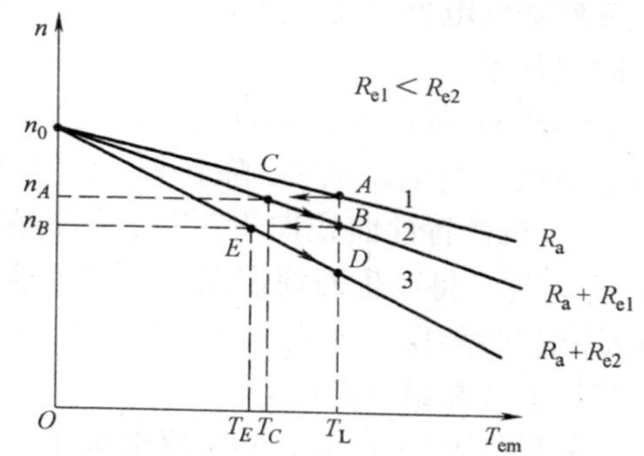

图 3-33　他励直流电动机电枢串接电阻调速

降低。

这种调速方法在低速时电能损耗较大。对于恒转矩负载，调速前后稳态电流不变，故从电网吸收的功率不变，降低转速会使输出功率减小，说明损耗增大。所以，串电阻调速在电动机低速运行时，电源提供的功率有较大部分转变为电阻损耗，会使系统效率降低。

从机械特性曲线还可看出，当空载或轻载时，调速范围很小；而速度调得越低，特性越软，转速的稳定性较差。此外，这种调速方法只能实现有级调速，平滑性较差。这种调速方法的优点是设备不太复杂，操作比较简单。

3. 弱磁调速

弱磁调速原理可用图 3-34 来说明。

设电动机带恒转矩负载 T_L 运行于固有特性曲线 1 上的 A 点。弱磁后，机械特性变为直线$\overline{BC}$，因转速不能突变，电动机的运行点由 A 点变为 C 点。由于磁通减小，反电动势也减小，导致电枢电流增大。尽管磁通减小，但由于电枢电流增大很多，使电磁转矩大于负载转矩，电动机将加速，一直加速到新的稳态运行点 B 点。此时，电动机的转速大于固有特性的理想空载转速，所以一般弱磁调速用于电动机的升速调节。

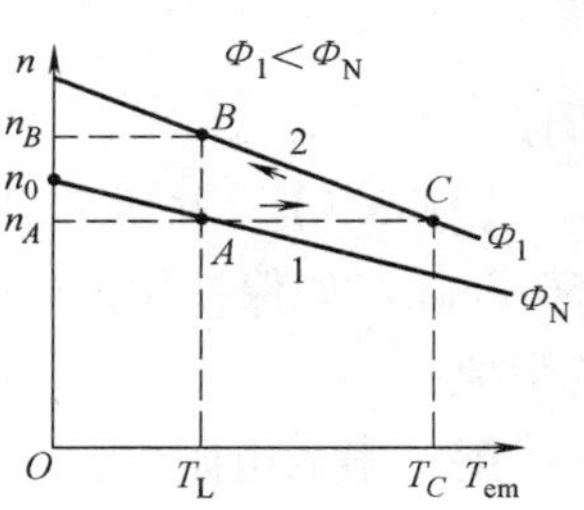

图 3-34　他励直流电动机的弱磁调速

弱磁调速是在励磁回路中调节，因电压较低、电流较小而较为方便，但调速范围一般较小。直流调速一般在额定转速以下用降压调速，而在额定转速以上用弱磁调速。

三、项目实施

（一）案例分析

【例 3-2】　一台他励直流电动机额定数据如下：$U_N=220V$，$I_N=116A$，$P_N=22kW$，$R_a=0.174\Omega$，$n_N=1500r/min$。用这台电动机来拖动升起机构，求：

1）在额定负载下进行能耗制动，欲使制动电流等于 $2I_N$，电枢回路中应串接多大的制动电阻？

2）在额定负载下进行能耗制动，如果电枢直接短接，制动电流应为多大？

3）当电动机轴上带有一半额定负载时，要求在能耗制动中以 800r/min 的稳定低速下放重物，求电枢回路中应串接多大制动电阻？

解： 1）根据直流电动机电压方程 $U_N=E_a+I_NR_a$，在额定负载时，电动机的电动势为

$$E_a=U_N-I_NR_a=(220-116\times0.174)V=199.8V$$

由 $E_a=C_e\Phi n$ 得

$$C_e\Phi_N=\frac{E_a}{n_N}=\frac{199.8}{1500}=0.133$$

能耗制动时，电枢电路中应串入的制动电阻

$$0=E_a+I_a(R_a+R_b)=E_a+(-2I_N)\times(R_a+R_b)$$

$$R_b=-\frac{E_a}{-2I_N}-R_a=\left(-\frac{199.8}{-2\times116}-0.174\right)\Omega=0.687\Omega$$

2）如果电枢直接短接，即 $R_b=0$，则制动电流

$$I_a = \frac{E_a}{R_a} = \frac{199.8}{0.174}\text{A} = 1148\text{A}$$

此电流约为额定电流的10倍，由此可见能耗制动时，不许直接将电枢短接，必须接入一定数值的制动电阻。

3）求稳定能耗制动运行时的制动电阻。

$$U_N = E_a + I_N R_a = C_e \Phi_N n_N + I_N R_a$$

因负载为额定负载的一半，则稳定运行时的电枢电流为 $I_a = 0.5I_N$，把已知条件代入直流电动机能耗制动时的电动势方程式，得

$$0 = E_a + I_a(R_a + R_b) = C_e \Phi_N n + 0.5I_N(R_a + R_b)$$

$$0 = 0.133 \times (-800) + 0.5I_N(R_a + R_b)$$

所以

$$R_b = 1.66\Omega$$

【例 3-3】 并励直流电动机的 $U_N = 220\text{V}$，$I_N = 122\text{A}$，$R_a = 0.15\Omega$，$R_f = 110\Omega$，$n_N = 960\text{r/min}$。如保持额定转矩不变，使转速下降到750r/min，求需在电枢电路中串入电阻 R_c 的阻值？

解： 串入电阻前：

$$I_f = \frac{U_N}{R_f} = \frac{220}{110}\text{A} = 2\text{A}$$

$$I_a = I_N - I_f = 122\text{A} - 2\text{A} = 120\text{A}$$

$$E_a = U_N - I_a R_a = 220\text{V} - 120 \times 0.15\text{V} = 202\text{V}$$

串入电阻调速后：

$$\frac{E'_a}{E_a} = \frac{C_e \Phi n'}{C_e \Phi n_N} = \frac{n'}{n_N} = \frac{750}{960}$$

所以

$$E'_a = 158\text{V}$$

由于额定转矩不变，$T_{em} = C_T \Phi I_a$，所以 I_a 保持不变，

又因为

$$E'_a = U_N - I_a R'_a$$

所以

$$R'_a = \frac{U_N - E'_a}{I_a} = \frac{220 - 158}{120}\Omega = 0.52\Omega$$

$$R_a = R'_a - R_a = 0.52\Omega - 0.15\Omega = 0.37\Omega$$

【例 3-4】 有一台他励直流电动机，额定电压 $U_N = 220\text{V}$，额定电流 $I_N = 12.5\text{A}$，额定转速 $n_N = 1500\text{r/min}$，$R_a = 0.8\Omega$。试求：当 $\Phi = \Phi_N$，$n = 1000\text{r/min}$ 时，要将电枢反接而使系统快速制动停车，并要求起始制动电流为 $2I_N$，应在电枢回路中串入多大的制动电阻 R_T？设该电动机原来运行于额定运行状态，如将端电压突然降到190V，其起始制动电流为多少？

解： 1）

$$C_e \Phi_N = \frac{U_N - I_N R_a}{n_N} = \frac{220 - 12.5 \times 0.8}{1500} = 0.14$$

当 $n = 1000\text{r/min}$，将电枢反接时，有

$$I_a = \frac{-U_N - E_a}{R_a + R_T} = -\frac{U_N + C_e \Phi_N n}{R_a + R_T}$$

取最大电流为 $2I_N$，则为 $I_a = 25\text{A}$。

所以，$R_T = 13.6\Omega$

2）端电压突然下降时，转速来不及变化，同时，励磁电流不变，感应电动势也来不及变化。额定运行时的电枢电动势为

$$E_{aN} = U_N - I_N R_a = (220 - 12.5 \times 0.8)\text{V} = 210\text{V}$$

其起始电流为

$$I_a = \frac{U - E_{aN}}{R_a} = \frac{190 - 210}{0.8}\text{A} = -25\text{A}$$

（二）同步训练

1）某卷扬机由一台他励直流电动机拖动，电动机数据为 $P_N = 11\text{kW}$，$U_N = 440\text{V}$，$I_N = 29.5\text{A}$，$n_N = 730\text{r/min}$，$R_a = 1.05\Omega$。下放某重物时负载转矩为 80% 额定转矩。1）若电源电压反接、电枢回路不串电阻，求电动机的转速；2）若用能耗制动运行下放重物，电动机转速绝对值最小是多少？3）若下放重物要求转速为 -380r/min，可采用几种方法？电枢回路里需串入的电阻是多大？

2）某一生产机械采用他励直流电动机作为拖动电动机，该电动机采用弱磁调速，其数据为 $P_N = 18.5\text{kW}$，$U_N = 220\text{V}$，$I_N = 103\text{A}$，$n_N = 500\text{r/min}$，最大转速为 1500r/min。分别考虑转矩不变和功率不变两种情况，减弱磁通为额定值的三分之一，试确定电动机的稳定转速和电枢电流。并说明是否可以长期运行，为什么？

（三）考核与评价

项目考核内容与考核标准见表 3-4。

表 3-4　项目考核内容与考核标准

<table>
<tr><th>序号</th><th>考核内容</th><th>考核要求</th><th colspan="2">配分</th><th>得分</th></tr>
<tr><td>1</td><td>训练 1</td><td>能正确计算出电动机的转速及串入电阻的阻值</td><td colspan="2">60</td><td></td></tr>
<tr><td>2</td><td>训练 2</td><td>能正确计算出电动机的转速与电流</td><td colspan="2">40</td><td></td></tr>
<tr><td rowspan="2">备注</td><td rowspan="2" colspan="2"></td><td colspan="2">合　计</td><td></td></tr>
<tr><td>教师评价</td><td colspan="2">年　月　日</td></tr>
</table>

四、知识拓展——直流电机运行中的常见故障

1. 换向故障

刷火异常是综合反映电动机各种故障的先兆，明亮、暴鸣状、火球状或飞溅状刷火明显标志了电机换向不良。刷火异常通常由电磁原因、机械原因、负载原因及环境原因等造成。

电刷工作面出现雾状的轻微烧痕、过热、磨损过快、磨损不均、振动、噪声大，甚至碎裂及掉边缺角等，都说明了电机存在换向故障。造成电刷故障的原因是电刷压力过大、接触电阻过大、换向器偏心、电机火花过大、环境温度过高过低及粉尘过多等。

常见的换向器表面故障有隔片烧伤、相隔一个极距烧伤、局部区域有烧痕及换向片沿圆周不均匀烧黑等。诱发换向器故障的主要原因有升高片有开焊、刷粉将换向片局部短路、换向器表面不圆、产生刷火、电刷电流分布不均、电机定子中心不对及转子不对称等。

2. 电枢故障

常见的电枢故障有接地故障和短路故障。电枢短路故障包括换向片间短路和电枢绕组匝间、层间短路，其中，换向片间短路更常见。换向片间短路的原因有换向器云母沟内或升高片根底有大量导电杂质及电刷灰等使换向片间短路；V形云母环3度面缝隙内进入导电粉尘。电枢绕组匝间或层间短路的原因主要有电枢绕组绝缘长期过热老化，绕组受潮气或酸类侵蚀，槽内线圈松动或线圈绝缘遭受机械损伤等。

绕线断裂、开焊等故障也时有发生，主要现象有振动大、噪声大及电枢电流波动大。其原因有负载过大、电流过大及机体材料缺陷等。

3. 绕组故障

定子绕组常见故障有绝缘电阻降低、匝间短路、断路、接地以及绕组连接极性接反等。定子励磁绕组绝缘电阻降低的原因有绝缘表面有污垢和碳粉、绝缘受潮及绝缘老化。励磁绕组匝间短路较多时，电机会产生振动、绕组发热或冒烟、励磁电流剧增及绝缘被烧焦的现象。故障原因有绕组绝缘表面积满灰尘和油污、制造或重绕修理时造成S弯处匝间短路及搬运检修时造成的机械损伤等。励磁绕组接地是由于绕组对铁心松动及对地绝缘遭到磨损等。电机起动困难、转矩降低，甚至不能起动的原因是励磁绕组接反或断路。

补偿绕组和换向极绕组的常见故障是匝间短路和对地击穿。

五、项目小结

根据他励直流电动机的机械特性方程式，分别改变 U_d、R_Σ 和 Φ，可以得到相应的人为机械特性。

他励直流电动机的起动有减压起动法和电枢回路串电阻分级起动法。减压起动可通过晶闸管整流的闭环系统实现。串电阻分级起动的基本思想是：开始起动时，在电枢回路串入较大电阻，以限制起动电流，随着 n 升高，E_a 增大，逐段切除所串电阻，使起动过程中 I_a 既保持较大值，又不超过允许值。

他励直流电动机可采用电枢回路串电阻、降压及弱磁等方法进行调速。电枢回路串电阻调速设备简单，但效率低，低速时速度稳定性差；降压调速性能较好，但设备总投资较大；弱磁调速较易实现，但调速范围较小。

他励直流电动机还有能耗制功、回馈制动、倒拉反转制动和反接制动等运行方式，其共同特点是 T_{em} 与 n 方向相反。能耗能动、反接制动可用于快速停车；能耗制动、倒拉反转制动及回馈制动均可用于恒速下放重物。回馈制动时电动机的转速高于理想空载转速，电动机工作于发电运行状态。

直流电动机三个最常用的转速控制方法是控制励磁电流，电枢电路串联电阻，调节电枢端电压。转矩控制方法是直接控制电枢电流。

项目四　控制电机的认识

一、项目导入

控制电机是指在自动控制系统中传递信息、变换和执行控制信号用的电机。在自动控制

系统中作为检测、放大、执行和解算元件，主要用来对运动的物体位置或速度进行快速、准确的控制。控制电机功率较小，一般从几百毫瓦到数百瓦。

控制电机广泛应用于国防、航空航天技术，先进工业技术和现代化装备中，在雷达的扫描跟踪、航船方位控制、飞机的自动驾驶、数控机床控制、工业机器人、自动化仪表及计算机外围设备中，控制电机都是不可缺少的。

本项目介绍最常用的三种控制电机：测速发电机、伺服电机和步进电机。

二、相关知识

（一）测速发电机

在控制系统中，测速发电机是一种检测元件，它能把机械转速成比例转换为电压信号，因此应用广泛。测速发电机有直流测速发电机和交流测速发电机两类。

1. 直流测速发电机

直流测速发电机分为电磁式和永磁式两类。电磁式直流测速发电机采用他励结构，其工作原理与他励直流发电机相同，如图 3-35 所示。

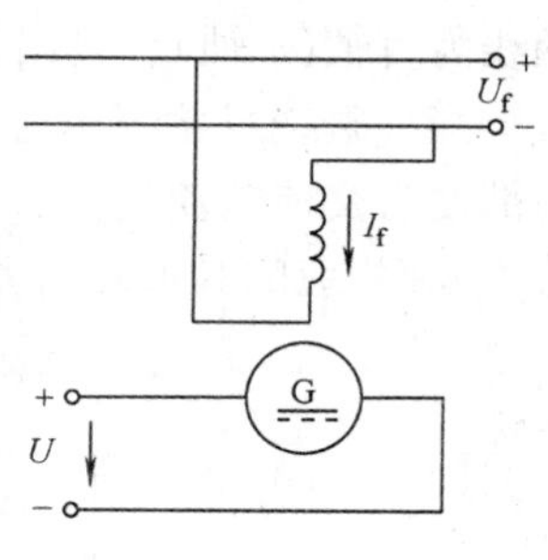

图 3-35　直流测速发电机原理

直流测速发电机的励磁绕组接固定电源 U_f，励磁绕组产生恒定磁场，电枢绕组在外力拖动下以转速 n 旋转时，电枢上的导体切割气隙磁通 Φ，电刷两端的感应电动势 E_a 为

$$E_a = \frac{pN}{60a}\Phi n = C_e\Phi n \tag{3-58}$$

式中，p 为极对数；N 为电枢绕组总导体数；a 为电枢绕组并联支路数。

空载时，直流测速发电机的输出电压就是空载电动势 E_a，即 $U_0 = E_a$，因此输出电压与转速成正比。负载后，如果负载电阻为 R_L，电枢回路的总电阻为 R_a（包括电刷接触电阻），当负载电流为 I 时，在不计电枢反应的条件下，输出电压为

$$U = E_a - R_a I = E_a - R_a\frac{U}{R_L} \tag{3-59}$$

将式(3-58)代入式(3-59)，整理后得

$$U = \frac{C_e\Phi}{1+\dfrac{R_a}{R_L}}n = Cn \tag{3-60}$$

从式(3-60)可见，只要保持 Φ、R_a、R_L 不变，直流测速发电机的输出电压 U 与转速 n 就成线性关系，但是当负载电阻 R_L 减小时，输出电压随之降低。R_L 为常数时的输出特性如图 3-36 所示。

从图中可以看出，负载电阻越小，输出电压越低。随着负载电阻减小，电枢电流加大，电枢反应的去磁作用增加，尤其在高速时，导致输出电压与转速之间的关系不再满足线性关系。

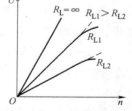

图 3-36　直流测速发电机的输出特性

直流测速发电机能把转速成比例地变成电压信号，直流伺服电动机能把电压信号成比例地变为转速，所以直流测速发电机和直流伺服电动机是两种互为可逆的运行方式。

2. 交流测速发电机

交流测速发电机有异步与同步之分，在自动控制系统中交流异步测速发电机应用较广泛，这里仅介绍交流异步测速发电机的工作原理与运行特性。

(1) 结构　目前被广泛应用的交流异步测速发电机的转子都是杯形结构，定子由两相空间互差90°的分布绕组组成，其中一相绕组为励磁绕组，另一相为输出绕组。空心杯转子由电阻率较大的非磁性材料磷青铜制成，为减小主磁路的磁阻，空心杯转子内部还有一个由硅钢片叠压而成的定子铁心，该铁心称为内定子。图3-37为一台空心杯转子异步测速发电机的结构示意图。

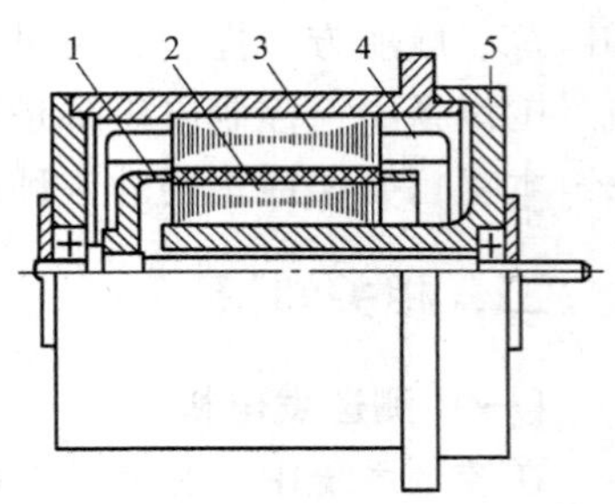

图3-37　空心杯转子异步测速发电机的结构示意图
1—空心杯转子　2—内定子
3—外定子　4—绕组　5—端盖

(2) 工作原理　空心杯转子异步测速发电机的工作原理如图3-38所示。图中，设互差90°空间电角度的励磁绕组的轴线为直轴(d轴)，输出绕组的轴线为交轴(q轴)。

当励磁绕组接频率为f的单相交流电压$\dot{U}_1$时，励磁绕组内部便有交流电流流过，并沿d轴方向产生交变的脉振磁动势F_d和相应的脉振磁通$\dot{\Phi}_d$，其交变频率f与外加电压频率相同。

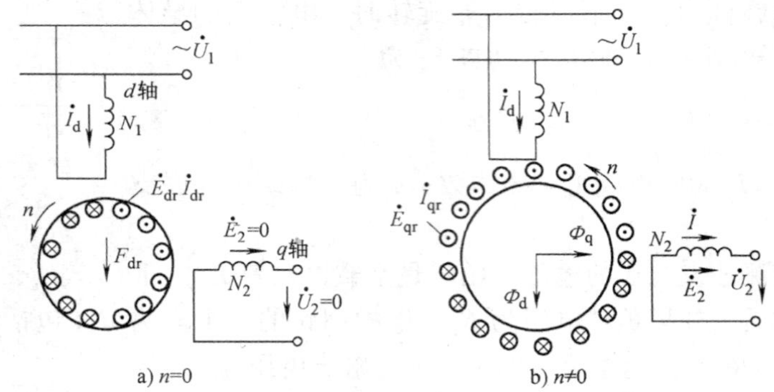

图3-38　空心杯转子异步测速发电机的工作原理

当$n=0$，转子静止时，直轴脉振磁通$\dot{\Phi}_d$在空心杯转子中感应出变压器电动势E_{dr}，变压器电动势E_{dr}引起电流$\dot{I}_{dr}$，电流$\dot{I}_{dr}$产生直轴磁动势F_{dr}。由于转子空心杯结构对称，可以把空心杯转子等效为无数多个并联的两相对称绕组，这样在空心杯中，由变压器电动势E_{dr}和相应的电流$\dot{I}_{dr}$引起的转子磁动势F_{dr}是一个与转子位置无关的常数，方向始终在d轴上，如图3-38a所示。实际上，直轴脉振磁通$\dot{\Phi}_d$是由直轴磁动势F_{dr}和定子磁动势F_d之和产生的。由于直轴脉振磁通$\dot{\Phi}_d$和输出绕组的轴线相互垂直，因而$\dot{\Phi}_d$不会在输出绕组中感应电动势，交流测速发电机输出电压为零，即$U_2=0$。

当$n\neq0$时，即转子转动以后，转子绕组切割直轴脉振磁通$\dot{\Phi}_d$，在转子绕组产生了一个q轴感应电动势$\dot{E}_{qr}$，其大小为

$$E_{qr}\propto\Phi_d n \tag{3-61}$$

$\dot{E}_{qr}$同样在空心杯转子中产生q轴电流$\dot{I}_{qr}$，不计转子漏抗时，$\dot{E}_{qr}$和$\dot{I}_{qr}$基本同相位。电流$\dot{I}_{qr}$产生q轴脉振磁动势F_{qr}，其大小正比于E_{qr}，即

$$F_{qr} \propto E_{qr} \propto \Phi_d n \tag{3-62}$$

F_{qr}产生相应的交轴磁通 $\dot{\Phi}_q$，$\dot{\Phi}_q$ 沿 q 轴方向交变，并与输出绕组相交链，在其中感应出电动势 E_2，如图 3-38b 所示。

E_2 大小与 F_{qr}成正比，即

$$E_2 \propto F_{qr} \tag{3-63}$$

联立式(3-61)和式(3-63)有

$$E_2 \propto \Phi_d n \tag{3-64}$$

式(3-64)说明，交流测速发电机在励磁绕组电压不变，即直轴脉振磁通 Φ_d 不变时，其输出电动势 E_2 只与转速成正比，因此输出电压 U_2 也只与转速成正比。

(二) 伺服电动机

伺服电动机是一种把输入的控制电压信号变为转轴的角位移或角速度输出的电动机。伺服电动机转轴的转向与转速随电压信号的方向和大小而改变，控制信号消失后，转子立即停转。伺服电动机能带动一定大小的负载，在自动控制系统中作为执行元件，故伺服电动机又称为执行电动机。

根据供电电压和电动机类型的不同，伺服电动机分直流伺服电动机和交流伺服电动机两大类。直流伺服电动机输出功率较大，一般可达几百瓦；交流伺服电动机输出功率较小，一般为几十瓦。

随着微处理器技术、电力电子技术以及电机控制理论的发展，许多新型伺服电动机不断出现，如直流无刷伺服电动机和交流永磁同步伺服电动机等。鉴于本书前面对相关内容已经进行了介绍，本节只对直流伺服电动机和交流伺服电动机作简要介绍。

1. 直流伺服电动机

直流伺服电动机按磁极的种类可划分为两种：一种是永磁式直流伺服电动机，它的转子磁极是永久磁铁；另一种是电磁式直流伺服电动机，它的结构和工作原理与他励直流电动机本质相同。直流伺服电动机就是微型的他励直流电动机。

直流伺服电动机就其用途来讲，既可作为驱动电动机，也可作为伺服电动机(如录像机和精密机床的电动机)。下面就其作伺服电动机时的性能进行分析。

直流伺服电动机的控制方法有两种：一种是电枢控制，就是改变电枢绕组电压 U_d 的大小与方向实现对转子转速和转向的控制；另一种是磁场控制，是通过改变励磁绕组电压 U_f 的大小与方向实现对转子转速和转向的控制，这种控制方式主要是针对电磁式直流伺服电动机。下面只介绍电枢控制时的直流伺服电动机的特性。

电枢控制是励磁电压 U_f 不变时，调节电枢绕组电压 U_d 的控制方式。在控制过程中改变电枢绕组电压 U_d，主磁通 Φ 不变，忽略电枢反应，可得直流伺服电动机的机械特性表达式为

$$n = \frac{U_d}{C_e\Phi} - \frac{R_a}{C_e C_T \Phi^2} T_{em} = n_0 - \beta T_{em} \tag{3-65}$$

(1) 直流伺服电动机的机械特性　根据式(3-65)，可以绘出不同控制电压 U_d 下的机械特性曲线，如图 3-39 所示。

由图 3-39 可见，直流伺服电动机的机械特性曲线为一组平行的直线。随着控制电压 U_d 的增加，直线的斜率β保持不变，机械特性曲线向上平移。当控制电压 U_d 不变时，转矩 T_{em}

增大，转速 n 降低，转矩的增加和转速的降低呈线性关系。直流伺服电动机的这种机械特性是十分理想的。

（2）直流伺服电动机的调节特性　直流伺服电动机的调节特性是指在一定的转矩下，转子转速 n 与控制电压 U_d 之间的关系 $n=f(U_d)$。根据式(3-65)可绘出不同负载转矩下的调节特性曲线，如图 3-40 所示。

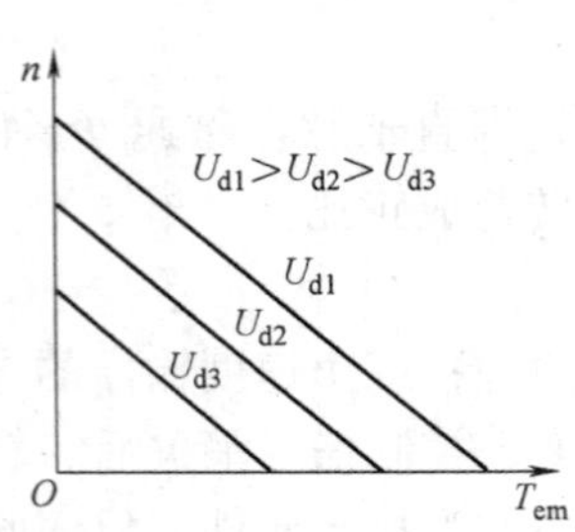
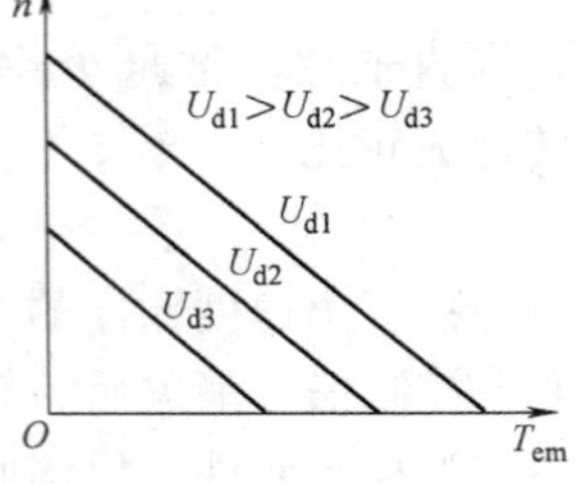

图 3-39　直流伺服电动机的机械特性

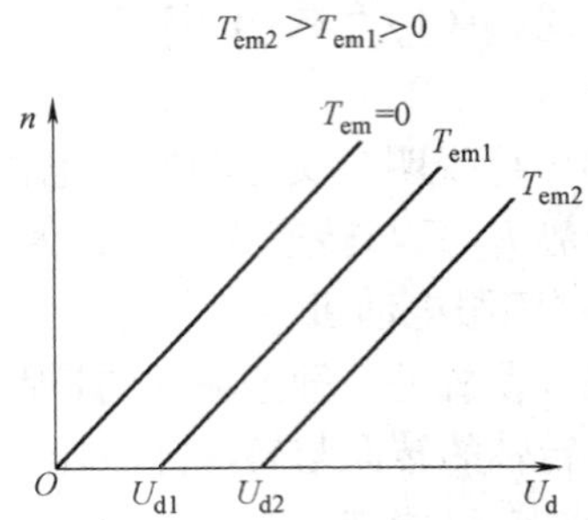

图 3-40　直流伺服电动机的调节特性

从直流伺服电动机的调节特性曲线上看出，当 T_{em} 一定时，控制电压 U_d 越高，转速 n 越高，控制电压与转速之间成正比关系。另外，还可以看出，当 $n=0$ 时，不同的转矩需要的控制电压 U_d 也不同。如 $T_{em}=T_{em1}$，$U_d=U_{d1}$，表示只有控制电压 $U_d>U_{d1}$ 时，电动机才能转动，当 $0\leqslant U_d<U_{d1}$ 时，电动机不能转动，所以，称 $0\leqslant U_d<U_{di}$ 区间为死区或失灵区，U_{d1} 称为始动电压。T_{em} 不同时，始动电压也不同，T_{em} 大的始动电压也大，$T_{em}=0$ 即电动机理想空载时，只要有控制电压 U_d，电动机就转动。直流伺服电动机的调节特性也是很理想的。

2. 交流伺服电动机

交流伺服电动机就是两相异步电动机，其定子两相绕组在空间上成 90°电角度。一相绕组为励磁绕组 f，一相为控制绕组 K，转子为笼型转子。电动机运行时，励磁绕组接单相交流电压 U_f，控制绕组接控制电压 U_K，两者频率相同。改变控制电压 U_K 的幅值或相位就可以实现转速控制。

（1）交流伺服电动机的特性要求　交流伺服电动机除了必须具有线性度很好的机械特性和调节特性外，还必须具有伺服性，即控制电压信号强时，电动机转速高；控制电压信号弱时，电动机转速低；若控制电压信号等于零，则电动机停转。

普通异步电动机的转速不是转矩的单值函数，而且只能在一定范围内稳定运行，作为驱动用途的电动机，这一特性是合适的。但作为伺服电动机，则要求机械特性必须是单值函数并尽量具有线性特性，以确保在整个调速范围内稳定运行。为满足这一要求，通常的做法是加大转子电阻，使得产生最大转矩时的转差率 $s_m\geqslant 1$，使电动机在整个调速范围内机械特性接近线性。一般情况下，转子电阻越大，机械特性越接近线性，但堵转转矩和最大输出功率越小，效率越低。因此，交流伺服电动机的效率比一般驱动用途的电动机低。

总之，交流伺服电动机必须有线性度好的机械特性和调节特性，另外还必须具有伺服性。

（2）交流伺服电动机的伺服性　对于普通两相异步电动机，一旦转子转动后，即使一相绕组从电源断开，两相异步电动机也可以作为单相交流电动机运行，在 $0<n\leqslant n_1$ 范围内，单相交流电动机的转矩 $T_{em+}>0$，转子将继续沿原方向旋转，如图 3-41 所示。

如果交流伺服电动机的转子绕组与一般单相异步电动机一样，那么正在运行的交流伺服电动机的控制电压一旦变为零，电动机就运行于只有励磁绕组一相通电的情况下，那么电动机必然在原来的旋转方向上继续旋转，只是转速略有下降。这种电压信号消失后伺服电动机仍然旋转不停的现象称为自转，自转现象破坏了伺服性，这对于伺服电动机是应该绝对避免的情况。

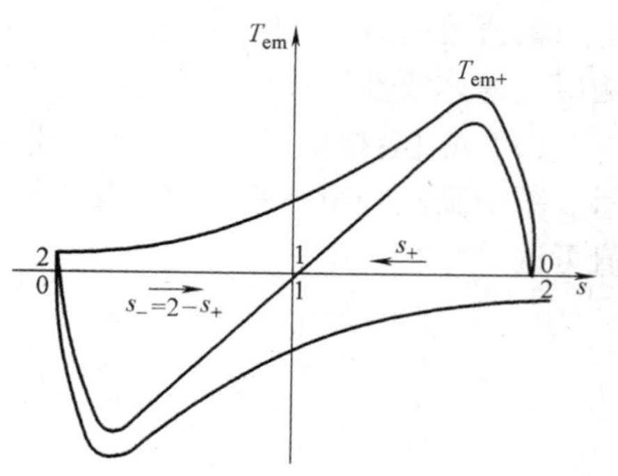

图 3-41　两相交流电动机单相运行时的机械特性

3. 控制方式与运行特性

交流伺服电动机运行时，励磁绕组所接电源一般为额定电压，改变控制绕组所加电压的大小和相位，电动机气隙磁动势则随着控制电压的大小和相位而改变，有可能为圆形旋转磁动势，有可能为不同椭圆度的椭圆形旋转磁动势，也有可能为脉振磁动势。由于气隙磁动势的不同，电动机机械特性也相应改变，那么拖动负载运行的交流伺服电动机的转速 n 也随之变化，这就是交流伺服电动机利用控制电压的大小和相位的变化来控制转速变化的原理。下面分别介绍交流伺服电动机的三种控制方法：幅值控制、相位控制和幅值-相位控制。

（1）幅值控制　幅值控制接线如图 3-42 所示。励磁绕组 f 直接接至交流电源，电压 $\dot{U}_f$ 的大小为额定值。控制绕组所加的电压为 $\dot{U}_K$，$\dot{U}_K$ 在时间上落后励磁绕组电压 $\dot{U}_f$ 90°，且保持 90°不变，$\dot{U}_K$ 的大小可以改变。调节时，$\dot{U}_K$ 的大小可以表示为 $U_K=\alpha U_{KN}$，其中 U_{KN} 为控制绕组的额定电压，α 为控制信号电压 U_K 的标幺值，其基值为控制绕组的额定电压 U_{KN}，即 $\alpha=U_K/U_{KN}$，α 又称为有效信号系数。

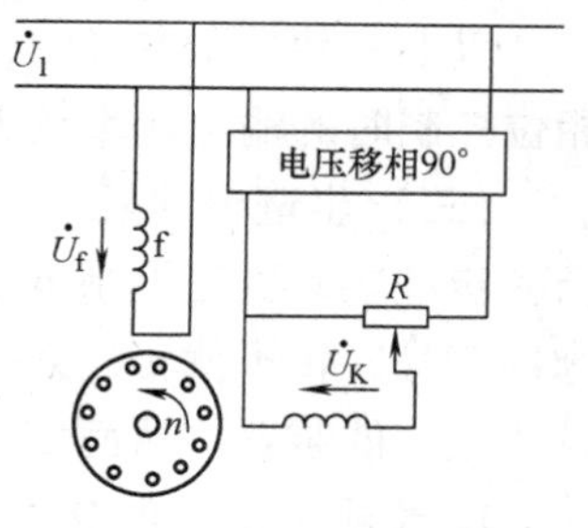

图 3-42　交流伺服电动机的幅值控制

幅值控制交流伺服电动机具有以下特性。

1）当励磁电压为额定电压，控制电压为零，即 $\alpha=0$ 时，伺服电动机转速为零，电动机不转。

2）当励磁电压为额定电压，控制电压也为额定电压，即 $\alpha=1$ 时，伺服电动机转速最大，转矩也为最大。

3）当励磁电压为额定电压，控制电压在额定电压与零之间变化，即 $0<\alpha<1$ 时，伺服电动机的转速在最高转速到零之间变化。

（2）相位控制及特性　由改变控制绕组上电压的相位实现控制交流伺服电动机转速的控制方式，称为相位控制。相位控制的原理如图 3-43 所示。

对交流伺服电动机进行相位控制时，励磁绕组 f 仍然直接接至交流电源，并保持额定值不变。控制绕组经移相器接至交流电源，保持控制电压 $\dot{U}_K$ 的幅值为额定值不变，通过改变控制电压 $\dot{U}_K$ 和励磁电压 $\dot{U}_f$ 之间的相位可改变转速。设 $\dot{U}_K$ 滞后 $\dot{U}_f$ 的电角度为 β，一般 $\beta=0\sim90°$，定义 $\sin\beta$ 为相位控制时的信号系数。

采用相位控制，交流伺服电动机的控制信号发生变化时，气隙合成磁动势随之改变。当 $\beta=90°$，$\sin\beta=1$ 时，气隙合成磁动势为圆形旋转磁动势；当 $\beta=0$，$\sin\beta=0$ 时，气隙合成磁动势为脉振磁动势；当 $0<\beta<90°$，$0<\sin\beta<1$ 时，气隙合成磁动势为椭圆形旋转磁动势。

这与幅值控制时 $\alpha=1$、$\alpha=0$、$0<\alpha<1$ 时相似，因此机械特性和调节特性与幅值控制时也相似，为非线性，在标幺值小的时候线性度好。

（3）幅值-相位控制及特性　交流伺服电动机采用幅值-相位控制时的接线如图 3-44 所示。图中励磁绕组串联电容后接至交流电源，控制绕组电压的频率和相位与电源相同，其幅值可调。

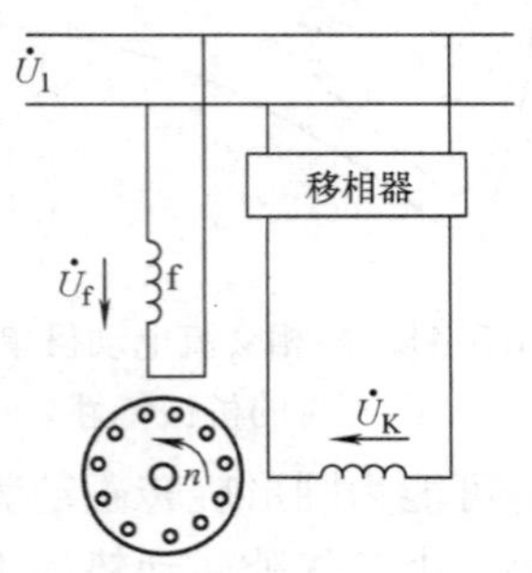

图 3-43　交流伺服电动机的相位控制

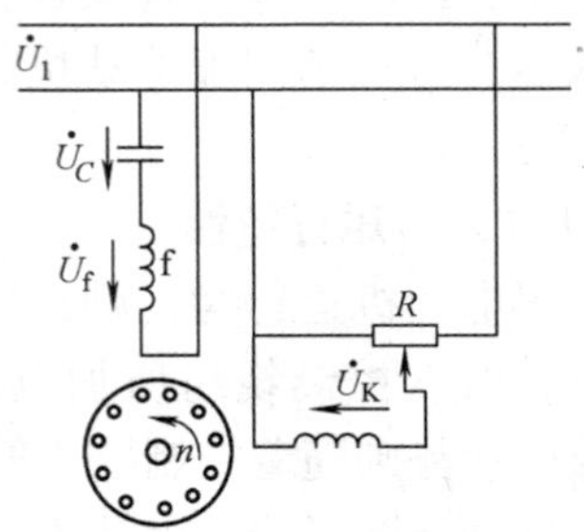

图 3-44　交流伺服电动机的幅值-相位控制

交流伺服电动机采用幅值-相位控制时的机械特性与幅值控制类似，为非线性，也在转速标幺值小时线性度好。

以上三种控制方式中，相位控制的线性度最好，幅值-相位控制的线性度最差，但幅值-相位控制时的输出功率较大，故采用较多。

（三）步进电动机

步进电动机是控制电机的一种，它利用电脉冲信号进行控制，即向定子绕组输送一个电脉冲信号，转子就转过某一个角度。所以，步进电动机是把电脉冲信号转变成机械角位移或直线位移的装置，从而实现对生产过程或设备的数字控制。

1. 步进电动机的分类

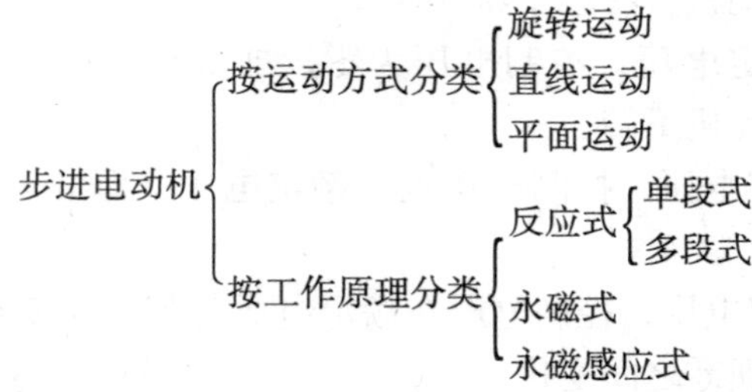

2. 反应式步进电动机的结构和工作原理

三相反应式步进电动机的工作原理如图 3-45 所示。反应式步进电动机由定子和转子两部分组成。在定子上有三对磁极，磁极上装有励磁绕组。励磁绕组分为 A、B、C 三相。步进电动机的转子由软磁材料做成，在转子上均匀分布四个凸极（转子的齿），极上不装绕组。

当 A 相通电，B、C 相不通电时，由于 A 相绕组产生的磁通形成的闭合磁路磁阻最小，将使转子齿 1、3 和定子 A 相对齐，如图 3-45a 所示；B 相通电，A、C 相不通电时，如图 3-45b 所示；C 相通电，A、B 相不通电时，如图 3-45c 所示。若按照 A-B-C-A 的顺序通电，则步进电机转子将按一定速度沿逆时针方向旋转，转速取决于三相控制绕组的通、断电的频率。若改变三相通电的顺序，步进电动机的转向也随之改变。

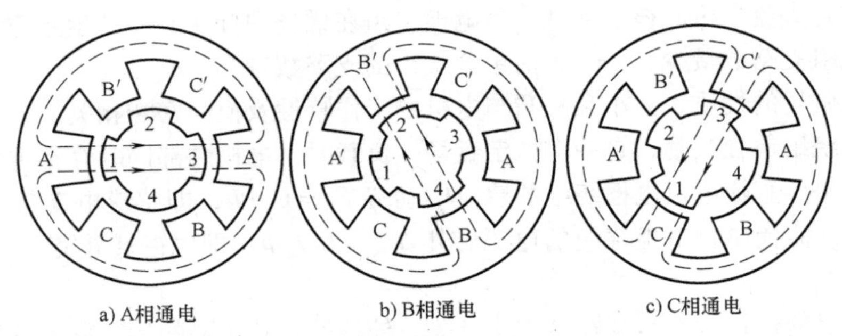

图 3-45　三相反应式步进电动机原理图

在步进电动机中定子绕组每改变一次通电方式，称为一拍。因此上述通电控制方式称为三相单三拍控制方式，此外还有三相单、双六拍控制方式（A-AB-B-BC-C-CA-A 或 A-AC-C-CB-B-BA-A）和三相双三拍控制方式（AB-BC-CA-AB 或 AC-CB-BA-AB）。步进电动机每改变一次通电状态（一拍）时，转子所转过的角度称为步距角。

步距角可用下式计算

$$\theta_b = 360°/mZC \tag{3-66}$$

式中，m 为步进电动机的运行拍数；Z 为步进电动机转子的齿数；C 为通电状态系数，单拍或双拍工作时 $C=1$，单、双混合工作时 $C=2$。

步进电动机的转速 n 可用下式计算

$$n = 60f/mZC \tag{3-67}$$

式中，f 为步进电动机的通电脉冲的频率（每秒的拍数）。

选用步进电动机时要根据系统的实际工作情况，综合考虑步距角、转矩、频率以及精度是否能满足系统的要求。

三、项目小结

测速发电机是一种测量转速的信号元件，它将输入的机械转速转换为电压信号输出。测速发电机的输出电压与转速成正比。测速发电机分两类：一类是交流测速发电机；另一类是直流测速发电机。

伺服电动机在自控系统中用做执行元件，改变控制电压或磁场就可以改变伺服电动机的速度或转向。伺服电动机不允许出现自转现象。由于交流伺服电动机经常运行在两相不对称的状态，存在产生制动转矩的反向旋转磁场，所以交流伺服电动机的转矩小、损耗大。交流伺服电动机的控制方式有三种：幅值控制、相位控制和幅度-相位控制。直流伺服电动机的特性线性度好，转速适应范围宽。

步进电动机是将脉冲信号转换为角位移的电机，它的各相控制绕组轮换输入控制脉冲，每输入一个脉冲信号，转子便转动一个步距角。步进电动机的转速与脉冲频率成正比，改变脉冲频率就可以调节转速。

梳理与总结

直流电机的结构特点是有一套换向器、电刷装置，它能使旋转电枢绕组中的交流感应电动势变换成静止的电刷间的直流电动势。

电枢绕组是直流电机的核心部件，当电枢绕组在磁场中旋转时将产生感应电动势和电磁转矩。单波绕组支路数最少，$a=1$，而单叠绕组的支路数较多，$a=p$。

直流电机磁场的性质、大小和分布与电机的工作特性及换向密切相关。空载时，电机内部磁场由励磁绕组单独激励，是一个恒定磁场。负载时，电机内部同时存在主磁极励磁磁动势和电枢磁动势。直流电机电枢绕组的感应电动势 $E_a=C_e n\Phi$，即感应电动势正比于每极的磁通量和转速。直流电机电枢绕组的电磁转矩 $T_{em}=C_T I_a\Phi$，即电磁转矩正比于每极的磁通量和电枢电流。

直流发电机的运行特性与其励磁方式有关。外特性是其主要的运行特性，反映端电压随负载电流变化的情况，标志输出电压的质量。负载特性表示在某一负载电流下，端电压随励磁电流变化的情况。调节特性表示维持端电压为一常值时，励磁电流随负载电流而变化的情况，可用于调节发电机的励磁。直流发电机的主要性能参数有电压变化率和效率。自励发电机能自己建立起稳定的端电压是其一大优点，但是它必须满足自励条件。

直流电动机的运行特性最重要的是机械特性，因主磁通 Φ 随负载电流而变化的情况根据励磁方式的不同而不同，故各种不同励磁方式的电动机特性差别很大，从而也决定了它们的应用范围。直流电动机的工作特性还有转速特性 $n=f(I_a)$ 和转矩特性 $T=f(I_a)$。转速变化率是表征电动机转速随着负载变化的重要参数。

与交流电动机相比，直流电动机有较好的起动性能，起动设备比较简单。直流电动机起动转矩与起动电流成正比，所以起动转矩比较大。

直流电动机有良好的调速性能，常用的调速方法有调节励磁电流、调节外施电压和电枢回路中串电阻三种。其中并励直流电动机可直接调节励磁电流进行弱磁调速，其调节性能好，又不需要昂贵复杂的调速设备。

伺服电动机是一种将控制信号转变为角位移或角速度输出的电动机。伺服电动机有交、直流之分。在特性方面，伺服电动机应具有线性化的机械特性和调节特性，控制信号消失后无自转现象。

测速发电机是作为测速元件被采用的，它能把转速转变为电压信号输出，因此测速发电机与伺服电动机是一对互为可逆的电机。测速发电机也有直流和交流之分。

步进电动机是一种将电脉冲信号转换为角位移或直线位移的电动机，步进电动机也是建立在力图使定子磁链磁阻最小的原理上工作的。其定子绕组每输入一个电脉冲，转子则转过一个步距角。通过控制定子各相绕组的电流通断，使得转子齿与定子齿对齐，确保磁路的磁阻最小，从而产生单方向的电磁转矩，驱动转子步进或连续运行，转子步进或连续运行的快慢取决于定子绕组的通电频率。

思考与练习

3-1 直流电动机能否直接起动？为什么？

3-2 直流电机中，为什么要用电刷和换向器？它们起什么作用？

3-3 用什么办法能改变直流电动机的转向？

3-4 什么是他励直流电动机的固有机械特性？什么是人为机械特性？

3-5 一般他励直流电动机为什么不能直接起动？采用哪种起动方法比较好？

3-6 分析他励直流电动机的调速方法。

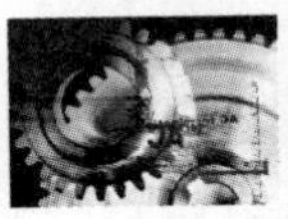

3-7　分析他励直流电动机的转速控制方法。

3-8　有一台单波绕组的直流发电机，$U_N=230V$，$P_N=17kW$，$n_N=1500r/min$，极对数 $p=2$，总导体数 $N=468$，每极气隙磁通 $\Phi=1.03\times10^{-2}Wb$，求额定电流 I_N 和电枢电动势 E_a。

3-9　一台并励直流发电机的数据为：$U_N=230V$，$P_N=6kW$，$n_N=1450r/min$，$R_a=0.57\Omega$，$R_f=177\Omega$，额定负载时铁损耗 $P_{Fe}=234W$，机械损耗 $P_{mec}=61W$。求：

1）额定负载时的电磁功率和电磁转矩；

2）额定负载时的效率。

3-10　一台 15kW、220V 的并励直流电动机，额定效率 $\eta_N=85.3\%$，电枢回路总电阻为 0.2Ω，并励回路电阻 $R_f=44\Omega$，今欲使电枢起动电流限制为额定电流的 1.5 倍，试求起动变阻器电阻应为多少？其电流容量为多少？若起动时不接起动器则起动电流为额定电流的多少倍？

3-11　一台他励直流电动机，$U_N=220V$，$I_N=53.8A$，$P_N=10kW$，$n_N=1500r/min$，$R_a=0.286\Omega$，计算：

1）直接起动时的起动电流 I_{st}；

2）若限制起动电流不超过 100A，采用电枢串电阻起动，则最小应串入多大的起动电阻？

3）有拖动负载转矩为 $T_L=T_N$的恒转矩负载起动时，采用减压起动的最低电压应为多少？此时起动电流多大？

3-12　一台他励直流电动机，$U_N=110V$，$I_N=185A$，$P_N=17kW$，$n_N=1000r/min$。已知电动机最大允许电流 $I_{max}=1.8I_N$，电动机拖动 $T_L=0.8T_N$ 负载电动运行。求：

1）若采用能耗制动停车，则电枢回路应串入多大电阻？

2）若采用反接制动停车，则电枢回路应串入多大电阻？

3）两种制动方法在制动开始瞬间的电磁转矩各是多大？

4）两种制动方法在制动到 $n=0$ 时的电磁转矩各是多大？

3-13　他励直流电动机拖动起重装置，已知电动机数据为：$U_N=440V$，$I_N=76A$，$P_N=29kW$，$n_N=1000r/min$，$R_a=0.065R_N(R_N=U_N/I_N)$，若不计空载损耗及传动机构损耗。求：

1）电动机以 500r/min 吊起 $T_L=0.8T_N$ 负载时，在电枢回路应串入多大电阻？

2）用哪几种方法可使 $T_L=0.8T_N$ 负载以 500r/min 速度下放？求每种方法在电枢回路内应串入多大的电阻。

3）在 500r/min 吊起 $T_L=0.8T_N$ 负载时，若将电源反接，并使电流不超过 I_N，求电动机最后的稳定转速。

3-14　已知他励直流电动机 $U_N=220V$，$I_N=62A$，$P_N=12kW$，$n_N=1340r/min$，$R_a=0.25\Omega$，求：

1）拖动额定负载在电动状态下运行时，采用电源反接制动，允许的最大制动转矩为 $2T_N$，那么此时制动电阻为多大？

2）电源反接后转速下降到 $0.2n_N$时，换接到能耗制动，使其准确停车。求能耗制动最大转矩 $2T_N$ 时，转子回路应串入多大的电阻。

3-15　交流伺服电动机的控制方法有哪几种？

3-16　什么是交流伺服电动机的自转现象？如何克服自转？

3-17　什么条件下交流测速发电机的输出电压与转速成正比？实际的输出电压不能完全满足这个要求，主要的误差有哪些？

3-18　什么是步进电动机的步距角？什么是单三拍、双三拍和六拍工作方式？

3-19　一台五相十拍运行的步进电动机，$Z=48$，$f=600Hz$，试求 θ_b和 n 各为多大？

模块四 低压电器的认识与测试

知识目标：1. 熟悉常用低压电器的结构、工作原理、型号及技术参数。
2. 掌握常用低压电器的功能、用途及电气符号。

能力目标：1. 能正确选择和使用常用低压电器。
2. 初步具有常用低压电器安装和维护的能力。

低压电器是指工作在交流额定电压1200V及以下、直流额定电压1500V及以下的电路中起保护、控制或调节作用的电气设备。低压电器作为基本元器件，广泛应用于变电所、工矿企业及交通运输等的电力输配电系统和电力拖动控制系统中。

低压电器是构成控制系统最常用的元器件，了解它的分类和作用，对设计、分析和维护控制系统都是十分必要的。

控制系统和输配电系统中用的低压电器种类繁多，功能、结构各异，用途广泛，工作原理也各不相同。低压电器按用途可分为以下五类。

（1）低压配电电器　用于低压供、配电系统中进行电能输送和分配的电器，如刀开关、熔断器及低压断路器等。

（2）低压控制电器　用于各种控制线路和控制系统中的电器，如继电器、接触器及熔断器等。

（3）低压主令电器　用于发送控制指令以控制其他自动电器动作的电器，如按钮、行程开关及转换开关等。

（4）低压保护电器　用于对电路和电气设备进行安全保护的电器。如熔断器、热继电器、电压继电器及电流继电器等。

（5）低压执行电器　用来执行某种动作或传动功能的电器，如电磁铁、电磁离合器及电磁阀等。

项目一　交流接触器的拆装与测试

一、项目导入

接触器是一种自动接通或断开大电流电路的电器，它可以频繁地接通或分断交直流电路，并可实现远距离控制。其主要控制对象是电动机，也可用于电热设备、电焊机、电容器组等其他负载。它还具有低电压释放保护功能，接触器具有控制容量大、过载能力强、寿命

长及设备简单经济等特点，是电力拖动自动控制电路中使用最广泛的低压电器之一。按照主触头所控制电路的电流性质不同，接触器可分为交流接触器和直流接触器两大类；按操作方式不同可分为电磁接触器、气动接触器和电磁气动接触器；按灭弧介质不同，可分为空气电磁式接触器、油浸式接触器和真空接触器等；按电磁机构的励磁方式不同，可分为直流励磁与交流励磁两种。

本项目主要讨论与接触器相关的电磁式低压电器的基本知识以及接触器的结构、工作原理、技术参数、拆装和测试的方法。

二、相关知识

（一）电磁式低压电器的基本结构

电磁式低压电器是电气控制系统中最常见的低压电器。从其基本结构上看，大部分电磁式低压电器由电磁机构、触头系统和灭弧装置三个部分组成，其基本结构如图 4-1 所示。

1. 电磁机构

（1）电磁机构的结构形式　电磁机构是电磁式低压电器的感测部分，其作用是将电磁能转换为机械能，从而带动触头动作，达到接通或分断电路的目的。电磁机构由吸引线圈和磁路两部分组成。其中磁路包括静铁心、衔铁和气隙。其工作原理是：当吸引线圈通入一定的电流后，产生磁场，磁通经静铁心、衔铁和气隙形成闭合回路，产生电磁吸力，衔铁即被吸向静铁心，从而带动衔铁上的触头动作，使触头断开和闭合。电磁机构的结构形式按铁心形式分有单 E 形、单 U 形、螺管形和双 E 形等；按衔铁动作方式分有直动式和转动式，如图 4-2 所示。根据吸引线圈通入电流性质的不同，可分为直流电磁线圈和交流电磁线圈。对于直流电磁线圈，静铁心和衔铁可以用整块电工软钢制成。对于交流电磁线圈，为了减少因涡流等造成的能量损失和温升，静铁心和衔铁用硅钢片叠压而成。线圈并联于电路中工作时，称为电压线圈，其特点是匝数多、线径细；线圈串联于电路中工作时，称为电流线圈，其特点是匝数少、线径粗。

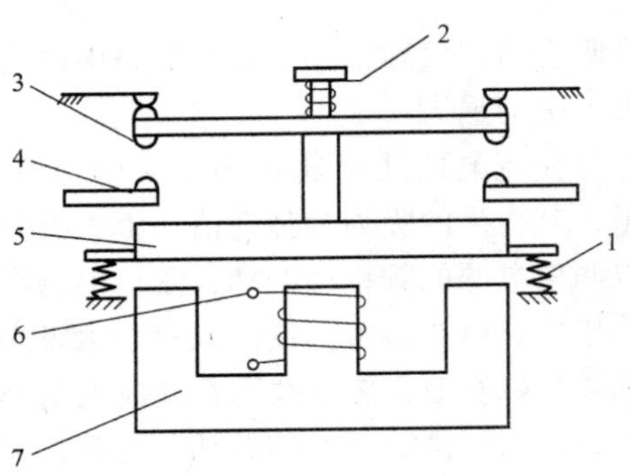

图 4-1　电磁式低压电器的基本结构

1—释放弹簧　2—触头弹簧　3—动触头　4—静触头　5—衔铁　6—线圈　7—静铁心

（2）电磁机构的工作原理　电磁机构的工作原理常用吸力特性和反力特性来描述，如图 4-3 所示。吸力特性是指电磁吸力随衔铁与静铁心间气隙 δ 变化的关系。反力特性是指反作用力 F_r（使衔铁释放的力）与气隙 δ 的关系。

在衔铁吸合过程中，其吸力特性曲线必须始终处于反力特性曲线上方，如图 4-3 所示，即吸力要大于反力；反之衔铁释放时，吸力特性曲线必须位于反力特性曲线下方，即反力要大于吸力（此时的吸力是由剩磁产生的）。在吸合过程中还需注意吸力特性曲线位于反力特性曲线上方不能太高，否则会影响到电磁机构的寿命。

直流电磁线圈通入的是恒定的直流电流，即在外加电压和线圈电阻 R 一定的条件下其电流 I 也一定，与气隙的大小无关。但作用在衔铁上的吸力 F 却与气隙 δ 的大小有关。当电磁铁刚起动时，气隙最大，此时磁路中磁阻最大，磁感应强度较小，故吸力最小；当衔铁完

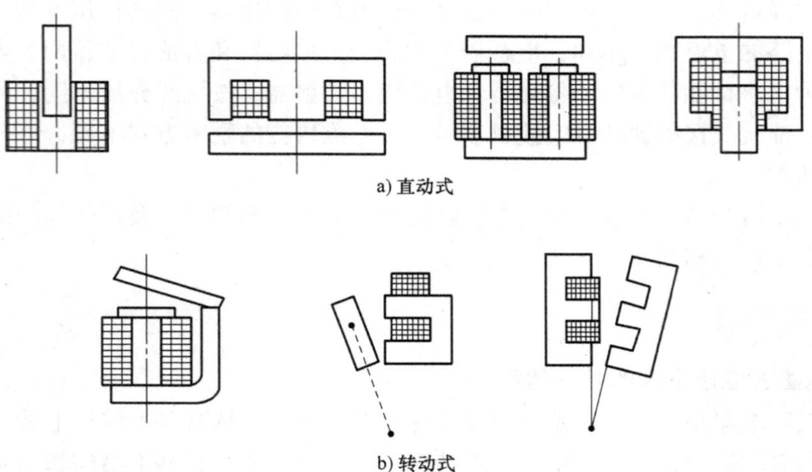

图 4-2　电磁机构的结构形式

全吸合后，气隙最小，此时磁路中磁阻最小，磁感应强度较大，吸力最大。

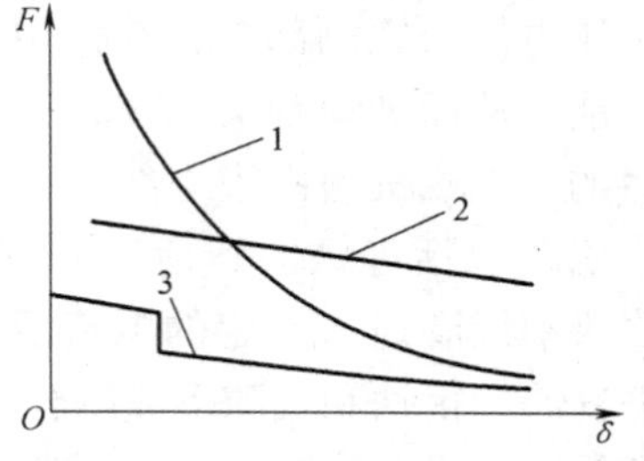

图 4-3　吸力特性与反力特性
1—直流电磁铁吸力特性曲线
2—交流电磁铁吸力特性曲线
3—反力特性曲线

交流电磁线圈通入的是交变电流，磁感应强度为交变量，其产生的吸力为脉动值。由于吸力是脉动的，使得衔铁以两倍电源的频率在振动，既会引起噪声，又会导致电器结构松散、触头接触不良以及被电弧火花熔焊与蚀损。因此，必须采取有效措施使线圈在交流电变小和过零时仍有一定的电磁吸力以消除衔铁的振动，为此，在磁极的部分端面上嵌入一个铜环(称为短路环或分磁环)，如图 4-4 所示。

当磁极的主磁通发生变化时，由于在短路环中产生感应电流和磁通将阻碍主磁通的变化，使得磁极两部分中的磁通之间产生相位差，因而磁极各部分的磁通不会同时降为零，磁极一直具有一定的电磁吸力，这就消除了衔铁的振动，也避免了噪声。

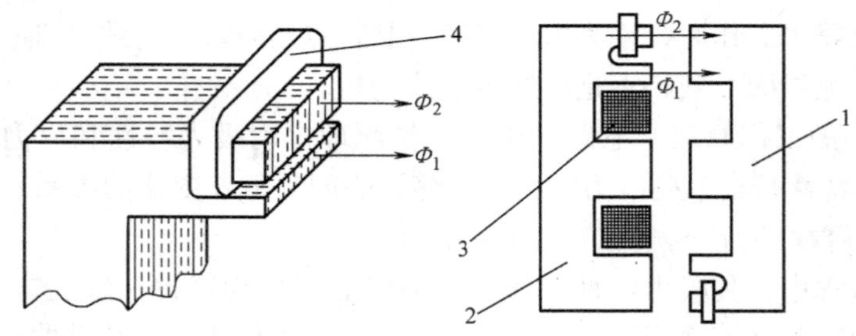

图 4-4　交流电磁铁的短路环
1—衔铁　2—静铁心　3—线圈　4—短路环

交流电磁铁刚起动时，气隙最大，磁阻最大，电感和感抗最小，因而这时的电流最大；在吸合过程中，随着气隙的减小，磁阻减小，线圈电感和感抗增大，电流逐渐减小；当衔铁完全吸合后，电流最小。在电磁铁起动时，线圈的电流虽为最大，但这时的磁阻要增大到几

百倍，而线圈的电流受到漏抗的限制，不能增加相应的倍数。因此起动时磁动势的增加小于磁阻的增加，于是磁通、磁感应强度减小，吸力较小；当衔铁吸合后，磁阻减小较多，磁动势减小较小，于是磁通、磁感应强度增大，吸力增大。

交流电磁铁工作时，衔铁与静铁心之间一定要吸合好。如果由于某种机械故障，衔铁或机械可动部分被卡住，通电后衔铁吸合不上，线圈中流过超过额定值的较大电流，将导致线圈严重发热，甚至烧坏。

2. 触头系统

触头是电磁式低压电器的执行机构，它在衔铁的带动下接通和分断电路。触头在闭合状态下，动、静触头完全接触，有工作电流通过时，称为电接触。电接触的情况将影响触头的工作可靠性和使用寿命。影响电接触工作状况的主要因素是触头的接触电阻，因为接触电阻大时，易使触头发热，从而产生熔焊现象，这样既影响工作可靠性又降低了触头的寿命。触头的接触电阻不仅与触头的接触形式有关，而且还与接触压力、触头材料及表面状况有关。减小接触电阻的方法有：①触头材料选用电阻率小的材料；②增加触头的接触压力；③改善触头的表面状况。

触头的接触形式有点接触、面接触和线接触三种，如图4-5所示。点接触式适用于小电流场合；面接触式适用于大电流场合；线接触式(又称指形接触)适用于通断次数多及大电流的场合。

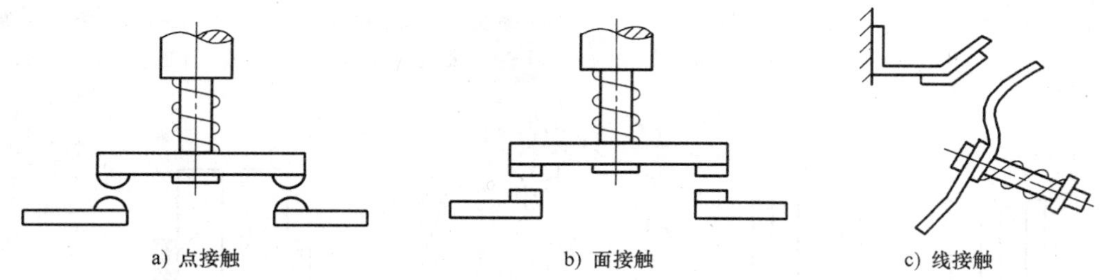

图4-5　触头的接触形式

触头按其运动情况分为动触头和静触头，如图4-6所示，固定不动的触头称为静触头，由连杆带着移动的触头称为动触头。按触头控制的电路分为主触头和辅助触头，主触头用于接通和断开主电路，允许通过较大的电流，辅助触头用于接通或断开控制电路，只能通过较小的电流。按触头的原始状态可分为常开触头和常闭触头；触头在未通电或没有受到外力作用时处于闭合位置的称为常闭(又称动断)触头；在未通电或没有受到外力作用时处于断开位置的触头称为常开(又称动合)触头。按触头的结构形式可分为桥式触头和指形触头。

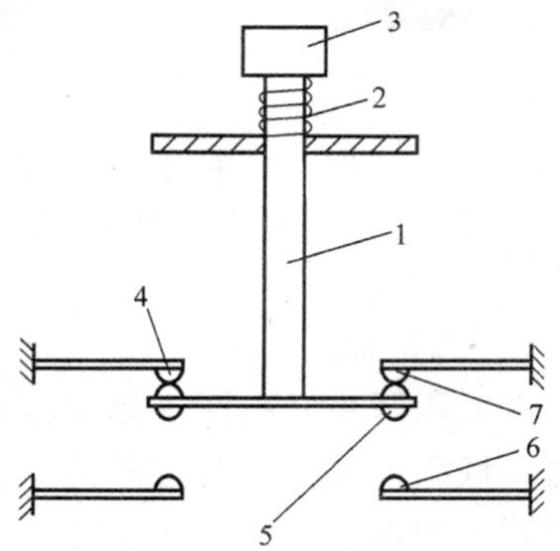

图4-6　触头的分类

1—连杆　2—复位弹簧　3—推动机构　4—静触头　5—动触头　6—常开触头　7—常闭触头

3. 电弧的产生和灭弧方法

电弧是在触头由闭合状态过渡到断开状态的过程中产生的，是触头间气体在强电场作用下产生的放电现象，是一种带电粒子的急流。电弧的特点是外部有白炽弧光，内部有很高的温度和很大的电流。电弧产生的原因主要有强电场放射、撞击电离、热电子发射及高温游离等。

灭弧的基本方法有：①拉长电弧，从而降低电场强度；②用电磁力使电弧在冷却介质中运动，降低弧柱周围的温度；③将电弧挤入绝缘壁组成的窄缝中以冷却电弧；④将电弧分成许多串联的短弧，增加维持电弧所需的临界电压降。常用的灭弧装置有电动力吹弧、磁吹灭弧、栅片灭弧及窄缝灭弧等，分别如图 4-7、图 4-8、图 4-9 和图 4-10 所示。

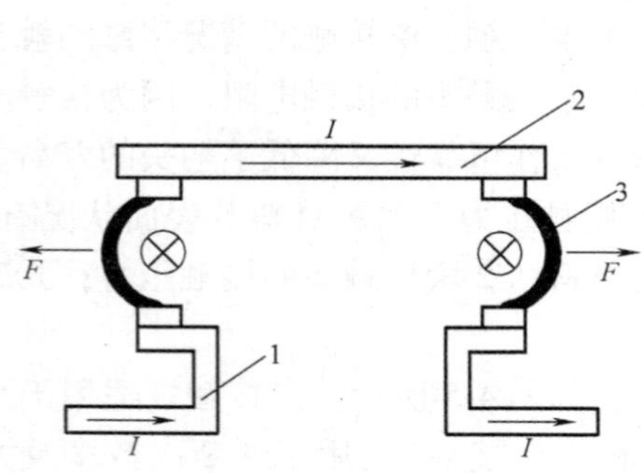

图 4-7 双断口电动力吹弧示意图

1—静触头 2—动触头 3—电弧

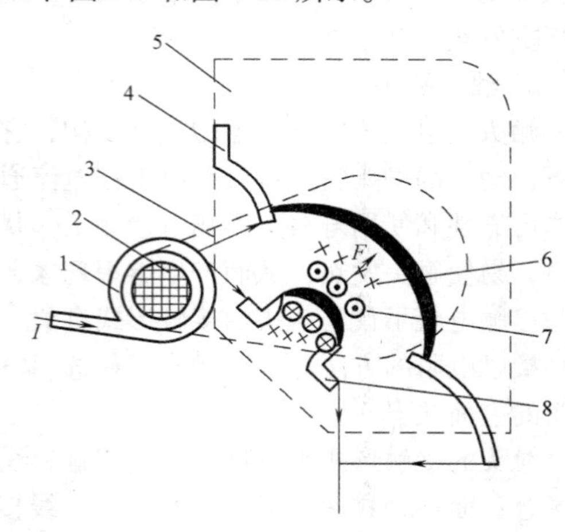

图 4-8 磁吹灭弧原理示意图

1—磁吹线圈 2—铁心 3—引弧角 4—导磁夹板 5—灭弧罩 6—磁吹线圈磁场 7—电弧电流磁场 8—动触头

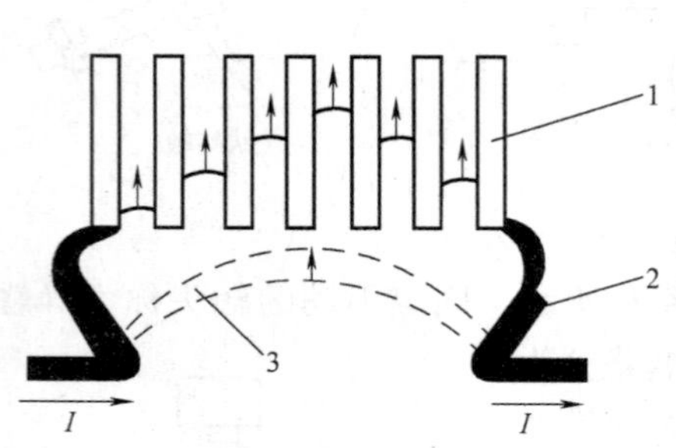

图 4-9 栅片灭弧示意图

1—灭弧栅片 2—触头 3—电弧

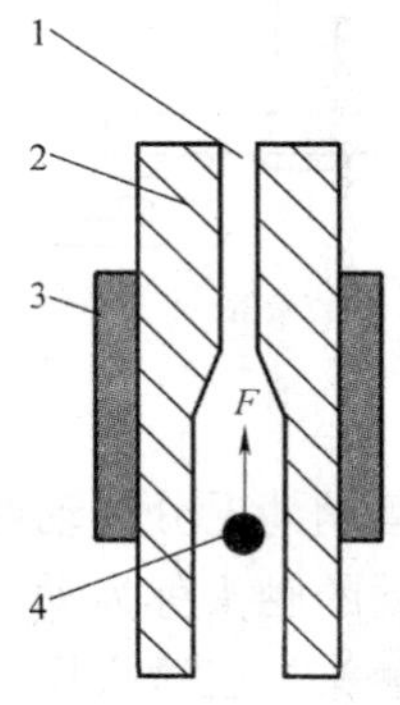

图 4-10 窄缝灭弧示意图

1—纵缝 2—介质

3—磁性夹板 4—电弧

（二）低压开关

低压开关又称低压隔离器，是低压电器中结构比较简单、应用较为广泛的一类手动电器。低压开关主要有刀开关、组合开关、转换开关以及用刀开关与熔断器组合成的胶盖瓷底刀开关和熔断器式刀开关等。以下仅介绍 HK2 系列胶盖瓷底刀开关、HR5 系列熔断器式刀开关与 HZ5 系列普通型组合开关。

1. HK2 系列胶盖瓷底刀开关

HK2 系列胶盖瓷底刀开关常用作电路的隔离开关、小容量电路的电源开关和小容量电

动机非频繁起动的操作开关。由熔体、触头、触头座、操作手柄、底座及上、下胶盖等组成。使用时进线座接电源端的进线，出线座接负载端导线，靠触头与触头座的分合来接通和断开电路。

HK 系列型号含义如下：

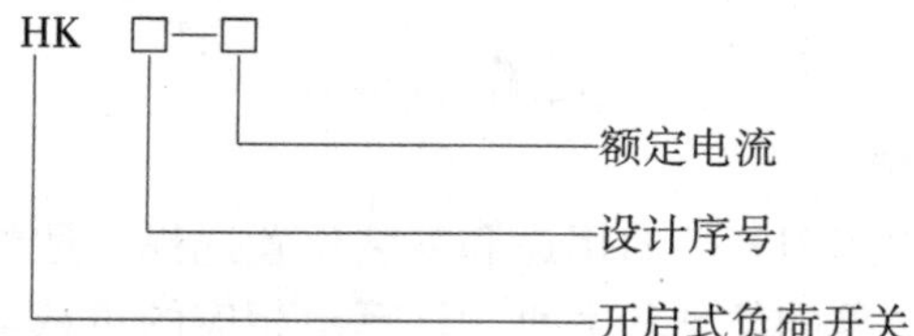

2. HR5 系列熔断器式刀开关

HR5 系列熔断器式刀开关用于有大短路电流的配电网络和电动机电路，用作电源开关和隔离开关，并可作短路保护。HR5 系列熔断器式刀开关主要由触头系统、熔体、灭弧室、底座及塑料防护盖等组成。该刀开关还具有弹簧储能快速关合机构及指示熔体通断的信号装置。该刀开关的熔断器带有撞击器时，任一相熔体熔断后，撞击器都会弹出，并通过横杆触动装在底板的微动开关，发出信号或切断接触器线圈电路，实现断相保护。

HR5 系列型号含义如下：

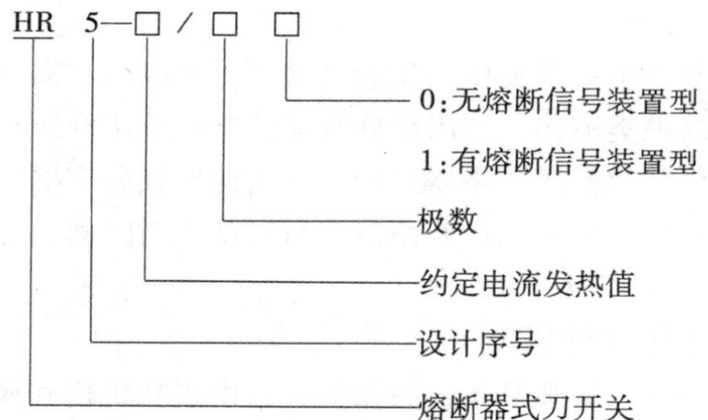

3. HZ5 系列普通型组合开关

组合开关是由若干动触片和静触片分别装于数层绝缘件内组成，动触片安装在附有手柄的转轴上，可随转轴转动，实现动、静触片的分合。在组合开关上方安装有由滑板、凸轮、扭簧及手柄等部件构成的操作机构，由于该机构采用了扭簧储能，故可实现开关的快速闭合与分断，从而使触头闭合及分断速度与手柄操作速度无关。HZ5 系列普通型组合开关适用于电压 380V 及以下、电流 60A 及以下的电路，用作电源开关、控制电路的换接或实现对电动机起动、变速、停止及换向的控制等。

HZ5 系列型号含义如下：

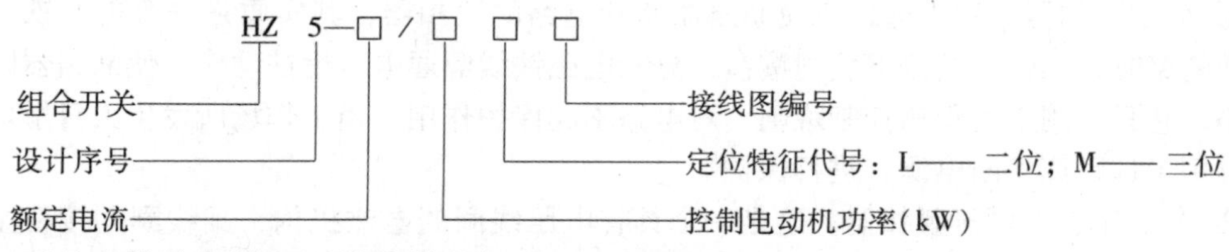

刀开关和带熔断器刀开关的符号如图 4-11 和图 4-12 所示。

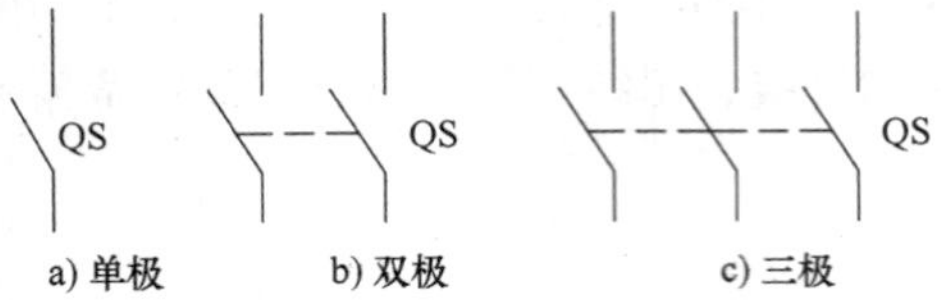

QS QS QS

a) 单极 b) 双极 c) 三极

图 4-11 刀开关

4. 刀开关的选用和安装

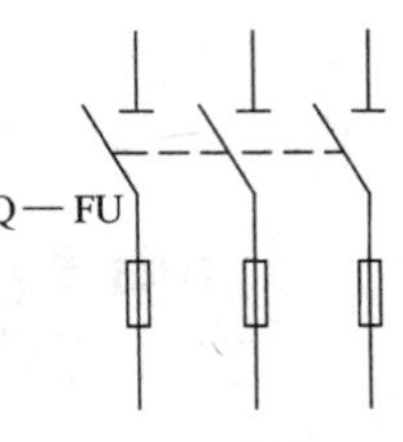

图 4-12 带熔断器的刀开关

选用刀开关时，首先根据刀开关的用途和安装位置选择合适的型号和操作方式，然后根据控制对象的类型和大小，计算出相应的负载电流的大小，选择相应级别额定电流的刀开关。刀开关在安装时必须垂直安装，使闭合操作时的手柄操作方向应从下向上合，不允许平装或倒装，以防误合闸；电源进线应接在静触头一边的进线座，负载接在动触头一边的出线座；在分闸和合闸操作时，应动作迅速，使电弧尽快熄灭。

5. 刀开关的故障及排除

刀开关容量太小、拉闸或合闸时动作太慢，或者金属异物落入刀开关内引起相间短路，均可造成动、静触头烧坏和刀开关短路。此时应更换大容量的刀开关、改善操作方法和清除刀开关内的异物。

（三）低压断路器

低压断路器是一种既有手动开关作用又能自动进行欠电压、失电压、过载和短路保护的开关电器。低压断路器的种类较多，按用途分有保护电动机用低压断路器、保护配电线路用低压断路器及保护照明线路用低压断路器三种。按结构形式分有框架式低压断路器和塑壳式低压断路器两种。按极数分有单极低压断路器、双极低压断路器、三极低压断路器和四极低压断路器四种。

1. 低压断路器的结构和工作原理

低压断路器由触头系统、灭弧装置、脱扣器、自由脱扣机构和操作机构等部分组成。

（1）触头系统　分为主触头和辅助触头，主触头由耐弧合金制成，是断路器的执行元件，用来接通和分断主电路，为提高其分断能力，主触头上装有灭弧装置。另有常开、常闭辅助触头各一对，用于发出低压断路器接通或分断的指令。

（2）灭弧装置　是由相互绝缘的镀铜钢片组成的灭弧栅片，便于在切断短路电流时加速灭弧和提高断流能力。

（3）脱扣器　脱扣器是断路器的感测元件，当电路出现故障时，脱扣器感测到故障信号后，经自由脱扣器使断路器主触头分断，从而起到保护作用。按接收故障的不同，分为以下几种脱扣器。

① 分励脱扣器。用于远距离使断路器断开电路的脱扣器，其实质是一个电磁铁，当需要断开电路时，操作人员按下跳闸按钮，分励电磁铁线圈通电，衔铁动作，使断路器跳闸切断电路。它只适用于远距离控制跳闸，对电路不起保护作用。当工作场所发生人身触电事故时，可用于远距离切断电源，进行保护。

② 欠电压、失电压脱扣器。这是一个具有电压线圈的电磁机构，其线圈并接在主电路中。当主电路电压消失或降低至一定值以下时，电磁吸力不足以继续吸持衔铁，在反力作用

下，衔铁释放，衔铁顶板推动自由脱扣机构，将断路器主触头断开，实现欠电压与失电压保护。

③ 过电流脱扣器。其实质是一个电流线圈的电磁机构，电磁线圈串接在主电路中，流过负载电流。当正常电流通过时，产生的电磁吸力不足以克服反力，衔铁不被吸合；当电路出现瞬时过电流或短路电流时，吸力大于反力，使衔铁吸合并带动自由脱扣机构使断路器主触头断开，实现过电流与短路保护。

④ 热脱扣器。该脱扣器由热元件、双金属片组成，将双金属片热元件串接在主电路中，其工作原理与双金属片式热继电器相同。当电路过载到一定值时，由于温度升高，双金属片受热弯曲并带动自由脱扣机构，使断路器主触头断开，实现长期过载保护。

（4）自由脱扣机构和操作机构　自由脱扣机构是用来联系操作机构和主触头的机构，操作机构处于闭合位置时，也可操作分励脱扣机构进行脱扣，将主触头断开。操作机构是实现断路器闭合、断开的机构。通常电力拖动控制系统中的断路器采用手动操作机构，低压配电系统中的断路器有电磁铁操作机构和电动机操作机构两种。

低压断路器的工作原理如图 4-13 所示。图中是一个三极低压断路器，三个主触头串接于三相电路中，经操作机构将其闭合。此时传动杆 3 由锁扣 4 钩住，保持主触头的闭合状态，同时分闸弹簧 1 已被拉伸。当主电路出现过电流故障且达到过电流脱扣器的动作电流时，过电流脱扣器 6 的衔铁吸合，顶杆上移将锁扣 4 顶开，在分闸弹簧 1 的作用下使主触头断开。当主电路出现欠电压、失电压或过载时，则欠电压、失电压脱扣器和热脱扣器分别将锁扣顶开，使主触头断开。分励脱扣器可由主电路或其他控制电源供电，由操作人员发出指令使分励线圈通电，其衔铁吸合，将锁扣顶开，在分闸弹簧作用下使主触头断开，同时也使分励线圈断电，从而实现远距离控制。

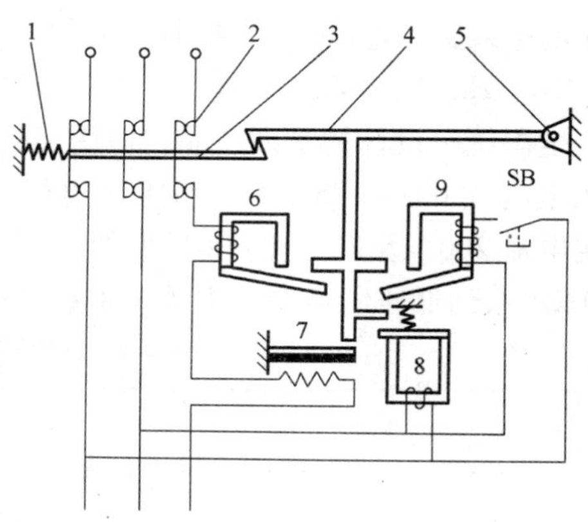

图 4-13　低压断路器工作原理图

1—分闸弹簧　2—主触头　3—传动杆　4—锁扣
5—轴　6—过电流脱扣器　7—热脱扣器
8—欠电压、失电压脱扣器　9—分励脱扣器

2. 低压断路器的主要技术数据和保护特性

（1）低压断路器的主要技术数据

1）额定电压：低压断路器在电路中长期工作时的允许电压值。

2）额定电流：指脱扣器允许长期通过的电流，即脱扣器额定电流。

3）壳架等级额定电流：指每一件框架或塑壳中能安装的最大脱扣器的额定电流。

4）通断能力：指在规定操作条件下，低压断路器能接通和分断短路电流的能力。

5）保护特性：指低压断路器的动作时间与动作电流的关系曲线。

（2）低压断路器的保护特性

低压断路器的保护特性主要是指低压断路器长期过载和过电流保护特性，即低压断路器动作时间与热脱扣器和过电流脱扣器动作电流的关系曲线，如图 4-14 所示。图中 *ab* 段为过载保护特性，具有反时限特性。*df* 段为瞬时动作曲线，当故障电流超过 *d* 点对应的电流时，过电流脱扣器便瞬时动作。*ce* 段为定时限延时动作曲线，当故障电流大于 *c* 点对应电流时，过电流脱扣器经短时延时后动作，延时长短由 c 点与 d 点对应的时间差决定。根据需要，低压断路器的保护特性可以是两段式，如 *abdf*，既有过载延时又有短路瞬动保护；而 *abce* 则为过载长延时和短路延时保护。另外，还可有三段式的保护特性，如 *abcghf* 曲线，既有过载长延时，短路短延时，又有特大短路的瞬动保护。为达到良好的保护作用，低压断路器的保护特性应与被保护对象的发热特性合理配合，即低压断路器的保护特性 2 应位于被保护对象发热特性 1 的下方，并以此来合理选择低压断路器的保护特性。

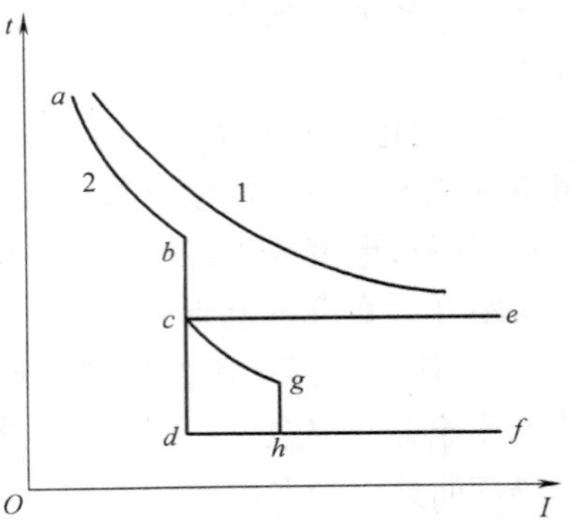

图 4-14　低压断路器的保护特性
1—被保护对象的发热特性
2—低压断路器的保护特性

3. 塑壳式低压断路器的典型产品

塑壳式低压断路器根据用途分为配电用低压断路器、电动机保护用低压断路器和其他负载用低压断路器，用作配电线路、电动机、照明电路及电热器等设备的电源控制开关及保护。常用的有 DZ15、DZ20、H、T、3VE、S 等系列，后四种是引进国外技术生产的产品。DZ20 系列低压断路器是全国统一设计的系列产品，适用于交流额定电压 500V 以下、直流额定电压 220V 及以下，额定电流 100～125A 的电路中作为配电、线路及电源设备的过载、短路和欠电压保护；额定电流 200A 及以下和 400Y 型的低压断路器也可作为电动机的过载、短路和欠电压保护。DZ20 系列低压断路器的主要技术数据见表 4-1。

表 4-1　DZ20 系列低压断路器的主要技术数据

型号	脱扣器额定电流/A	壳架等级额定电流/A	瞬时脱扣整定值/A		交流短路极限通断能力/kA	电气寿命/次	机械寿命/次
			配电用	电动机用			
DZ20C—160	16，20，32，50，63，80，100（C:125,160）	160	$10I_N$	$12I_N$	12	4000	4000
DZ20Y—100		100			18		
DZ20J—100					35		
DZ20G—100					100		
DZ20C—250	100，125，160，180，200，225，（C:250）	250	$5I_N$，$10I_N$	$8I_N$，$12I_N$	15	2000	6000
DZ20Y—200		200			25		
DZ20J—200					42		
DZ20G—200					100		
DZ20C—400	200，250，315，350，400（C:100,125,160,180）	400	$10I_N$	$12I_N$	15	1000	4000
DZ20Y—400					30		
DZ20J—400			$5I_N$，$10I_N$	—	42		

低压断路器的符号如图 4-15 所示。

4. 低压断路器的选用

1）低压断路器的额定电压等于或大于线路的额定电压。

2）低压断路器的额定电流等于或大于线路或设备的额定电流。

3）低压断路器的通断能力等于或大于线路中可能出现的最大短路电流。

4）欠电压脱扣器的额定电压等于线路的额定电压。

5）分励脱扣器的额定电压等于控制电源的电压。

6）长延时电流整定值等于电动机的额定电流。

7）瞬时整定电流。对保护笼型异步电动机的低压断路器，瞬时整定电流为 8～15 倍电动机的额定电流；对于保护绕线转子异步电动机的低压断路器，瞬时整定电流为 3～6 倍电动机的额定电流。

QF

图 4-15　低压断路器的符号

8）6 倍长延时电流整定值的可返回时间等于或大于电动机的实际起动时间。

使用低压断路器来实现短路保护要比使用熔断器的性能更加优越，因为当三相电路发生短路时，很可能只有一相的熔断器熔断，造成缺相运行。对于低压断路器，只要造成短路都会使开关跳闸，将三相电源全部切断，何况低压断路器还有其他自动保护作用；缺点是它的结构复杂、操作频率低以及价格较高，因此适用于要求较高的场合。

5. 低压断路器的故障及排除

1）不能合闸。若电源电压太低，欠电压、失电压脱扣器线圈开路，热脱扣器的双金属片未冷却复位及机械原因，均会出现合闸时操作手柄不能稳定在接通位置上。此时应将电源电压值调至规定值，更换欠电压、失电压脱扣器线圈，待热脱扣器的双金属片冷却复位后再合闸，或者更换机械传动机构部件，排除卡阻。

2）不能分闸。若电源电压过低或消失，或者按下分励脱扣器的分闸按钮，低压断路器不能分闸，仍保持接通状态，这可能是由于机械传动机构卡阻、不能动作或者主触头熔焊。此时应检修机械传动机构，排除卡阻故障，更换主触头。

3）自动跳闸。若起动电动机时自动跳闸，可能是热脱扣器的整定值太小，应重新整定。若工作一段时间后自动跳闸，造成电路停电，可能是过电流脱扣器延时整定值太短，应重新整定；或者自动脱扣器的热元件损坏，应更换热元件。

（四）熔断器

熔断器是一种当电流超过规定值一定时间后，以它本身产生的热量使熔体熔化而分断电路的电器。熔断器广泛应用于低压配电系统、控制系统及用电设备中作短路和过载保护。

1. 熔断器的结构及工作原理

熔断器主要由熔体、熔断管（座）、填料及导电部件等组成。熔体是熔断器的主要部分，常做成丝状、片状、带状或笼状。其材料有两类：一类为低熔点材料，如铅-锡合金、锑-铝合金以及锌等；另一类为高熔点材料，如银、铜以及铝等。熔断器接入电路时，熔体串接在电路中，负载电流流经熔体，当电路发生短路或过载时，通过熔体的电流使其发热，当达到熔体熔化温度时就会自行熔断，期间伴随着燃弧和熄弧过程，随之切断故障电路，起到保护作用。当电路正常工作时，熔体在额定电流下不应熔断，所以其最小熔化电流必须大于额定电流。目前广泛应用的填料是石英砂，它既是灭弧介质又能起到帮助熔体散热的作用。

2. 熔断器的保护特性

熔断器的保护特性是指流过熔体的电流与熔体熔断时间的关系，它的曲线称为时间—电流特性曲线或称安—秒特性曲线，如图 4-16 所示。图中 I_{min} 为最小熔化电流或称临界电流，

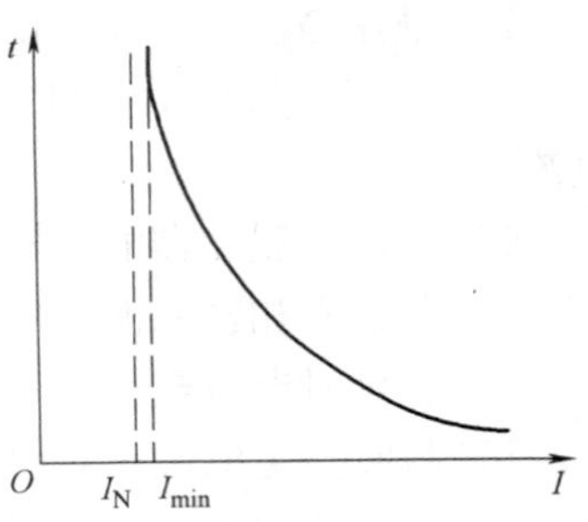

图 4-16　熔断器的保护特性

当熔体电流小于临界电流时，熔体不会熔断。最小熔化电流 I_{min} 与熔体额定电流 I_N 之比称为熔断器的熔化系数，即 $K = I_{min}/I_N$。K 越小对小倍数过载保护越有利，但 K 也不宜接近于 1，当 K 为 1 时，不仅熔体在 I_N 下工作温度会过高，而且还有可能因保护特性本身的误差而发生熔体在 I_N 下熔断的现象，影响熔断器工作的可靠性。

当熔体采用低熔点的金属材料时，熔化时所需热量少，故熔化系数小，有利于过载保护，但材料电阻系数较大，熔体截面积大，熔断时产生的金属蒸气较多，不利于熄弧，故分断能力较低。当熔体采用高熔点的金属材料时，熔化时所需热量大，故熔化系数大，不利于过载保护，而且可能使熔断器过热，但这些材料的电阻系数小，熔体截面积小，有利于熄弧，故分断能力高。因此，不同熔体材料的熔断器在电路中保护作用的侧重点是不同的。

3. 熔断器的主要技术参数及典型产品

（1）熔断器的主要技术参数

1）额定电压：是从灭弧的角度出发，熔断器长期工作时和分断后能承受的电压。其大小一般大于或等于所接电路的额定电压。

2）额定电流：是指熔断器长期工作时，各部件温升不超过允许温升的最大工作电流。熔断器的额定电流有两种，一种是熔管额定电流，也称为熔断器额定电流，另一种是熔体的额定电流。厂家为减少熔管额定电流的规格，熔管额定电流等级较少，而熔体额定电流等级较多，在一种电流规格的熔管内可安装几种电流规格的熔体，但熔体的额定电流最大不能超过熔管的额定电流。

3）极限分断能力：是指熔断器在规定的额定电压和功率因数（或时间常数）条件下，能可靠分断的最大短路电流。

4）熔断电流：是指通过熔体并使其熔化的最小电流。

（2）熔断器的典型产品　熔断器的种类很多，按结构来分有半封闭瓷插式熔断器（RC1A）、螺旋式熔断器（RL）、无填料密封管式熔断器（RM）和有填料密封管式熔断器（RT），如图 4-17 所示。按用途分有一般工业用熔断器、半导体保护用快速熔断器和特殊熔断器。典型产品有 RL6、RL7、RL96、RLS2 系列螺旋式熔断器，RLlB 系列带断相保护螺旋式熔断器，RTl8、RTl8—□X 系列熔断器以及 RTl4 系列有填料密封管式熔断器。此外，还有引进国外技术生产的 NT 系列有填料封闭式刀形触头熔断器与 NGT 系列半导体元器件保护用熔断器等。

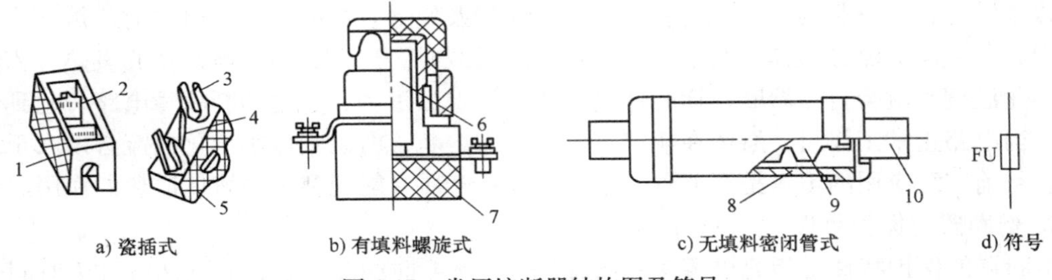

a) 瓷插式　b) 有填料螺旋式　c) 无填料密闭管式　d) 符号

图 4-17　常用熔断器结构图及符号

1—瓷底座　2—石棉垫　3—动触头　4—熔丝　5—瓷插件　6、9—熔体　7—底座　8—熔管　10—触刀

RL6、RL7、RL96、RLS2 系列螺旋式熔断器技术数据见表 4-2。图 4-18 为螺旋式熔断器结构示意图。

RL 系列型号含义如下：

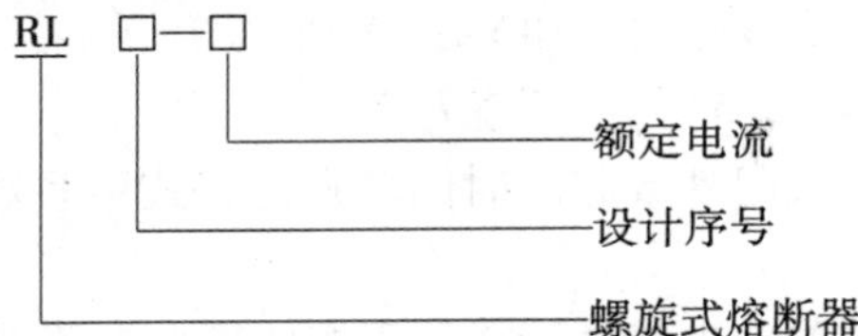

图 4-18　螺旋式熔断器结构示意图

1—瓷帽　2—金属螺管　3—指示器　4—熔管　5—瓷管　6—下接线端　7—上接线端　8—瓷座

4. 熔断器的选用

熔断器的选用主要是选择熔断器的类型、熔断器的额定电压、额定电流和熔体的额定电流。

（1）熔断器类型的选择　主要根据负载的保护特性和短路电流大小来选择。用于保护照明电路和电动机的熔断器，一般考虑它们的过载保护，要求熔断器的熔化系数适当小些。对于大容量的照明线路和电动机，除过载保护外，还应考虑短路时分断短路电流的能力。

（2）熔断器额定电压的选择　熔断器的额定电压应大于或等于所接电路的额定电压。

表 4-2　RL6、RL7、RL96、RLS2 系列熔断器技术数据

型　号	额定电压/V	额定电流		额定分断电流/kA	$\cos\varphi$
		熔断器/A	熔体/A		
RL6—25、RL96—25 Ⅱ	500	25	2，4，6，10，16，20，25	50	0.1～0.2
RL6—63、RL96—63 Ⅱ		63	35，50，63		
RL6—100		100	80，100		
RL6—200		200	125，160，200		
RL7—25	660	25	2，4，6，10，16，20，25	25	
RL7—63		63	35，50，63		
RL7—100		100	80，100		
RLS2—30	500	（30）	16，20，25，（30）	50	
RLS2—63		63	35，（45），50，63		
RLS2—100		100	（75），80，（90），100		

（3）熔体、熔断器额定电流的选择　熔体额定电流大小与负载大小和负载性质有关。对于负载平稳无冲击电流的照明电路和电热电路等可按负载电流的大小来确定熔体的额定电流；对于有冲击电流的电动机负载，既要起到短路保护作用，又保证电动机的正常起动。对于三相笼型异步电动机，其熔断器熔体的额定电流选择如下：

对于一台不经常起动且起动时间不长的电动机的短路保护，熔体的额定电流 I_{RN} 应大于或等于1.5～2.5倍电动机额定电流I_{MN}，即$I_{RN} \geqslant (1.5 \sim 2.5) I_{MN}$。

对于频繁起动或起动时间较长的电动机，其系数应增加到3～3.5。

对于多台电动机的短路保护，熔体的额定电流应大于或等于其中最大容量电动机的额定电流I_{MNmax}的1.5～2.5倍与其余电动机额定电流的总和$\sum I_{MN}$之和，即

$$I_{RN} \geqslant (1.5 \sim 2.5) I_{MNmax} + \sum I_{MN}$$

上式中各电流的单位均为A。对于轻载起动或起动时间较短时，式中系数取1.5；重载起动或起动时间较长时，系数取2.5。

当熔体额定电流确定后，根据熔断器额定电流大于或等于熔体额定电流来确定熔断器额定电流。

5. 熔断器的故障及排除

熔断器的常见故障是在电动机起动瞬间熔体便熔断。其原因为熔体额定电流选择太小及电动机侧有短路或接地。应更换合适的熔体或排除短路及接地故障。

（五）交流接触器

1. 交流接触器的结构与工作原理

交流接触器主要有电磁机构、触头系统及灭弧装置等组成。交流接触器的外形与结构示意图如图4-19所示。

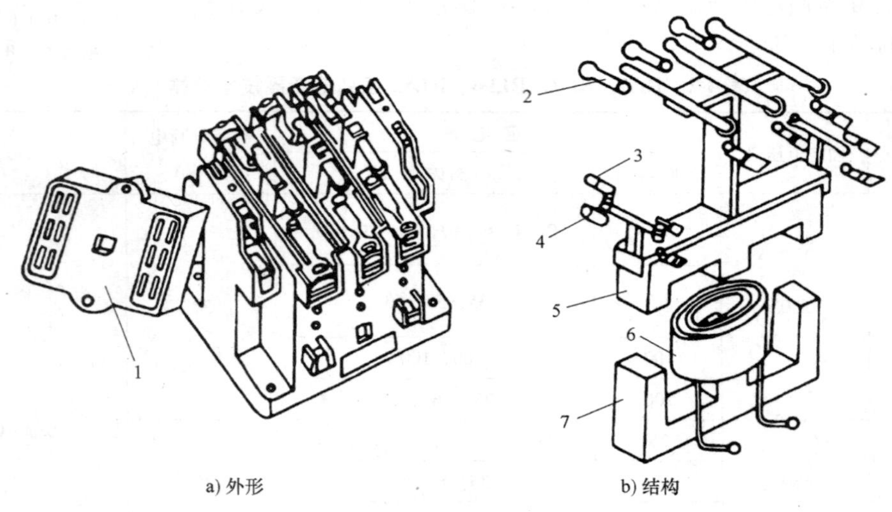

图4-19　交流接触器的外形与结构示意图

1—灭弧罩　2—常开主触头　3—常闭辅助触头　4—常开辅助触头

5—衔铁　6—吸引线圈　7—静铁心

电磁机构由线圈、静铁心和动铁心(衔铁)组成，其作用是将电磁能转换为机械能，产生电磁吸力带动触头动作。触头系统包括主触头和辅助触头。主触头用于通断主电路，通常为三对常开触头；辅助触头用于控制电路，起电气联锁作用，故又称为联锁触头，一般为常开、常闭各两对。容量在10A以上的交流接触器都有灭弧装置，对于小容量的交流接触器，常采用双断口触头灭弧、电动力灭弧、相间弧板隔弧及陶土灭弧罩灭弧。对于大容量的交流接触器，常采用纵缝灭弧罩及栅片灭弧。除了电磁机构、触头系统和灭弧装置，交流接触器还有其他部件，主要包括反作用弹簧、缓冲弹簧、触头压力弹簧、传动机构及外壳等。

电磁式交流接触器的工作原理是：当电磁线圈通电后，线圈内电流产生磁场使静铁心产生电磁吸力吸引衔铁，并带动触头动作，使常闭触头断开，同时，常开触头闭合。当电磁线圈断电时，电磁吸力消失，衔铁在释放弹簧的作用下释放，使触头复原，即常开触头断开，常闭触头闭合。

2. 交流接触器的分类

交流接触器的种类很多，其分类方法也不尽相同，大致有以下几种。

(1) 按主触头极数分类　可分为单极、双极、三极、四极和五极交流接触器。单极交流接触器主要用于单相负载，如照明负载、电焊机等；双极交流接触器用于绕线转子异步电动机的转子回路中，起动时用于短接起动绕组；三极交流接触器用于三相负载，如在电动机的控制和其他场合，使用最为广泛；四极接触器主要用于三相四线制的照明电路，也可用来控制双回路电动机负载；五极交流接触器用来组成自耦补偿起动器或控制笼型电动机，用来变换绕组接法。

(2) 按灭弧介质分类　可分为空气式交流接触器和真空式交流接触器等。依靠空气绝缘的接触器用于一般负载，而采用真空绝缘的接触器常用在煤矿、石油、化工企业及电压为660V和1140V等一些特殊场合。

(3) 按有无触头分类　可分为有触头式交流接触器和无触头式交流接触器。常见的交流接触器多为有触头式交流接触器，而无触头式交流接触器属于电子技术应用的产物，一般采用晶闸管作为回路的通断元件。由于晶闸管导通时所需的触发电压很小，而且回路通断时无火花产生，因而可用于高操作频率的设备和易燃、易爆及无噪声的场合。

3. 交流接触器的主要技术参数

(1) 额定电压　指主触头额定工作电压，应等于负载的额定电压。一只交流接触器常规定几个额定电压，同时列出相应的额定电流或控制功率。通常，最大工作电压即为额定电压，常用的额定电压值为220V、380V和660V等。

(2) 额定电流　指交流接触器触头在额定工作条件下的电流值。常用额定电流等级为5A、10A、20A、40A、60A、100A、150A、250A、400A和600A。对于CJX系列交流接触器，则有9A、12A、16A、22A、32A、38A、45A、63A、75A、85A、110A、140A和170A。

(3) 通断能力　可分为最大接通电流和最大分断电流。最大接通电流是指触头闭合时不会造成触头熔焊的最大电流值；最大分断电流是指触头断开时可靠灭弧的最大电流。一般通断能力是额定电流的5～10倍，当然，这一数值与通断电路的电压等级有关，电压越高，通断能力越小。

(4) 动作值　可分为吸合电压和释放电压。吸合电压是指交流接触器吸合前，缓慢增加吸合线圈两端的电压，交流接触器可以吸合时的最小电压。释放电压是指交流接触器吸合后，缓慢降低吸合线圈两端的电压，交流接触器释放时的最大电压。一般规定，吸合电压不低于线圈额定电压的85%，释放电压不高于线圈额定电压的70%。

(5) 吸引线圈额定电压　是指交流接触器正常工作时，吸引线圈上所加的电压值。一般该电压数值以及线圈的匝数、线径等数据均标于线包上，而不是标于交流接触器外壳的铭牌上，使用时应加以注意。

(6) 操作频率　交流接触器在吸合瞬间，吸引线圈需消耗比额定电流大5～7倍的电流，如果操作频率过高，则会使线圈严重发热，直接影响交流接触器的正常使用。为此，规

定了交流接触器的允许操作频率，一般为每小时允许操作次数的最大值。

（7）寿命　包括交流接触器的电气寿命和机械寿命。目前交流接触器的机械寿命已达到一千万次以上，电气寿命约为机械寿命的5%～20%。

交流接触器使用类别不同，即用于不同负载时，对主触头的接通和分断能力要求也不同。常见交流接触器的使用类别、典型用途及主触头的接通和分断能力见表4-3。

表4-3　常见交流接触器的使用类别、典型用途及主触头的接通和分断能力

电流种类	使用类别	主触头接通和分断能力	典型用途
AC（交流）	AC1	允许接通和断开额定电流	无感或微感负载、电阻炉
	AC2	允许接通和断开4倍额定电流	绕线转子异步电动机的起动和制动
	AC3	允许接通6倍额定电流和断开额定电流	笼型异步电动机的起动和运转中断开
	AC4	允许接通和断开6倍额定电流	笼型异步电动机的起动、反转、反接制动和点动
DC（直流）	DC1	允许接通和断开额定电流	无感或微感负载、电阻炉
	DC3	允许接通和断开4倍额定电流	并励直流电动机的起动、反转、反接制动和点动
	DC5	允许接通和断开4倍额定电流	串励直流电动机的起动、反转、反接制动和点动

4. 常用典型交流接触器简介

（1）空气电磁式交流接触器　典型产品有CJ20、CJ21、CJ26、CJ35、CJ40、NC、B、LC1-D、3TB和3TF系列交流接触器等。

CJ20系列型号含义：

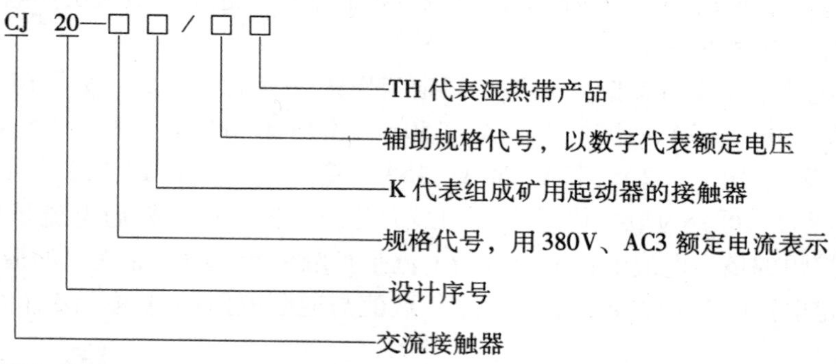

B系列型号含义：

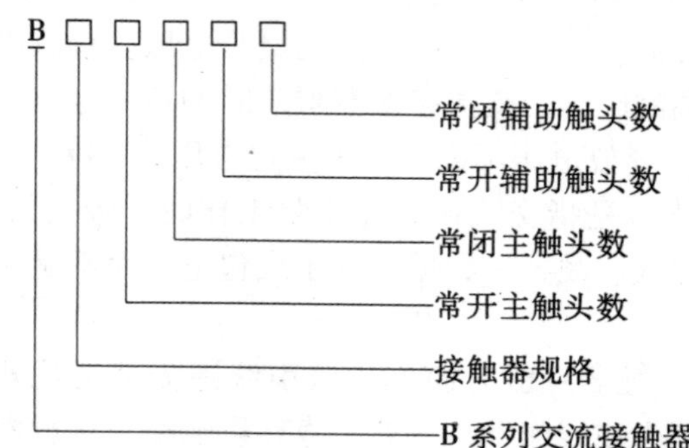

部分 CJ20 系列交流接触器的主要技术数据见表 4-4。

表 4-4　部分 CJ20 系列交流接触器的主要技术数据

型号	极数	额定工作电压/V	额定工作电流/A	额定操作频率 AC3/（次/h）	寿命/万次		380、AC3 类工作制下电动机功率/kW	辅助触头组合
					机械	电气		
CJ20—10	3	220	10	1200	1000	100	2.2	1 开 3 闭 2 开 2 闭 3 开 1 闭
		380	10	1200			4	
		660	5.8	600			7	
CJ20—16		220	16	1200			4.5	2 开 2 闭
		380	16	1200			7.5	
		660	13	600			11	
CJ20—25		220	25	1200			5.5	
		380	25	1200			11	
		660	16	600			13	
CJ20—40		220	40	1200			11	
		380	40	1200			22	
		660	25	600			22	

（2）切换电容器交流接触器　专用于低压无功补偿设备中投入或切除并联电容器组，以调整用电系统的功率因数。常用产品有 CJ16、CJ19、CJ39、CJ41、CJX4、CJX2A 和 6C 系列等。

（3）真空交流接触器　以真空为灭弧介质，其主触头密封在真空开关管内，适用于条件恶劣的危险环境中。常用的真空交流接触器有 3RT12、CKJ 和 EVS 系列等。

交流接触器的符号如图 4-20 所示。

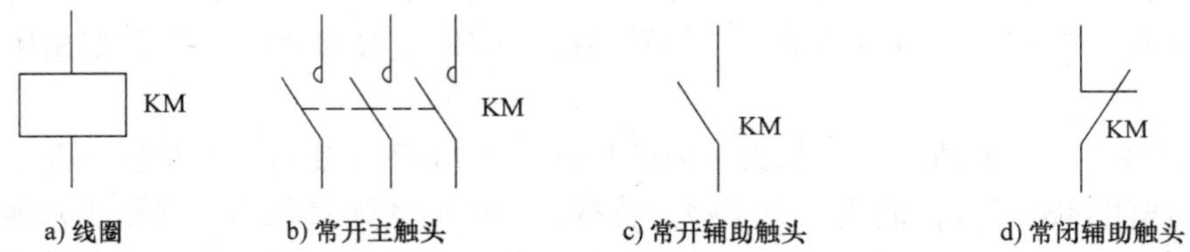

a) 线圈　b) 常开主触头　c) 常开辅助触头　d) 常闭辅助触头

图 4-20　交流接触器的符号

5. 交流接触器的选用

1）交流接触器极数和电流种类的确定。交流接触器的极数根据用途确定，交流接触器的电流种类应根据电路中负载电流的种类来选择。

2）根据交流接触器所控制负载的工作任务来选择相应类别的交流接触器。

3）根据负载功率和操作情况来确定交流接触器主触头的电流等级。应根据控制对象的类型和使用场合，合理选择交流接触器主触头的额定电流。控制电阻性负载时，主触头的额定电流应等于负载的额定电流。控制电动机时，主触头的额定电流应大于或稍大于电动机的额定电流。当交流接触器用于频繁起动、制动及正反转的场合时，应将主触头的额定电流降低一个等级使用。

4）根据交流接触器主触头接通与分断主电路的电压等级来选择交流接触器的额定电压。所选交流接触器主触头的额定电压应大于或等于控制电路的电压。

5）交流接触器吸引线圈的额定电压应由控制电路的电压确定。当控制电路简单，使用电器较少时，应根据电源等级选用380V或220V的电压。当电路较复杂时，从人身和设备安全的角度考虑，可选择36V或110V的电压，此时增加相应变压器设备的容量。

6）交流接触器触头数和种类应满足主电路和控制电路的要求。

6. 交流接触器的安装与使用

交流接触器一般应安装在垂直面上，倾斜度不得超过5°，若有散热孔，则应将有散热孔的一面放在垂直方向上，以利于散热。安装和接线时，注意不要将零部件丢失或掉入交流接触器内部，安装孔的螺钉应装有弹簧垫圈和平垫圈，并拧紧螺钉以防振动引起的松脱。

交流接触器还可作为欠电压和失电压保护用，它的吸引线圈在电压为额定电压的85%～105%范围内保证电磁铁的吸合，但当电压降到额定电压的50%以下时，衔铁吸力不足，将自动释放而断开电源，以防止电动机中的过电流。

有的交流接触器触头嵌有银片，银氧化后不影响导电能力，这类触头表面发黑，一般不需清理。带灭弧罩的交流接触器不允许不带灭弧罩使用，以防止短路事故。陶土灭弧罩质脆易碎，应避免碰撞，若有碎裂，应及时更换。

7. 接触器的故障及排除方法

（1）触头的故障维修及调整　触头的一般故障有触头过热、磨损及熔焊等，其检修程序如下。

1）检查触头表面的氧化情况和有无污垢。银触头氧化层的电导率和纯银差不多，故银触头氧化时可不做处理。铜触头氧化时，要用小刀轻轻刮去其表面的氧化层。如果触头有污垢，可用有机溶剂将其清洗干净。

2）观察触头表面有无灼伤，如果有，要用小刀或整形锉修整触头表面，但不要修整的过于光滑，否则会使触头表面接触面减小，不可用纱布或砂纸打磨触头。

3）触头如果有熔焊，应更换触头，如果因触头容量不够而产生熔焊，则选用容量大一级的电器。

4）检查触头的磨损情况。若触头磨损到只有1/3～1/2厚度时，应更换触头。检查触头有无机械损伤使弹簧变形，造成压力不够。若有，则应调整弹簧压力，使触头接触良好，可用纸条测试触头压力，方法是将一条比触头宽的纸条放在动、静触头之间，若纸条很容易拉出，说明触头压力不够。一般对于小容量电器的触头，稍用力纸条便可拉出，对于较大容量的电器的触头，纸条拉出后有撕裂现象，均说明触头压力比较适合；若纸条被拉断，则说明触头压力太大。如果调整达不到要求，则应更换弹簧。

（2）电磁机构的故障维修　由于静铁心和衔铁的端面接触不良或衔铁歪斜及短路损坏等都会造成电磁机构噪声过大，甚至引起线圈过热或烧毁。以下为电磁机构的几种常见故障及处理方法。

1）衔铁噪声大。修理时先拆下线圈，检查静铁心和衔铁间的接触面是否平整，若不平整，应修平接触面。接触面如果有油污，要清洗干净，若静铁心歪斜或松动，则应加以校正或紧固。检查短路环有无断裂，如果有，可用铜条或粗铜丝按原尺寸制好，在接口处气焊并

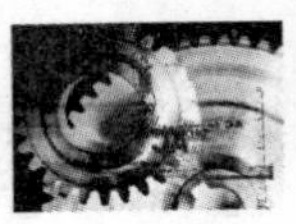

修平即可。

2）线圈故障。由于线圈绝缘损坏或机械损伤造成匝间短路或接地、电源电压过高以及静铁心和衔铁接触不紧密，均可导致线圈电流过大，引起线圈过热甚至烧毁。烧毁的线圈应予以更换。但是如果线圈短路的匝数不多，且短路点又接近线圈的端头处，其余部分完好，可将损坏的几圈去掉，继续使用。

3）衔铁吸不上。线圈通电后衔铁不能被静铁心吸合，应立即切断电源，以免烧毁线圈。若线圈通电后无振动和噪声，则应检查线圈引出线连接处有无脱落，并用万用表检查是否断线或烧毁；若线圈通电后有较大的振动和噪声，则应检查活动部分是否被卡住，静铁心和衔铁之间是否有异物。

接触器除了触头和电磁机构的故障，还常见下列故障。

① 触头断相。由于某相主触头接触不好或连接螺钉松脱，使电动机缺相运行，此时电动机会发出“嗡嗡”声，应立即停车检修。

② 触头熔焊。接触器主触头因长期通过过载电流引起两相或三相主触头熔焊，此时虽然按停止按钮，但主触头却不能分断，电动机不会停转，并发出“嗡嗡”声，此时应立即切断控制电动机的前一级开关，停车检查并修理。

③ 灭弧罩碎裂。接触器不允许无灭弧罩使用，灭弧罩碎裂后应及时更换。

三、项目实施

（一）目的要求

1）熟悉交流接触器的外形和基本结构。

2）掌握交流接触器的拆装方法、步骤和装配工艺，并能正确校验。

3）初步掌握交流接触器常见故障检修的基本技能。

（二）设备与器材

实训所需设备与器材见表4-5。

表4-5 实训设备与器材

序号	名称	型号规格	数量
1	调压变压器(TC)	TDGC2—10/0.5	1台
2	交流接触器(KM)	CJ20—10	1只
3	熔断器(FU)	RL1—15　配2A的熔体	5套
4	三极开关(QS_1)	HK2—15/3	1只
5	二极开关(QS_2)	HK2—15/3	1只
6	指示灯(HL)	220V、25W	3只
7	控制板	500mm×400mm×30mm	1块
8	连接导线	BVR—1mm^2	若干米
9	万用表	MF47型	1块
10	绝缘电阻表	ZC25—3	1台
11	交流电压表		1块
12	交流电流表		1块
13	常用电工工具		1套

（三）内容与步骤

下面以 CJ20—10 型交流接触器为例介绍交流接触器的拆卸、检查、维修和装配。

（1）交流接触器的拆卸

1）卸下灭弧罩紧固螺钉，取下灭弧罩。

2）拉紧主触头定位弹簧夹，取下主触头及主触头压力弹簧片。拆卸主触头时必须将主触头侧转 45°后取下。

3）松开辅助常开静触头的接线柱螺钉，取下常开静触头。

4）松开交流接触器底部的盖板螺钉，取下盖板。在松开盖板螺钉时，要用手按住螺钉并慢慢放松。

5）取下静铁心缓冲绝缘纸片及静铁心。

6）取下静铁心支架及缓冲弹簧。

7）拔出线圈接线端的弹簧夹片，取下线圈。

8）取下反作用弹簧。

9）取下衔铁和支架。

10）从支架上取下衔铁定位销。

11）取下衔铁及缓冲绝缘纸片。

（2）交流接触器的检查与维修

1）检查灭弧罩有无破裂或烧损，清除灭弧罩内的金属飞溅物和颗粒。

2）检查触头的磨损程度，磨损严重时应更换触头。若不需要更换，则清除触头表面上烧毛的颗粒。

3）清除静铁心端面的油垢，检查静铁心有无变形及端面接触是否平整。

4）检查触头压力弹簧及反作用弹簧是否变形或压力不足，如压力不足则更换弹簧。触头压力的测量与调整：将一张厚约 0.1mm、比触头稍宽的纸条夹在触头间，使触头处于闭合状态，用手拉纸条。若触头压力合适，稍用力纸条便可拉出，若纸条很容易被拉出，则说明触头压力不够，若纸条被拉断，则说明触头压力过大，可调整或更换触头压力弹簧，直到符合要求。

5）检查电磁线圈是否有短路、断路及发热变色现象。

（3）交流接触器的装配　装配时按拆卸时的相反顺序进行。

（4）交流接触器的检测　用万用表检查线圈及各触头是否良好；用绝缘电阻表测量各触头对地电阻是否符合要求；用手按动主触头检查运动部分是否灵活，以防产生接触不良、振动和噪声。

（5）交流接触器的校验　将装配好的交流接触器按图 4-21 连接校验电路，选好电压表、电流表量程并调零，将调压变压器输出置于零位。合上 QS_1 和 QS_2，均匀调节调压变压器，使电压上升至交流接触器衔铁吸合为止，此时电压表的读数即为交流接触器的动作电压值（小于或等于 85% 吸引线圈的额定电压）。保持吸合电压值，分合开关 QS_2 做两次冲击合闸试验，以校验动作的可靠性。均匀地降低调压变压器的输出电压直至衔铁释放，此时电压表的读数即为接触器的释放电压（应大于 50% 吸引线圈的额定电压）。将调压变压器的输出电压调至交流接触器线圈的额定电压，观察衔铁有无振动和噪声，从指示灯的明暗可判断出主触头的接触情况。

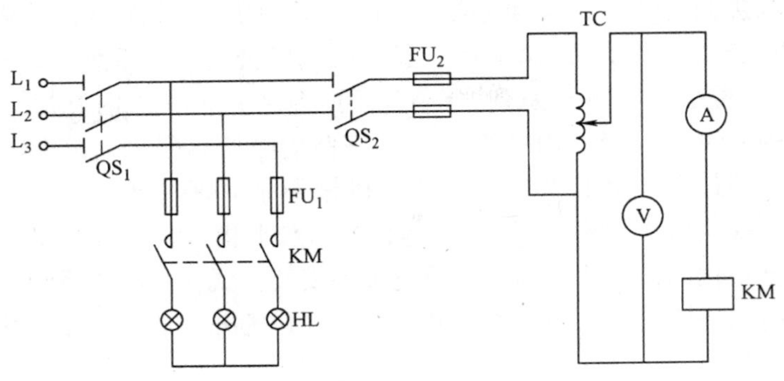

图 4-21　交流接触器动作值的校验电路

（四）注意事项

1）在交流接触器拆卸过程中，应将零部件放入容器内，以防零部件丢失。

2）拆卸过程中不允许硬撬，以免损坏电器。装配辅助静触头时，要防止卡住动触头。

3）通电校验时，接触器应固定在控制板上，并有教师监护，以确保用电安全；通电校验过程中，要均匀、缓慢地改变调压变压器的输出电压，以使测量结果尽量准确。

（五）考核与评价

项目考核内容与考核标准见表 4-6。

表 4-6　项目考核内容与考核标准

序号	考核内容	考核要求	配分	评分标准	得分
1	拆卸与装配	能正确拆卸和组装元件	50	1）拆卸和装配方法及步骤不正确，每次扣 5 分 2）拆装不熟练，扣 5 ~ 10 分 3）丢失零部件，每件扣 10 分 4）拆卸后不能组装，扣 15 分 5）损坏零部件，扣 20 分	
2	检查与校验	能正确检查和校验元件	30	1）丢失或漏装零部件，每只扣 5 分 2）装配后不能通电校验，扣 5 ~ 10 分 3）校验方法不正确，扣 5 ~ 10 分 4）校验结果不正确，扣 5 ~ 10 分 5）通电时有振动或噪声，扣 10 分 6）触头压力的调整方法不正确，扣 10 分	
3	安全文明操作	确保人身和设备安全	20	违反安全文明操作规程，扣 10 ~ 20 分	
备注		合　计			
		教师评价	年　　月　　日		

四、知识拓展——交流接触器的发展趋势

为了适应工业自动控制系统发展和国际市场竞争的需要，从 20 世纪 90 年代初开始，国

内外一些主要交流接触器生产厂家相继推出具有代表性的交流接触器，如法国施耐德公司的LC1-D系列，ABB公司的B系列、A系列，德国西门子公司3TF系列、3TS系列，日本富士公司的SC系列，三菱公司的S-K系列、S-N系列、S-V系列，国内杭州之江开关厂、正泰电器有限公司等的CJ40、CJ45、CJTI系列，上海良信电器有限公司的NDC1系列等。这些产品的主要指标，如最高额定工作电压660V，机械寿命1000～2000万次，电气寿命100～150万次(AC-3)，最高操作频率3600次/h等，产品水平相当，又各有特点，且共同特点均为直动式结构和全塑化的模块化结构，能适应各种安装方式，其电磁系统能耗低、功能附件齐全、机电寿命高，适用较宽的环境温度并具有人性化的外观造型。交流接触器的发展趋势有以下几点：

1）进一步小型化，既符合成套系统小型化和设备的单位体积能输出更多功能的要求，又符合耗材少、可持续发展的要求。

2）高度模块化，使结构更紧凑、功能易扩展、组合更方便，提高生产效率。产品的模块化可使零部件的标准程度提高，从而降低管理和生产成本，提高生产效率，快速应对市场。

3）飞弧距离小，甚至零飞弧，既提高安全性，又提高系统的元件密度，提高了空间利用率。

4）高防护等级，提高使用中的安全性。

5）更高的机、电寿命，小电流接触器分别达到2000万次和150万次以上；大电流分别达到1000和100万次以上(400V下、AC3使用类别)。

6）功能附件齐全，使接触器的联动功能多样化，功能扩展方便、简单。

7）与其他元件的配套性和协调性，如与电动机保护器、热继电器、电子式过载继电器等，从结构、尺寸、功能上的协调配合，促进控制与保护综合功能的实现。

8）智能化功能的完善，保证了可靠性、节能性，使寿命大大提高。

9）实现通信功能，现场总连接口实现联网控制。

10）成为“绿色”产品，从结构件到导电件、功能件及所有辅件，均采用无害材料，全部工艺过程(如铁件电镀工艺)实现无害化。

当前，交流接触器的发展正向着更高层次迈进，各生产厂家也都按照国际标准进行新产品的研制开发工作。随着计算机网络技术、通信技术的发展与应用，可通信智能化交流接触器正在逐步地完善与推广之中，而对于传统的电器产品也提出了高性能、高可靠、小型化和模块化的要求。从总体上说，在新技术的带动下，交流接触器正向着优异的性能、安全化的使用、艺术化的外形以及节能环保、小型化、模块化、智能化、可通信等方向发展，以更高的水平来满足市场的需要。

五、项目小结

交流接触器是电气控制电路中用途最广泛的低压控制电器之一，本项目通过对交流接触器的认识、拆装与测试的实施，介绍了电磁机构的基本知识，交流接触器的结构、工作原理、型号和技术参数的基本知识，学习交流接触器的选用、安装、使用、故障检测及排除的方法。学生通过对交流接触器基本理论知识的学习和对交流接触器拆装和测试的操作训练，学会低压电器拆装和测试的基本技能，加深对理论知识的理解。

项目二　热继电器的认识与调整

一、项目导入

热继电器是利用电流流过发热元件产生热量来使检测元件受热弯曲，进而推动机构动作的一种保护电器。由于发热元件具有热惯性，故热继电器在电路中不能用于瞬时过载保护，更不能用于短路保护，主要用于电动机的长期过载保护。在电力拖动控制系统中应用最广的是双金属片式热继电器。

本项目主要讨论双金属片式热继电器的结构、工作原理、技术参数及调整的方法。

二、相关知识

继电器是一种利用各种物理量的变化，将电量或非电量信号转化为电磁力或使输出状态发生阶跃变化，从而通过其触头或突变量促使在同一电路或另一电路中的其他元器件或装置动作的一种控制元件。它用于各种控制电路中信号的传递、放大、转换及联锁等，控制主电路和辅助电路中的元器件或设备按预定的动作程序进行工作，实现自动控制和保护的目的。

常用的继电器按动作原理分有电磁式继电器、磁电式继电器、感应式继电器、电动式继电器、光电式继电器、压电式继电器、热继电器与电子式继电器等；按反应的参数(动作信号)分为电压继电器、电流继电器、时间继电器、速度继电器、温度继电器和压力继电器等；按用途可分为控制继电器和保护继电器。其中电磁式继电器应用最为广泛。

(一) 电气控制对热继电器性能的要求

1. 具有合理可靠的保护特性

热继电器主要用作电动机的长期过载保护，根据电动机的过载特性是一条如图4-22中曲线所示的反时限特性曲线，为适应电动机的过载特性，又能起到过载保护作用，则要求热继电器具有形同电动机过载特性的反时限特性曲线。这条特性曲线是流过热继电器发热元件的电流与热继电器触头动作时间的关系曲线，称为热继电器的保护特性曲线，如图4-22中曲线2所示。考虑各种误差的影响，电动机的过载特性曲线与热继电器的保护特性曲线是一条曲带，误差越大，带越宽。从安全角度出发，热继电器的保护特性曲线应处于电动机过载特性曲线下方并相邻近。这样，当发生过载时，热继电器就在电动机未达到其允许过载之前动作，切断电动机电源，实现了过载保护。

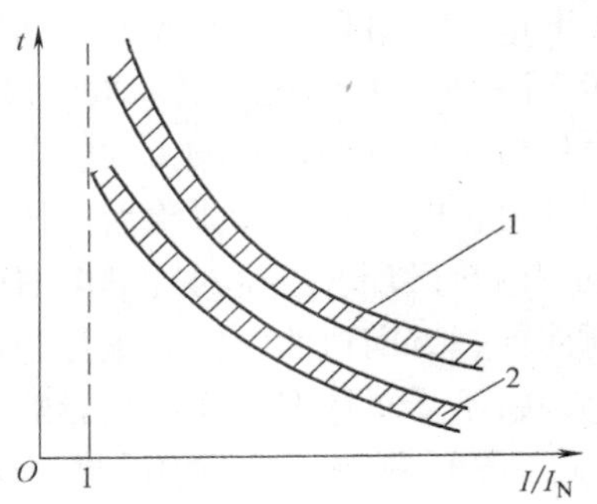

图4-22　热继电器保护特性与电动机过载特性的配合
1—电动机的过载特性曲线
2—热继电器的保护特性曲线

2. 具有一定的温度补偿

当环境温度变化时，热继电器检测元件受热弯曲，因而存在误差，为补偿由于环境温度引起的误差，热继电器应具有温度补偿装置。

3. 热继电器动作电流可以方便地调节

为减少热继电器热元件的规格，热继电器动作电流可在热元件额定电流的66%～100%

范围内调节。

4. 具有手动复位与自动复位功能

热继电器动作后，可在2min内按下手动复位按钮进行复位，也可在5min内可靠地自动复位。

（二）双金属片热继电器的结构及工作原理

双金属片热继电器主要由热元件、主双金属片、触头系统、动作机构、复位按钮、电流整定装置和温度补偿元件等部分组成，如图4-23所示。

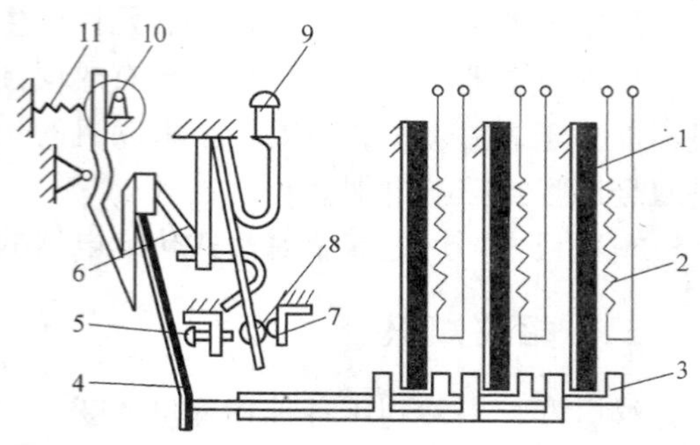

图4-23　双金属片式热继电器结构原理图

1—主双金属片　2—电阻丝　3—导板　4—补偿双金属片　5—螺钉　6—推杆　7—静触头　8—动触头　9—复位按钮　10—调节凸轮　11—弹簧

双金属片是热继电器的感测元件，它是将两种线胀系数不同的金属片以机械辗压的方式使其形成一体，线胀系数大的称为主动片，线胀系数小的称为被动片。而环绕其上的电阻丝串接于电动机定子电路中，流过电动机定子线电流，反映电动机的过载情况。由于电流的热效应，使双金属片变热产生线膨胀，于是双金属片向被动片一侧弯曲，当电动机正常运行时，热元件产生的热量虽能使双金属片弯曲，但还不足以使热继电器的触头动作；只有当电动机长期过载时，过载电流流过热元件，使双金属片弯曲位移增大，经一定时间后，双金属片弯曲到可以推动导板3，并通过补偿双金属片4与推杆6将触头7与8分开，此常闭触头串接于接触器线圈电路中，触头分开后，接触器线圈断电，接触器主触头断开，切断电动机定子绕组电源，实现电动机的过载保护。调节凸轮10用来改变补偿双金属片与导板间的距离，达到调节整定动作电流的目的。此外，调节复位螺钉5来改变常开触头的位置，使继电器工作在手动复位或自动复位两种工作状态。调试手动复位时，在故障排除后需按下复位按钮9才能使常闭触头闭合。补偿双金属片可在规定范围内补偿环境温度对热继电器的影响，当环境温度变化时，主双金属片与补偿双金属片同时向同一方向弯曲，使导板与补偿双金属片之间的推动距离保持不变。这样，继电器的动作特性将不受环境温度变化的影响。

（三）具有断相保护的热继电器

三相异步电动机运行时，若发生一相断路，流过电动机各相绕组的电流将发生变化，其变化情况将与电动机三相绕组的联结方法有关。如果热继电器保护的三相异步电动机是星形联结，当发生一相断路时，另外两相线电流将增加很多，由于此时线电流等于相电流，而且流过电动机绕组的电流就是流过热继电器热元件的电流，因此，采用普通的两相或三相热继电器就可实现过载保护。如果电动机是三角形联结，在正常情况下，其线电流是相电流的$\sqrt{3}$倍，串接在电动机电源进线中的热元件按电动机额定电流即线电流来整定。当发生一相断路时，如图4-24所示，当电动机仅为0.58倍额定负载时，流过跨接于全电压下的一相绕组的相电流I_{P3}等于1.15倍的额定相电流，而流过两相串联绕组的电流$I_{p1}=I_{p2}$，仅为0.58倍的额定相电流。此时未断相的那两相线电流正好为额定线电流，接在电动机进线中的热元件因流过额定线电流，热继电器不动作，但流过全压下的一相绕组已流过1.15倍额定相电流，

时间一长便有过热烧毁的危险。所以三角形联结的电动机必须采用带断相保护的热继电器来对电动机进行长期过载保护。

带有断相保护的热继电器是将热继电器的导板改成差动机构，如图 4-25 所示。差动机构由上导板 1、下导板 2 及装有顶头 4 的杠杆 3 组成，它们之间均用转轴连接。其中，图 4-25a 为未通电时导板的位置；图 4-25b 为热元件流过正常工作电流时的位置，此时三相双金属片都受热向左弯曲，但弯曲的角度不够，所以下导板向左移动一小段距离，顶头 4 尚未碰到补偿双金属片 5，继电器不动作；图 4-25c 为电动机三相同时过载的情况，三相双金属片同时向左弯曲，推动下导板向左移动，通过杠杆 3 使顶头 4 碰到补偿双金属片端部，使继电器动作；图 4-25d 为 W 相断路时的情况，这时 W 相双金属片将冷却，端部向右弯曲，推动上导板向右移，而另外两相双金属片仍受热，端部向左弯曲推动下导板继续向左移动，这样上、下导板的一右一左移动，产生了差动作用，通过杠杆的放大作用迅速推动补偿双金属片，使继电器动作。由于差动作用，使继电器在断相故障时加速动作，保护了电动机。

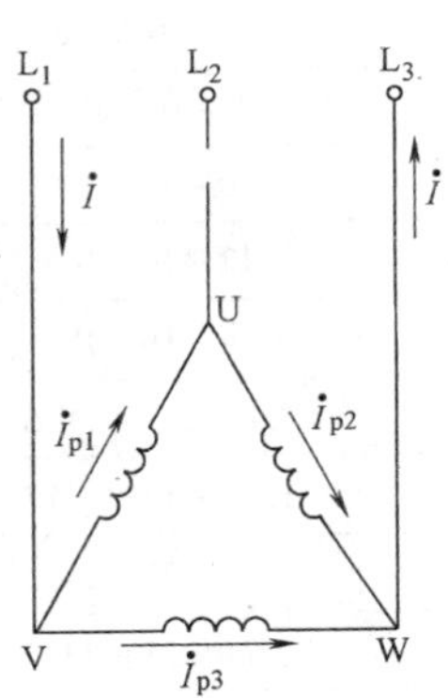

图 4-24 电动机三角形联结 U 相断线时的电流分析

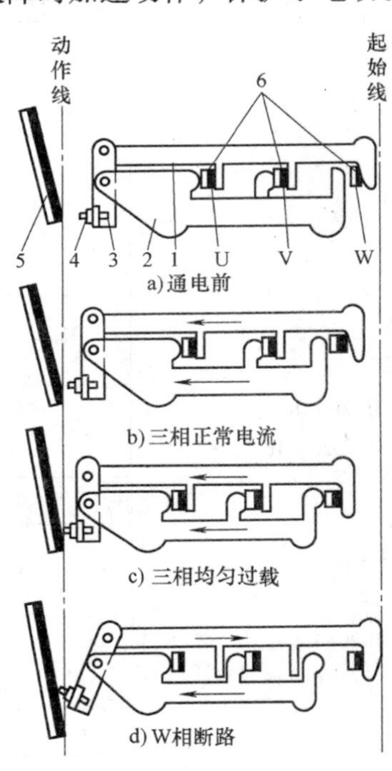

图 4-25 差动式断相保护机构及工作原理

1—上导板 2—下导板 3—杠杆
4—顶头 5—补偿双金属片
6—主双金属片

(四) 热继电器典型产品及主要技术参数

常用的热继电器有 JR20、JRS1、JR36、JR21、3UA5、3UA6、LR1-D 和 T 系列。后四种是引入国外技术生产的。JR20 系列具有断相保护、温度补偿、整定电流值可调、手动脱扣、自动复位以及动作后的信号指示等作用。根据它与交流接触器的安装方式不同有分立结构和组合式结构，可通过导电杆与挂钩直接插接，并通过电气连接在 CJ20 接触器上。引进的 T 系列热继电器常与 B 系列接触器组合成电磁起动器。JR20 系列热继电器部分产品的技术数

据见表4-7。

表4-7 JR20系列热继电器的主要技术数据

型号	热元件号	整定电流范围/A
JR20—10配CJ20—10	1R	0.1~0.13~0.15
	2R	0.15~0.19~0.23
	3R	0.23~0.29~0.35
	4R	0.35~0.44~0.53
	5R	0.53~0.67~0.8
	6R	0.8~1~1.2
	7R	1.2~1.5~1.8
	8R	1.8~2.2~2.6
	9R	2.6~3.2~3.8
	10R	3.2~4~4.8
	11R	4~5~6
	12R	5~6~7
	13R	6~7.2~8.4
	14R	7.2~8.6~10
	15R	8.6~10~11.6
JR20—16配CJ20—16	1S	3.6~4.5~5.4
	2S	5.4~6.7~8
	3S	8~10~12
	4S	10~12~14
	5S	12~14~16
	6S	14~16~18
JR20—25配CJ20—25	1T	7.8~9.7~11.6
	2T	11.6~14.3~17
	3T	17~21~25
	4T	21~25~29
JR20—63配CJ20—63	1U	16~20~24
	2U	24~30~36
	3U	32~40~47
	4U	40~47~55
	5U	47~55~62
	6U	55~62~71

热继电器的主要技术参数有额定电压、额定电流、相数、热元件规格、整定电流和刻度电流调节范围等。

JR20系列型号含义如下：

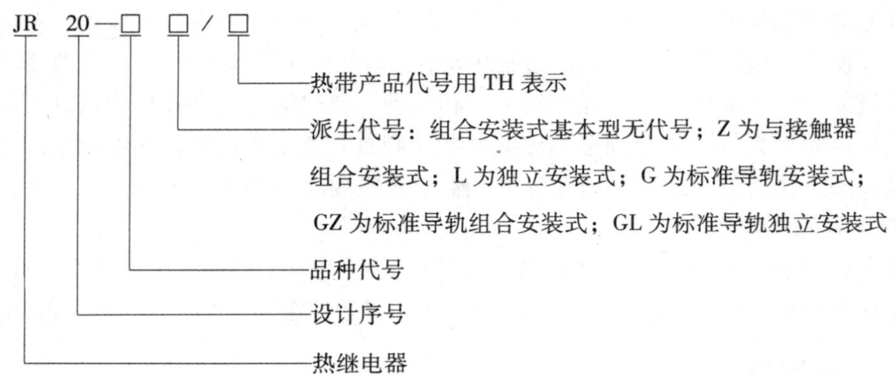

热继电器的符号如图 4-26 所示。

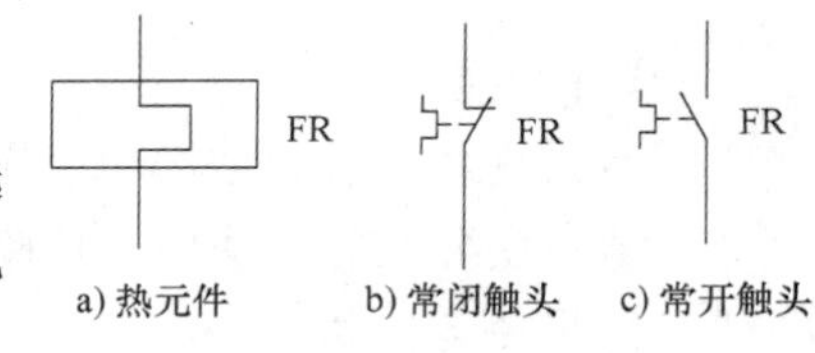

图 4-26　热继电器的符号

（五）热继电器的选用

热继电器主要用于电动机的过载保护。热继电器选用时应根据使用条件、工作环境、电动机类型、电动机起动情况及负载情况等综合考虑。

1）热继电器有三种安装方式，即独立安装式（通过螺钉固定）、导轨安装式（在标准安装轨上安装）和插接安装式（直接挂接在与其配套的接触器上）。应按实际安装情况选择其安装方式。

2）原则上热继电器的额定电流应按电动机的额定电流整定。但对于过载能力较差的电动机，其配用的热继电器的额定电流要适当小些，通常选取热继电器的额定电流（实际上是选取热元件的额定电流）为电动机额定电流的 60%～80%。

3）在不频繁起动的场合，要保证热继电器在电动机起动过程中不会产生误动作。当电动机起动电流为其额定电流 6 倍及以下，起动时间不超过 5s，且很少连续起动时，可按电动机的额定电流选用热继电器。当电动机起动时间较长，则不宜采用热继电器，而采用过电流继电器作保护。

4）一般情况下，可选用两相结构的热继电器。对于电网电压均衡性较差、无人看管的电动机或与大容量电动机共用一组熔断器时，应选用三相结构的热继电器。对于三角形联结的电动机，应选用带断相保护装置的热继电器。

5）双金属片式热继电器一般用于轻载、不频繁起动电动机的过载保护。对于重载、频繁起动的电动机，则可用过电流继电器作为过载和短路保护。

6）当电动机工作于重复短时工作制时，要注意确定热继电器的允许操作频率。因为热继电器的操作频率是很有限的，操作频率较高时，热继电器的动作特性会变差，甚至不能正常工作。对于频繁正反转和频繁通断电的电动机，不宜采用热继电器作保护，可选用埋入电动机绕组的温度继电器或热敏电阻来保护。

（六）热继电器的故障及排除

1. 热元件烧毁

若热元件中的电阻丝烧毁，电动机不能起动或起动时有“嗡嗡”声，其原因是热继电器动作频率太高或负载侧发生短路。应立即切断电源，检查电路，排除短路故障，更换合适的热继电器。

2. 热继电器误动作

热继电器误动作的主要原因有：热元件额定电流过小，以致未过载就动作；电动机起动时间过长，使热继电器在电动机起动过程中动作；电动机操作频率过高，使热继电器经常受到起动电流的冲击；使用场合有强烈的冲击和振动，使热继电器动作机构松动而脱扣；连接导线太细，电阻增大等。应合理选用热继电器并调整其整定电流值，在电动机起动时将热继电器短接，限定操作方法或改用过电流继电器以及按要求使用连接导线。

3. 热继电器不动作

热继电器整定电流值偏大，以致过载很久仍不动作；或者其导板脱出，动作机构卡住而不动作。此时要合理调整整定电流值，将导板重新放入，或者排除卡住故障，并试验动作的灵敏度。

三、项目实施

（一）目的要求

1）熟悉热继电器的结构和工作原理。

2）学会热继电器的使用、校验和调整方法。

（二）设备与器材

实训所需设备和器材见表4-8。

表4-8 实训设备和器材

序号	名称	型号规格	数量
1	调压变压器(T_1)	TDGC2—10/0.5	1台
2	单相双绕组变压器(T_2)	220V/36V 100V·A	1台
3	熔断器(FU)	RL1—15 配2A的熔体	2套
4	二极开关(QS)	HK2—15/3	1只
5	电流互感器(TA)	150/5	1只
6	热继电器(FR)	JR20—10	1只
7	指示灯(HL)	220V、25W	1只
8	控制板	500mm×400mm×30mm	1块
9	连接导线	BVR—1mm^2	若干米
10	万用表	MF47型	1块
11	绝缘电阻表	ZC25—3	1台
12	交流电流表		1块
13	常用电工工具		1套

（三）内容与步骤

（1）观察热继电器的结构 将热继电器的后绝缘盖板卸下，仔细观察热继电器的结构，指出其动作机构、电流整定装置、复位按钮及触头系统的位置，并叙述它们的作用。

（2）热继电器的校验调整

1）按图4-27连接校验电路。

2）将调压器的输出调到零位置，将热继电器置于手动复位状态并将整定值旋钮置于额定值位置。

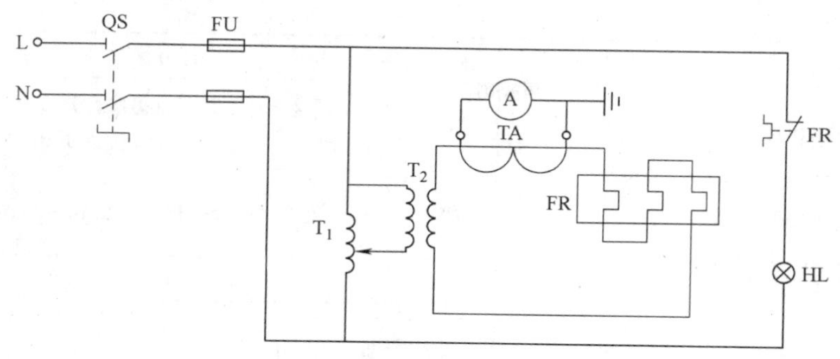

图 4-27　热继电器校验电路

3）闭合电源开关 QS，指示灯 HL 亮。

4）调节调压器将输出电压升高，使热元件通过的电流升至额定值。1h 内热继电器应不动作，若 1h 内热继电器动作，则应将调节旋钮向额定值大的方向旋动。

5）将动作电流升高至 1.2 倍额定电流，热继电器应在 20min 内动作，否则，应将调节旋钮向额定值小的方向旋动。

6）将动作电流降至零，待热继电器冷却并手动复位后，再调节动作电流至 1.5 倍额定值。热继电器冷却后应在 2min 内动作。

7）将动作电流降至零，快速调升动作电流至 6 倍额定值，断开 QS 再随即闭合，其动作时间应大于 5s。

（3）热继电器复位方式的调整　热继电器出厂时，一般都调在手动复位，如果需要自动复位，可将复位调节螺钉顺时针旋进。自动复位时应在动作 5min 内自动复位。手动复位时在动作 2min 后，按下手动复位按钮，热继电器应复位。

（四）注意事项

1）校验时环境温度应尽量接近工作温度，连接导线长度一般小于 0.6m，连接导线截面积应与使用的实际情况相同。

2）校验时电流变化较大，为使测量结果准确，校验时应注意选择电流互感器的合适量程。

3）校验时，必须将热继电器、电源开关固定在校验板上，以确保用电安全。

（五）考核与评价

项目考核内容与考核标准见表 4-9。

表 4-9　项目考核内容与考核标准

序号	考核内容	考核要求	配分	评分标准	得分
1	热继电器的认识	熟悉热继电器的结构和工作原理	10	1）不能指出热继电器各部件的位置，每个扣 5 分 2）不能说出各部件的作用，每个扣 5 分	
2	热继电器校验	能正确校验元件，检验结果正确	50	1）损坏电器元件或不能装配，扣 20 分 2）丢失或漏装零部件，每只扣 5 分 3）拆装方法、步骤不正确，每次扣 5 分 4）不能通电校验，扣 20 分 5）通电试验不成功，每次扣 10 分	

（续）

序号	考核内容	考核要求	配分	评分标准	得分
3	复位方式的调整	调整方法正确	20	1）调整方法不正确，每次5分 2）调整后仍不能自动复位，扣10分	
4	安全文明操作	确保人身和设备安全	20	违反安全文明操作规程，扣10～20分	
备注		合　计			
		教师评价	年　月　日		

四、知识拓展——电磁式继电器

1. 电磁式继电器的结构和工作原理

一般来说，继电器主要由测量环节、中间机构和执行机构三部分组成。继电器通过测量环节输入外部信号（比如电压、电流等电量或温度、压力、速度等非电量）并传递给中间机构，将它与设定值（即整定值）进行比较，当达到整定值时（过量或欠量），中间机构就使执行机构产生输出动作，从而闭合或分断电路，达到控制电路的目的。电磁式继电器是应用最早、使用最多的一种继电器，其结构和工作原理与接触器大体相似，如图4-28所示。电磁式继电器由电磁系统、触头系统和释放弹簧等组成，由于它主要用于控制电路，流过触头的电流比较小（一般5A以下），故不需要灭弧装置。

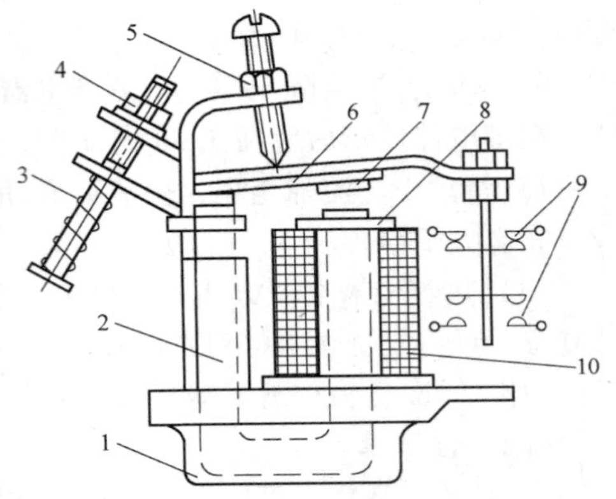

图4-28　电磁式继电器的典型结构

1—底座　2—铁心　3—释放弹簧　4、5—调节螺母　6—衔铁　7—非磁性垫片　8—极靴　9—触头系统　10—线圈

2. 电磁式继电器的特性及主要参数

（1）电磁式继电器的特性　继电器的特性是指继电器的输出量随输入量变化的关系，即输入—输出特性。电磁式继电器的特性就是电磁机构的继电特性，如图4-29所示。图中，x_o为继电器的吸合值（动作值），x_r为继电器的释放值（复位值），这二值为继电器的动作参数。

（2）电磁式继电器的主要参数

1）额定参数：继电器的线圈和触头在正常工作时所允许的电压值或电流值称为继电器的额定电压或额定电流。

2）动作参数：即继电器的吸合值与释放值。对于电压继电器有吸合电压U_o与释放电压U_r；对于电流继电器有吸合电流I_o与释放电流I_r。

3）整定值：根据控制要求，对继电器的动作参数进行人为调整的数值。

4）返回系数：是指继电器的释放值与吸合值的比值，用K表示。可通过调节释放弹簧或调节铁心与衔铁之间非磁性垫片的厚度来达到所要求的K值。不同场合要求不同的K值，如对一般继电器要求具有低的返回系数，K值应在0.1～0.4之间，这样当继电器吸合后，

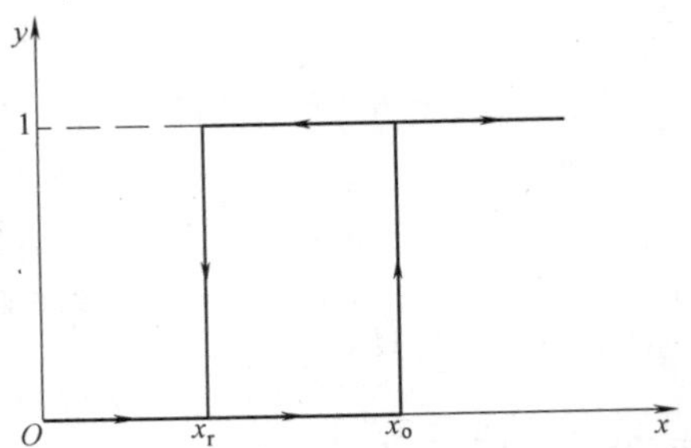

图 4-29　电磁机构的继电特性

输入量波动较大时不致引起误动作；欠电压继电器则要求具有高的返回系数，K 值应在 0.6 以上。如有一电压继电器返回系数 $K=0.66$，吸合电压为额定电压的 90%，则释放电压为额定电压 60% 时，继电器就释放，从而起到欠电压保护的作用。返回系数反映了继电器吸力特性与反力特性配合的紧密程度，是电压继电器和电流继电器的主要参数。

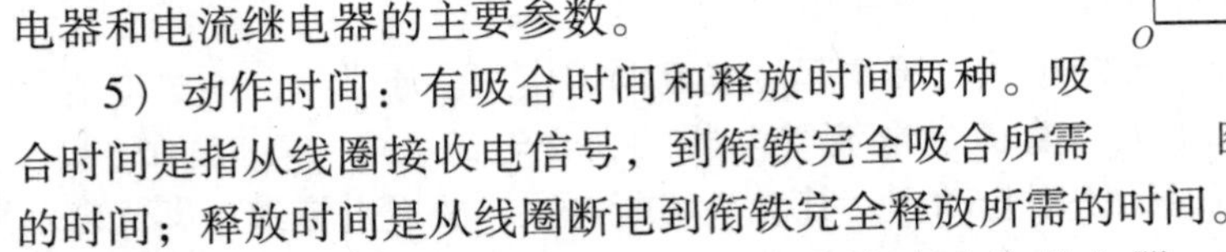

5）动作时间：有吸合时间和释放时间两种。吸合时间是指从线圈接收电信号，到衔铁完全吸合所需的时间；释放时间是从线圈断电到衔铁完全释放所需的时间。一般电磁式继电器的动作时间为 0.05 ~ 0.2s，动作时间小于 0.05s 的为快速动作继电器，动作时间大于 0.2s 的为延时动作继电器。

3. 电磁式电压继电器与电流继电器

电磁式继电器反映的是电信号，当线圈反映电压信号时，为电压继电器；当线圈反映电流信号时，为电流继电器。它们在结构上的区别主要在线圈上，电压继电器的线圈匝数多、导线细，而电流继电器的线圈匝数少、导线粗。

电磁式继电器按线圈通过电流的性质不同，可分为电磁式交流继电器和电磁式直流继电器。

（1）电磁式电压继电器　电磁式电压继电器线圈并接在电路上，用于反映电路电压的大小。其触头的动作与线圈电压大小直接相关，在电力拖动控制系统中起电压保护和控制作用。按吸合电压相对其额定电压大小可分为过电压继电器和欠电压继电器。

过电压继电器在电路中用于过电压保护。当线圈为额定电压时，衔铁不吸合，当线圈电压高于其额定电压时，衔铁才吸合。当线圈所接电路电压降低到继电器释放电压时，衔铁才返回释放状态，相应触头也返回到原来状态。所以，过电压继电器释放值小于动作值，其电压返回系数 $K_v<1$，规定当 $K_v>0.65$ 时，称为高返回系数过电压继电器。

由于直流电路一般不会出现过电压，所以产品中没有直流过电压继电器。交流过电压继电器吸合电压调节范围为 $U_o=(1.05\sim1.2)U_N$。

欠电压继电器在电路中用于欠电压保护。当线圈电压低于其额定电压时，衔铁吸合，而当线圈电压很低时，衔铁才释放。一般直流欠电压继电器吸合电压 $U_o=(0.3\sim0.5)U_N$，释放电压 $U_r=(0.07\sim0.2)U_N$。交流欠电压继电器的吸合电压与释放电压的调节范围分别为 $U_o=(0.6\sim0.85)U_N$，$U_r=(0.1\sim0.35)U_N$。由此可见，欠电压继电器的返回系数 K_v 很小。

常用的过电压继电器为 JT4—A 型，欠电压继电器为 JT4—P 型。

电压继电器的符号如图 4-30 所示。

（2）电磁式电流继电器　电磁式电流继电器线圈串接在电路中，用来反映电路电流的大小，触头的动作与否与线圈电流大小直接有关。按线圈通入电流的不同可分为交流电流继电器与直流电流继电器。按吸合电流的大小可分为过电流继电器和欠电流继电器。

过电流继电器正常工作时，线圈流过负载电流，即便是超过额定电流，衔铁仍处于释放状态，而不吸合；当流过线圈的电流超过额定负载电流一定值时，衔铁才吸合而动作，从而

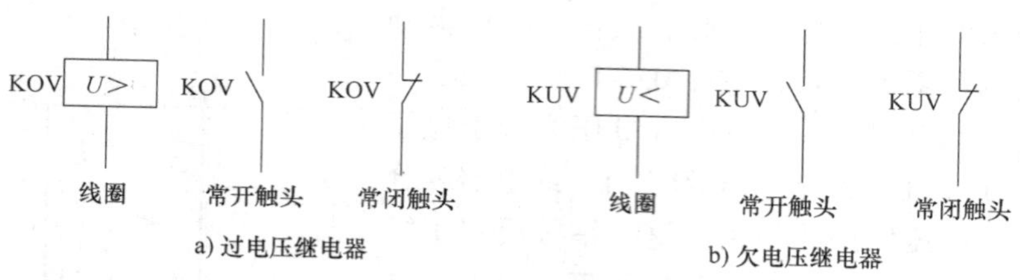

图 4-30　电压继电器的符号

带动触头动作，其常闭触头断开，分断负载电路，起过电流保护作用。通常，交流过电流继电器的吸合电流 I_o = （1.1 ~ 3.5）I_N，直流过电流继电器的吸合电流 I_o = （0.75 ~ 3）I_N。由于过电流继电器在出现过电流时衔铁吸合动作，其触头切断电路，故过电流继电器无释放电流值。

欠电流继电器正常工作时，继电器线圈流过负载额定电流，衔铁吸合动作；当负载电流降低至继电器释放电流时，衔铁释放，带动触头动作。欠电流继电器在电路中起欠电流保护作用，所以常将欠电流继电器的常开触头接于电路中，当电路电流降低至欠电流继电器的释放电流时，常开触头断开，起保护电路的作用。在直流电路中，由于某种原因而引起负载电流的降低或消失，往往会导致严重的后果，如直流电动机的励磁回路电流过小会使电动机发生超速，给生产带来危险。因此在电器产品中有直流欠电流继电器，对于交流电路则无欠电流保护，也就没有交流欠电流继电器。直流欠电流继电器的吸合电流与释放电流调节范围为 $I_o = (0.3 \sim 0.65) I_N$ 和 $I_r = (0.1 \sim 0.2) I_N$。

常用的电流继电器有 JL3、JL14、JL15 等系列。

电流继电器的符号如图 4-31 所示。

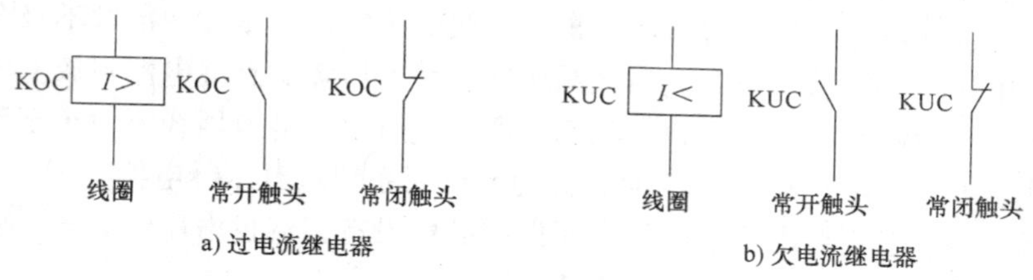

图 4-31　电流继电器的符号

4. 电磁式继电器的选用

（1）使用类别的选用　电磁式继电器的典型用途是控制接触器的线圈，即控制交、直流电磁铁。按规定，电磁式继电器的使用类别有 AC—11 控制交流电磁铁负载与 DC—11 控制直流电磁铁负载两种。

（2）额定工作电流与额定工作电压的选用　电磁式继电器在对应使用类别下，最高工作电压为继电器的额定绝缘电压，最高工作电流应小于继电器的额定发热电流。

选用继电器电压线圈的电压种类与额定电压值时，应保持与系统的电压种类及额定电压值一致。

（3）工作制的选用　继电器的工作制应与其使用场合的工作制一致，且实际操作频率应低于继电器的额定操作频率。

（4）电磁式继电器返回系数的调节　应根据控制要求来调节电磁式电压继电器和电磁

式电流继电器的返回系数。一般采用增加衔铁吸合后的气隙、减小衔铁释放后的气隙或适当放松释放弹簧等措施来达到增大返回系数的目的。

五、项目小结

热继电器主要用作电动机的过载保护，是常用的控制电器或保护电器之一。本项目通过对热继电器的认识与测试，介绍了热继电器的结构、工作原理、技术参数、型号规格、符号、选用及故障排除等知识；同时还介绍了电磁式继电器的基础知识。学生在热继电器和相关低压电器基本理论知识学习的基础上，通过对热继电器的认识和调整的操作，学会低压电器拆装及调整的基本技能，加深对理论知识的理解。

梳理与总结

本模块以交流接触器的拆装与测试和热继电器的认识与调整两个典型的项目为导向，介绍了低压电器的基础知识。在此基础上分别介绍了接触器、熔断器、热继电器、刀开关及低压断路器等各种低压电器的结构、工作原理、型号规格、技术参数及图形符号等基础知识，通过学习可掌握低压电器的选择、常见故障排除等基本技能。

电磁式低压电器主要由电磁机构、触头系统和灭弧装置组成。额定电压、额定电流及通断能力等是其主要技术参数，这些技术参数是选用低压电器的主要依据，应根据实际应用中的具体要求和作用来合理选择。

有些低压电器在使用时，应根据被控制或保护电路的具体要求，在一定范围内进行调整，应在掌握其工作原理的基础上掌握其调整方法。

为了不断优化和改进控制电路，应及时了解低压电器的发展动向，及时掌握、使用各种新型低压电器。目前低压电器的发展方向有：

1）控制电器和保护电器的作用相结合。

2）安装、维修更为方便。结构的单元化、零部件统一化，采用卡轨式和积木式结构。

3）为适应微处理器为基础的工业控制要求，低压电器直接用36V以下电压控制。

4）采用新的结构原理，如有触头低压电器向无触头低压电器扩展，采用惰性气体或真空灭弧的原理，用固态集成电路及微处理器取代电动原则等。

思考与练习

4-1　何为低压电器？何为低压控制电器？

4-2　低压电器的电磁机构由哪几部分组成？

4-3　电弧是如何产生的？常用的灭弧方法有哪些？

4-4　触头的形式有哪几种？常用的灭弧装置有哪几种？

4-5　熔断器有哪几种类型？试写出各种熔断器的型号。它在电路的作用是什么？

4-6　熔断器有哪些主要参数？熔断器的额定电流与熔体的额定电流是不是同一电流？

4-7　熔断器与热继电器用于保护交流三相异步电动机时，能不能互相取代？为什么？

4-8　交流接触器主要由哪几部分组成？并简述其工作原理。

4-9　交流接触器频繁操作后线圈为什么会发热？其衔铁卡住后会出现什么后果？

4-10　交流接触器能否串联使用？为什么？

4-11　三角形联结的电动机为什么要选用带断相保护的热继电器？

4-12　电动机主电路中装有熔断器作为短路保护，能否同时起到过载保护作用？可以不装热继电器吗？为什么？

4-13　低压断路器在电路中的作用是什么？它有哪些脱扣器，各起什么作用？

4-14　继电器与接触器的主要区别是什么？

4-15　画出下列低压电器的图形符号，标出其文字符号，并说明其功能？

1）熔断器　2）热继电器　3）接触器　4）低压断路器

模块五 电动机基本控制电路的安装与调试

知识目标：1. 熟悉电气原理图绘制规则和读图方法。
2. 熟练掌握电气控制电路的基本环节。

能力目标：1. 能正确绘制和阅读电气控制系统图。
2. 初步具有电动机基本控制电路分析、安装接线和调试的能力。

随着现代工业技术的发展，对工业电气控制设备提出了越来越高的要求，为了满足生产机械的要求，采用了许多新的控制方式。但继电器—接触器控制仍是电气控制系统中最基本的控制方法，是其他控制方式的基础。

继电器—接触器控制系统是将各种开关电器用导线连接起来实现各种逻辑控制的系统。其优点是电路图直观形象、控制装置结构简单、价格便宜及抗干扰能力强，广泛应用于各类生产设备的控制中。其缺点是接线方式固定，导致通用性、灵活性较差，难以实现系统化生产，且由于采用的是有触头的开关电器，触头易发生故障，维修量大等。尽管如此，目前继电器—接触器控制仍是各类机械设备最基本的电气控制形式。

项目一　单向点动与连续运行控制电路的安装与调试

一、项目导入

点动控制是用按钮、接触器控制电动机运行的最简单的控制电路。常用于电葫芦控制和车床溜板箱快速移动的电动机控制。对于点动控制按钮松开后电动机将减速停车，这在实际中往往不能满足工业生产的要求。通常要求按钮按下后，即使松开按钮，电动机都要一直运行，即连续运行。

本项目主要讨论控制按钮、电气控制系统图的基本知识及电气控制线路安装的步骤和方法，以及点动与连续运行控制电路的分析、安装与调试。

二、相关知识

（一）控制按钮

控制按钮是一种结构简单、应用广泛的主令电器，主要用于远距离操作具有电磁线圈的电气元件，如接触器、继电器等，也用于控制电路中发布指令和执行电气联锁。

控制按钮一般由按钮、复位弹簧、触头和外壳等部分组成，其结构示意图如图 5-1 所示。每个按钮中的触头形式和数量可根据需要装配成一常开一常闭到六常开六常闭等形式。按下按钮时，先断开常闭触头，后接通常开触头；当松开按钮时，在复位弹簧的作用下，常开触头先断开，常闭触头后闭合。控制按钮按保护形式分为开启式、保护式、防水式和防腐式等。按结构形式分为嵌压式、紧急式、钥匙式、带信号灯式、带灯揿钮式以及带灯紧急式等。按钮颜色有红、黑、绿、黄、白、蓝等。一般以红色表示停止按钮，绿色表示起动按钮。

按钮的主要技术参数有额定电压、额定电流、结构形式、触头数量及按钮颜色等。常用的控制按钮的额定电压为交流380V，额定工作电流为5A。

常用的控制按钮有LA18、LA19、LA20及LA25等系列。LA20系列控制按钮的主要技术数据见表5-1。

表5-1 LA20系列控制按钮的主要技术数据

型号	触头数量		结构形式	按钮		指示灯	
	常开	常闭		数量	颜色	电压/V	功率/W
LA20—11	1	1	揿钮式	1	红、绿、黄、蓝或白	—	—
LA20—11J	1	1	紧急式	1	红	—	—
LA20—11D	1	1	带灯揿钮式	1	红、绿、黄、蓝或白	6	<1
LA20—11DJ	1	1	带灯紧急式	1	红	6	<1
LA20—22	2	2	揿钮式	1	红、绿、黄、蓝或白	—	—
LA20—22J	2	2	紧急式	1	红	—	—
LA20—22D	2	2	带灯揿钮式	1	红、绿、黄、蓝或白	6	<1
LA20—22DJ	2	2	带灯紧急式	1	红	6	<1
LA20—2K	2	2	开启式	2	白红或绿红	—	—
LA20—3K	3	3	开启式	3	白、绿、红	—	—
LA20—2H	2	2	保护式	2	白红或绿红	—	—
LA20—3H	3	3	保护式	3	白、绿、红	—	—

控制按钮的符号如图5-2所示。

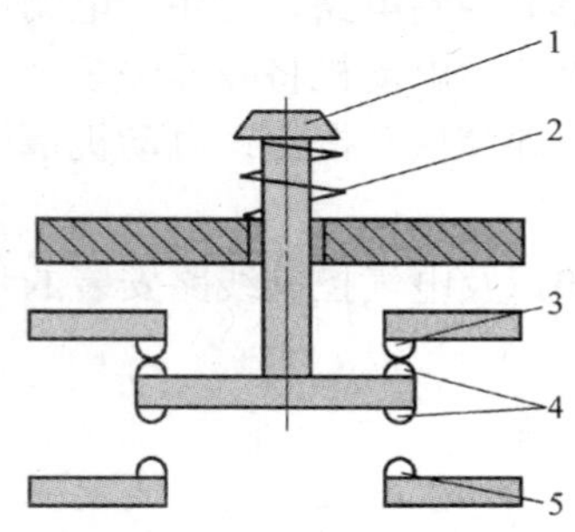

图5-1 控制按钮结构示意图

1—按钮 2—复位弹簧 3—常闭静触头 4—动触头 5—常开静触头

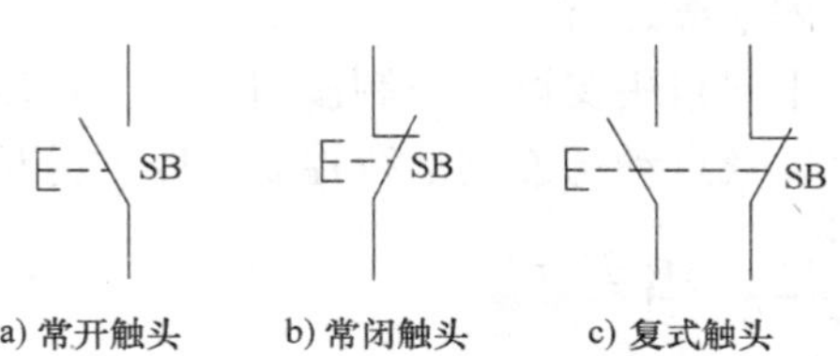

图5-2 按钮符号

控制按钮的选用原则如下。

1）根据使用场合，选择控制按钮的种类，如开启式、防水式及防腐式等。

2）根据用途，选择控制按钮的结构形式，如钥匙式、紧急式及带灯式等。

3）根据控制回路的需求，确定按钮数量，如单钮、双钮、三钮及多钮等。

4）根据工作状态指示和工作情况的要求，选择按钮及指示灯的颜色。

（二）电气控制系统图的基本知识

电气控制系统是由许多电气元件按一定要求连接而成的。为了便于电气控制系统的设计、分析、安装、使用和维修，需要将电气控制系统中各电气元件及其连接用一定的图形表达出来，这种图形就是电气控制系统图。

电气控制系统图有三类：电气原理图、电气元件布置图和电气安装接线图。

1. 电气控制系统图的图形符号、文字符号及接线端子标记

电气控制系统图中，电气元件必须使用国家统一规定的图形符号和文字符号，采用国家最新标准，即 GB/T 4728—2005 ~ 2008《电气简图用图形符号》和 GB/T 7159—1987《电气技术中的文字符号制订通则》。接线端子标记采用 GB/T 4026—2010《人机界面标志标识的基本和安全规则　设备端子和导体终端的标识》，并按照 GB 6988 系列标准的要求来绘制电气控制系统图。

（1）图形符号　图形符号通常用于图样或其他文件，用以表示一个设备或概念的图形、标记或字符。电气控制系统图中的图形符号必须按国家标准绘制。附录 C 给出了电气控制系统的部分图形符号。图形符号含有符号要素、一般符号和限定符号。

1）符号要素：是一种具有确定意义的简单图形，必须同其他图形组合才构成一个设备或概念的完整符号。如接触器常开主触头的符号就是由接触器触头功能符号和常开触头符号组合而成。

2）一般符号：用以表示一类产品和此类产品特征的一种简单的符号。如电动机可用一个圆圈表示。

3）限定符号：用于提供附加信息的一种加在其他符号上的符号。

运用图形符号绘制电气控制系统图时应注意以下几点：

① 符号尺寸大小、线条粗细依照国家标准可放大与缩小，但在同一张图样中，同一符号的尺寸应保持一致，各符号间及符号本身比例应保持不变。

② 标准中表示出的符号方位，在不改变符号含义的前提下，可根据图面布置的需要旋转或成镜像位置，但文字和指示方向不得倒置。

③ 大多数符号都可以加上补充说明标记。

④ 有些具体元器件的符号由设计者根据国家标准的符号要素、一般符号和限定符号组合而成。

⑤ 国家标准未规定的图形符号，可根据实际需要，按突出特征、结构简单、便于识别的原则进行设计，但需要报国家标准局备案。当采用其他来源的符号或代号时必须在图解和文字上说明其含义。

（2）文字符号　文字符号适用于电气技术领域中技术文件的编制，也可表示在电气设备、装置和元器件上或其近旁以标明它们的名称、功能、状态和特征。

文字符号分为基本文字符号和辅助文字符号。常用文字符号见附录 C。

1）基本文字符号：基本文字符号有单字母符号和双字母符号两种。单字母按拉丁字母顺序将各种电气设备、装置和元器件划分为 23 大类，每一类用一个专用单字母符号表示，如“C”表示电容，“M”表示电动机等。双字母符号由一个表示种类的单字母符号与另一个字母组成，且以单字母符号在前，另一个字母在后的次序表示，如“F”表示保护元器件类，“FU”则表示熔断器，“FR”表示热继电器。

2）辅助文字符号：辅助文字符号是用来表示电气设备、装置和元器件以及电路的功能、状态和特征。如“RD”表示红色，“SP”表示压力传感器，“YB”表示电磁制动器等。辅助文字符号还可以单独使用，如“ON”表示接通，“N”表示中性线等。

3）补充文字符号的使用原则：当规定的基本文字符号和辅助文字符号不够使用时，可按国家标准中文字符号组成的规律和下述原则予以补充。

① 在不违背国家标准文字符号编制原则的条件下，可采用国家标准中规定的电气技术文字符号。

② 在优先采用基本文字符号和辅助文字符号的前提下，可补充国家标准中未列出的双字母文字符号和辅助文字符号。

③ 使用文字符号时，应按电气名词术语国家标准或专业技术标准中规定的英文术语缩写而成。

④ 基本文字符号不得超过两位字母，辅助文字符号一般不得超过三位字母。文字符号采用拉丁字母大写正体字，且拉丁字母中“I”和“O”不允许单独作为文字符号使用。

（3）电路和三相电气设备各端子的标记　电路采用字母、数字、符号及其组合标记。

三相交流电源相线采用 L_1、L_2、L_3 标记，中性线采用 N 标记。

电源开关之后的三相交流电源主电路分别按 U、V、W 顺序标记。分级三相交流电源主电路采用三相文字代号 U、V、W 的前边加上阿拉伯数字 1、2、3 等来标记，如 1U、1V、1W，2U、2V、2W 等。

各电动机分支电路各接点标记，采用三相文字代号后面加数字下角来表示，数字中的第 1 位数表示电动机代号，第 2 位数表示该支路各接点的代号，从上到下按数字大小顺序标记。如 U_{11} 表示 M_1 电动机的第一个接点代号，U_{21} 表示 M_2 的第一个接点代号，依此类推。电动机绕组首端分别用 U、V、W 标记，末端分别用 U′、V′、W′标记，双绕组的中点用 U″、V″、W″标记。

控制电路采用阿拉伯数字编号，一般由三位或三位以下的数字组成。标记方法按等电位原则进行。在垂直绘制的电路中，标号顺序一般由上而下编号，凡是被线圈、绕组、触点或电阻、电容元件所间隔的电路，都应标以不同的电路标记。

2. 电气控制系统图的绘制

（1）电气原理图　电气原理图是为了便于阅读和分析控制电路，根据简单清晰的原则，采用电气元件展开的形式绘制成的表示电气控制电路工作原理图的图形。在电气原理图中只包括所有电气元件的导电部件和接线端点之间的相互关系，但并不按照各电气元件的实际布置位置和实际接线情况来绘制，也不反映电气元件的大小。下面结合图 5-3 所示 CW6132 型普通车床的电气原理图说明绘制电气原理图的基本规则和应注意的事项。

1）绘制电气原理图的基本规则：

① 电气原理图一般分主电路和辅助电路两部分绘出。主电路就是从电源到电动机绕组

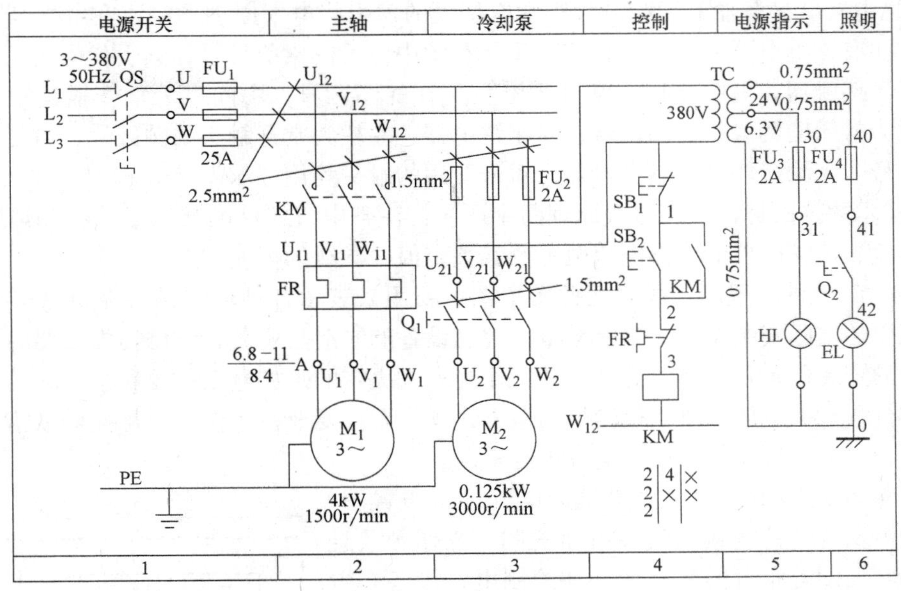

图 5-3　CW6132 型普通车床电气原理图

的大电流通过的路径。辅助电路包括控制电路、信号电路及保护电路等，由继电器的线圈和触头、接触器的线圈和辅助触头、按钮、照明灯及控制变压器等电气元件组成。一般主电路用粗实线表示，绘在左边(或上部)；辅助电路用细实线表示，绘在右边(或下部)。

② 电气原理图中，各电气元件不绘制实际的外形图，而采用国家标准规定的统一图形来绘制，文字符号也要符合国家标准。属于同一电气元件的线圈和触头，都要用同一文字符号表示。当使用相同类型电气元件时，可在文字符号后面加注阿拉伯数字序号来区分。

③ 电气原理图中直流电源用水平线绘出，一般直流电源的正极绘在上方，负极绘在下方。三相交流电源线集中绘在上方，相序自上而下按 L_1、L_2、L_3 排列，中性线(N 线)和保护接地线(PE 线)排在相线之下。主电路垂直于电源线绘出，控制电路与信号电路垂直在两条水平电源线之间。耗能元器件(如接触器、继电器的线圈、电磁铁线圈、照明灯及信号灯等)直接与下方水平电源线相接，控制触头接在上方电源水平线与耗能元器件之间。

④ 电气原理图中，各电气元件的导电部件(如线圈和触头)的位置，应根据便于阅读的原则来安排，绘在它们完成作用的地方。同电气元件的各个部件可以不绘制在一起。

⑤ 电气原理图中所有电气元件的触头，都按没有通电或没有外力作用时的状态绘出。如继电器、接触器的触头，按线圈未通电时的状态绘制；按钮、行程开关的触头按不受外力作用时的状态绘制；控制器按手柄处于零位时的状态绘制等。

⑥ 电气原理图中，无论是主电路还是辅助电路，各电气元件一般应按动作顺序从上到下，从左到右依次排列，可水平布置或垂直布置。

⑦ 电气原理图中，对于需要调试和拆接的外部引线端子，采用空心圆表示；有直接电连接的导线连接点，用实心圆表示；无直接电连接的导线交叉点不绘制黑圆点。

2）图面区域的划分。在电气原理图上方将图分成若干图区，并标明该区电路的用途与作用。电气原理图下方的 1、2、3、……数字是图区编号，它是为便于检索电气电路、方便阅读分析设置的。

3）继电器、接触器的线圈与触头对应位置的索引。电气原理图中，在继电器、接触器线圈下方注有该继电器、接触器相应触头所在图中位置的索引代号，索引代号用图面区域号表示。对于接触器，其中左栏为常开主触头所在的图区号，中间栏为常开辅助触头的图区号，右栏为常闭辅助触头的图区号；对于继电器，左栏为常开触头的图区号，右栏为常闭触头的图区号。无论接触器还是继电器，对未使用的触头均用“×”表示，有时也可省略。

4）技术数据的标注。在电气原理图中还应标注各电气元件的技术数据，如熔断器熔体的额定电流、热继电器的动作电流范围及其整定值、导线的截面积等。

（2）电气元件布置图　电气元件布置图主要用来表示各种电气设备在机械设备上和电气控制柜中的实际安装位置，为机械电气控制设备的制造、安装、维修提供必要的资料。各电气元件的安装位置是由设备的结构和工作要求来决定的，如电动机要和被拖动的机械部件在一起，行程开关应放在要取得信号的地方，操作元件要放在操作台及悬挂操纵箱等操作方便的地方，一般电气元件应放在电气控制柜内。

机床电气元件布置图主要由机床电气设备布置图、电气控制柜及电气控制板电气设备布置图、操作台及悬挂操纵箱电气设备布置图等组成。在绘制电气设备布置图时，所有能见到的以及需表示清楚的电气设备均用粗实线绘制出简单的外形轮廓，其他设备(如机床)的轮廓用双点画线表示。图 5-4 为 CW6132 型普通车床电气元件布置图。

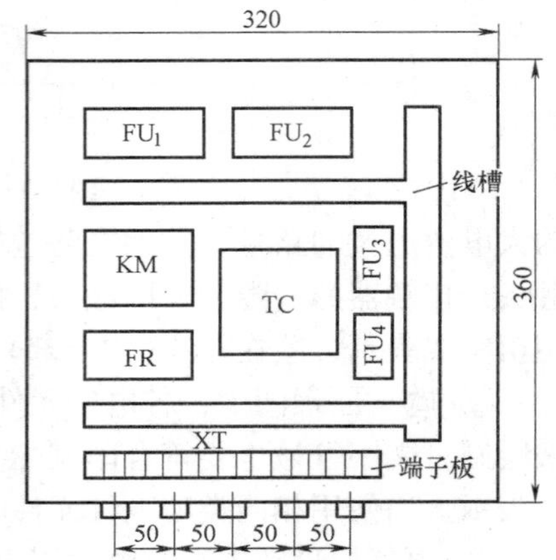

图 5-4　CW6132 型普通车床电气元件布置图

（3）电气安装接线图　电气安装接线图是为了安装电气设备和电气元件时进行配线或检查维修电气控制电路故障服务的。在图中要表示各电气设备之间的实际接线情况，并标注出外部接线所需要的数据。在电气安装接线图中各电气元件的文字符号、元件连接顺序、电路号码编制都必须与电气原理图一致。

图 5-5 是根据图 5-3 电气原理图绘制的电气安装接线图。图中表明了该电气设备中电源进线、按钮板、照明灯、电动机与电气安装板接线端之间的关系，并标注了连接导线的根数和截面积。

（三）电气控制电路的安装步骤和方法

安装电动机控制电路时，必须按照有关技术文件执行，并适应安装环境的需要。

电动机的控制电路包含电动机的起动、制动、反转和调速等，大部分的控制电路是采用各种有触头的电气元件，如接触器、继电器、按钮等。一个控制电路可以比较简单，也可以相当复杂。但是，任何复杂的控制电路总是由一些比较简单的环节有机地组合起来的，因此，对于不同复杂程度的控制电路，在安装时所需要技术文件的内容也不同。对于简单的低压电器，一般可以把有关资料归在一个技术文件里(如原理图)，但该文件应能表示低压电器的全部部件，并能实施低压电器和电网的连接。

电动机控制电路的安装步骤和方法如下。

1. 按元件明细表配齐电气元件，并进行检验

所有电气控制元件应具有制造厂的名称、商标、型号、索引号、工作电压性质和数值等

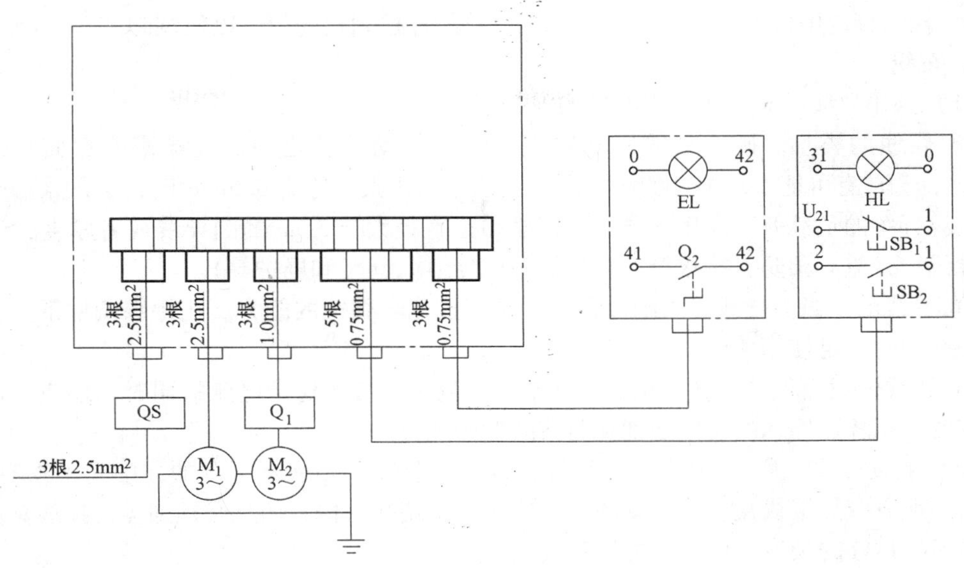

图 5-5　CW6132 型普通车床电气安装接线图

标志。若工作电压标志在操作线圈上，则应使装在电气元件中的线圈的标志易于观察。

2. 安装控制箱(柜或板)

控制箱的尺寸应根据电气元件的安排情况确定。

(1) 电气元件的安排　电气元件尽可能组装在一起，使其成为一台或几台控制装置。只有那些必须安装在特定位置上的电气元件，如按钮、手动控制开关、位置传感器、离合器及电动机等，才允许分散安装在指定的位置上。

安放发热元件时，必须使箱内所有元件的温升保持在它们允许的极限范围内。对发热量很大的元件，如电动机的起动、制动电阻等，必须隔开安装，必要时可采用风冷。

(2) 可接近性　所有的电气元件必须安装在便于更换和检测的地方。

为了便于维修和调整，控制箱内电气元件的部位必须位于离地 0.4～2m，所有接线端子必须位于离地 0.2m 处，以便于装拆导线。

(3) 间隔和爬电距离　安排电气元件必须符合规定的间隔和爬电距离，并应考虑有关的维修条件。

控制箱中的裸露无电弧的带电零部件与控制箱导体壁板间的间隙为：电压在 250V 以下时，间隙应不小于 15mm；电压为 250～500V 时，间隙应不小于 25mm。

(4) 控制箱内电气元件的安排　除必须符合上述有关要求外，还应做到：

1) 除了手动控制开关、信号灯和测量仪器外，控制箱门上不要装其他任何电气元件。

2) 电源电压直接供电的电气元件最好装在一起，使其与只由控制电压供电的电气元件分开。

3) 电源开关最好装在控制箱内右上方，其操作手柄应装在控制箱前面和侧面。电源开关上方最好不安装其他电气元件，如必须安装，则应把电源开关用绝缘材料盖住，以防电击。

4) 控制箱内电气元件(如接触器、继电器)应按原理图上的编号顺序，牢固安装在控制箱(板)上，并在醒目处贴上各元件相应的文字符号。

5）控制箱内电气安装板的大小必须能自由通过控制箱的门，以便装卸。

3. 布线

（1）选用导线　导线的选用要求如下。

1）导线的类型。硬线只能用在固定安装于不动元件之间，且导线的截面积应小于 0.5mm^2，若在有可能出现振动的场合或导线的截面积大于等于 0.5mm^2 时，必须采用软线。

电源开关的负载侧可采用裸导线，但必须是直径大于3mm的圆导线或者厚度大于2mm的扁导线，并应有预防直接接触的防护措施（如绝缘、间距和屏护等）。

2）导线的绝缘。导线必须绝缘良好并具有抗化学腐蚀的能力。在特殊条件下工作的导线，必须同时满足使用条件的要求。

3）导线的截面积。在必须承受正常条件下流过的最大稳定电流的同时，还应考虑到线路允许的电压降、导线的机械强度和与熔断器的配合。

（2）敷设方法　所有导线从一个端子到另一个端子必须是连续的，中间不得有接头，有接头的地方应加接线盒。接线盒的位置应便于安装与检修，而且必须加盖，接线盒内的导线必须留有足够的长度，以便于拆线和接线。

敷设导线时，对于明露的导线必须做到平直、整齐，符合走线合理等要求。

（3）接线方法　所有导线的连接必须牢固，不得松动。在任何情况下，需连接的电气元件必须与连接导线的截面积和材料性质相适应。

导线与端子的接线，一般一个端子只连接一根导线。有些端子不适合连接软导线时，可在导线端头上采用针形或叉形等冷压接线头。如果采用专门设计的端子，则可以连接两根或多根导线，但导线的连接方式必须是工艺上成熟的各种方式，如夹紧、压接、焊接及绕接等。这些连接工艺应严格按照工序要求进行。

导线的接头除必须采用焊接方法外，所有导线应采用冷压接线头。如果低压电器在正常运行期间需承受很大振动，则不允许采用焊接的接头。

（4）导线的标志

1）导线的颜色标志。保护导线（PE）必须采用黄绿双色；动力电路的中性线（N）必须是浅蓝色的；交流或直流动力电路导线应采用黑色；交流控制电路导线应采用红色；直流控制电路导线采用蓝色；用作控制电路联锁的导线，如果是与外部控制电路连接，而且当电源开关断开后仍带电时，应采用橘黄色或黄色；与保护导线连接的电路导线采用白色。

2）导线的线号标志。导线线号标志应与原理图和接线图相符合。在每一根连接导线的线头上必须套上标有线号的套管，位置应接近端子处。线号的编制方法如下：

主电路中各支路的导线，应从上至下，从左至右，每经过一个电气元件的线桩后，编号要递增；单台三相交流电动机（或设备）的三根引出线按相序依次编号为U、V、W（或用 U_1、V_1、W_1 表示）；多台电动机的引出线编号，为了不致引起误解和混淆，可在字母前冠以数字来区别，如1U、1V、1W，2U、2V、2W……，在不产生矛盾的情况下，字母后应尽可能避免采用双数字，如单台电动机的引出线采用U、V、W的线号标志时，三相电源开关后的出线编号可为 U_1、V_1、W_1。当电路编号与电动机线端标志相同时，应三相同时跳过一个编号来避免重复。

控制电路与照明、指示电路应从上至下、从左至右，逐行用数字来依次编号，每经过一个电气元件的接线端子，编号要依次递增。编号的起始数字，除控制电路必须从阿拉伯数字1开始外，其他辅助电路依次递增100作为起始数字，如照明电路编号从101开始，信号电

路编号从 201 开始等。

控制箱(板)内部的配线：一般采用能从正面修改配线的方法，如板前线槽或板前明线配线，较少采用板后配线的方法。

采用线槽配线时，线槽装线不要超过其容积的 70%，以便于安装和维修。线槽外部配线时，对于装在可拆卸门上电气元件的接线必须牢固固定在框架、控制箱或门上。从外部控制电路、信号电路进入控制箱内的导线超过 10 根时，必须接到端子板或连接电气元件进行过渡，但动力电路和测量电路的导线可以直接接到电气元件的端子上。

控制箱(板)外部的配线除有适当保护的电缆外，全部配线必须一律装在导线通道内，使导线有适当的机械保护，防止液体、铁屑和灰尘的侵入。

对导线通道的要求：导线通道应留有一定余量，允许以后增加导线。导线通道必须固定可靠，内部不得有锐边和远离设备的运动部件。导线通道采用钢管，管壁厚度应不小于 1mm，如用其他材料，管壁厚度必须有等效管壁厚度为 1mm 钢管的强度，若用金属软管时，必须有适当的保护。当利用设备底座作为导线通道时，无须再加预防措施，但必须能防止液体、铁屑和灰尘的侵入。

导线通道内导线的要求：移动电气元件和可调整电气元件上的导线必须用软线。运动的导线必须支承牢固，使得在接线点上不致产生机械拉力，又不会出现急剧的弯曲。

不同电路的导线可以穿在同一线管内，或处于同一电缆之中。如果它们的工作电压不同，则所用导线的绝缘等级必须满足其中最高一级电压的要求。

为了便于修改和维护，凡安装在统一机械防护导线通道内的导线束，需要提供备用导线的根数为：当同一导线通道中相同截面积导线的根数在 3 ~ 10 根时，应有一根备用导线，以后每递增 1 ~ 10 根增加 1 根。

4. 连接保护电路的要求

低压电器的所有裸露导体零部件(包括电动机、机座等)必须接到保护接地专用端子上。

(1) 连续性　保护电路的连续性必须用保护导线或机床结构上的导体可靠结合来保证。为了确保保护电路的连续性，保护导线的连接不得做任何别的机械紧固用，不得由于任何原因将保护电路拆断，不得利用金属导线管作保护线。

(2) 可靠性　保护电路中严禁用开关和熔断器，除采用特低安全电压电路外，在接上电源电路前必须先接通保护电路；在断开电源电路后才断开保护电路。

(3) 明显性　保护电路连接处应采用焊接或压接等可靠连接方法，连接处要便于检查。

5. 检查电气元件

安装接线前对所有的电气元件逐个进行检查，避免电气元件故障与线路错接、漏接造成的故障混在一起。对电气元件的检查主要包括以下几个方面。

1) 电气元件外观是否清洁、完整，外壳有无碎裂，零部件是否齐全、有效，各接线端子及紧固件有无缺失、生锈等现象。

2) 电气元件的触头有无熔焊黏结、变形、严重氧化锈蚀等现象，触头的闭合、分断动作是否灵活，触头的开距、超程是否符合标准，接触压力弹簧是否有效。

3) 低压电器的电磁机构和传动部件的动作是否灵活，有无衔铁卡阻、吸合位置不正等现象，新产品使用前应拆开清除铁心端面的防锈油，检查衔铁复位弹簧是否正常。

4) 用万用表或电桥检查所有电气元件的电磁线圈(包括继电器、接触器及电动机)的通断情况，测量它们的直流电阻并做好记录，以备在检查线路和排除故障时作为参考。

5）检查有延时作用的电气元件的功能，检查热继电器的热元件和触头的动作情况。

6）核对各电气元件的规格与图样要求是否一致。

电气元件先检查、后使用，避免安装、接线后发现问题再拆换，提高线路安装的工作效率。

6. 固定电气元件

各电气元件应按照接线图规定的位置固定在安装板上。电气元件之间的距离要适当，既要节省安装板又要方便走线和投入运行以后的检修。固定电气元件应按以下步骤进行。

1）定位：将电气元件摆放在确定的位置，元件应排列整齐，以保证连接导线时做到横平竖直、整齐美观，同时尽量减少弯折。

2）打孔：用手电钻在做好的记号处打孔，孔径应略大于固定螺钉的直径。

3）固定：安装板上所有的安装孔均打好后，用螺钉将电气元件固定在安装板上。

固定电气元件时，应注意在螺钉上加装平垫圈和弹簧垫圈，紧固螺钉时将弹簧垫圈压平即可，不要过分用力，防止用力过大将电气元件的安装板压裂造成损坏。

7. 连接导线

连接导线时，必须按照电气元件安装接线图规定的走线方向进行。一般从电源端起按线号顺序进行，先连接主电路，然后连接辅助电路。

连接导线前应做好准备工作，如按照主电路、辅助电路的电流容量选好规定截面积的导线，准备适当的线号管，使用多股导线时应准备搪锡工具或压接钳等。

连接导线应按照以下的步骤进行：

1）选择适当截面积的导线，按电气安装接线图规定的方向，在固定好的电气元件之间测量所需要的长度，截取适当长短的导线，剥去导线两端的绝缘。为保证导线与电气元件端子接触良好，要用电工刀将线芯表面的氧化物刮掉，使用多股线芯时要将线头绞紧，必要时应做搪锡处理。

2）走线时应尽量避免导线交叉。先将导线校直，把同一走向的导线汇成一束，依次弯曲所需要的方向，走线应做到横平竖直、直角拐弯。走线时要用手将拐角弯成90°的慢弯，导线的弯曲半径为导线直径的3～4倍，不要用钳子将导线弯成死弯，以免损坏绝缘层和损伤线芯，走好的导线束用铝线卡（钢筋轧头）垫上绝缘物卡好。

3）将处理好的导线套上写好线号的线号管，根据接线端子的情况，将线芯弯成圆环或直线压进接线端子。

4）接线端子应紧固好，必要时加装弹簧垫圈紧固，防止电气元件动作时因振动而松脱。连接导线过程中应注意对照图纸核对，防止错接，必要时用万用表校线。同一接线端子内压接两根以上导线时，可以只套一只线号管，导线截面积不同时，应将截面积大的放在下层，截面积小的放在上层。线号要用不易褪色的墨水（可用环乙酮与龙胆紫调和）工整地书写成印刷体，防止检查线路时误读。

8. 检查和调试

连接好的电气控制线路必须经过认真检查后才能通电调试，以防止错接、漏接及电气故障引起的动作不正常，甚至造成短路事故。检查线路应按以下步骤进行。

（1）核对接线　对照电气原理图和电气安装接线图，从电源开始逐段核对端子接线的线号，排除漏接、错接现象，重点检查辅助电路中容易错接处的线号，还应核对同一根导线

的两端是否错号。

（2）检查端子接线是否牢固　检查端子所有接线的情况，用手一一摇动，拉拔端子的接线，不允许有松动与脱落现象，避免通电调试时因虚接造成故障，将故障排除在通电之前。

（3）万用表导通法检查　在控制线路不通电时，用手动来模拟电气元件的操作动作，用万用表检查与测量线路的通断情况。根据线路控制动作来确定检查步骤和内容，根据电气原理图和电气安装接线图选择测量点。先断开辅助电路，以便检查主电路的情况，然后再断开主电路，以便检查辅助电路的情况。主要检查以下内容。

1）主电路不带负载（电动机）时相间的绝缘情况、接触器主触头接触的可靠性，正反转控制电路的电源换相电路及热继电器热元件是否良好、动作是否正常等。

2）辅助电路的各个控制环节及自锁、联锁装置的动作情况及可靠性，与设备部件联动的元件（如行程开关、速度继电器等）动作的正确性和可靠性，保护电器（如热继电器触头）动作的准确性等。

（4）调试与调整　为保证安全，通电调试必须在指导老师的监护下进行。调试前应做好准备工作，包括清点工具，清除安装板上的线头杂物，装好接触器的灭弧罩，检查各组熔断器的熔体，分断各开关，使按钮、行程开关处于未操作前的状态，检查三相电源是否对称等。然后按下述步骤通电调试。

1）空操作试验。切除主电路（一般可断开主电路熔断器），装好辅助电路熔断器，接通三相电源，使电路不带负载（电动机）通电操作，以检查辅助电路工作是否正常，操作各按钮检查他们对接触器、继电器的控制作用；检查接触器的自锁、联锁等控制作用；用绝缘棒操作行程开关，检查它的行程控制或限位控制作用等。还要观察各电气元件操作动作的灵活性，注意有无卡住或阻滞等不正常现象；细听电气元件动作时有无过大的振动噪声；检查有无线圈过热等现象。

2）带负载调试。控制电路经过数次空操作试验动作无误后即可切断电源，接通主电路，带负载调试。电动机起动前应先做好停机准备，起动后要注意它的运行情况，如果发现电动机起动困难、发出噪声及线圈过热等异常现象，应立即停机，切断电源后进行检查。

3）有些电路的控制动作需要调整。如定时运转电路的运行和间隔时间，星形-三角形起动电路的转换时间，反接制动电路的终止速度等。应按照各电路的具体情况确定调整步骤，调试运转正常后，才可投入正常运行。

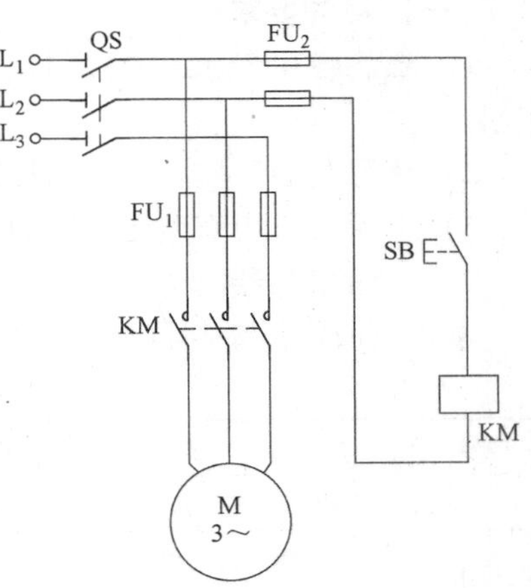

图 5-6　单向点动控制电路

（四）单向点动与连续运行控制电路的分析

1. 单向点动控制电路

单向点动控制电路是用按钮、接触器来控制电动机运行的最简单的控制电路，如图 5-6 所示。

起动：闭合电源开关 QS，按下起动按钮 SB→接触器 KM 线圈得电→KM 主触头闭合→电动机 M 起动运行。

停止：松开按钮 SB→接触器 KM 线圈失电→KM 主触头断开→电动机 M 失电停转。

停止使用时：断开电源开关 QS。

2. 单向连续运行控制电路

在要求电动机起动后能连续运行时，采用上述点动控制电路就不行了。因为要使电动机 M 连续运行，起动按钮 SB 就不能断开，这是不符合生产实际要求的。为实现电动机的连续运行，可采用图 5-7 所示的连续运行控制电路。

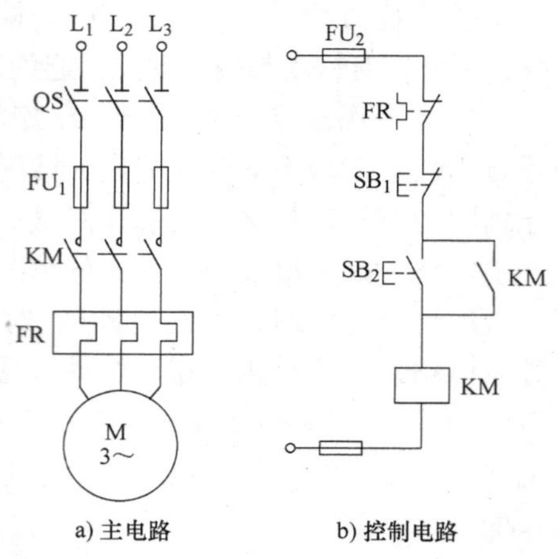

图 5-7 接触器自锁正转控制电路

电路的工作原理如下：

起动：先合上电源开关 QS，按下起动按钮 SB_2→KM 线圈得电 —→KM 自锁触头闭合；→KM 主触头闭合→电动机 M 起动运行。

当松开 SB_2，常开触头恢复分断后，因为接触器 KM 的常开辅助触头闭合时已将 SB_2 短接，控制电路仍保持接通，所以接触器 KM 继续通电，电动机 M 实现连续运转。像这种当松开起动按钮 SB_2 后，接触器 KM 通过自身常开触头而使线圈保持通电的作用叫做自锁（或自保持）。与起动按钮 SB_2 并联起自锁作用的常开触头叫自锁触头（也称自保持触头）。

停止：按下停止按钮 SB_1→KM 线圈失电 —→KM 自锁触头断开；→KM 主触头断开→电动机 M 断电停转。

该电路的保护环节有短路保护、过载保护、失电压和欠电压保护。

三、项目实施

（一）目的要求

1）熟悉各电气元件的结构、型号规格、工作原理、安装方法及其在电路中所起的作用。

2）练习电动机控制电路的接线和安装。

3）加深对三相笼型异步电动机单向点动与连续运行控制电路工作原理的理解。

（二）设备与器材

本项目所需设备与器材见表 5-2。

表 5-2 项目所需设备与器材

序号	名　称	符号	型号规格	数量	备　注
1	三相笼型异步电动机	M	YS6324—180W/4	1 台	表中所列设备与器材的型号规格仅供参考
2	三相隔离开关	QS	HZ10—25/3	1 只	
3	交流接触器	KM	CJ20—10	1 只	
4	按钮盒	SB	LA4—3H（三个复合按钮）	1 只	
5	熔断器	FU	RL1—15，配 2A 熔体	5 套	
6	热继电器	FR	JR36	1 只	
7	接线端子	·	JF5—10A	1 条	

（续）

序号	名　　称	符号	型号规格	数量	备　　注
8	塑料线槽		35mm×30mm	5条	表中所列设备与器材的型号规格仅供参考
9	电气安装板		500mm×600mm×20mm	1块	
10	导线		BVR1.5mm^2、BVR1mm^2	若干米	
11	线号管		与导线线径相符	若干个	
12	常用电工工具			1套	
13	螺钉			若干个	
14	万用表		MF47型	1块	
15	绝缘电阻表		ZC25—3型	1台	
16	钳形电流表		T301—A	1块	

（三）内容与步骤

1）认真阅读实训电路，理解电路的工作原理。实训电路如图5-6和图5-7所示。

2）认识和检查电气元件。认识本实训所需电气元件，了解各电气元件的工作原理和各电气元件的安装与接线，检查电气元件是否完好，熟悉各种电气元件的型号规格。

3）电路安装。

① 在电气原理图上标明线号。

② 根据电气原理图绘出电气安装接线图，电气元件和线槽位置摆放要合理。

③ 安装电气元件与线槽。

④ 根据电气安装接线图正确接线，先连接主电路，后连接控制电路。主电路导线截面积视电动机容量而定，控制电路导线通常采用截面积为1mm^{2}的铜线，主电路与控制电路导线需采用不同颜色进行区分。导线要走线槽，接线端需套线号管，线号要与电气原理图一致。

4）检查电路。电路接线完毕，首先清理安装板面杂物，进行自查，确认无误后请老师检查，得到允许后方可通电试车。

5）通电试车。

① 闭合电源开关QS，接通电源，按下起动按钮SB_2，观察接触器KM的动作情况和电动机的起动情况。

② 按下停止按钮SB_1，观察电动机的停止情况，重复按SB_2与SB_1，观察电动机的运行情况。

③ 按下点动按钮SB，观察接触器KM的动作与电动机的运行情况，看其是否可以实现点动控制。

④ 观察电路过载保护的作用，可以采用手动的方式断开热继电器FR的常闭触头，进行试验。

⑤ 通电过程中若出现异常现象，应切断电源，分析故障现象，并报告老师。检查故障并排除后，经老师允许继续进行通电试车。

6）结束实训。实训完毕后，首先切断电源，确保在断电情况下拆除连接导线和电气元件，清点实训设备与器材，交老师检查。

（四）实训分析

1）试车时，有无出现异常现象，其原因是什么？

2）按下起动按钮 SB_2，电动机起动后，松开 SB_2 电动机仍能继续运行，而按下点动按钮 SB，电动机起动后若松开 SB，电动机将停止，试说明其原因。

3）电路中已安装了熔断器，为什么还要用热继电器？是否重复？

（五）考核与评价

项目考核内容与考核标准见表 5-3。

表 5-3　项目考核内容与考核标准

序号	考核内容	考核要求	配分	评分标准	得分
1	电气元件的安装	1）正确使用电工工具和仪表，熟练安装电气元件 2）电气元件在安装板上布置合理，安装准确、紧固	20	1）电气元件布置不整齐、不匀称、不合理，每只扣 4 分 2）电气元件安装不牢固，安装电气元件时漏装螺钉，每只扣 4 分 3）损坏电气元件每只扣 10 分	
2	接线工艺	1）布线美观、紧固 2）走线应做到横平竖直，直角拐弯 3）电源、电动机和低压电器接线要接到端子排上，进出的导线要有端子标号	40	1）不按电路图接线，扣 20 分 2）布线不美观，主电路、控制电路每根扣 4 分 3）接点松动、接头裸线过长，压绝缘层，每个接点扣 2 分 4）损伤导线绝缘或线芯，每根扣 5 分 5）线号标记不清楚，漏标或误标，每处扣 5 分 6）布线没有放入线槽，每根扣 1 分	
3	通电试车	安装、检查后，经老师许可后通电试车，一次成功	20	1）主电路、控制电路熔体装配错误，各扣 5 分 2）第一次试车不成功，扣 10 分 3）第二次试车不成功，扣 15 分 4）第三次试车不成功，扣 20 分	
4	安全文明操作	确保人身和设备安全	20	违反安全文明操作规程，扣 10～20 分	
备注			合　计		
			教师评价	年　月　日	

四、知识拓展——点动与连续运行混合控制

机床设备在正常运行时，一般都处于连续运行状态，但在试车或调整刀具与工件的相对位置时，又需要能点动控制，实现这种控制要求的电路是点动与连续运行混合控制的控制电路，如图 5-8 所示。

图 5-8b 为开关选择的点动与连续运行控制电路，闭合电源开关 QS，当选择开关 SA 断开时，按下按钮 SB_2→KM 线圈得电→KM 主触头闭合→电动机 M 实现单向点动；如果选择开关 SA 闭合，按下按钮 SB_2→KM 线圈得电并自锁→KM 主触头闭合→电动机 M 实现单向连续运行。

图 5-8c 为按钮选择的单向点动与连续运行控制电路，在电源开关 QS 闭合的条件下，按下 SB_3，电动机 M 实现点动，按下 SB_2，电动机则实现连续运行。

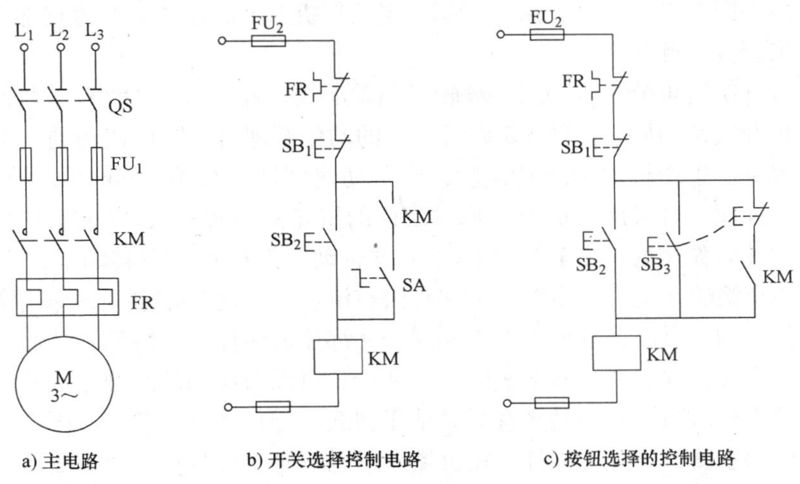

图 5-8　点动与连续运行混合控制的电路

五、项目小结

本项目通过单向点动与连续运行控制电路的安装引出了控制按钮的结构、工作原理、常用型号、符号及其选用，电气控制系统图的基本知识，电气控制电路安装的步骤和方法；学生在点动与连续运行控制电路的工作原理及相关知识学习的基础上，通过对电路安装和调试的操作，掌握电动机基本控制电路安装与调试的基本技能，加深对相关理论知识的理解。

项目二　工作台自动往返控制电路的安装与调试

一、项目导入

生产机械中，有很多机械设备都需要往返运动。例如，平面磨床矩形工作台的往返加工运动，万能铣床工作台的左右、前后和上下运动，这都需要通过行程开关控制电动机的正反转来实现。

本项目主要讨论行程开关的结构和技术参数、可逆运行控制电路的分析及自动往返控制电路的安装与调试的方法。

二、相关知识

（一）行程开关

依据生产机械的行程发出命令，以控制其运动方向和行程长短的主令电器称为行程开关。若将行程开关安装于生产机械行程的终点处，用以限制其行程，则称为限位开关或终端开关。但两者的文字符号表示不同，行程开关的文字符号为 ST，而限位开关文字符号为 SQ。

行程开关按接触方式分为机械结构的接触式有触头行程开关和电气结构的非接触式接近开关。机械结构的接触式有触头行程开关是依靠移动机械上的撞块碰撞其可动部件使常开触

头闭合、常闭触头断开来实现对电路的控制。当工作机械上的撞块离开可动部件时，行程开关复位，触头恢复其原始状态。

行程开关按其结构可分为直动式、滚轮式和微动式三种。

直动式行程开关结构原理如图 5-9 所示，它的动作原理与控制按钮相同，但它的缺点是触头分合速度取决于生产机械的移动速度，当移动速度低于 0.4m/min 时，触头分断太慢，易受电弧烧蚀。为此，应采用盘形弹簧瞬时动作的滚轮式行程开关，如图 5-10 所示。当滚轮 1 受到向左的外力作用时，上转臂 2 向左下方转动，推杆 4 向右转动，并压缩右边弹簧 10，同时下面的小滚轮 5 也很快沿着擒纵件 6 向右滚动，小滚轮滚动又压缩弹簧 9，当小滚轮 5 滚过擒纵件 6 的中点时，盘形弹簧 3 和弹簧 9 都使擒纵件迅速转动，从而使动触头迅速地与右边静触头分开，并与左边静触头闭合，减少了电弧对触头的烧蚀，滚轮式行程开关适用于低速运行的机械。微动开关是具有瞬时动作和微小行程的灵敏开关。图 5-11 为 LX31 型微动开关的结构示意图，当开关推杆 6 在机械作用压下时，弓簧片 2 产生变形，储存能量并产生位移，当达到临界点时，弓簧片连同桥式动触头瞬时动作。当外力失去后，推杆在弓簧片作用下迅速复位，动触头恢复至原来状态。由于采用瞬动结构，动触头换接速度不受推杆压下速度的影响。

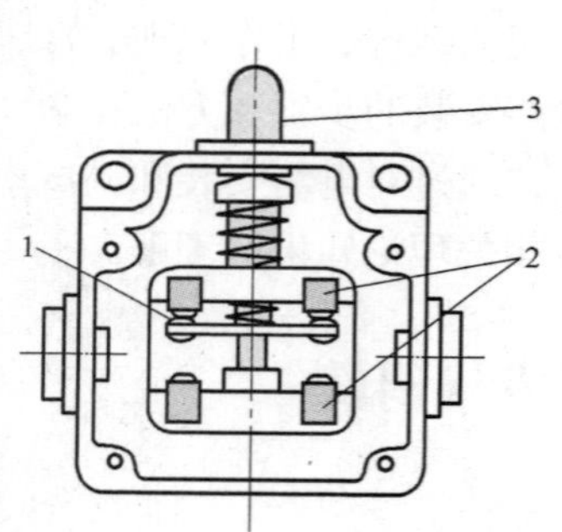

图 5-9　直动式行程开关
1—动触头　2—静触头　3—推杆

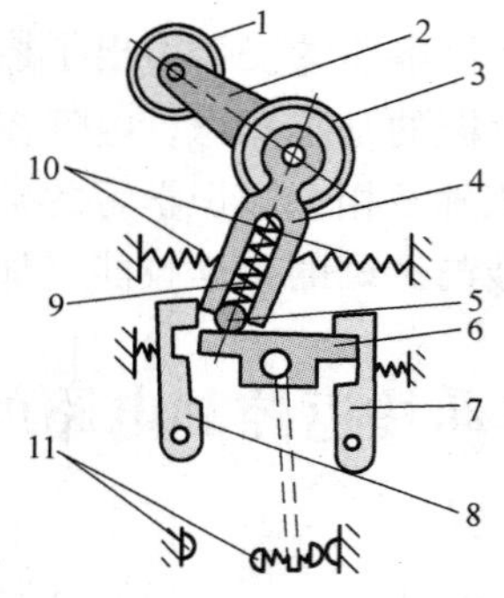

图 5-10　滚轮式行程开关
1—滚轮　2—上转臂　3—盘形弹簧
4—推杆　5—小滚轮　6—擒纵件
7、8—压板　9、10—弹簧　11—触头

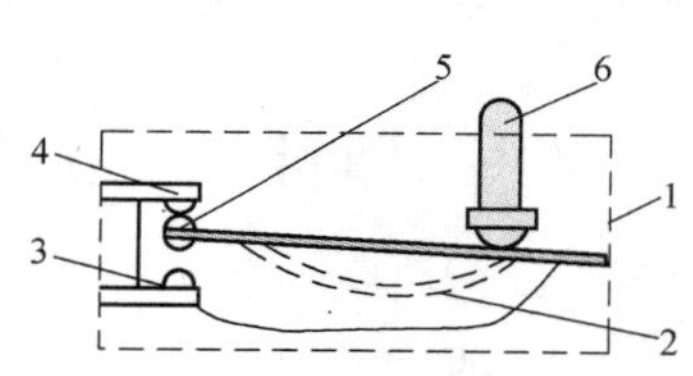

图 5-11　微动开关
1—壳体　2—弓簧片　3—常开触头
4—常闭触头　5—动触头　6—推杆

常用的行程开关有 JLXK1、X2、LX3、LX5、LX12、LX19A、LX21、LX22、LX29 及 LX32 系列，微动开关有 LX31 系列和 JW 型。

JLXK1 系列行程开关的主要技术数据见表 5-4。行程开关的符号如图 5-12 所示。

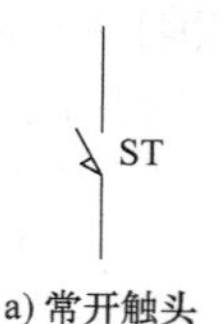

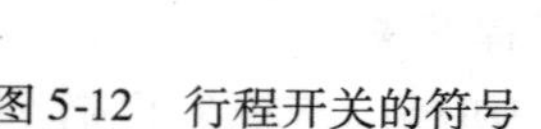

a) 常开触头　b) 常闭触头　c) 复式触头

图 5-12　行程开关的符号

行程开关的选用原则如下：

1） 根据应用场合及控制对象选择。

2） 根据安装使用环境选择防护形式。

3） 根据控制回路的电压和电流选择行程开关系列。

4） 根据运动机械与行程开关的传力和位移关系选择行程开关的头部形式。

电气结构的非接触式行程开关，是当生产机械接近它到一定距离范围内时，它就发出信号，控制生产机械的位置或进行计数，故称接近开关，其内容可参考其他相关书籍。

表 5-4　JLXK1 系列行程开关的主要技术数据

型　号	额定电压/V		额定电流/A	触头数量		结构形式
	交流	直流		常开	常闭	
JLXK1—111	500	440	5	1	1	单轮防护式
JLXK1—211						双轮防护式
JLXK1—111M						单轮密封式
JLXK1—211M						双轮密封式
JLXK1—311						直动防护式
JLXK1—311M						直动密封式
JLXK1—411						直动滚轮防护式
JLXK1—411M						直动滚轮密封式

（二）可逆运行控制

各种生产机械常常要求具有上下左右前后等相反方向的运动，这就要求电动机能够实现可逆运行。三相交流电动机可借助正、反向接触器改变定子绕组相序来实现。为避免正、反向接触器同时通电造成电源的相间短路故障，正反向接触器之间需要有一种制约关系即联锁，保证它们不能同时工作。图 5-13 给出了两种可逆控制电路。

（1）电气联锁　图 5-13b 是电动机正—停—反可逆控制电路，利用两个接触器 KM_1 和 KM_2 的常闭辅助触头相互制约，即当一个接触器通电时，利用其串联在另一个接触器线圈电路中的常闭辅助触头的断开来锁住对方线圈电路。这种利用两个接触器的常闭辅助触头互相控制的方法称为电气联锁，起联锁作用的两对触头称为联锁触头。这种只有接触器联锁的可逆控制电路在正转运行时，要想反转必须先停车，否则不能反转，因此叫做正—停—反控制电路。

电气联锁控制电路的工作原理如下。

1）起动控制。闭合电源开关 QS，电动机正向起动：按下正转起动按钮 SB_2→KM_1 线圈通电并自锁→KM_1 主触头闭合→电动机 M 定子绕组加正向电源直接正向起动运行。

电动机反向起动时，按下反转起动按钮 SB_3→KM_2 线圈通电并自锁→KM_2 主触头闭合→电动机 M 定子绕组加反向电源直接反向起动运行。

2）停止控制。按下停止按钮 SB_1→KM_1（或 KM_2）线圈断电→KM_1（或 KM_2）主触头断开→电动机 M 定子绕组断电停转。

（2）双重联锁控制电路　图 5-13c 是电动机正—反—停控制电路，采用两只复合按钮实现。在这个电路中，正转起动按钮 SB_2 的常开触头用来使正转接触器 KM_1 的线圈瞬时通电，其常闭触头则串联在反转接触器 KM_2 线圈的电路中，用来锁住 KM_2。反转起动按钮 SB_3 也按与 SB_2 相同的方法连接，当按下 SB_2 或 SB_3 时，首先是常闭触头断开，然后才是常开触头闭合。这样在需要改变电动机运行方向时，就不必按停止按钮 SB_1 了，可直接操作正反转按钮即能实现电动机的可逆运行。这种将复合按钮的常闭触头串接在对方接触器线圈电路中所起的联锁作用称为按钮联锁，又称机械联锁。

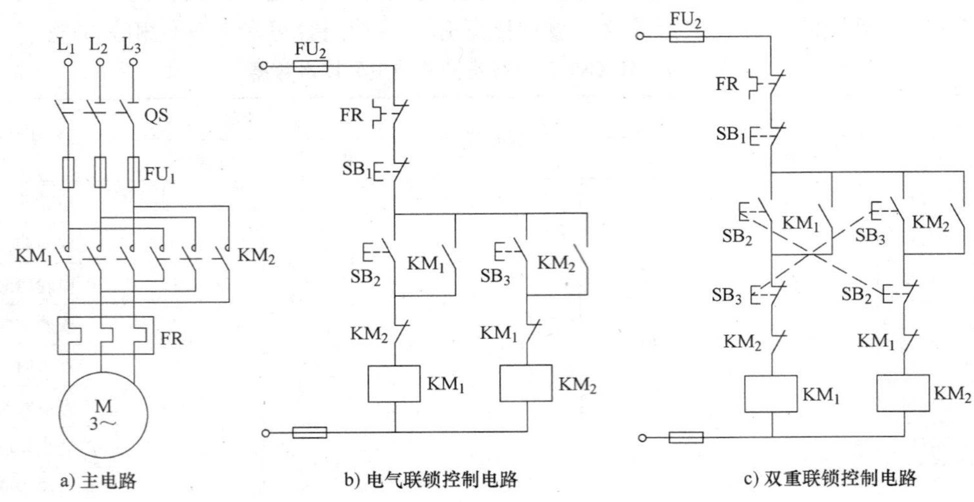

图 5-13　三相异步电动机可逆运行控制电路

双重联锁控制电路的工作原理如下。

1）起动控制。闭合电源开关 QS，电动机正向起动：按下正向起动按钮 SB_2→其常闭触头断开，对 KM_2 实现联锁，之后 SB_2 常开触头闭合→KM_1 线圈通电→其常闭触头断开，对 KM_2 实现联锁，之后 KM_1 自锁触头闭合，同时主触头闭合→电动机 M 定子绕组加正向电源直接正向起动运行。

电动机反向起动：按下反向起动按钮 SB_3→其常闭触头断开，对 KM_1 实现联锁，之后 SB_3 常开触头闭合→KM_2 线圈通电→其常闭触头断开，对 KM_1 实现联锁，之后 KM_2 自锁触头闭合，同时主触头闭合→电动机 M 定子绕组加反向电源直接反向起动。

2）停止控制。按下停止按钮 SB_1→KM_1（或 KM_2）线圈断电→其主触头断开→电动机 M 定子绕组断电并停转。

这个电路既有接触器联锁，又有按钮联锁，称为双重联锁的可逆控制电路，为机床电气控制系统所常用。

（三）自动往返控制电路分析

工作台自动往返运动示意图如图 5-14 所示。图中 ST_1、ST_2 为行程开关，用于控制工作台的自动往返，SQ_1、SQ_2 为限位开关，用来作为终端保护，即限制工作台的行程。实现自动往返控制的电路如图 5-15 所示。

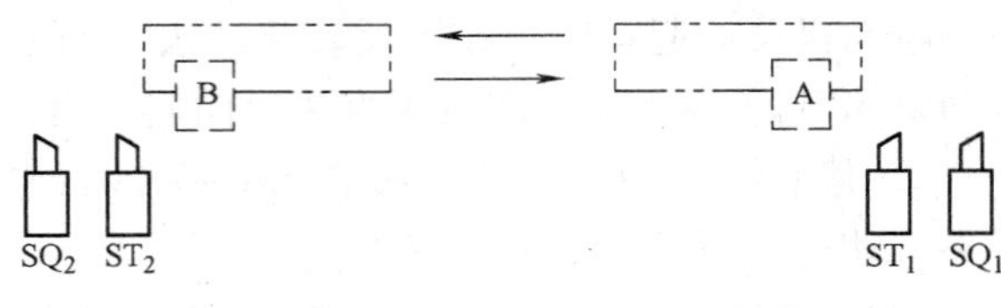

图 5-14　工作台自动往返运动示意图

在图 5-15 所示的电路中，工作台自动往返工作过程如下：

闭合电源开关 QS，按下起动按钮 SB_2→KM_1 线圈得电并自锁→电动机正转→工作台向左移动至左移预定位置→挡铁 B 压下 ST_2→ST_2 常闭触头断开→KM_1 线圈失电，随后 ST_2 常开触头闭合→KM_2 线圈得电→电动机由正转变为反转→工作台开始向右移动至右移预定位置→挡铁 A 压下 ST_1→KM_2 线圈失电，KM_1 线圈得电→电动机由反转变为正转→工作台再次

向左移动，如此周而复始地自动往返工作。按下停止按钮 SB_1→KM_1（或 KM_2）线圈失电→其主触头断开→电动机停转→工作台停止移动。若因行程开关 ST_1、ST_2 失灵，则由极限保护限位开关 SQ_1、SQ_2 实现保护，避免运动部件因超出极限位置而发生事故。

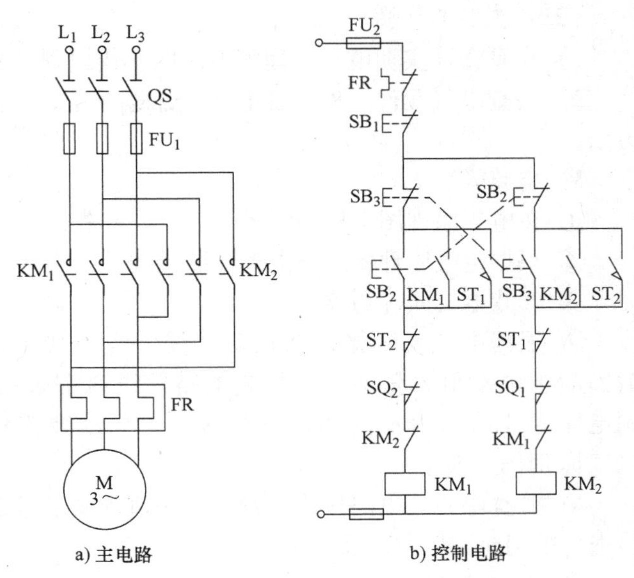

图 5-15 工作台自动往返行程控制电路

三、项目实施

（一）目的要求

1）学会工作台自动往返控制电路的安装方法。

2）理解可逆控制电路电气、机械联锁的原理。

3）初步学会工作台自动往返控制电路常见故障的排除方法。

（二）设备与器材

本项目所需设备与器材见表 5-5。

表 5-5 实训所需设备与器材

序号	名　　称	符号	型 号 规 格	数量	备　注
1	三相笼型异步电动机	M	YS6324—180W/4	1 台	表中所列设备与器材的型号规格仅供参考
2	三相隔离开关	QS	HZ10—25/3	1 只	
3	交流接触器	KM	CJ20—10	2 只	
4	按钮盒	SB	LA4—3H（三个复合按钮）	1 个	
5	熔断器	FU	RL1—15，配 2A 熔体	5 套	
6	热继电器	FR	JR36	1 只	
7	行程开关、限位开关	ST、SQ	JLXK1—111	4 只	
8	接线端子		JF5—10A	1 条	
9	塑料线槽		35mm×30mm	5 条	
10	电气安装板		500mm×600mm×20mm	1 块	
11	导线		BVR1.5mm^2、BVR1mm^2	若干米	
12	线号管		与导线线径相符	若干个	
13	常用电工工具			1 套	
14	螺钉			若干个	
15	万用表		MF47 型	1 块	
16	绝缘电阻表		ZC25—3 型	1 台	
17	钳形电流表		T301—A	1 块	

（三）内容与步骤

1）认真阅读实训电路，理解电路的工作原理。实训电路如图 5-15 所示。

2）检查电气元件。检查各电气元件是否完好，查看各电气元件的型号规格，明确使用方法。

3）电路安装。

① 在电气原理图上标明线号。

② 根据电气原理图绘出电气安装接线图，电气元件和线槽位置摆放要合理。

③ 安装电气元件与线槽。

④ 根据电气安装接线图正确接线，先连接主电路，后连接控制电路。主电路导线截面积视电动机容量而定，控制电路导线通常采用截面积为 $1mm^2$ 的铜线，主电路与控制电路导线需采用不同颜色进行区分。导线要走线槽，接线端需套线号管，线号要与电气原理图一致。

4）检查电路。电路接线完毕，首先清理安装板面杂物，进行自查，确认无误后请老师检查，得到允许后方可通电试车。

5）通电试车。

① 左、右移动。闭合电源开关 QS，分别按下 SB_2、SB_3，观察工作台左、右移动情况，按下 SB_1 停机。

② 电气联锁、机械联锁控制的试验。同时按下 SB_2 和 SB_3，接触器 KM_1 和 KM_2 均不能通电，电动机不能运行。按下正转起动按钮 SB_2，电动机正转，再按下反转起动按钮 SB_3，电动机从正转变为反转。

③ 电动机不宜频繁持续由正转变为反转、反转变为正转，故不宜频繁持续操作 SB_2 和 SB_3。

④ SQ_1、SQ_2 的限位保护。工作台在左、右往返运行过程中，若行程开关 ST_1、ST_2 失灵，则由限位开关 SQ_1、SQ_2 实现极限限位保护，以防工作台运行超出行程而造成事故。

⑤ 通电过程中若出现异常现象，应立即切断电源，分析故障现象，并报告老师。检查故障并排除后，经老师允许后方可继续通电试车。

6）结束实训。实训完毕后，首先切断电源，确保在断电情况下拆除连接导线和电气元件，清点实训设备与器材，交老师检查。

（四）实训分析

1）按下正、反转起动按钮，若电动机运行方向不改变，原因可能是什么？

2）若频繁持续操作 SB_2 和 SB_3，会产生什么现象？为什么？

3）同时按下 SB_2 和 SB_3，会不会引起电源短路？为什么？

4）当电动机正常正向或反向运行时，轻按一下反向起动按钮 SB_3 或正向起动按钮 SB_2，不将按钮按到底，电动机运行状态如何？为什么？

5）如果行程开关 ST_1、ST_2 失灵，会出现什么现象？本项目采取什么措施解决了这一问题？

（五）考核与评价

项目考核内容与考核标准见表 5-6。

表 5-6　项目考核内容与考核标准

序号	考核内容	考 核 要 求	配分	评 分 标 准	得分
1	电气元件的安装	1）正确使用电工工具和仪表，熟练安装电气元件 2）电气元件在安装板上布置合理，安装准确、紧固	20	1）电气元件布置不整齐、不匀称、不合理，每只扣 4 分 2）电气元件安装不牢固，安装电气元件时漏装螺钉，每只扣 4 分 3）损坏电气元件每只扣 10 分	
2	接线工艺	1）布线美观、紧固 2）走线应做到横平竖直，直角拐弯 3）电源、电动机和低压电器接线要接到端子排上，进出的导线要有端子标号	40	1）不按电路图接线，扣 20 分 2）布线不美观，主电路、控制电路每根扣 4 分 3）接点松动、接头裸线过长，压绝缘层，每个接点扣 2 分 4）损伤导线绝缘或线芯，每根扣 5 分 5）线号标记不清楚，漏标或误标，每处扣 5 分 6）布线没有放入线槽，每根扣 1 分	
3	通电试车	安装、检查后，经老师许可后通电试车，一次成功	20	1）热继电器未整定或整定错误，扣 5 分 2）主电路、控制电路熔体装配错误，各扣 5 分 3）第一次试车不成功，扣 10 分 4）第二次试车不成功，扣 15 分 5）第三次试车不成功，扣 20 分	
4	安全文明操作	确保人身和设备安全	20	违反安全文明操作规程，扣 10～20 分	
备注		合　计			
		教师评价		年　　月　　日	

四、知识拓展——多地联锁控制

在两地或多地控制同一台电动机的控制方式称为电动机的多地联锁控制。在大型生产设备上，为使操作人员在不同方位均能进行起、停操作，常常要求组成多地联锁控制电路。

图 5-16 为两地联锁的控制电路。其中 SB_2、SB_1 为安装在甲地的起动按钮和停止按钮，SB_4、SB_3 为安装在乙地的起动按钮和停止按钮。电路的特点是起动按钮并联接在一起，停止按钮串联接在一起，即分别实现逻辑或和逻辑与的关系。这样就可以分别在甲、乙两地控制同一台电动机，达到操作方便的目

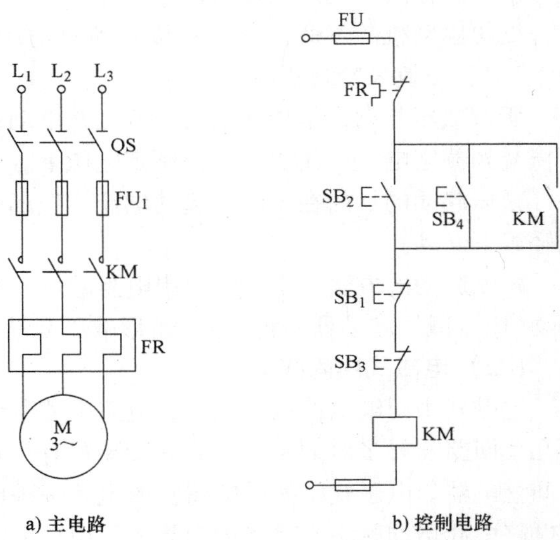

图 5-16　两地联锁控制电路

的。对于三地或多地联锁控制，只要将各地的起动按钮并联、停止按钮串联即可实现。

五、项目小结

本项目通过工作台自动往返运行控制电路的安装引出了行程开关的结构、工作原理、常用型号、符号及其选用，可逆运行控制电路的分析；学生在工作台自动往返控制电路及相关知识学习的基础上，通过对电路的安装和调试的操作，掌握电动机基本控制电路安装与调试的基本技能，加深对相关理论知识的理解。

项目三　三相异步电动机Y-△减压起动控制电路的安装与调试

一、项目导入

星形-三角形(Y-△)减压起动是指电动机起动时把定子绕组接成星形，以降低起动电压，减小起动电流，待电动机起动后，转速上升至接近额定转速时，再把定子绕组改接成三角形，使电动机全压运行。Y-△减压起动适合正常运行时为△联结的三相笼型异步电动机轻载起动的场合，其特点是起动转矩小，仅为额定值的1/3，转矩特性差(起动转矩下降为原来的1/3)。

本项目主要讨论相关的继电器的结构、技术参数及三相笼型异步电动机Y-△减压起动电路的安装与调试方法。

二、相关知识

(一) 减压起动控制

三相笼型异步电动机可采用直接起动和减压起动。由于异步电动机的起动电流一般可达其额定电流的4~7倍，过大的起动电流一方面会造成电网电压的显著下降，直接影响在同一电网中工作的其他用电设备正常工作；另一方面电动机频繁起动会严重发热，加速绕组老化，缩短电动机的寿命，因此直接起动只适用于小容量电动机。当电动机容量较大(10kW以上)时，一般采用减压起动。

所谓减压起动，是指起动时降低加在电动机定子绕组上的电压，待电动机起动后再将电压恢复到额定电压，使之运行在额定电压下。

减压起动的目的在于减小起动电流，但起动转矩也将降低，因此减压起动只适用于空载或轻载下起动。

减压起动的方法有定子绕组串电阻减压起动、Y-△减压起动、自耦变压器减压起动、软起动(固态减压起动器)和延边三角形减压起动等。

(二) 电磁式中间继电器

电磁式中间继电器用途很广，电路中若主继电器的触头容量不足，或为了同时接通和断开几个回路需要多对触头时，或一套装置有几套保护需要用共同的出口继电器等，都要采用中间继电器。电磁式中间继电器实质上是一种电磁式电压继电器，其特点是触头数量较多，在电路中起增加触头数量和中间放大作用。由于中间继电器只要求线圈电压为零时能可靠释放，对动作参数无要求，故中间继电器没有调节装置。

电磁式中间继电器的基本结构和工作原理与接触器基本相同，故称为接触器式继电器，所不同的是中间继电器的触头对数较多，并且没有主触头、辅助触头之分，各对触头允许通过的电流大小是相同的，其额定电流约为5A。

按电磁式中间继电器线圈电压种类的不同，有直流中间继电器和交流中间继电器两种。有些电磁式直流继电器更换不同电磁线圈后便可成为直流电压、直流电流及直流中间继电器，若在铁心柱上套有阻尼套筒，又可成为电磁式时间继电器。因此，这类继电器具有通用性，又称为通用继电器。

常用的电磁式中间继电器有JZ7、JDZ2、JZ14等系列。

中间继电器的符号如图5-17所示。

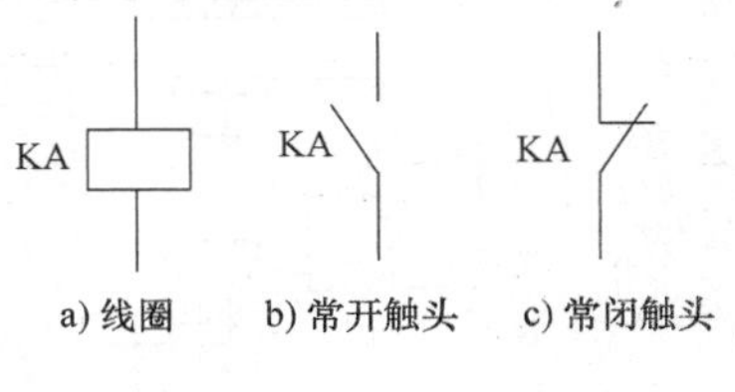

图5-17　中间继电器符号

（三）时间继电器

继电器输入信号后，经一定的延时才有输出信号的继电器称为时间继电器。对于电磁式时间继电器，当电磁线圈通电或断电后，经一段时间延时触头状态才发生变化，即延时触头才动作。

时间继电器种类很多，常用的有电磁阻尼式时间继电器、空气阻尼式时间继电器、电动机式时间继电器和电子式时间继电器等。按延时方式可分为通电延时时间继电器和断电延时时间继电器。通电延时时间继电器接收输入信号后延迟一定时间，输出信号才发生变化；当输入信号消失后，输出瞬时复原。断电延时时间继电器接收输入信号后，瞬时产生相应的输出信号，当输入信号消失后，延迟一定时间，输出信号才复原。这里仅介绍利用电磁原理工作的空气阻尼式时间继电器以及晶体管时间继电器。

1. 空气阻尼式时间继电器

空气阻尼式时间继电器由电磁机构、延时机构和触头系统三部分组成，它利用空气阻尼原理达到延时的目的。空气阻尼式时间继电器的延时方式有通电延时型和断电延时型两种，其外观区别在于：当衔铁位于静铁心和延时机构之间时为通电延时型；当静铁心位于衔铁和延时机构之间时为断电延时型。图5-18为JS7—A系列空气阻尼式时间继电器的结构原理图。

通电延时型时间继电器的工作原理是：当线圈1通电后，衔铁3吸合，活塞杆6在塔形弹簧7作用下带动活塞13及橡胶膜9向上移动，橡胶膜下方空气，室内空气变得稀薄，形成负压，活塞杆只能缓慢移动，其移动速度由进气孔气隙大小决定。经一段延时后，活塞杆通过杠杆15压动微动开关14，使其触头动作，起到通电延时作用。当线圈断电时，衔铁释放，橡胶膜下方空气室内的空气通过活塞肩部所形成的单向阀迅速排出，使活塞杆、杠杆、微动开关迅速复位。由线圈通电至触头动作的一段时间即为时间继电器的延时时间，延时长短可通过调节螺钉11来调节进气孔的气隙大小来改变。微动开关16在线圈通电或断电时，在推板5的作用下都能瞬时动作，其触头为时间继电器的瞬动触头。

空气阻尼式时间继电器的延时时间有0.4～180s和0.4～60s两种规格，具有延时范围较宽、结构简单、价格低廉、工作可靠及寿命长等优点，是机床电气控制电路中常用的时间继电器。但因其延时精度较低、没有调节指示，只适用于延时精度要求不高的场合。

JS7—A系列空气阻尼式时间继电器的主要技术数据见表5-7。

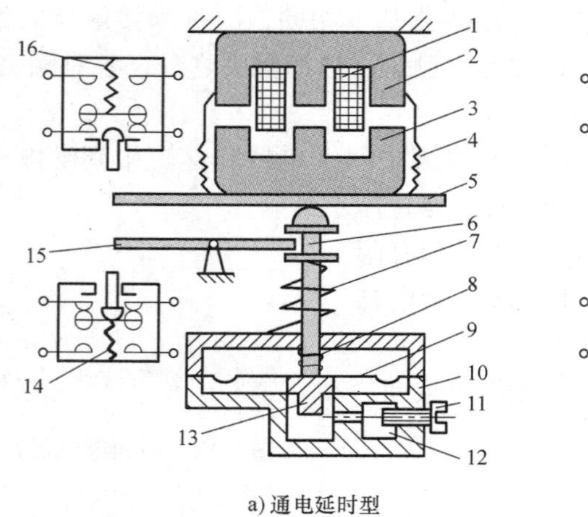

a) 通电延时型

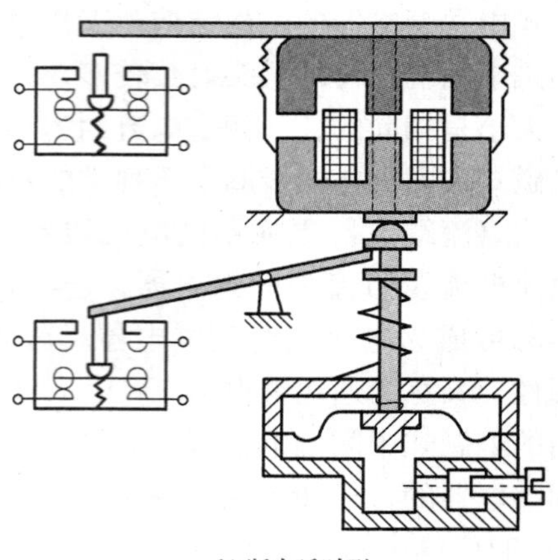

b) 断电延时型

图 5-18　JS7—A 系列空气阻尼式时间继电器结构原理图

1—线圈　2—静铁心　3—衔铁　4—反力弹簧　5—推板　6—活塞杆　7—塔形弹簧　8—弱弹簧　9—橡胶膜　10—空气室壁　11—调节螺钉　12—进气孔　13—活塞　14、16—微动开关　15—杠杆

表 5-7　JS7—A 系列空气阻尼式时间继电器的主要技术数据

型号	吸引线圈电压/V	触头额定电流/A	触头额定电压/V	延时范围/s	延时触头				瞬动触头	
					通电延时		断电延时		常开	常闭
					常开	常闭	常开	常闭		
JS7—1A	24，36，110，127，220，380，440	5	380	均有 0.4～60 和 0.4～180 两种产品	1	1	—	—	—	—
JS7—2A					1	1	—	—	1	1
JS7—3A					—	—	1	1	—	—
JS7—4A					—	—	1	1	1	1

注：1. 表中型号 JS7 后面的 1A～4A 是区别通电延时或断电延时的，以及是否带瞬动触头。

2. JS7—A 为改型产品，具有体积小的特点。

2. 晶体管时间继电器

晶体管时间继电器又称为半导体式时间继电器或电子式时间继电器。晶体管时间继电器除执行继电器外，均由电子元器件组成，没有机械部件，因而它的优点是具有较长的寿命、较高精度、体积小、延时范围大、调节范围宽以及控制功率小等。

晶体管时间继电器按构成原理可分为阻容式时间继电器和数字式时间继电器，按延时方式分为通电延时型时间继电器、断电延时型时间继电器和带瞬动触头的通电延时型时间继电器。下面以具有代表性的 JS20 系列为例介绍晶体管时间继电器的结构和工作原理。

JS20 系列晶体管时间继电器采用插座式结构，所有电气元件均装在印制电路板上，然后用螺钉使之与插座紧固，再装入塑料罩壳组成本体部分。在罩壳顶面装有铭牌和整定电位器的旋钮。铭牌上有时间继电器最大延时时间的十等分刻度，使用时旋动旋钮即可调整延时时间。铭牌上还有指示灯，当继电器吸合后指示灯亮。外接式的整定电位器不装在继电器的

主体内，而用导线引接到所需的控制板上。

晶体管时间继电器的安装方式有装置式和面板式两种。装置式晶体管时间继电器备有带接线端子的胶木底座，它与继电器本体部分采用插接连接，并用扣攀锁紧，以防松动；面板式晶体管时间继电器可直接把时间继电器安装在控制台的面板上，它与装置式的结构大体相同，只是采用 8 脚插座代替装置式的胶木底座。

JS20 系列晶体管时间继电器所采用的电路有单结晶体管电路和场效应晶体管电路两类。JS20 系列晶体管时间继电器有通电延时型晶体管时间继电器、断电延时型晶体管时间继电器和带瞬动触头的通电延时型晶体管时间继电器三种。对于通电延时型晶体管时间继电器，其延时等级可分为 1s、5s、10s、30s、60s、120s、180s、300s、600s、1800s 和 3600s 等。对于断电延时型晶体管时间继电器，其延时等级可分为 1s、5s、10s、30s、60s、120s 和 180s 等。

图 5-19 为采用场效应晶体管电路构成的 JS20 系列通电延时型时间继电器的电路图，它由稳压电源、*RC* 充放电电路、电压鉴别电路、输出电路和指示电路等部分组成。

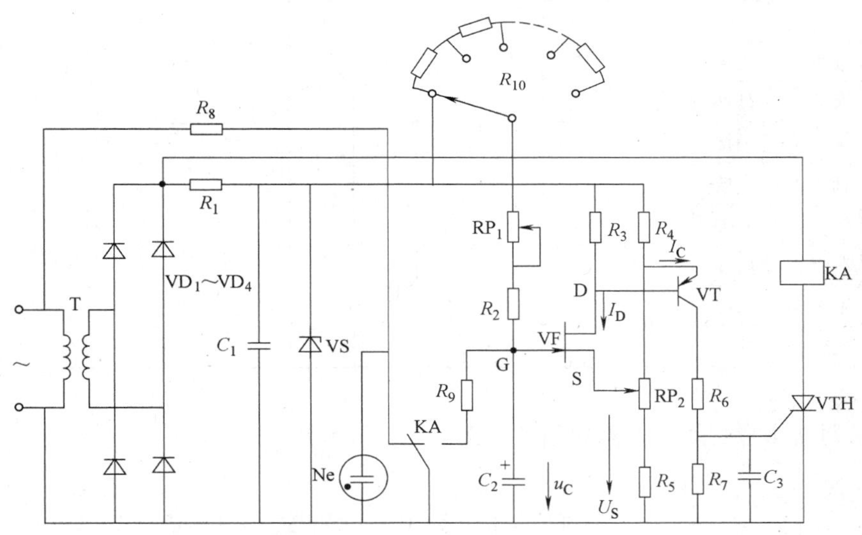

图 5-19 JS20 系列通电延时型时间继电器电路图

电路工作原理：接通交流电源，经整流、滤波和稳压后变为直流电源，输出的直流电压经波段开关上的电阻 R_{10}、RP_1、R_2 向电容 C_2 充电。开始时场效应晶体管 VF 截止，晶体管 VT、晶闸管 VTH 也处于截止状态。随着充电的进行，电容 C_2 上的电压由零按指数曲线上升，直至 U_C 上升到 $|U_C - U_S| < |U_P|$时，VF 导通（U_S 为结型场效应晶体管的源极电压，U_P 为结型场效应晶体管的夹断电压）。这时由于 I_D 在 R_3 上产生电压降，D 点电位开始下降，一旦 D 点电位降低到 VT 的发射极电位以下时，VT 导通。VT 的集电极电流 I_C 在 R_4 上产生电压降，使场效应晶体管 U_S 降低，即负栅偏压越来越小。所以对于 VT 来说，R_4 起正反馈作用，使 VT 导通，并触发晶闸管 VTH，使它导通，同时使继电器 KA 动作，输出延时信号。从时间继电器接通电源，C_2 开始被充电到 KA 动作这段时间即为通电延时动作时间。KA 动作后，C_2 经 KA 常开触头对电阻 R_9 放电，

同时氖泡指示灯 Ne 起辉，并使场效应晶体管 VF 和晶体管 VT 都截止，为下次工作做准备。但此时晶闸管 VTH 仍保持导通，除非切断电源使电路恢复到原来的状态，继电器 KA 才会释放。

JS20 系列晶体管时间继电器的主要技术数据见表 5-8。

表 5-8　JS20 系列晶体管时间继电器的主要技术参数

型号	结构形式	延时整定元件位置	延时范围/s	延时触头数量				瞬动触头数量		工作电压/V		功率损耗/W	机械寿命/万次
				通电延时		断电延时							
				常开	常闭	常开	常闭	常开	常闭	交流	直流		
JS20—□/00	装置式	内接	0.1 ~ 300	2	2	—	—	—	—	36、100、127、220、380	24、48、110	≤5	1000
JS20—□/01	面板式	内接											
JS20—□/02	装置式	外接											
JS20—□/03	装置式	内接		1	1	—	—	1	1				
JS20—□/04	面板式	内接											
JS20—□/05	装置式	外接											
JS20—□/10	装置式	内接	0.1 ~ 3600	2	2	—	—	—	—				
JS20—□/11	面板式	内接											
JS20—□/12	装置式	外接											
JS20—□/13	装置式	内接		1	1	—	—	1	1				
JS20—□/14	面板式	内接											
JS20—□/15	装置式	外接											
JS20—□/00	装置式	内接	0.1 ~ 180	—	—	2	2	—	—				
JS20—□/01	面板式	内接											
JS20—□/02	装置式	外接											

JS20 系列晶体管时间继电器的型号含义：

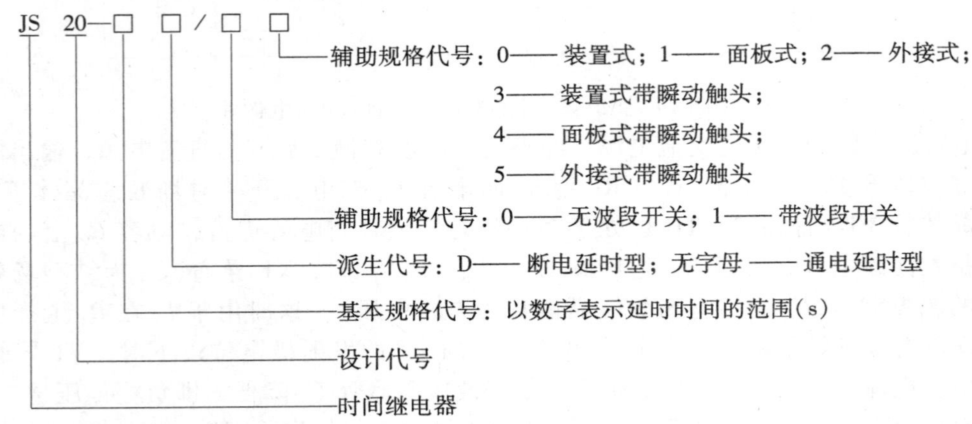

时间继电器的符号如图5-20所示。

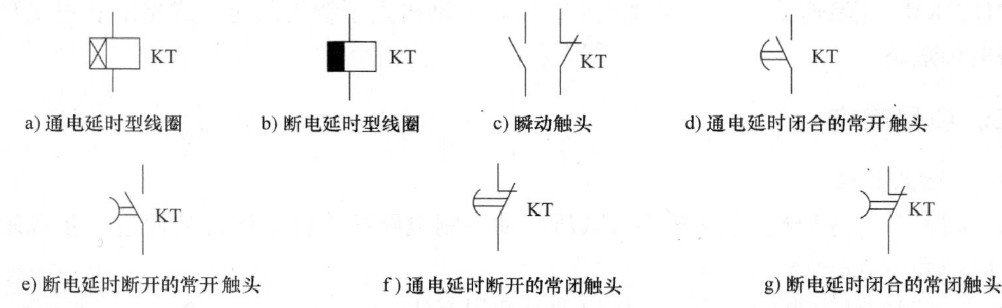

图5-20　时间继电器的符号

3. 时间继电器的选用

1）根据控制电路的控制要求选择时间继电器的延时类型。

2）根据对延时精度要求不同选择时间继电器的类型。对延时精度要求不高的场合，一般选用电磁式或空气阻尼式时间继电器；对延时精度要求高的场合，应选用晶体管式或电动机式时间继电器。

3）应考虑环境温度变化的影响。在环境温度变化较大的场合，不宜采用晶体管时间继电器。

4）应考虑电源参数变化的影响。对于电源电压波动大的场合，选用空气阻尼式比采用晶体管式好；而在电源频率波动大的场合，则不宜采用电动机式时间继电器。

5）考虑延时触头种类、数量和瞬动触头种类、数量是否满足控制要求。

4. 时间继电器的故障及排除

空气阻尼式时间继电器的气室因装配不严而漏气或橡胶膜损坏，会使延时缩短甚至不延时，此时应重新装配气室、更换损坏或老化的橡胶膜。如果排气孔阻塞，时间继电器的延时时间会变长，此时可拆开气室，清除气道中的灰尘。

（四）星形-三角形减压起动控制电路分析

Y-△减压起动控制电气原理图如图5-21所示。

电路的工作原理为：闭合电源开关QS，按下起动按钮SB_2→KM_1、KM_3和KT线圈同时得电吸合并自锁→KM_1、KM_3的主触头闭合→电动机M按星形联结减压起动→当电动机转速上升至接近额定转速时→通电延时型时间继电器KT动作→其常闭触头断开→KM_3线圈断电释放→其联锁触头复位，主触头断开→电动机M失电解除星形联结。同

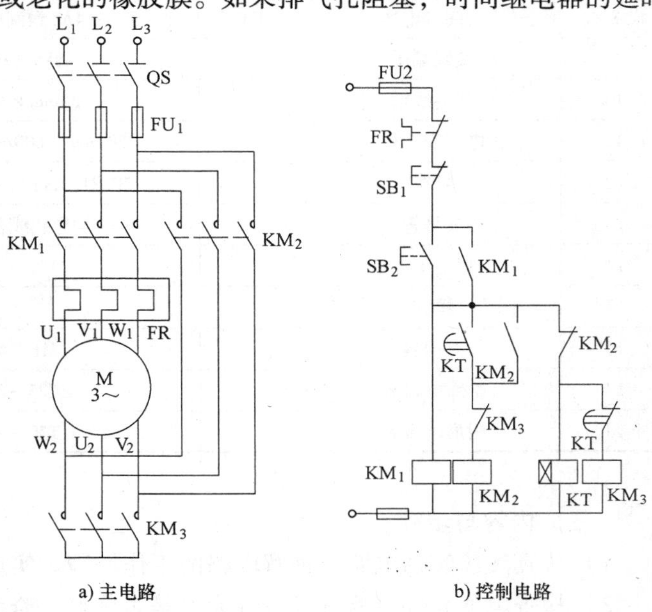

图5-21　Y-△减压起动控制电路

时，KT常开触头闭合→KM_2线圈通电吸合并自锁→电动机定子绕组接成三角形全电压运行。

KM_2、KM_3常闭辅助触头为联锁触头，以防电动机定子绕组同时接成星形和三角形造成主电路电源短路。

三、项目实施

（一）目的要求

1）掌握三相笼型异步电动机Y-△减压起动控制电路的连接方法，从而进一步理解电路的工作原理和特点。

2）了解时间继电器的结构、工作原理及使用方法。

3）进一步熟悉电路的安装接线工艺。

4）熟悉三相笼型异步电动机Y-△减压起动控制电路的调试及常见故障的排除方法。

（二）设备与器材

本实训项目所需设备与器材见表5-9。

表5-9　实训所需设备与器材

序号	名　称	符号	型号规格	数量	备注
1	三相笼型异步电动机	M	Y112M—4　4kW 380V　8.8A	1台	表中所列设备与器材的型号规格仅供参考
2	三相隔离开关	QS	HZ10—25/3	1只	
3	交流接触器	KM	CJ20—16（线圈电压380V）	3只	
4	按钮盒	SB	LA4—3H（三个复合按钮）	1个	
5	熔断器	FU_1	RL6—25　配20A熔体	3套	
6	熔断器	FU_2	RL1—15　配2A熔体	2套	
7	热继电器	FR	JR16—20/3D	1只	
8	时间继电器	KT	JS7—4A（线圈电压380V）	1只	
9	接线端子		JF5—10A	1条	
10	塑料线槽		35mm×30mm	5条	
11	电气安装板		500mm×600mm×20mm	1块	
12	导线		BVR1.5mm^2、BVR1mm^2	若干米	
13	线号管		与导线线径相符	若干个	
14	常用电工工具			1套	
15	螺钉			若干个	
16	万用表		MF47型	1块	
17	绝缘电阻表		ZC25—3型	1台	
18	钳形电流表		T301—A	1块	

（三）内容与步骤

1）认真阅读实训电路，理解电路的工作原理。实训电路如图5-21所示。

2）检查电气元件。检查各电气元件是否完好，查看各电气元件型号、规格，明确使用方法。

3）电路安装。

① 在电气原理图上标明线号。

② 根据电气原理图绘出电气安装接线图，电气元件和线槽位置摆放要合理。

③ 安装电气元件与线槽。

④ 根据电气安装接线图正确接线，先连接主电路，后连接控制电路。主电路导线截面积视电动机容量而定，控制电路导线通常采用截面积为1mm^2的铜线，主电路与控制电路导线需采用不同颜色进行区分。导线要走线槽，接线端需套线号管，线号要与电气原理图一致。

4）检查电路。电路接线完毕，首先清理控制板面杂物，进行自查，确认无误后请老师检查，得到允许后方可通电试车。

5）通电试车。

① 闭合电源开关QS，按下起动按钮SB_2，观察接触器动作顺序及电动机减压起动的过程。起动结束后，按下停止按钮SB_1，电动机停转。

② 调整时间继电器KT的延时时间，观察电动机起动过程的变化。

③ 通电过程中若出现异常情况，应立即切断电源，分析故障现象，并报告老师。检查故障并排除后，经老师允许后方可继续进行通电试车。

6）结束实训。实训完毕后，首先切断电源，确保在断电情况下拆除连接导线和电气元件，清点实训设备与器材，交老师检查。

（四）实训分析

1）试验时，有无出现异常现象，若有，其原因是什么？

2）时间继电器在电路中的作用是什么？请设计一个断电延时继电器控制Y-△减压起动控制的电路。

3）若电路在起动过程中，不能从Y联结切换到△联结，电路始终处在Y联结下运行，试分析故障产生的原因。

（五）考核与评价

项目考核内容与考核标准见表5-10。

表5-10　项目考核内容与考核标准

序号	考核内容	考核要求	配分	评分标准	得分
1	电气元件的安装	1）正确使用电工工具和仪表，熟练安装电气元件 2）电气元件在安装板上布置合理，安装准确、紧固	20	1）电气元件布置不整齐、不匀称、不合理，每只扣4分 2）电气元件安装不牢固，安装电气元件时漏装螺钉，每只扣4分 3）损坏电气元件每只扣10分	
2	接线工艺	1）布线美观、紧固 2）走线应做到横平竖直，直角拐弯 3）电源、电动机和低压电器接线要接到端子排上，进出的导线要有端子标号	40	1）不按电路图接线，扣20分 2）布线不美观，主电路、控制电路每根扣4分 3）接点松动、接头裸线过长，压绝缘层，每个接点扣2分 4）损伤导线绝缘或线芯，每根扣5分 5）线号标记不清楚，漏标或误标，每处扣5分 6）布线没有放入线槽，每根扣1分	

（续）

序号	考核内容	考核要求	配分	评分标准	得分
3	通电试车	安装、检查后，经老师许可后通电试车，一次成功	20	1）热继电器及时间继电器整定错误，各扣5分 2）主电路、控制电路熔体装配错误，各扣5分 3）第一次试车不成功，扣10分 4）第二次试车不成功，扣15分 5）第三次试车不成功，扣20分	
4	安全文明操作	确保人身和设备安全	20	违反安全文明操作规程，扣10～20分	
备注			合计		
			教师评价	年　　月　　日	

四、知识拓展

（一）定子绕组串电阻减压起动控制

定子绕组串电阻减压起动是指电动机起动时在定子绕组中串接电阻，通过电阻的分压作用使电动机定子绕组上的电压减小，待电动机转速上升至接近额定转速时，将电阻切除，使电动机在额定电压（全电压）下正常运行。这种起动方法适用于电动机容量不大、起动不频繁且平稳的场合，其特点是起动转矩小、加速平滑，但电阻上的能量损耗大。图5-22为三相异步电动机定子绕组串电阻减压起动的控制原理图。图中，SB_2 为起动按钮，SB_1 为停止按钮，R 为起动电阻，KM_1 为电源接触器，KM_2 为切除起动电阻用接触器，KT为控制起动过程的时间继电器。

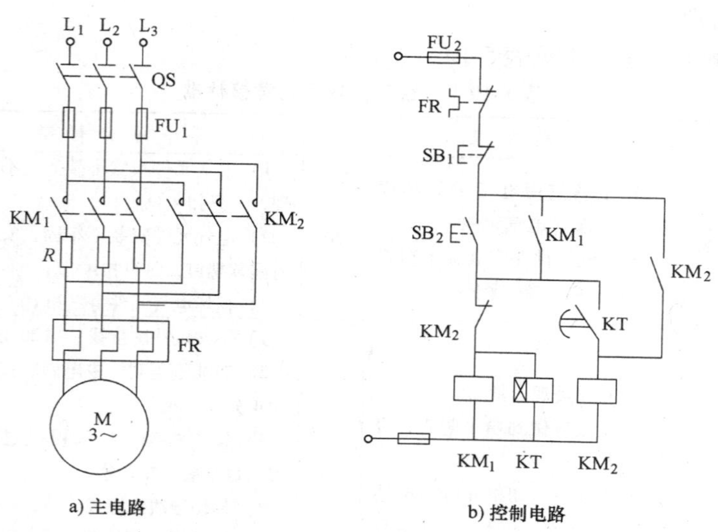

a) 主电路　　b) 控制电路

图5-22　定子绕组串电阻减压起动控制电路

电路的工作原理为：闭合电源开关QS，按下起动按钮 SB_2→KM_1 得电并自锁→电动机

定子绕组串入电阻 R 减压起动，同时 KT 得电→经延时后，KT 常开触头闭合→KM_2 得电并自锁→KM_2 辅助常闭触头断开→KM_1、KT 失电，KM_2 主触头闭合将起动电阻 R 短接→电动机进入全电压正常运行状态。

（二）自耦变压器减压起动控制

自耦变压器减压起动是指电动机起动时利用自耦变压器来降低加在电动机定子绕组上的起动电压，电动机起动后，当转速上升至接近额定转速时，将自耦变压器切除，电动机定子绕组上直接加电源电压，进入全电压运行状态。这种起动方法适合重载起动的场合，其特点是起动转矩大(60%、80%抽头)、损耗低，但设备庞大、成本高，起动过程中会出现二次涌流冲击，适用于不频繁起动、容量在 30kW 以上的设备。

图 5-23 为自耦变压器减压起动控制电路图。图中，KM_1 为减压起动接触器，KM_2 为全电压运行接触器，KA 为中间继电器，KT 为减压起动控制时间继电器。

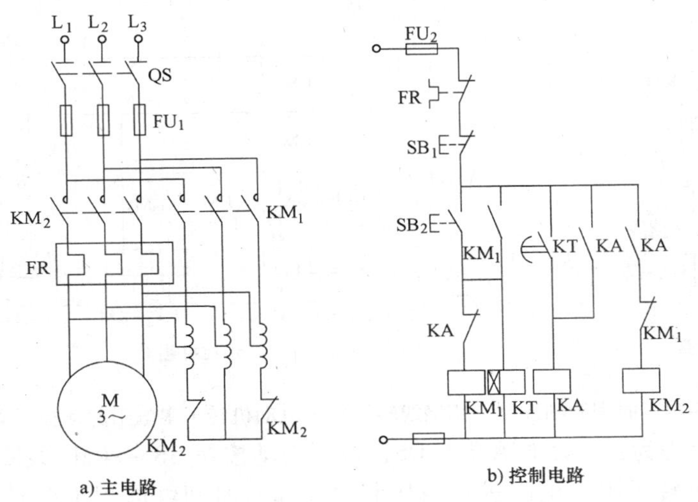

a) 主电路　　b) 控制电路

图 5-23　自耦变压器减压起动控制电路

电路的工作原理为：闭合电源开关 QS，按下起动按钮 SB_2→KM_1、KT 线圈同时得电，KM_1 线圈得电吸合并自锁→将自耦变压器接入→电动机由自耦变压器二次电压供电减压起动。当电动机转速接近额定转速时→时间继电器 KT 延时时间到→其延时闭合触头闭合→使 KA 线圈得电并自锁→其常闭触头断开 KM_1 线圈电路→KM_1 线圈失电后返回→将自耦变压器从电源切除，同时 KA 的常开触头闭合→使 KM_2 线圈得电吸合→其主触头闭合→电动机定子绕组加全电压进入正常运行状态。

（三）三相绕线转子异步电动机的起动控制

三相绕线转子异步电动机起动控制的方法有转子串电阻或转子串频敏变阻器起动两种。转子串电阻起动控制的原则有时间原则和电流原则两种。下面仅分析按时间原则控制转子串电阻的起动控制。

串接在三相转子绕组中的起动电阻，一般都接成星形。起动时，将全部起动电阻接入，随着起动的进行，电动机转速的升高，转子电阻依次被短接，在起动结束时，转子外接电阻全部被短接。短接电阻的方法有三相电阻不平衡短接法和三相电阻平衡短接法两种。所谓不平衡短接法是依次轮流短接各相电阻，而平衡短接是依次同时短接三相转子电阻。当采用凸轮控制器触头来短接各相电阻时，因控制器触头数量有限，一般采用不平衡短接法；当采用接触器触头来短接转子电阻时，均采用平衡短接法。

图 5-24 为转子串三级电阻按时间原则控制的起动电路。图中，KM_1 为电源接触器，KM_2、KM_3 和 KM_4 为短接电阻起动接触器，KT_1、KT_2 和 KT_3 为短接转子电阻时间继电器。

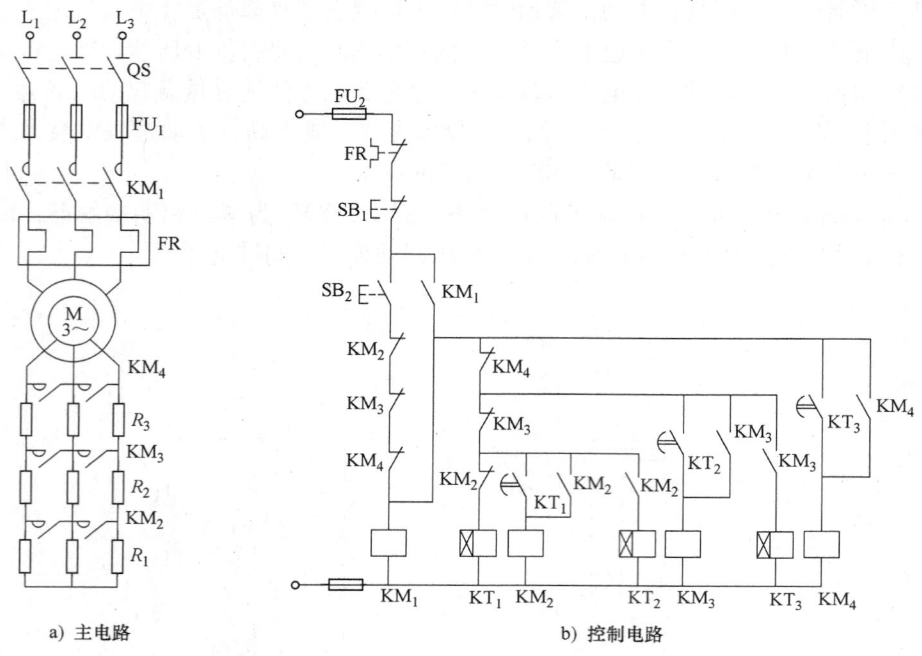

图 5-24 时间原则控制三相绕线转子异步电动机转子串电阻起动控制电路

电路的工作原理为：闭合电源开关 QS，按下起动按钮 SB_2→KM_1 线圈得电并自锁→主触头闭合→电动机转子串全电阻进行减压起动，同时时间继电器 KT_1 线圈得电并开始延时→当延时时间到，KT_1 延时闭合的常开触头闭合→KM_2 线圈得电并自锁→其主触头闭合→切除转子电阻 R_1，同时 KM_2 的辅助常开触头闭合→KT_2 线圈得电并开始延时。这样通过时间继电器依次通电延时→KM_2 ~ KM_4 线圈依次得电→主触头依次闭合→转子电阻将被逐级短接→直到转子电阻全部被切除→电动机起动结束，进入正常运行状态。

电动机进入正常运行时，控制电路中只有 KM_1 和 KM_4 处于工作状态。

值得注意的是，应确保控制电路在转子串入全部电阻的情况下起动，且当电动机进入正常运行时，只有 KM_1 和 KM_4 两个接触器处于长期通电状态，而 KT_1、KT_2、KT_3 与 KM_2、KM_3 线圈通电时间均压缩到最低限度。这种起动方法一方面可节省电能，延长电动机使用寿命，更为重要的是可减少电路故障，保证电路安全可靠地工作。不足之处是，由于电路逐级短接电阻，电动机电流与转矩突然增大，将产生机械冲击。

五、项目小结

本项目通过三相异步电动机Y-△减压起动控制电路的安装引出了减压起动、电磁式继电器的基本知识和时间继电器的结构、工作原理、常用型号、符号及其选用，Y-△减压起动控制电路的分析；学生在Y-△减压起动控制电路及相关知识学习的基础上，通过对电路的安装和调试

的操作，掌握电动机基本控制电路安装与调试的基本技能，加深对相关理论知识的理解。

本项目还介绍了三相异步电动机定子绕组串电阻减压起动、自耦变压器减压起动和三相绕线转子异步电动机转子绕组串电阻起动控制电路的组成，并对它们的工作过程作了分析。

项目四　三相异步电动机能耗制动控制电路的安装与调试

一、项目导入

电动机制动控制的方法有机械制动和电气制动。常用的电气制动有反接制动和能耗制动等。能耗制动是指在电动机脱离三相交流电源后，向定子绕组通入直流电源，建立静止磁场，转子以惯性旋转，转子导体切割定子恒定磁场产生转子感应电动势，利用转子感应电流与静止磁场的作用产生制动的电磁转矩，达到制动的目的。在制动过程中，电流、转速和时间三个参数都在变化，可任取一个作为控制信号。按时间作为控制参数，控制电路简单，实际应用较多。

本项目主要讨论相关的速度继电器结构和技术参数，能耗制动控制电路原理分析及电路安装与调试的方法。

二、相关知识

（一）速度继电器

速度继电器是用电动机的转速信号通过电磁感应原理来控制触头动作的电气元件。它主要用于将转速的快慢转换成电路的通断信号，与接触器配合完成对电动机的反接制动控制，亦称为反接制动继电器。速度继电器的结构主要由定子、转子和触头系统三部分组成。定子是一个笼型空心圆环，由硅钢片叠成，并嵌有笼型导条；转子是一个圆柱形永久磁铁；触头系统有正向运行时动作和反向运转时动作的触头各一组，每组又各有一对常闭触头和一对常开触头，如图5-25所示。

使用时，速度继电器的转轴10与电动机轴相连接，定子空套在转子外围。当电动机起

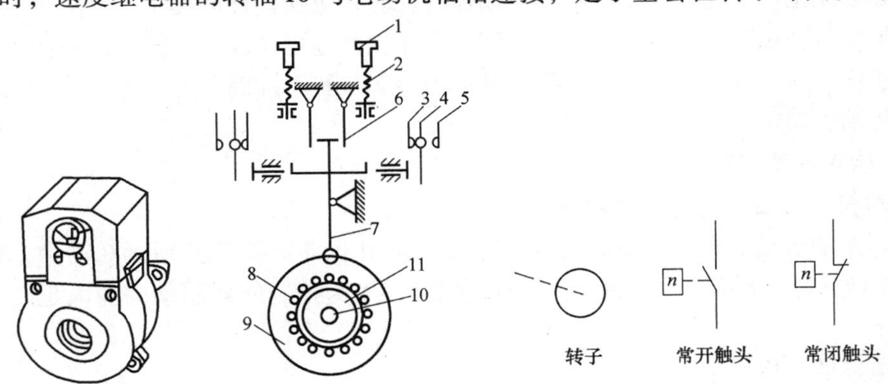

图5-25　速度继电器的外形、结构和符号

1—螺钉　2—反力弹簧　3—常闭静触头　4—动触头　5—常开静触头
6—返回杠杆　7—杠杆　8—定子导条　9—定子　10—转轴　11—转子

动运行时，速度继电器的转子11随之转动，永久磁铁的静止磁场就成了旋转磁场。定子9内的笼型导条8因切割磁场而产生感应电动势，产生感应电流，并在磁场作用下产生电磁转矩，使定子随转子旋转方向转动，但因有返回杠杆6挡住，故定子只能随转子旋转方向作一偏转。当定子偏转到一定角度时，在杠杆7的作用下使常闭触头断开而常开触头闭合。在杠杆7推动触头的同时也压缩相应的反力弹簧2，其反作用力阻止定子偏转。当电动机转速下降时，速度继电器转子转速也随之下降，定子导条中的感应电动势、感应电流和电磁转矩均减小。当速度继电器转子转速下降到一定值时，电磁转矩小于反力弹簧的反作用力矩时，定子返回原位，速度继电器触头恢复到原来状态。调节螺钉1的松紧，可调节反力弹簧的反作用力大小，也就调节了触头动作所需的转子转速。一般速度继电器触头的动作转速为140r/min左右，触头的复位转速为100r/min。当电动机正向运行时，定子偏转使正向常闭触头断开、常开触头闭合，同时接通与断开与它们相连的电路；当正向旋转速度接近零时，定子复位，使常开触头断开，常闭触头闭合，同时与其相连的电路也改变状态。当电动机反向运行时，定子向反方向偏转，使反向动作触头动作，情况与正向时相同。

常用的速度继电器有JY1和JFZ0系列。JY1系列可在700～3600r/min范围内可靠工作。JFZ0—1型适用于300～1000r/min的工作场合；JFZ0—2型适用于1000～3600r/min的工作场合，它们具有两对常开、常闭触头，触头额定电压为380V，额定电流为2A。常用速度继电器的技术数据见表5-11。

表5-11　JY1、JFZ0系列速度继电器的技术数据

型号	触头额定电压/V	触头额定电流/A	触头数量		额定工作转速/(r/min)	允许操作频率/(次/h)
			正转时动作	反转时动作		
JY1、JFZ0	380	2	1组转换触头	1组转换触头	100～3600	<30
					300～3600	

速度继电器主要根据电动机的额定转速和控制要求来选择。

常见速度继电器的故障是电动机停车时不能制动停转，其原因可能是触头接触不良或杠杆断裂，导致无论转子怎样转动触头都不动作，此时，更换杠杆即可。

三相异步电动机从切除电源到完全停转，由于惯性拖延了停车时间，这往往不能满足生产机械迅速停车的要求，影响生产效率，并造成停车位置不准确，工作不安全，因此应对电动机进行制动控制。

(二) 能耗制动控制

1. 电动机单向运行能耗制动控制

(1) 电路的组成　电动机单向运行能耗制动控制电路如图5-26所示。图中，KM_1为单向运行控制接触器，KM_2为能耗制动控制接触器，KT为控制能耗制动的通电延时型时间继电器。

(2) 电路的工作原理

1) 起动控制。闭合电源开关QS，按下起动按钮SB_2→KM_1得电并自锁→KM_1主触头闭合→M实现全压起动并运行，同时KM_1辅助常闭触头断开，对反接制动控制KM_2实现联锁。

2) 制动控制。在电动机单向正常运行时，当需要停车时，按下停止按钮SB_1，SB_1常

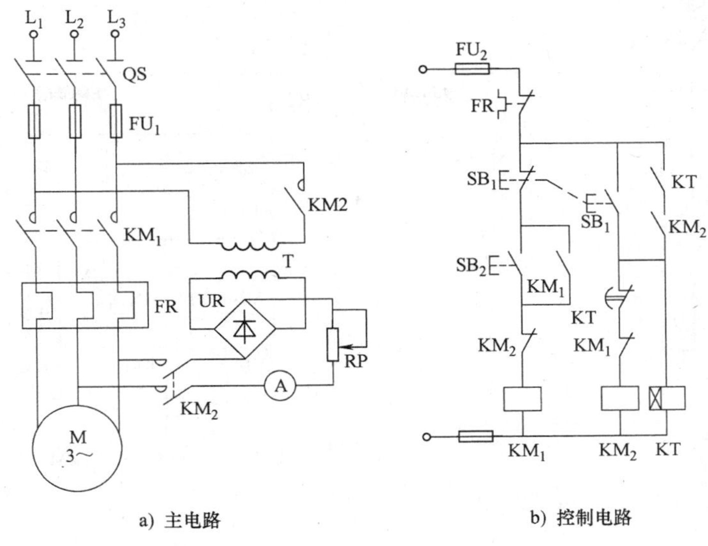

a) 主电路　　b) 控制电路

图 5-26　电动机单向运行时间原则控制的能耗制动控制电路

闭触头断开→KM_1 失电→KM_1 主触头断开，切断 M 三相交流电源。SB_1 常开触头闭合→KM_2、KT 同时得电并自锁，它们的主触头闭合→M 定子绕组接入直流电源进行能耗制动。M 转速迅速下降，当转速接近零时，KT 延时时间到→KT 延时断开的常闭触头断开→KM_2、KT 相继失电返回，能耗制动结束。

图中，KT 的瞬动常开触头与 KM_2 的自锁触头串联，其作用是当发生 KT 线圈断线或机械卡住故障，致使 KT 延时断开的常闭触头不能断开，常开触头也不能合上时，只有按下停止按钮 SB_1，此时，成为点动能耗制动。若无 KT 的常开瞬动触头串接 KM_2 常开触头，在发生上述故障时，按下停止按钮 SB_1 后，将使 KM_2 线圈长期得电吸合，电动机两相定子绕组长期接入直流电源。

2. 电动机可逆运行能耗制动控制

（1）电路的组成　图 5-27 为速度原则控制的可逆运行能耗制动控制原理图。图中，KM_1、KM_2 为电动机正、反转接触器，KM_3 为能耗制动接触器，KS 为速度继电器，其中 KS-1 为速度继电器正向常开触头，KS-2 为速度继电器反向常开触头。

（2）电路的工作原理

1）起动控制。闭合电源开关 QS，按下起动按钮 SB_2（或 SB_3）→KM_1（或 KM_2）得电吸合并自锁→其主触头闭合，M 实现正向（或反向）全电压起动并运行。当 M 的转速上升至 140r/min 时，KS 的 KS-1（或 KS-2）闭合，为能耗制动作准备。

2）制动控制。停车时，按下停止按钮 SB_1→其常闭触头断开→KM_1（或 KM_2）失电→其主触头断开→切除 M 定子绕组三相电源。当 SB_1 常开触头闭合时→KM_3 得电并自锁→其主触头闭合→M 定子绕组加直流电源进行能耗制动，M 转速迅速下降，当转速下降至100r/min 时，KS 返回→KS-1（或 KS-2）复位断开→KM_3 失电返回→其主触头断开切除 M 的直流电源，能耗制动结束。

电动机可逆运行能耗制动也可采用时间原则，用时间继电器取代速度继电器，同样能达到制动的目的。

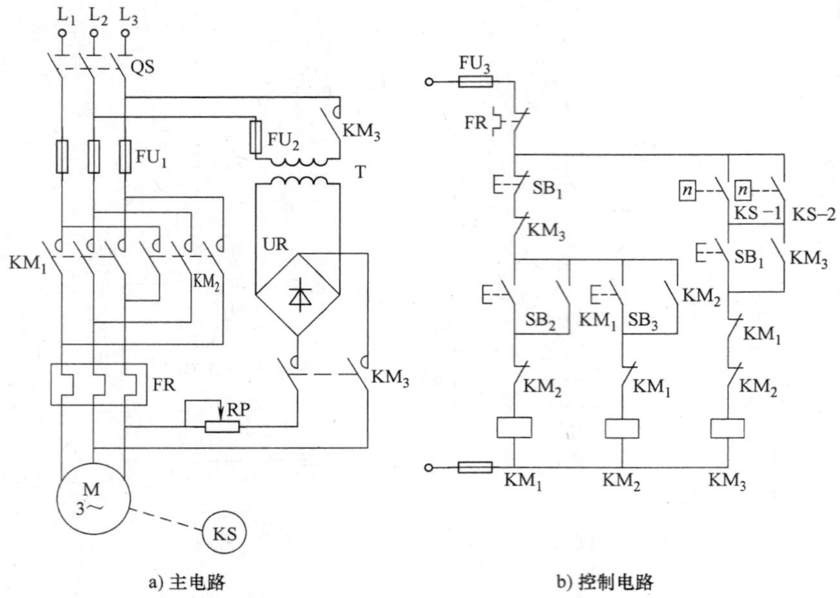

a) 主电路　　b) 控制电路

图 5-27　速度原则控制电动机可逆运行能耗制动电路

对于负载转矩较为稳定的电动机，能耗制动时采用时间原则控制较为合适。当能够通过传动机构来反映电动机的转速时，采用速度原则控制较为合适。

3. 无变压器单管能耗制动控制

（1）电路的组成　上述能耗制动电路均需一套整流装置和整流变压器，为简化能耗制动电路、减少附加设备，当制动要求不高、电动机功率在 10kW 以下时，可采用无变压器的单管能耗制动电路。它是采用无变压器的单管半波整流电路产生能耗制动直流电源，这种电源体积小、成本低，其原理图如图 5-28 所示，其整流电源电压为 220V，它由制动接触器 KM_2 主触头接至电动机定子两相绕组，并由另一相绕组经整流二极管 VD 和电阻 R 接到中性线构成回路。

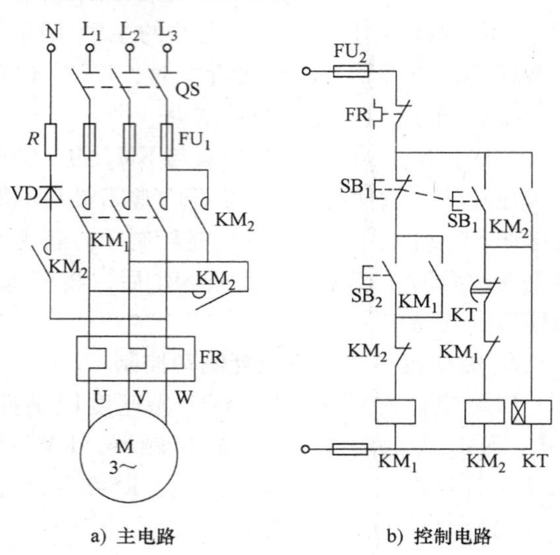

a) 主电路　　b) 控制电路

图 5-28　电动机无变压器单管能耗制动电路

（2）电路的工作原理　该电路的工作原理与电动机单向运行时间原则能耗制动控制电路相似，请读者自己分析。

三、项目实施

（一）目的要求

1）掌握三相笼型异步电动机能耗制动控制电路的连接方法，进一步理解电路的工作原理和特点。

2）熟悉三相笼型异步电动机能耗制动控制电路的调试和常见故障的排除。

（二）设备与器材

本实训项目所需设备与器材见表5-12。

表5-12　实训所需设备与器材

序号	名　称	符号	型号规格	数量	备注
1	三相笼型异步电动机	M	YS6324—180W/4极	1台	表中所列设备与器材的型号规格仅供参考
2	变压器	T	BK150—380V/110V	1台	
3	电位器	RP	50Ω 2A	1只	
4	二极管	VD	2CZ 5A 500V	4只	
5	三相隔离开关	QS	HZ10—25/3	1只	
6	交流接触器	KM	CJ20—10（线圈电压380V）	2只	
7	按钮盒	SB	LA4—3H（二个复合按钮）	1个	
8	熔断器	FU	RL1—15　配2A熔体	5套	
9	热继电器	FR	JR36	1只	
10	时间继电器	KT	JS7—4A（线圈电压380V）	1只	
11	接线端子		JF5—10A	1条	
12	塑料线槽		35mm×30mm	5条	
13	电气安装板		500mm×600mm×20mm	1块	
14	导线		BVR1.5mm²、BVR1mm²	若干米	
15	线号管		与导线线径相符	若干个	
16	常用电工工具			1套	
17	螺钉			若干个	
18	万用表		MF47型	1块	
19	绝缘电阻表		ZC25—3型	1台	
20	直流电流表		2A	1块	
21	钳形电流表		T301—A	1块	

（三）内容与步骤

1）认真阅读实训电路，理解电路的工作原理。实训电路如图5-26所示。

2）检查电气元件。检查各电气元件是否完好，查看各电气元件型号规格，明确使用方法。

3）电路安装。

① 在电气原理图上标明线号。

② 根据电气原理图绘出电气安装接线图，电气元件和线槽位置摆放要合理。

③ 安装电气元件与线槽。

④ 根据电气安装接线图正确接线，先接主电路，后接控制电路。主电路导线截面积视电动机容量而定，控制电路导线通常采用截面积为1mm²的铜线，主电路与控制电路导线需

采用不同颜色进行区分。接线时要分清二极管的正负极和二极管的安装接线方式。导线要走线槽，接线端需套线号管，线号要与电气原理图一致。

4）检查电路。电路接线完毕，首先清理安装板面杂物，进行自查，确认无误后请老师检查，得到允许后方可通电试车。

5）通电试车。

① 在直流回路中串入直流电流表，注意直流电流表的正负极不能接错。

② 闭合电源开关，按下停止按钮 SB_1，使 KM_2 得电，观察直流电流表并调节电位器 RP，使制动直流电流为电动机额定电流的 1.5 倍。

③ 切断电源、拆除直流电流表，使电路恢复原状。

④ 重新接通电源，按下 SB_2，使电动机起动运行。

⑤ 按下停止按钮 SB_1，观察电动机的制动效果。调节时间继电器的延时，使电动机在停转后能及时切断制动电源。

⑥ 减小和增大时间继电器的延时时间，观察电路在制动时会出现什么情况；减小和增大变阻器的阻值，同样观察电路在制动时出现的情况。

⑦ 通电过程中若出现异常情况，应立即切断电源，分析故障现象，并报告老师。检查故障并排除后，经老师允许方可继续进行通电试车。

6）结束实训。实训完毕后，首先切断电源，确保在断电情况下拆除连接导线和电气元件，清点实训设备与器材，交老师检查。

（四）实训分析

1）通电试验时，有无出现故障？若有，是如何排除的？

2）时间继电器延时时间的改变对制动效果有什么影响？为什么？

3）能耗制动与反接制动比较，各有什么特点？

（五）考核与评价

项目考核内容与考核标准见表 5-13。

表 5-13 项目考核内容与考核标准

序号	考核内容	考核要求	配分	评分标准	得分
1	电气元件的安装	1）正确使用电工工具和仪表，熟练安装电气元件 2）电气元件在安装板上布置合理，安装准确、紧固	20	1）电气元件布置不整齐、不匀称、不合理，每只扣 4 分 2）电气元件安装不牢固，安装电气元件时漏装螺钉，每只扣 4 分 3）损坏电气元件，每只扣 10 分	
2	接线工艺	1）布线美观、紧固 2）走线应做到横平竖直，直角拐弯 3）电源、电动机和低压电器接线要接到端子排上，进出的导线要有端子标号	40	1）不按电路图接线，扣 20 分 2）布线不美观，主电路、控制电路每根扣 4 分 3）接点松动、接头裸线过长，压绝缘层，每个接点扣 2 分 4）损伤导线绝缘或线芯，每根扣 5 分 5）线号标记不清楚、漏标或误标，每处扣 5 分 6）布线没有放入线槽，每根扣 1 分	

（续）

序号	考核内容	考核要求	配分	评分标准	得分
3	通电试车	安装、检查后，经老师许可通电试车，一次成功	20	1）热继电器及时间继电器整定错误，各扣5分 2）主、控电路熔体装配错误，各扣5分 3）第一次试车不成功，扣10分 4）第二次试车不成功，扣15分 5）第三次试车不成功，扣20分	
4	安全文明操作	确保人身和设备安全	20	违反安全文明操作规程，扣10～20分	
备注			合　计		
			教师评价	年　　月　　日	

四、知识拓展——反接制动控制

反接制动是利用改变电动机电源的相序使定子绕组产生相反方向的旋转磁场，因而产生制动转矩的制动方法。反接制动常采用转速为变化参量进行控制。由于反接制动时，转子与旋转磁场的相对速度接近于两倍的同步转速，所以定子绕组中流过的反接制动电流相当于全电压直接起动时电流的两倍，因此反接制动特点之一是制动迅速、效果好及冲击大，反接制动控制通常仅适用于10kW以下的小容量电动机。为了减小冲击电流，通常要求在电动机主电路中串接限流电阻。

1. 电动机单向反接制动控制

（1）电路的组成　图5-29为电动机单向反接制动控制原理图。图中，KM_1 为电动机单向运行接触器，KM_2 为反接制动接触器，KS为速度继电器，R 为反接制动电阻。

（2）电路的工作原理

1）起动控制。闭合电源开关QS，按下起动按钮 SB_2→KM_1 线圈得电并自锁→其主触头闭合，电动机全压起动。当电动机转速达到140r/min时→速度继电器KS动作→其常开触头闭合，为反接制动作准备。

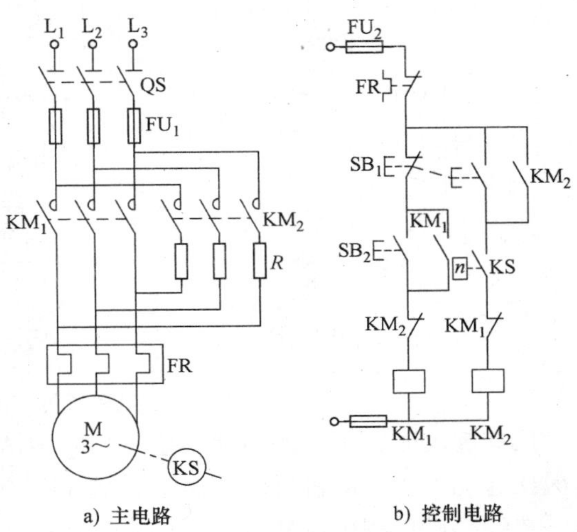

图5-29　电动机单向反接制动控制电路

2）制动控制。按下停止按钮 SB_1→SB_1 常闭触头断开→KM_1 线圈失电返回→KM_1 主触头断开→切断电动机原相序三相交流电源，但电动机仍因惯性高速运行。当 SB_1 按到底时→其常开触头闭合→KM_2 线圈得电并自锁→其主触头闭合→电动机定子串入三相对称电阻，接入反相序三相交流电源，进行反接制动，电动机转速迅速下降。当电动机转速下降到100r/min时→KS返回→其常开触头复位→KM_2 线圈失电返回→KM_2 主触头断开电动机反相序交流电源，反接制动结束，电动机自然停车。

2. 电动机可逆运行反接制动控制

（1）电路的组成　图 5-30 为可逆运行反接制动控制原理图。图中，KM_1、KM_2 为电动机正、反转接触器，KM_3 为短接制动电阻接触器，KA_1、KA_2、KA_3、KA_4 为中间继电器，KS 为速度继电器，其中 KS-1 为速度继电器正向常开触头，KS-2 为速度继电器反向常开触头。电阻 R 在电动机起动时起定子串电阻减压起动的作用，停车时又作为反接制动电阻。

（2）电路的工作原理

1）起动控制。正向起动时，闭合电源开关 QS，按下正向起动按钮 SB_2→正转中间继电器 KA_3 线圈得电并自锁→其常闭触头断开，联锁了反转中间继电器 KA_4。KA_3 常开触头闭合→KM_1 线圈得电→KM_1 主触头闭合→电动机定子绕组经电阻 R 接通正序三相交流电源→电动机 M 开始正向减压起动。当电动机转速上升到 140r/min 时→KS 正转常开触头 KS-1 闭合→中间继电器 KA_1 得电并自锁。这时由于 KA_1、KA_3 的常开触头闭合→KM_3 线圈得电→KM_3 主触头闭合→短接电阻 R→电动机进入全压运行状态。

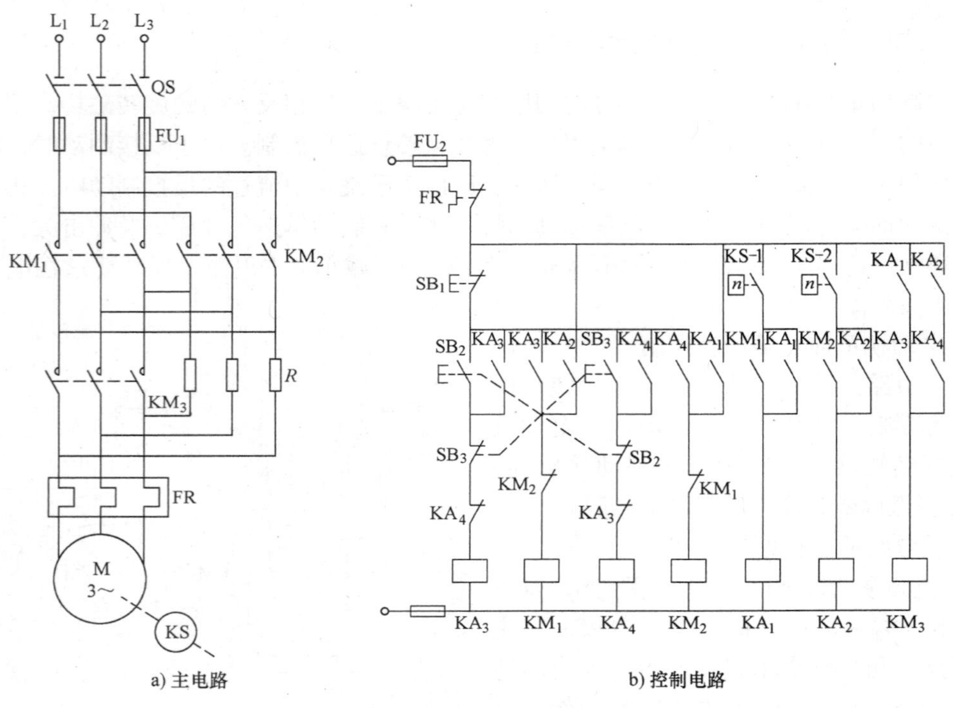

图 5-30　电动机可逆运行反接制动控制电路

反向起动时，按下反向起动按钮 SB_3→KA_4、KM_2 相继得电→M 实现定子绕组串电阻反向减压起动。当电动机反向转速上升到 140r/min 时→KS 反转常开触头 KS-2 闭合→KA_2 得电并自锁→KM_3 得电→M 进入反向全压运行状态。

2）制动控制。若电动机处于正向运行状态需停车时，可按下 SB_1→KA_3、KM_1、KM_3 相继失电返回，此时 KS-1 仍处于闭合状态，KA_1 仍处于吸合状态，当 KM_1 辅助常闭触头复位后→KM_2 得电吸合→M 定子绕组串 R 加反相序电源实现反接制动，M 的转速迅速下降，当 M 的转速下降至 100r/min 时，KS-1 复位→KA_1 失电→KM_2 失电返回，反接制动结束。

反向运行的反接制动与上述过程相似。

五、项目小结

本项目通过三相异步电动机能耗制动控制电路的安装引出了速度继电器的结构、工作原理、常用型号、符号、选用、技术数据以及能耗制动，能耗制动控制电路的分析；学生在能耗制动及相关知识学习的基础上，通过对电路的安装和调试的操作，掌握电动机基本控制电路安装与调试的基本技能，加深对相关理论知识的理解。

本项目还介绍了反接制动、反接制动控制电路的组成，并对反接制动控制电路的工作过程进行了分析。

项目五　双速异步电动机变极调速控制电路的安装与调试

一、项目导入

生产机械在生产过程中根据加工工艺的要求往往需要改变电动机的转速。三相异步电动机的调速方法有变磁极对数调速（变极调速）、变转差率调速和变频调速三种。变极调速是通过接触器主触头来改变电动机定子绕组的接线方式，以获得不同的磁极对数来达到调速的目的。变极电动机一般有双速、三速和四速之分。

本项目主要讨论变极调速异步电动机定子绕组的接线方式及双速异步电动机变极调速控制电路分析与安装调试的方法。

二、相关知识

（一）变极调速异步电动机定子绕组的接线方式

异步电动机变极调速是通过改变半相绕组的电流方向来改变磁极对数实现调速的。图5-31和图5-32为常用的两种接线图，即△-YY和Y-YY。

1. △-YY联结

如图5-31所示，电动机三相绕组连接成△时，将 U_1、V_1、W_1 端接电源，U_2、V_2、W_2 端悬空；连接成YY时，将 U_1、V_1、W_1 端连接在一起，U_2、V_2、W_2 端接电源。

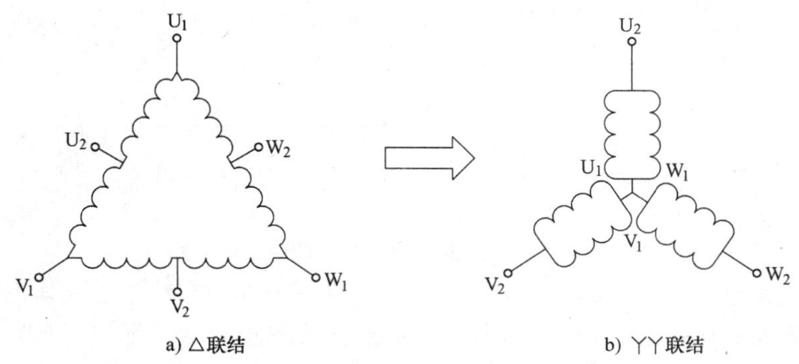

图5-31　△-YY联结双速异步电动机三相绕组接线图

2. Y-YY联结

如图 5-32 所示，电动机三相绕组连接成Y时，将 U_1、V_1、W_1 端接电源，U_2、V_2、W_2 端悬空；连接成YY时，将 U_1、V_1、W_1 端连接在一起，U_2、V_2、W_2 端接电源。

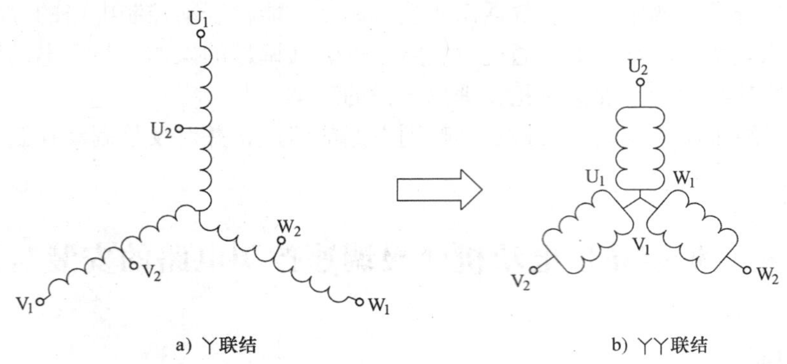

图 5-32　Y-YY联结双速异步电动机三相绕组接线图

（二）双速异步电动机变极调速控制电路分析

双速异步电动机变极调速控制电路如图 5-33 所示。图中，SB_2 为低速起动按钮，SB_3 为高速起动按钮，KM_1 为电动机△联结接触器，KM_2、KM_3 为电动机YY联结接触器，KT 为电动机低速切换至高速控制的时间继电器。

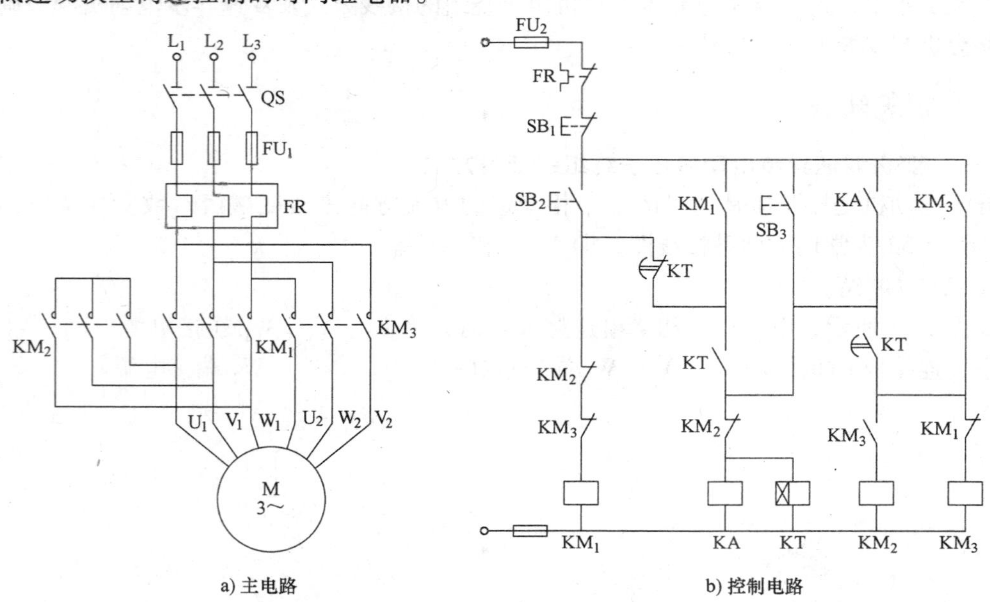

图 5-33　双速异步电动机变极调速控制电路

闭合电源开关 QS，电动机低速起动时，按下 SB_2→KM_1 线圈得电→其主触头闭合→电动机定子绕组接成△作低速起动并运行。如果电动机高速起动，则按下 SB_3→中间继电器 KA 和通电延时型时间继电器 KT 同时得电并自锁，此时 KT 开始延时→其瞬动触头闭合→KM_1 线圈得电→其联锁触头断开，主触头闭合→电动机定子绕组接成△低速起动；当 KT 延时时间到→其延时断开的常闭触头断开，延时闭合的常开触头闭合→KM_1 线圈失电→其主

触头断开→电动机定子绕组短时断电→KM_1 辅助常闭触头闭合→KM_3、KM_2 线圈相继得电→它们的联锁触头断开后，主触头闭合→电动机定子绕组联结成YY并接入三相电源高速运行，即电动机实现低速起动高速运行。

注意：△-YY联结的双速异步电动机，起动时只能在△联结下低速起动，而不能在YY联结下高速起动。另外为保证电动机运行方向不变，转换成YY联结时应使电源调相，否则电动机将反转。图 5-33 中电动机引出线时已作调整。

三、项目实施

（一）目的要求

1）掌握双速异步电动机自动变速控制电路的连接，从而进一步理解电路的工作原理和特点。

2）熟悉双速异步电动机的触头位置，学会双速异步电动机的接线方法。

3）了解双速异步电动机变极调速控制电路的调试方法和常见故障的排除。

（二）设备与器材

本实训项目所需设备与器材见表 5-14。

（三）内容与步骤

1）认真阅读实训电路，理解电路的工作原理。实训电路如图 5-33 所示。

2）检查电气元件。检查各电气元件是否完好，查看各电气元件型号规格，明确使用方法。特别要明确双速异步电动机的△联结与YY联结。

表 5-14　实训所需设备与器材

序号	名　称	符号	型 号 规 格	数量	备注
1	双速三相笼型异步电动机	M	YOD63—2/4 极	1 台	表中所列设备与器材的型号规格仅供参考
2	三相隔离开关	QS	HZ10—25/3	1 只	
3	交流接触器	KM	CJ20—10(线圈电压 380V)	3 只	
4	按钮盒	SB	LA4—3H(二个复合按钮)	1 个	
5	熔断器	FU	RL1—15　配 2A 熔体	5 套	
6	热继电器	FR	JR36	1 只	
7	中间继电器	KA	JZ14—44J	1 只	
8	时间继电器	KT	JS7—4A(线圈电压 380V)	1 只	
9	接线端子		JF5—10A	1 条	
10	塑料线槽		35mm × 30mm	5 条	
11	电气安装板		500mm × 600mm × 20mm	1 块	
12	导线		BVR1.5mm^2、BVR1mm^2	若干米	
13	线号管		与导线线径相符	若干个	
14	万用表		MF47 型	1 块	
15	绝缘电阻表		ZC25—3 型	1 台	
16	常用电工工具			1 套	
17	螺钉			若干个	

3）电路安装。

① 在电气原理图上标明线号。

② 根据电气原理图绘出电气安装接线图，电气元件与线槽位置摆放要合理。

③ 安装电气元件与线槽。

④ 根据电气安装接线图正确接线，先接主电路，后接控制电路。主电路导线截面积视电动机容量而定，控制电路导线通常采用截面积为 $1mm^2$ 的铜线，主电路与控制电路导线需采用不同颜色进行区分。导线要走线槽，接线端需套线号管，线号要与电气原理图一致。

注意： 接线时需注意电动机 6 个接线端（U_1、V_1、W_1 及 U_2、V_2、W_2）的正确连接。

4）检查电路。电路接线完毕，首先清理安装板面杂物，进行自查，确认无误后请老师检查，得到允许后方可通电试车。

5）通电试车。闭合电源开关 QS。

① 如果按下起动按钮 SB_2，电动机 M 作△联结低速起动并运行。

② 如果按下起动按钮 SB_3，则电动机 M 首先作△联结低速起动，当 KT 延时时间到，则切换为YY联结高速运行。

③ 按下停止按钮 SB_1，电动机 M 逐渐停车。

④ 通电过程中若出现异常情况，应立即切断电源，分析故障现象并报告老师。检查故障并排除后，经老师允许后方可继续通电试车。

6）结束实训。实训完毕后，首先切断电源，确保在断电情况下拆除连接导线和电气元件，清点实训设备与器材，交老师检查。

（四）实训分析

1）通电试车时，有无出现异常现象？若有，其原因是什么？是如何排除的？

2）在实训中，如果将双速异步电动机的接线端 U_2 和 V_2 接反，结果会怎么样？为什么？

（五）考核与评价

项目考核内容与考核标准见表 5-15。

表 5-15　项目考核内容与考核标准

序号	考核内容	考核要求	配分	评分标准	得分
1	电气元件的安装	1）正确使用电工工具和仪表，熟练安装电气元件 2）电气元件在安装板上布置合理，安装准确、紧固	20	1）电气元件布置不整齐、不匀称、不合理，每只扣 4 分 2）电气元件安装不牢固，安装电气元件时漏装螺钉，每只扣 4 分 3）损坏电气元件，每只扣 10 分	
2	接线工艺	1）布线美观、紧固 2）走线应做到横平竖直，直角拐弯 3）电源、电动机和低压电器接线要接到端子排上，进出的导线要有端子标号	40	1）不按电路图接线，扣 20 分 2）布线不美观，主电路、控制电路每根扣 4 分 3）接点松动、接头裸线过长，压绝缘层，每个接点扣 2 分 4）损伤导线绝缘或线芯，每根扣 5 分 5）线号标记不清楚、漏标或误标，每处扣 5 分 6）布线没有放入线槽，每根扣 1 分	

（续）

序号	考核内容	考 核 要 求	配分	评 分 标 准	得分
3	通电试车	安装、检查后，经老师许可后通电试车，一次成功	20	1）热继电器及时间继电器整定错误，各扣5分 2）主电路、控制电路熔体装配错误，各扣5分 3）第一次试车不成功，扣10分 4）第二次试车不成功，扣15分 5）第三次试车不成功，扣20分	
4	安全文明操作	确保人身和设备安全	20	违反安全文明操作规程，扣10～20分	
备注			合　计		
			教师评价	年　　月　　日	

四、知识拓展

（一）三相异步电动机变频调速控制

交流电动机变频调速是近20年来发展起来的新技术，随着电力电子技术和微电子技术的迅速发展，交流调速系统已进入实用化、系统化，采用变频器的变频装置已获得广泛应用。

由三相异步电动机转速公式 $n=(1-s)60f_1/p$ 可知，只要连续改变电动机交流电源的频率 f_1，就可实现连续调速。交流电源的额定频率 $f_{1N}=50\text{Hz}$，所以变频调速有额定频率以下调速和额定频率以上调速两种。

1. 额定频率以下的调速

当电源频率 f_1 在额定频率以下调速时，电动机转速下降，但在调节电源频率的同时，必须同时调节电动机的定子绕组相电压 U_1，且始终保持 U_1/f_1 为常数，否则电动机将无法正常工作。这是因为三相异步电动机定子绕组相电压 $U_1\approx E_1=4.44f_1N_1K_1\Phi_m$，当 f_1 下降时，若 U_1 不变，则必使电动机每极磁通 Φ_m 增加，在电动机设计时，Φ_m 位于磁路磁化曲线的膝部，Φ_m 的增加将进入磁化曲线饱和段，使磁路饱和，从而导致电动机空载电流剧增，使电动机负载能力变小而无法正常工作。所以，在频率下调的同时应使电动机定子绕组相电压随之下降，并使 $U_1'/f_1'=U_{1N}/f_{1N}=$ 常数。可见，电动机额定频率以下的调速为恒磁通调速，由于 Φ_m 不变，调速过程中电磁转矩 $T=C_1\Phi_mI_{2s}\cos\varphi_2$ 不变，属于恒磁通调速。

2. 额定频率以上的调速

当电源频率 f_1 在额定频率以上调速时，电动机的定子绕组相电压是不允许在额定相电压以上调节的，否则会危及电动机的绝缘。所以，电源频率上调时，只能维持电动机定子额定相电压 U_{1N} 不变。于是，随着 f_1 升高 Φ_m 将下降，但 n 上升，故属于恒功率调速。

（二）电动机控制电路常用的保护环节

电气控制系统除了要能满足生产机械加工工艺的要求外，还应保证设备长期安全、可靠、无故障地运行，因此保护环节是所有电气控制系统不可缺少的组成部分，用来保护电

网、电气设备及人身安全。

电气控制系统中常用的保护环节有短路保护、过电流保护、过载保护及失电压、欠电压保护等。

1. 短路保护

（1）短路及其危害　当电动机、电气元件或电路绝缘遭到损坏、负载短路以及接线错误时将产生短路故障。

短路时产生的瞬时故障电流可达额定电流的十几倍到几十倍，短路电流可能损坏电气设备，因此要求一旦发生短路故障时，控制电路能迅速切断电源。

（2）短路保护的常用元件　短路保护要求具有瞬动特性。常用的短路保护元件有熔断器和低压断路器。

2. 过电流保护

（1）过电流及其危害　过电流是指电动机或电气元件超过其额定电流的运行状态，其电流值一般比短路电流小，不超过6倍额定电流。

在过电流情况下，电气元件不会马上损坏，只要在达到最大允许温升之前电流值能恢复正常，就是允许的。但过大的冲击负载，会使电动机流过过大的冲击电流，以致损坏电动机。同时过大的电动机电磁转矩也会使机械的传动部件受到损坏，因此要瞬时切断电源。

（2）过电流保护的常用元件　过电流保护是区别于短路保护的一种电流型保护。过电流保护常用过电流继电器实现，过电流继电器通常与接触器配合使用。

若过电流继电器动作电流为1.2倍电动机起动电流，则过电流继电器亦可实现短路保护作用。

3. 过载保护

（1）过载及其危害　过载是指电动机的运行电流大于其额定电流，但在1.5倍额定电流以内。引起电动机过载的原因很多，如负载的突然增加、缺相运行或电源电压降低等。

电动机长期过载运行时，其绕组的温升将超过允许值而使绝缘老化、损坏。

（2）常用的过载保护元件　过载保护是过电流保护的一种。过载保护装置要求具有反时限特性，且不受电动机短时过载冲击电流或短路电流的影响而瞬时误动作，过载保护常用热继电器实现。应当指出，在使用热继电器作过载保护时，还必须装有熔断器或低压断路器等短路保护装置。

对于电动机进行缺相保护时，可选用带缺相保护的热继电器来实现过载保护。

4. 失电压、欠电压保护

（1）失电压、欠电压及其危害　电动机在正常运行时，由于保护装置误动作、停电或电源电压过分降低等将引起电动机失电压或欠电压。

电动机处于失电压状态时，一旦电源电压恢复，电动机有可能自行起动，这将造成人身事故或机械设备的损坏。电动机处于低电压状态运行时，由于电源电压过低将引起电磁转矩下降，导致电动机绕组电流增大，从而危害电动机的绝缘。

（2）常用的失电压、欠电压保护元件　为防止电压恢复时电动机自起动或电动机低电压状态下运行而设置的保护称为失电压、欠电压保护。常用的失电压、欠电压保护元件有接触器与按钮配合、零电压继电器、欠电压继电器及低压断路器等。

5. 其他保护

除上述保护外，还有过电压保护、弱磁保护、超速保护、行程保护及压力保护等。这些保护都是在控制电路中串联一个受这些参数控制的常开或常闭触头来实现控制要求的。这些保护元件有过电压继电器、欠电流继电器、离心开关、测速发电机、行程开关及压力继电器等。

五、项目小结

本项目通过双速异步电动机变极调速控制电路的安装引出了变极调速异步电动机定子绕组接线方式的知识，双速异步电动机变极调速控制电路的分析；学生在三相异步电动机调速控制及相关知识学习的基础上，通过对电路的安装和调试的操作，掌握电动机基本控制电路安装与调试的基本技能，加深对相关理论知识的理解。

本项目中还简单介绍了变频调速的相关知识及电动机控制电路常用的保护环节。

梳理与总结

本模块以单向点动与连续运行控制电路的安装与调试、工作台自动往返控制电路的安装与调试、三相异步电动机Y-△减压起动控制电路的安装与调试、三相异步电动机能耗制动控制电路的安装与调试及双速异步电动机变极调速控制电路的安装与调试6个项目为导向，以掌握电动机基本控制电路安装的基本技能为任务，介绍了电气控制系统图及其符号的相关知识，电气控制电路安装的方法和步骤，按钮、行程开关、时间继电器、速度继电器的结构、符号、工作原理和主要参数，重点讲述了电气控制的基本规律和三相异步电动机的起动、制动及调速等控制电路，这是电气控制的基础，应熟练掌握。本模块的主要内容可归纳为以下几方面。

1. 认识符号

电气原理图是由电气元件的图形符号和文字符号组成，认识电气元件的图形符号和文字符号是分析电气原理图的基础。

2. 电气控制的基本规律

点动与连续运行控制、可逆运行控制、多地联锁控制及自动往返控制等。

3. 电动机的起动控制

三相笼型异步电动机的起动控制方法有直接起动、定子绕组串电阻减压起动、Y-△减压起动及自耦变压器减压起动等。

三相绕线转子异步电动机的起动控制方法有转子串电阻起动和转子串频敏变阻器起动。

4. 三相笼型异步电动机的制动控制

三相笼型异步电动机的制动方法有能耗制动、反接制动等。

在电力拖动控制系统中常用的制动控制原则有时间原则、速度原则及电流原则等。

5. 电动机的调速控制

三相异步电动机调速的方法有变极调速、变转差率调速和变频调速三种。

6. 电气控制系统中的保护环节

在控制电路中常用的联锁保护有电气联锁和机械联锁，常用的联锁环节有多地联锁及顺序联锁环节等。

电动机常用的保护环节有短路保护、过电流保护、过载保护、失电压和欠电压保护等。

思考与练习

5-1　何为电气原理图？绘制电气原理图的原则是什么？

5-2　在电气控制电路中采用低压断路器作为电源引入开关，电源电路是否还要用熔断器作短路保护？控制电路是否还要用熔断器作短路保护？

5-3　电动机的点动控制与连续运行控制在控制电路上有何不同？其关键控制环节是什么？其主电路又有何区别？试从电动机保护环节设置上分析。

5-4　QS、FU、KM、KA、FR、SB、SQ 分别是什么电气元件的文字符号，它们各有何功能？

5-5　何为联锁控制？实现电动机正、反转联锁的方法有哪两种？它们有何区别？

5-6　在接触器正、反转控制电路中，若正、反向控制的接触器同时通电，会发生什么现象？

5-7　什么叫减压起动？常用的减压起动方法有哪几种？

5-8　电动机在什么情况下应采用减压起动？定子绕组为Y联结的三相异步电动机能否用Y-△减压起动？为什么？

5-9　分析图 5-34 中各控制电路按正常操作时会出现什么现象？若不能正常工作应如何加以改进。

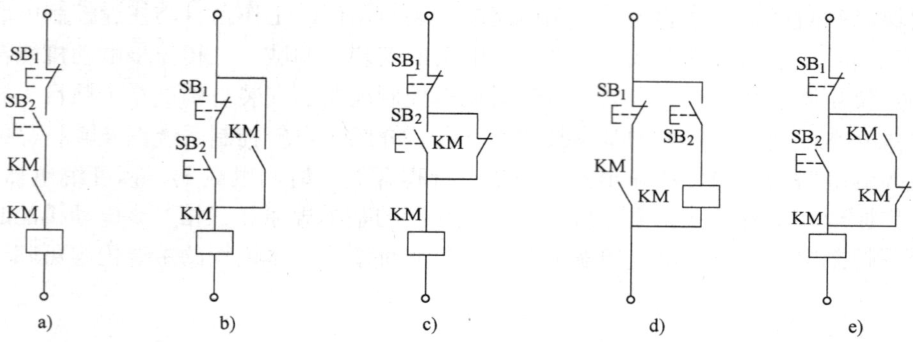

图 5-34　题 5-9 图

5-10　在图 5-21 所示的Y-△减压起动控制电路中，时间继电器 KT 起什么作用？如果 KT 的延时时间为零，会出现什么问题？

5-11　试分析图 5-21b 所示的电路中，当时间继电器 KT 延时闭合触头与延时断开触头接反，电路将出现什么现象？

5-12　指出图 5-35 所示的Y-△减压起动控制电路中的错误，并绘制正确的电路。

5-13　试绘制出某电动机能满足以下控制要求的电气原理图。

1）可正、反转；2）可正向点动；3）可两地起停。

5-14　有两台三相笼型异步电动机 M_1、M_2，要求 M_1 先起动，在 M_1 起动 15s 后才可以起动 M_2，停止时，M_1、M_2 同时停止。试绘制其电气原理图。

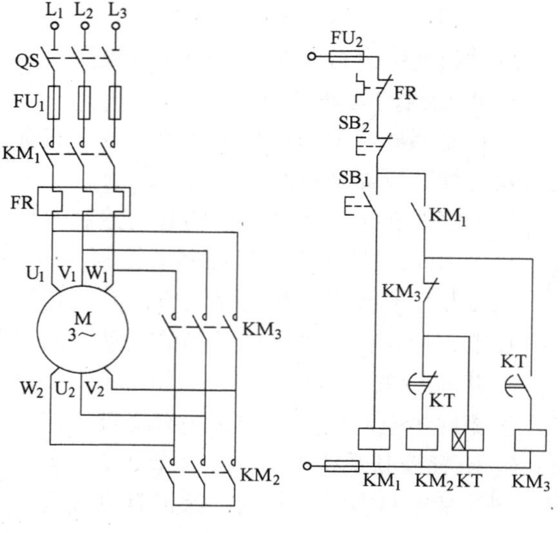

图 5-35　题 5-12 图

5-15　有两台三相笼型异步电动机 M_1、M_2，要求既可实现 M_1、M_2 分别起动和停止，又可实现两台电动机的同时起动和停止。试绘制其电气原理图。

5-16　有三台电动机 M_1、M_2、M_3，当按下起动按钮 SB_1 时，起动顺序为：$M_1 \rightarrow M_2 \rightarrow M_3$。按下停止按钮 SB_2 时，则按相反的顺序停止，即 $M_3 \rightarrow M_2 \rightarrow M_1$。试绘制其电气原理图。

5-17　某水泵由一台三相笼型异步电动机拖动，按下列要求设计电气控制电路。

1）采用Y-△减压起动；

2）三处控制电动机的起动和停止；

3）有短路、过载和欠电压保护。

5-18　某机床有主轴电动机 M_1 和液压泵电动机 M_2，均采用直接起动，生产工艺要求：主轴电动机必须在液压泵电动机起动后方可起动；主轴电动机要求正、反转，但为调试方便，要求能实现正、反向点动；主轴电动机停止后，才允许液压泵电动机停止；电路具有短路、过载和失电压保护。试设计电气控制电路。

5-19　图 5-36 所示电路可使一个工作机构向前移动到指定位置上停一段时间，再自动返回原位。试分析其工作原理并指出限位开关 SQ_1、SQ_2 的作用。

5-20　电动机控制常用的保护环节有哪些？它们各采用什么电气元件？

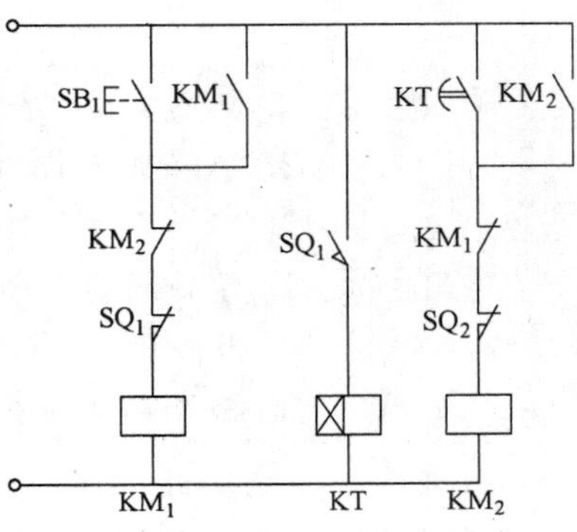

图 5-36　题 5-19 图

模块六 典型机床电气控制电路分析与故障排除

知识目标：1. 熟悉典型机床电气控制系统。
2. 了解机床上机械、液压和电气三者之间的配合。
3. 掌握各种典型机床电气控制电路的分析和故障排除方法。

能力目标：1. 学会阅读、分析机床电气控制原理图，掌握常见故障诊断、排除方法及步骤。
2. 初步具有从事电气设备安装、调试、运行与维修的能力。

生产企业的电气设备繁多，控制系统各异，理解和掌握电气控制系统的原理对电气设备的安装、调试及运行维护是十分重要的，学会分析电气原理图是理解和掌握电气控制系统的基础。本模块以机械加工中常用的机床如车床、万能铣床的电气控制电路分析与故障排除为导向，使读者掌握分析电气控制系统的方法，提高读图能力，学会分析和处理电气故障。

项目一　CA6140 型车床电气控制电路分析与故障排除

一、项目导入

车床是一种应用最为广泛的金属切削机床，主要用来车削外圆、内圆、端面、螺纹和定型表面等。除车刀外，还可用钻头、铰刀和镗刀等刀具进行加工。在各种车床中，用得最多的是卧式车床。

本项目主要讨论 CA6140 型车床的电气控制原理及故障排除。

二、相关知识

（一）CA6140 型车床的主要结构及运动形式

1. 车床的主要结构

CA6140 型车床主要由床身、主轴变速箱、挂轮箱、进给箱、溜板箱、溜板与刀架、尾座、光杠和丝杠等部分组成，如图 6-1 所示。

2. 车床的运动形式

车床的主运动为工件的旋转运动，它是由主轴通过卡盘或顶尖带动工件旋转，主轴的旋转是由主轴电动机经传动机构拖动的。车削加工时，应根据被加工工件的材料、刀具种类、工件尺寸及工艺要求等来选择不同的车削速度，这就要求主轴能在相当大的范围内调速。对

于 CA6140 型车床，其主轴正转速度有 24 种（10 ~ 1400r/min），反转速度有 12 种（14 ~ 1580r/min）。车削加工时，一般不要求反转，但在加工螺纹时，为避免乱扣，要先反转退刀，再纵向进刀继续加工，这就要求主轴能够正、反转。

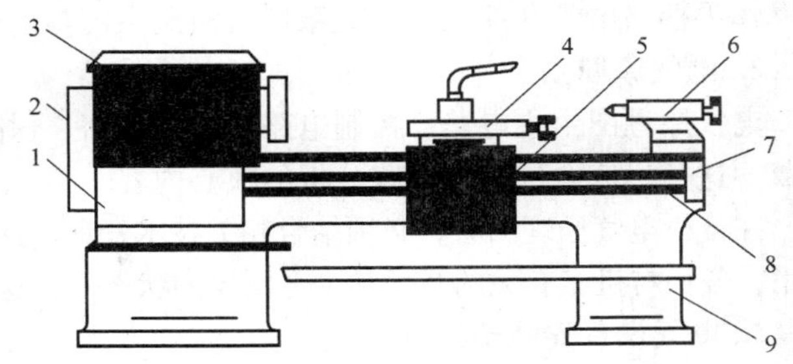

图 6-1　CA6140 型车床的结构示意图

1—进给箱　2—挂轮箱　3—主轴变速箱　4—溜板与刀架　5—溜板箱　6—尾座　7—丝杠　8—光杠　9—床身

进给运动为刀架的纵向或横向直线运动。刀架的进给运动也是由主轴电动机拖动的，其运动方式有手动和自动两种。在进行螺纹加工时，工件的旋转速度与刀架的进给速度之间应有严格的比例关系，因此，车床刀架的纵向或横向两个方向进给运动是由主轴箱输出轴依次经挂轮箱、进给箱、光杠串入溜板箱而实现的。

辅助运动为刀架的快速移动、尾座的移动以及工件的夹紧与放松等。

（二）CA6140 型车床的电力拖动特点及控制要求

1）主拖动电动机一般选用三相笼型异步电动机，为满足调速要求，采用机械变速。

2）为车削螺纹，主轴要求正、反转。一般车床主轴正、反转由拖动电动机的正、反转来实现；当主拖动电动机容量较大时，主轴的正、反转则靠摩擦离合器来实现，电动机只作单向旋转。

3）一般中小型车床的主轴电动机均采用直接起动。当电动机容量较大时，常采用Y-△减压起动。停车时为实现快速停车，一般采用机械制动或电气制动。

4）车削加工时，刀具与工件温度会升高，需要冷却液进行冷却。为此，设有一台冷却泵电动机，拖动冷却泵输出冷却液，并且该电动机与主轴电动机有联锁关系，即冷却泵电动机应在主轴电动机起动后方可选择起动与否；当主轴电动机停止时，冷却泵电动机便立即停止。

5）为实现溜板箱的快速移动，由单独的快速移动电动机拖动，采用点动控制。

6）电路应具有必要的短路、过载、欠电压和失电压等保护环节，并有安全可靠的局部照明和信号指示。

（三）机床电气控制电路分析的内容

通过对机床各种技术资料的分析，了解机床的结构和组成，掌握机床电气电路的工作原理、操作方法及维护要求等，为机床电气部分的维护提供必要的基础知识。

1. 设备说明书

设备说明书由机械、液压与电气等内容组成，阅读设备说明书，应重点掌握以下内容。

1）机床的构造，主要技术指标，机械、液压、气动部分的传动方式与工作原理。

2）电气传动的方式，电动机及执行电气元件的数目、技术参数、安装位置、用途与控制要求。

3）掌握机床的使用方法，了解操作手柄、开关、按钮、指示信号装置以及它们在控制电路中的作用。

4）熟悉与机械、液压部分直接关联的电气元件（如限位开关、电磁阀、电磁离合器及传感器等）的位置、工作状态以及与机械、液压部分的关系，在控制电路中的作用，特别是机

械操作手柄与电气开关元件的关系以及液压系统与电气控制的关系。

2. 电气原理图

电气原理图由主电路、控制电路、辅助电路、保护与联锁环节以及特殊控制电路等部分组成，这是机床电气控制电路分析的核心内容。

在分析电气原理图时，必须结合相关技术资料。如电动机和电磁阀等的控制方式、位置及作用，各种与机械有关的开关和主令电器的状态等，这些只有通过阅读设备说明书才能知晓。

3. 电气设备安装接线图

阅读分析安装接线图可以了解系统组成分布的情况，各部分的连接方式、主要电气元件的位置和安装要求以及导线和穿线管的型号规格等。这是设备安装不可缺少的资料。

阅读电气设备安装接线图应与电气原理图、设备说明书结合起来进行。

4. 电气元件布置图和接线图

电气元件布置图和接线图是制造、安装、调试和维护电气设备所必需的技术资料。在调试、检修中可通过阅读电气元件布置图和接线图迅速方便地找到各电气元件的测试点，进行必要的检测、调试和维修。

（四）机床电气原理图阅读分析的方法和步骤

在仔细阅读了设备说明书，了解了机床电气控制系统的总体结构、电动机和电气元件的分布及控制要求等内容之后，即可阅读分析电气原理图。阅读分析电气原理图的基本原则是“先机后电、先主后辅、化整为零、集零为整、统观全局、总结特点”。

1. 先机后电

首先了解设备的基本结构、运行方式、工艺要求及操作方法等，做到对设备有总体的把握，进而明确设备电力拖动的控制要求，为阅读分析电路作好前期准备。

2. 先主后辅

先阅读主电路，看机床由几台电动机拖动及各台电动机的作用，结合工艺要求确定各台电动机的起动、转向、调速和制动等的控制要求及保护环节。主电路的各控制要求是由控制电路来实现的，此时要运用化整为零的方法阅读控制电路，最后再分析辅助电路。

3. 化整为零

在分析控制电路时，将控制电路的功能分为若干个局部控制电路，从电源和主令信号开始，经过逻辑判断写出控制流程，用简明的方式表达出电路的自动工作过程。

然后分析辅助电路，辅助电路包括信号电路、检测电路与照明电路等。这部分电路大多是由控制电路中的元件来控制的，可结合控制电路一并分析。

4. 集零为整、统观全局

经过“化整为零”逐步分析每一局部电路的工作原理之后，用“集零为整”的方法来“统观全局”，明确各局部电路之间的控制关系、联锁关系、机电之间的配合情况及各保护环节的设置等。

5. 总结特点

经过上述步骤对电气原理图阅读分析后，总结出机床电气原理图的特点，进而达到对机床电气原理图更进一步的理解。

（五）机床电气控制电路故障排除的方法

1. 检修工具和仪器仪表

检修工具一般有验电笔、十字螺钉旋具、一字螺钉旋具、电工刀、尖嘴钳、剥线钳及斜口钳等；检修仪表一般有万用表、钳形电流表及绝缘电阻表；检修器材一般有塑料软铜线、别径压端子、黑色绝缘胶带、透明胶带以及排除故障所用的其他器材。

2. 机床电气控制电路的检修步骤

（1）故障调查

1）问。机床发生故障后，首先应向操作者了解故障发生前后的情况，这样有利于根据电气设备的工作原理来分析发生故障的原因。询问的内容一般有：故障发生在运行前、后还是发生在运行中；机床是在运行中自行停车，还是发生异常情况后由操作者手动停车的；发生故障时，机床工作在什么工序，操作者按动了哪个按钮，扳动了哪个开关；故障发生前后，设备有无异常现象（如响声、气味、冒烟或冒火等）；以前是否发生过类似的故障，是怎样处理的，等。

2）看。查看熔断器内的熔丝是否熔断，其他电气元件有无烧坏、发热及断线情况，导线连接螺钉是否松动，电动机的转速是否正常等。

3）听。仔细听一下电动机、变压器和电气元件在运行时声音是否正常。

4）摸。电动机、变压器和电气元件的线圈发生故障时，温度会显著上升，可在切断电源后用手去触摸。

（2）电路分析　根据调查结果，参考该机床的电气原理图进行分析，初步判断出故障发生的部位，然后逐步缩小故障范围，直到找到故障点并加以消除。

分析故障时应有针对性，如接地故障一般先考虑电气控制柜外的电气装置，后考虑电气控制柜内的电气元件。断路和短路故障，应先考虑动作频繁的元件，后考虑其余元件。

（3）断电检查　检查前先断开机床总电源，然后根据故障可能产生的部位，逐步找出故障点。检查时应先检查电源进线处有无绝缘层损伤（有绝缘层损伤时可能引起电源接地或短路等现象），螺旋式熔断器的熔断指示器是否跳出，热继电器是否动作等；然后检查电器外部有无损坏，连接导线有无断路、松动，绝缘壳是否过热或烧焦。

（4）通电检查　断电检查仍未找到故障时，可对机床作通电检查。

在通电检查时要尽量使电动机和其所传动的机械部分脱开，将控制器和转换开关置于零位，限位开关还原到正常位置，然后用万用表检查电源电压是否正常，是否有缺相和严重不平衡的情况。然后，再进行通电检查，检查的顺序为：先检查控制电路，后检查主电路；先检查辅助系统，后检查主传动系统；先检查交流系统，后检查直流系统；先检查开关电路，后检查调整系统。另一种方法是断开所有开关，取下所有熔断器，然后按顺序逐一插入需要检查部位的熔断器，合上开关，观察各电气元件是否按要求动作，是否有冒火、冒烟以及熔断器熔断的现象，直到查到发生故障的部位。

3. 机床电气控制电路检修的方法

（1）断路故障的检修

1）验电笔检修法。验电笔检修断路故障的方法如图 6-2 所示。检修时用验电笔依次测试 1、2、3、4、5、6 各点，按下起动按钮 SB_2，测量到哪一点验电笔不亮即为断路处。用验电笔测试断路故障时应注意：①在有一端接地的 220V 电路中测量时，应从电源侧开始，依次测量，并注意观察验电笔的亮度，防止由于外部电场及泄漏电流造成氖管发光而误认为电路没有断路。②当检查 380V 且有变压器的控制电路中的熔断器是否熔断时，应防止由于电流通过另一相熔断器和变压器的一次绕组回到已熔断的熔断器的出线端，造成熔断器没有熔断的假象。

2）万用表检修法。

① 电压测量法。检查时将万用表旋转开关旋到交流电压 500V 档位上。

a. 分阶测量法。分阶测量法如图 6-3 所示，检查时，首先用万用表测量 1、7 两点之间的电压，若电压正常则应为 380V，然后按住起动按钮 SB_2 不放，同时将黑色表笔接到 7 号点上，红色表笔依次接 2、3、4、5、6 各点，分别测量 7—2、7—3、7—4、7—5、7—6 各阶之间的电压。电路在正常情况下，各阶的电压值均为 380V，如测到 7—5 电压为 380V，7—6 无电压，则说明限位开关 SQ 的常闭触头（5—6）断路。根据各阶电压值来检查断路故障的方法见表 6-1。这种测量方法各测量点与参考点之间的构成像台阶一样，所以称为分阶测量法。

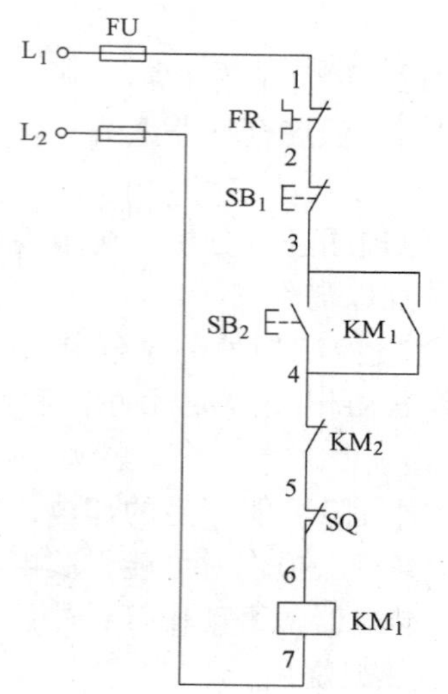

图 6-2　验电笔检修断路故障方法示意图

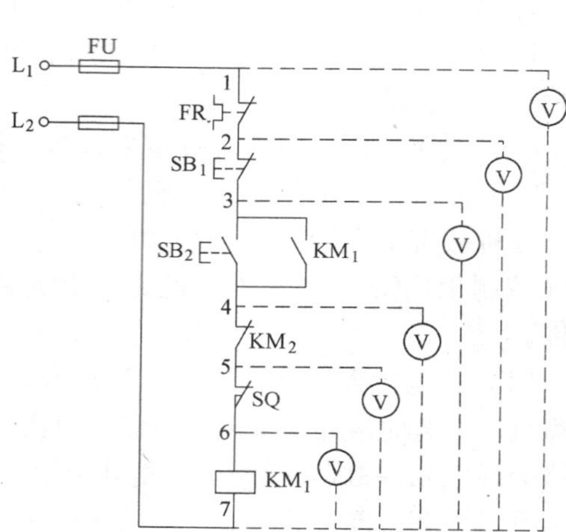

图 6-3　电压的分阶测量法示意图

表 6-1　分阶测量法判断故障的原因

故障现象	测试状态	7—1	7—2	7—3	7—4	7—5	7—6	故障原因
按下 SB_2，KM_1 不吸合	按下 SB_2 不放	380V	380V	380V	380V	380V	0	SQ 常闭触头接触不良
		380V	380V	380V	380V	0	0	KM_2 常闭触头接触不良
		380V	380V	380V	0	0	0	SB_2 常开触头接触不良
		380V	380V	0	0	0	0	SB_1 常闭触头接触不良
		380V	0	0	0	0	0	FR 常闭触头接触不良

b. 分段测量法。电压的分段测量法如图 6-4 所示。检查时先用万用表测试 1、7 两点间的电压，若为 380V，则说明电源电压正常。电压的分段测量法是用万用表红、黑两个表笔逐段测量相邻两标号点 1—2、2—3、3—4、4—5、5—6、6—7 间的电压。若电路正常，按

下 SB_2 后，则除6、7两点间的电压为380V外，其他任何相邻两点间的电压均为零。若按下起动按钮 SB_2 后，接触器 KM_1 不吸合，则说明发生断路故障，此时可用万用表的电压档逐段测量各相邻两点间的电压。如测量到某相邻两点间的电压为380V，则说明这两点间有断路故障。根据各段电压值来检查故障的方法见表6-2。

表6-2　分段测量法判断故障的原因

故障现象	测试状态	1—2	2—3	3—4	4—5	5—6	6—7	故障原因
按下 SB_2，KM_1 不吸合	按下 SB_2 不放	380V	0	0	0	0	0	FR 常闭触头接触不良
		0	380V	0	0	0	0	SB_1 常闭触头接触不良
		0	0	380V	0	0	0	SB_2 常开触头接触不良
		0	0	0	380V	0	0	KM_2 常闭触头接触不良
		0	0	0	0	380V	0	SQ 常闭触头接触不良
		0	0	0	0	0	380V	KM_1 线圈断路

② 电阻测量法。

a. 分阶测量法。电阻的分阶测量法如图6-5所示。

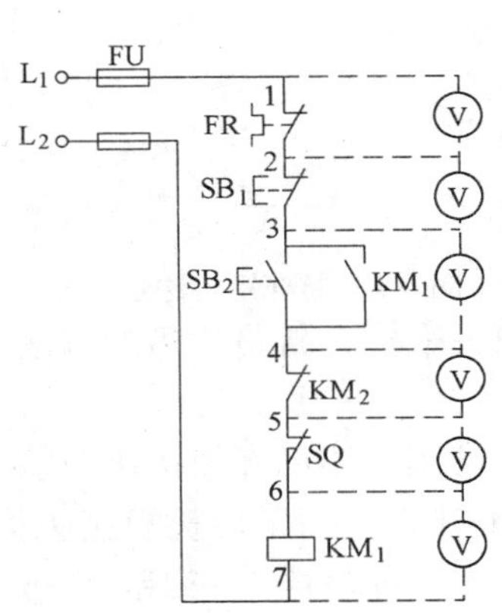

图6-4　电压的分段测量法示意图

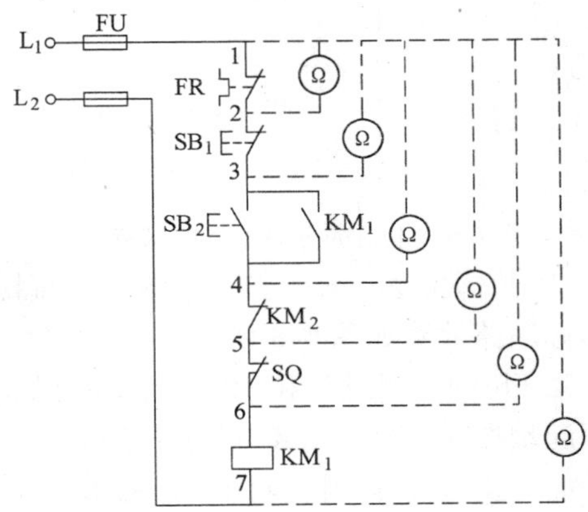

图6-5　电阻的分阶测量法示意图

按下起动按钮 SB_2，若接触器 KM_1 不吸合，则说明发生断路故障。用万用表的欧姆档测量前应先断开电源，然后按下 SB_2 不放，先测量1、7两点间的电阻，如电阻值为无穷大，则说明1、7之间的电路断路。接下来顺序测量1—2、1—3、1—4、1—5、1—6间的电阻值，若电路正常，则该两点间的电阻值为0；若测量某两标号间的电阻为无穷大，则说明表笔刚跨过的触头或连接导线断路。

b. 分段测量法。电阻的分段测量法如图6-6所示。检查时，先切断电源，按下起动按钮 SB_2，然后依次逐段测量相邻两标号点1—2、2—3、3—4、4—5、5—6、6—7间的电阻，如测量某两点间的电阻为无穷大，则说明这两点间的触头或连接导线断路。例如当测量2、3两点间电阻为无穷大时，说明停止按钮 SB_1 或连接 SB_1 的导线断路。

电阻测量法的优点是安全，缺点是测得的电阻值不准确时容易造成判断错误。因此应注意以下几点：一是用电阻测量法检查故障时一定要断开电源；二是当被测的电阻与其他电路

并联时，必须将该电路与其他电路断开，否则所测得的电阻值是不准确的；三是测量高电阻值的电气元件时，应把万用表的选择开关旋转至适合的档位。

3）短接法检修　短接法是用一根绝缘良好的导线，把所怀疑的断路部位短接，如短接后电路被接通，则说明该处断路。

① 局部短接法。局部短接法检修断路故障如图 6-7 所示，按下起动按钮 SB_2，若接触器 KM_1 不吸合，则说明该电路有断路故障。检查时先用万用表电压档测量 1、7 两点间的电压值，若电压正常，则按下起动按钮 SB_2 不放，然后用一根绝缘良好的导线分别短接 1—2、2—3、3—4、4—5、5—6，若短接到某两点时，接触器 KM_1 吸合，则说明断路故障就在这两点之间。

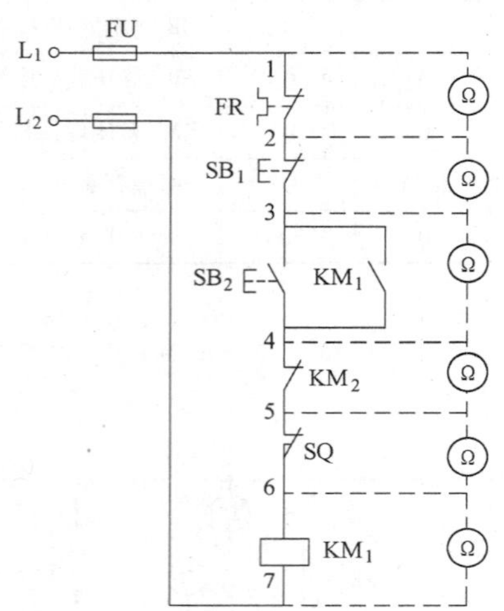

图 6-6　电阻的分段测量法示意图

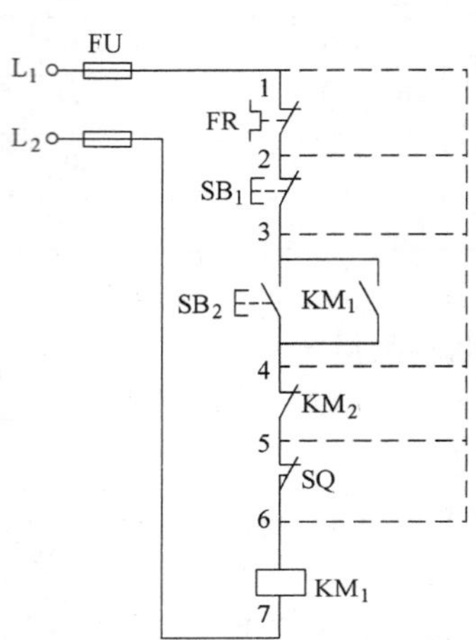

图 6-7　局部短接法示意图

② 长短接法。长短接法是指一次短接两个或多个触头来检查断路故障的方法。长短接法检修断路故障如图 6-8 所示。

当 FR 的常闭触头和 SB_1 的常闭触头同时接触不良，若用上述局部短接法短接 1、2 点，按下起动按钮 SB_2 后 KM_1 仍然不会吸合，故可能造成判断错误。而采用长短接法将 1—6 短接，如 KM_1 吸合，则说明 1—6 段电路中有断路故障，然后再短接 1—3 和 3—6，若短接 1—3 时，按下 SB_2 后 KM_1 吸合，则说明故障在 1—3 段范围内，再用局部短接法短接 1—2 和 2—3，很快就能将断路故障排除。

短接法判断故障时应注意以下几点：

a. 短接法是用手拿绝缘导线带电操作的，所以一定要注意安全，避免触电事故发生。

b. 短接法只适用于检查电压降极小的导线和触头之间的断路故障。对于电压降较大的电气元件，如电阻、接触器和继电器的线圈等，检查其断路故障时不能采用短接法，否则会出现短路故障。

c. 对于机床的某些关键部位，必须保证电气设备或机械部分不会出现事故的情况下才能使用短接法。

（2）短路故障的检修　电路中的短路故障一般是电气元件的触头或连接导线将电源短路。其检修方法如图 6-9 所示。

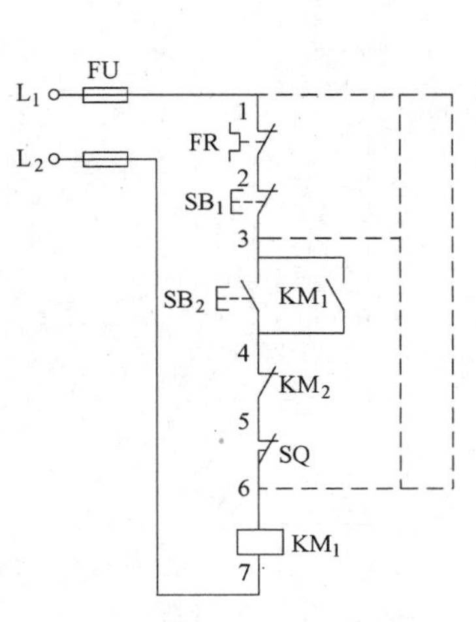

图 6-8　长短接法示意图

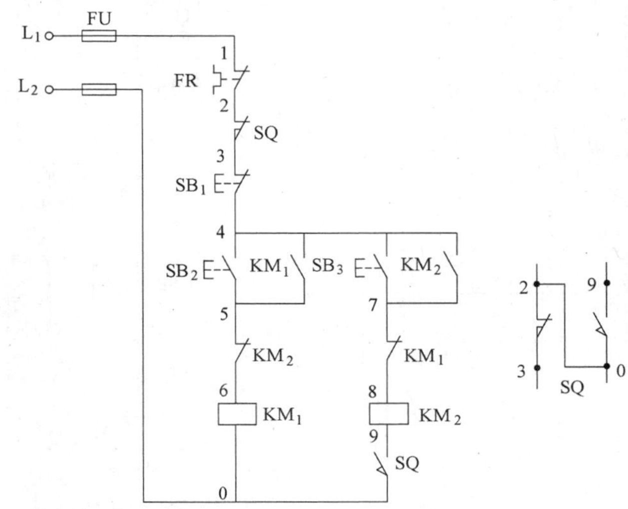

图 6-9　检修电源间的短路故障示意图

若图 6-9 中限位开关 SQ 中的 2 号与 0 号导线因某种原因连接将电源短路，闭合电源开关，熔断器 FU 就会熔断。现采用两节 1 号干电池和一个 2.5V 的小灯泡串联构成的电池灯进行检修，其方法如下：

1）拿去熔断器 FU 的熔芯，将电池灯的两根导线分别接到 1 号和 0 号线上，如灯亮，则说明电源间短路。

2）将电池灯的两根线分别接到 1 号和 0 号导线上，并将限位开关 SQ 的常开触头上的 0 号线拆下，按下起动按钮 SB_2 时，如灯暗，则说明电源短路在这个环节。

3）将电池灯的一根导线从 0 号移到 9 号上，如灯灭，则说明短路在 0 号导线上。

4）将电池灯的两根导线仍分别接到 1 号和 0 号导线上，然后依次断开 4、3、2 号线，若断开 2 号线时灯灭，说明 2 号和 0 号线间短路。

（六）顺序控制

在机床的控制电路中，常常要求电动机的起停有一定的顺序。如车床冷却泵电动机要求在主轴电动机起动后才能起动；磨床要求先起动润滑油泵，然后再起动主轴电动机；铣床的主轴旋转后，工作台方可移动等。顺序工作控制电路有顺序起动、同时停止控制电路，有顺序起动、顺序停止控制电路，还有顺序起动、逆序停止控制电路。

图 6-10 为两台电动机的顺序控制电路。图 6-10b 是顺序起动、同时停止或单独停止 M_2 控制电路。在这个控制电路中，只有 KM_1 线圈通电后，其串入 KM_2 线圈电路中的常开触头 KM_1 闭合，才使 KM_2 线圈有通电的可能。图 6-10c 是顺序起动、逆序停止控制电路。停车时，必须按下 SB_3，断开 KM_2 线圈电路，使并联在按钮 SB_1 两端的常开触头 KM_2 断开后，再按下 SB_1 才能使 KM_1 线圈断电。

思考：怎样通过主电路实现顺序控制？

三、项目实施

（一）目的要求

1）掌握机床电气设备的调试、故障分析及故障排除的方法和步骤。

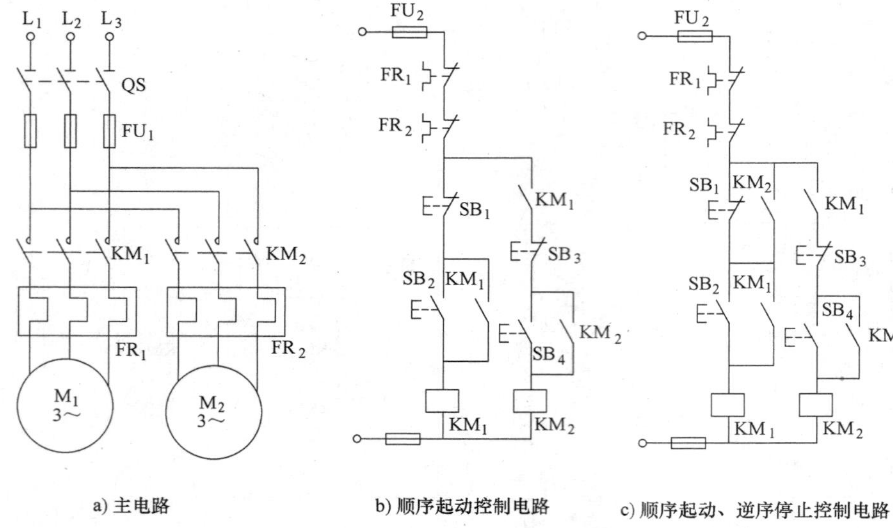

a) 主电路　b) 顺序起动控制电路　c) 顺序起动、逆序停止控制电路

图 6-10　两台电动机的顺序控制电路

2）熟悉 CA6140 型车床电气控制电路的特点，掌握电气控制电路的工作原理。

3）会操作车床电气控制系统，加深对车床电气控制电路工作原理的理解。

4）能正确使用万用表及电工工具等对车床电气控制电路进行检查、测试和维修。

（二）设备与器材

本项目所需设备与器材见表 6-3。

表 6-3　设备与器材

序号	名称	符号	型号规格	数量	备注
1	CA6140 型车床电气控制柜		自制	1 台	表中所列设备与器材的型号规格仅供参考
2	常用电工工具			1 套	
3	万用表		MF47 型	1 块	
4	绝缘电阻表		ZC25—3 型	1 台	
5	钳形电流表		T301—A	1 块	

（三）内容与步骤

1. CA6140 型车床的电气控制电路分析

CA6140 型车床电气原理图如图 6-11 所示。

（1）主电路分析　主电路共有三台电动机。M_1 为主轴电动机（位于电气原理图 3 区），带动主轴旋转和刀架作进给运动；M_2 为刀架快速移动电动机（位于电气原理图 4 区）；M_3 为冷却泵电动机（位于电气原理图 5 区）。

三台电动机容量都小于 10kW，均采用直接起动，皆为接触器控制的单向运行电路。三相交流电源通过开关 QS 引入，M_1 由接触器 KM_1 控制其起停，FR_1 作为过载保护；M_2 由接触器 KM_3 控制其起停，因 M_2 为短时工作，所以未设过载保护；M_3 由接触器 KM_2 控制其起停，FR_2 作为过载保护。熔断器 FU_1 ~ FU_5 分别对主电路、控制电路和辅助电路实现短路

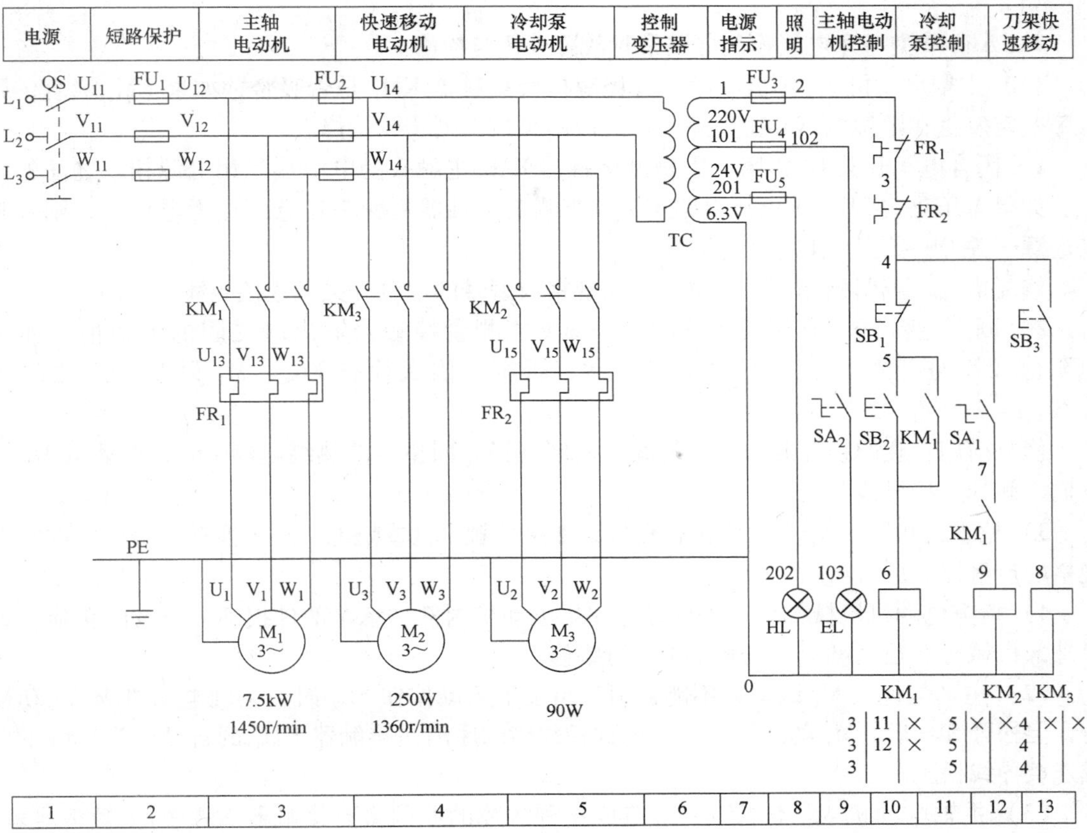

电源	短路保护	主轴电动机	快速移动电动机	冷却泵电动机	控制变压器	电源指示	照明	主轴电动机控制	冷却泵控制	刀架快速移动

1	2	3	4	5	6	7	8	9	10	11	12	13

图 6-11　CA6140 型车床的电气原理图

保护。

（2）控制电路分析　控制电路的电源为控制变压器 TC 二次侧输出的 220V 电压。

1）主轴电动机 M_1 的控制。采用了具有过载保护全电压起动控制的典型环节。按下起动按钮 SB_2→接触器 KM_1 得电吸合→其辅助常开触头 KM_1(5-6)闭合自锁，KM_1 的主触头闭合→主轴电动机 M_1 起动；同时其辅助常开触头 KM_1(7-9)闭合，作为 KM_2 得电的先决条件。按下停止按钮 SB_1→接触器 KM_1 断电释放→电动机 M_1 停转。

2）冷却泵电动机 M_3 的控制。采用两台电动机 M_1、M_3 顺序控制的典型环节，以满足生产要求，使主轴电动机起动后，冷却泵电动机才能起动，当主轴电动机停止运行时，冷却泵电动机也自动停止运行。主轴电动机 M_1 起动后，即在接触器 KM_1 得电吸合的情况下，其辅助常开触头 KM_1 闭合，此时闭合开关 SA_1，接触器 KM_2 线圈才得电吸合，冷却泵电动机 M_3 才能起动。

3）刀架快速移动电动机 M_2 的控制采用点动控制。按下按钮 SB_3→KM_3 得电吸合→其主触头闭合→对电动机 M_2 实施点动控制。电动机 M_2 经传动系统，驱动溜板带动刀架快速移动。松开 SB_3→KM_3 断电释放→电动机 M_2 停转。

（3）照明与信号电路分析　控制变压器 TC 的二次侧分别输出 24V、6.3V 电压作为机床照明和信号灯的电源。EL 为机床的低压照明灯，由开关 SA_2 控制；HL 为电源的信号灯。

2. CA6140 型车床电气控制电路常见故障分析与检修

（1）主轴电动机 M_1 不能起动　首先应检查接触器 KM_1 是否吸合，如果 KM_1 吸合，则故障一定发生在电源电路和主电路上。此故障可按下列步骤检修。

1）闭合电源开关 QS，用万用表测接触器 KM_1 主触头的电源端三相电源相线之间的电压，如果电压是 380V，则电源电路正常。当测量接触器主触头任意两点无电压时，则故障是电源开关 QS 接触不良或导线断路。

修复措施：查明损坏原因，更换相同规格或型号的电源开关及连接导线。

2）断开电源开关，用万用表电阻 R×1 档测量接触器输出端之间的电阻值，如果电阻值较小且相等，说明所测电路正常；否则，依次检查 FR_1、M_1 以及它们之间的导线。

修复措施：查明损坏原因，修复或更换同规格、同型号的热继电器 FR_1、电动机 M_1 及它们之间的连接导线。

3）检查接触器 KM_1 主触头是否良好，如果接触不良或烧毛，则更换动、静触头或相同规格的接触器。

4）检查电动机机械部分是否良好，如果电动机内部轴承等部件损坏，应及时更换；如果外部机械有问题，可配合机修钳工进行维修。

（2）主轴电动机 M_1 起动后不能自锁　当按下起动按钮 SB_2 时，主轴电动机 M_1 起动运转，但松开 SB_2 后，M_1 随之停止。造成这种故障的原因是接触器 KM_1 的自锁触头接触不良或连接导线松脱。

（3）主轴电动机 M_1 不能停车　造成这种故障的原因多是接触器 KM_1 的主触头熔焊，停止按钮 SB_1 击穿或电路中 4、5 两点间连接导线短路以及接触器铁心表面粘牢污垢等。可采用下列方法判明是哪种原因造成电动机 M_1 不能停车：若断开 QS，接触器 KM_1 释放，则说明故障为 SB_1 击穿或导线短路；若接触器过一段时间释放，则故障为铁心表面粘牢污垢；若断开 QS，接触器 KM_1 不释放，则故障为主触头熔焊。可根据具体故障采取相应修复措施。

（4）主轴电动机在运行中突然停车　这种故障的主要原因是由于热继电器 FR_1 动作。发生这种故障后，一定要找出热继电器 FR_1 动作的原因，排除后才能使其复位。引起热继电器 FR_1 动作的原因可能是：三相电源电压不平衡，电源电压较长时间过低，负载过重以及 M_1 的连接导线接触不良等。

（5）刀架快速移动电动机不能起动　首先检查 FU_1 的熔丝是否熔断，其次检查接触器 KM_3 触头的接触是否良好，若无异常且按下 SB_3 接触器 KM_3 仍不吸合，则故障一定在控制电路中。这时依次检查 FR_1 和 FR_2 的常闭触头、点动按钮 SB_3 及接触器 KM_3 的线圈是否有断路现象。

3. CA6140 型车床电气控制电路故障排除

1）在 CA6140 型车床电气控制柜上人为设置故障点，指导教师示范排除检修。

2）教师设置故障点，指导学生如何从故障现象入手进行分析，掌握正确的故障排除、检修的方法和步骤。

3）设置 2～3 个故障点，让学生排除和检修，并将内容填入表 6-4 中。

表 6-4　故障分析表

故障现象	分析原因	排故过程

（四）考核与评价

项目考核内容与考核标准见表 6-5。

表 6-5　项目考核内容与考核标准

序号	考核内容	考核要求	配分	评分标准	得分
1	电工工具及仪表的使用	能规范使用常用电工工具及仪表	10	1）电工工具不会使用或动作不规范，扣 5 分 2）不会使用万用表等仪表，扣 5 分 3）损坏电工工具或仪表，扣 10 分	
2	故障分析	在电气控制电路上，能正确分析故障可能产生的原因	30	1）错标或少标故障范围，每个故障点扣 6 分 2）不能标出最小的故障范围，每个故障点扣 4 分	
3	故障排除	正确使用电工工具和仪表，找出故障点并排除故障	40	1）每少查出一个故障点扣 6 分 2）每少排除一个故障点扣 5 分 3）排除故障的方法不正确，每处扣 4 分	
4	安全文明操作	确保人身和设备安全	20	违反安全文明操作规程，扣 10 ~ 20 分	
备注			合　计		
			教师评价	年　　月　　日	

四、知识拓展——M7120 型平面磨床电气控制电路分析与故障排除

磨床是用砂轮的周边或端面进行加工的精密机床。砂轮的旋转为主运动，工件或砂轮的往复运动为进给运动，而砂轮架的快速移动及工作台的移动为辅助运动。磨床的种类很多，按其工作性质可分为外圆磨床、内圆磨床、平面磨床、工具磨床以及一些专用磨床。其中以平面磨床应用最为广泛。

（一）M7120 型平面磨床的主要结构及控制要求

1. 平面磨床的主要结构

图 6-12 为 M7120 型平面磨床结构示意图。在箱形床身 1 中装有液压传动装置，工作台 2 通过活塞杆 10 由油压驱动作往复运动，床身导轨有自动润滑装置进行润滑。工作台表面有 T 形槽，用以固定电磁吸盘，再用电磁吸盘来吸持加工工件。工作台往复运动的行程长度可通过调节装在工作台正面槽中的工作台换向撞块 8 的位置来改变。工作台换向撞块 8 是通过碰撞工作台往复运动换向手柄 9 来改变油路方向，从而实现工作台的往复运动。

在床身上固定有立柱7，沿立柱7的轨道上装有滑座6。砂轮轴由装入式砂轮电动机直接拖动。在滑座内部往往也装有液压传动机构。

滑座可在立柱导轨上作上下垂直移动，并可由砂轮箱垂直进刀手轮11操纵。砂轮箱4能沿滑座水平导轨作横向移动，它可由砂轮箱横向移动手轮5操纵，也可通过液压传动机构作连续或间断移动。连续移动用于调节砂轮位置或修整砂轮，间断移动用于进给。

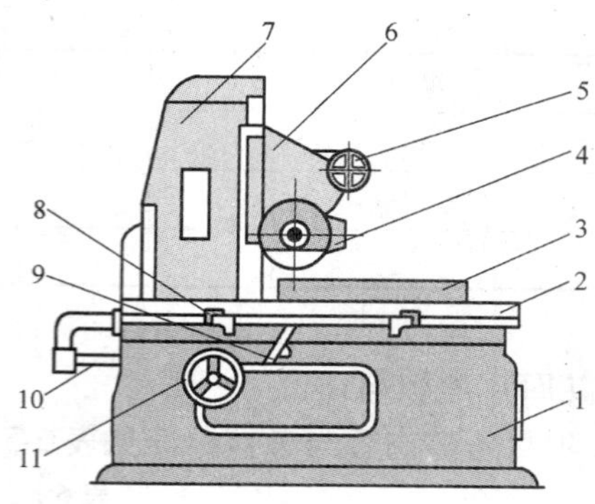

图6-12 M7120型平面磨床结构示意图

1—床身 2—工作台 3—电磁吸盘 4—砂轮箱 5—砂轮箱横向移动手轮 6—滑座 7—立柱 8—工作台换向撞块 9—工作台往复运动换向手柄 10—活塞杆 11—砂轮箱垂直进刀手轮

2. 平面磨床的运动形式

矩形工作台平面磨床工作图见图6-13。砂轮的旋转运动是主运动。进给运动有垂直进给，即滑座在立柱上的上下运动；横向进给，即砂轮箱在滑座上的水平运动；纵向进给，即工作台沿床身的往复运动。工作台每完成一次往复运动时，砂轮箱便作一次间断性的横向进给；当加工完整个平面后，砂轮箱作一次间断性的垂直进给。

辅助运动是指砂轮箱在滑座水平导轨上作快速横向移动，滑块沿立柱上的垂直导轨作快速垂直移动，以及工作台往复运动速度的调整运动等。

3. M7120型平面磨床的电力拖动特点及控制要求

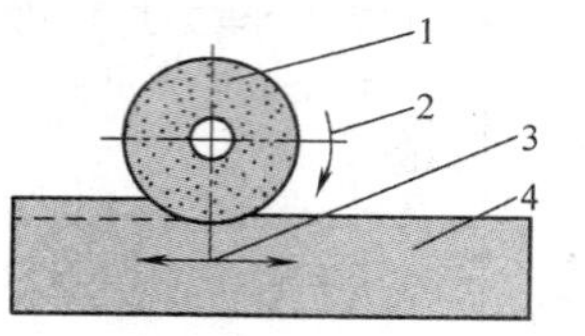

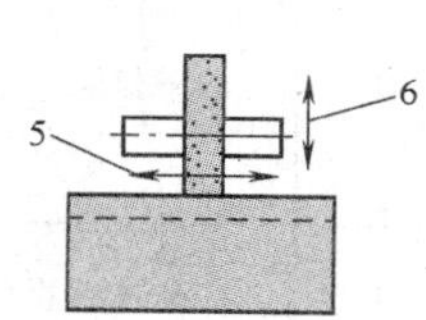

图6-13 矩形工作台平面磨床工作图

1—砂轮 2—主运动 3—纵向进给运动 4—工作台 5—横向进给运动 6—垂直进给运动

1）M7120型平面磨床采用分散拖动，液压泵电动机、砂轮电动机、砂轮升降电动机和冷却泵电动机全部采用普通笼型交流异步电动机。

2）磨床的砂轮、砂轮升降和冷却泵不要求调速，换向是通过工作台上的撞块碰撞床身上的液压换向开关来实现的。

3）为减少工件在磨削加工中的热变形并冲走磨屑以保证加工精度，需要冷却泵。

4）为适应磨削小工件的需要，也为工件在磨削过程受热能自由伸缩，采用电磁吸盘来吸持工件。

5）砂轮电动机、液压泵电动机和冷却泵电动机只进行单方向旋转，并采用直接起动。

6）砂轮升降电动机要求能正反转，冷却泵电动机与砂轮电动机具有顺序联锁关系，在砂轮电动机起动后才可起动冷却泵电动机。

7）无论电磁吸盘工作与否，均可开动各电动机，以便进行磨床的调整运动。

8）具有完善的保护环节、工件退磁环节及机床照明电路。

（二）M7120型平面磨床的电气控制电路分析

M7120型平面磨床的电气原理图如图6-14所示。电气原理图由主电路、控制电路和照

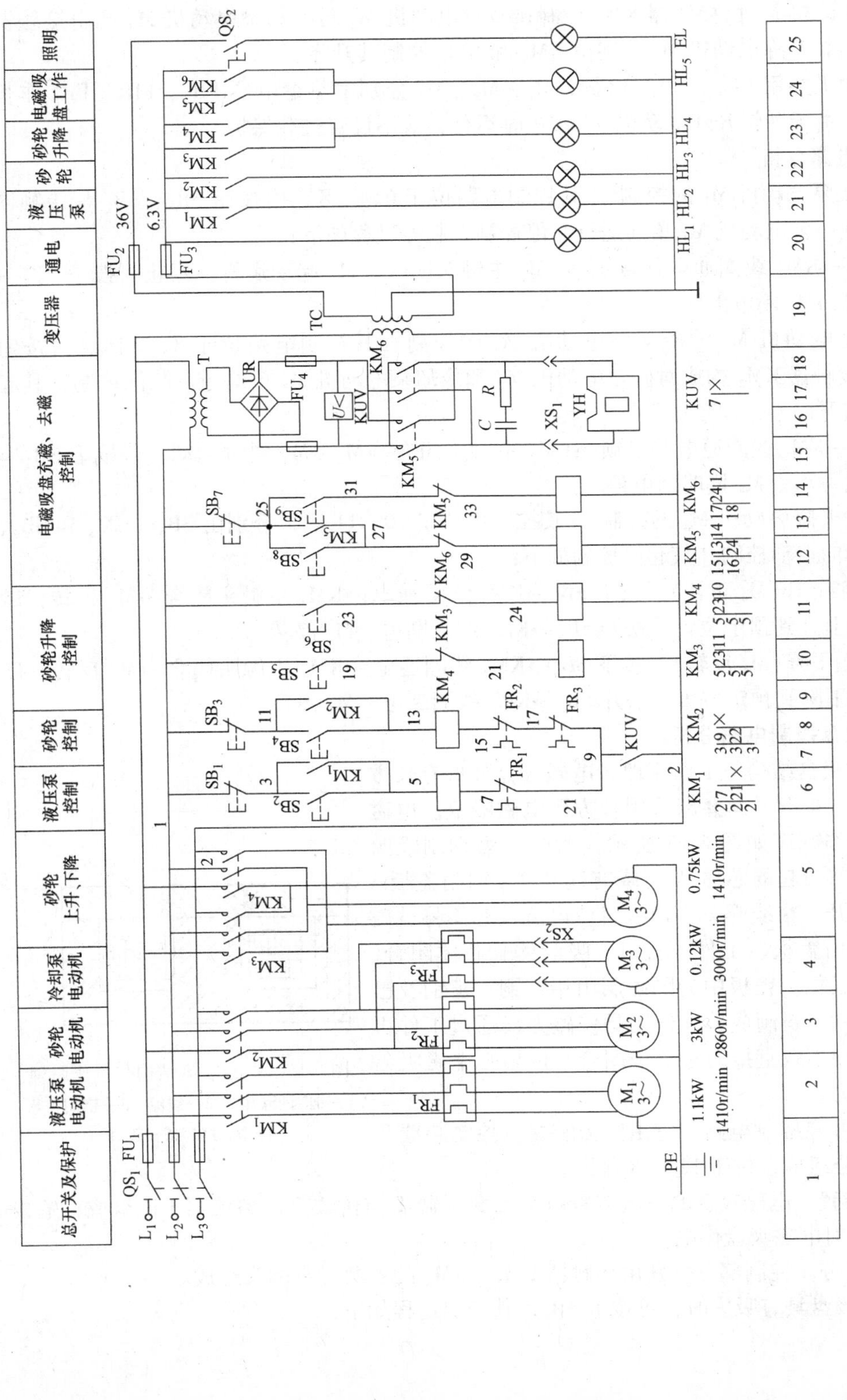

图 6-14　M7120 型平面磨床电气原理图

明及信号电路等组成。

1. 主电路分析

液压泵电动机 M_1 由接触器 KM_1 控制；砂轮电动机 M_2 与冷却泵电动机 M_3 同由接触器 KM_2 控制；砂轮升降电动机 M_4 分别由 KM_3 和 KM_4 控制其升降。

四台电动机共用 FU_1 作短路保护，M_1、M_2、M_3 分别由热继电器 FR_1、FR_2、FR_3 作长期过载保护。由于砂轮升降电动机 M_4 作短时运行，故不设置过载保护。

2. 控制电路分析

（1）液压泵电动机 M_1 的控制　其控制电路位于 6、7 区，由按钮 SB_1、SB_2 与接触器 KM_1 构成对液压泵电动机 M_1 单向运行起停控制，起停过程如下：

按下 SB_2→KM_1 线圈通电并自锁→KM_1 主触头闭合→M_1 起动运行。停止时按下 SB_1→KM_1 线圈断电→M_1 断电停转。

（2）砂轮电动机 M_2 和冷却泵电动机 M_3 的控制　其控制电路位于 8、9 区，由按钮 SB_3、SB_4 与接触器 KM_2 构成对砂轮电动机 M_2 和冷却泵电动机 M_3 单向运行起停控制，其起停控制过程如下：

按下 SB_4→KM_2 线圈通电并自锁→KM_2 主触头闭合→M_2、M_3 同时起动。若按下 SB_3→KM_2 线圈断电→M_2、M_3 同时断电停转。

（3）砂轮升降电动机 M_4 的控制　其控制区位于 10、11 区，分别由 SB_5、KM_3 和 SB_6、KM_4 构成的单向点动控制，其起停控制如下：

1）砂轮箱上升（M_4 正转）。按下 SB_5→KM_3 线圈通电→KM_3 主触头闭合→M_4 正转，砂轮箱上升。当上升到预定位置，松开 SB_5→KM_3 线圈断电→M_4 停转。

2）砂轮箱下降（M_4 反转）。按下 SB_6→KM_4 线圈通电→KM_4 主触头闭合→M_4 反转，砂轮箱下降。当下降到预定位置，松开 SB_6→KM_4 线圈断电→M_4 停转。

3. 电磁吸盘控制电路分析

（1）电磁吸盘结构与工作原理　电磁吸盘外形有长方形和圆形两种。矩形平面磨床采用长方形电磁吸盘。电磁吸盘结构与工作原理如图 6-15 所示。图中 1 为钢制吸盘体，在它的中部凸起的芯体 A 上绕有线圈 2，钢制盖板 3 被隔磁层 4 隔开。在线圈 2 中通入直流电流，芯体将被磁化，磁力线经由盖板、工件、盖板、吸盘体、芯体闭合，将工件 5 牢牢吸住。盖板中的隔磁层由铅、铜、黄铜及巴氏合金等非磁性材料制成，其作用是使磁力线通过工件再回到吸盘体，而不致直接通过盖板闭合，以增强电磁吸盘对工件的吸持力。

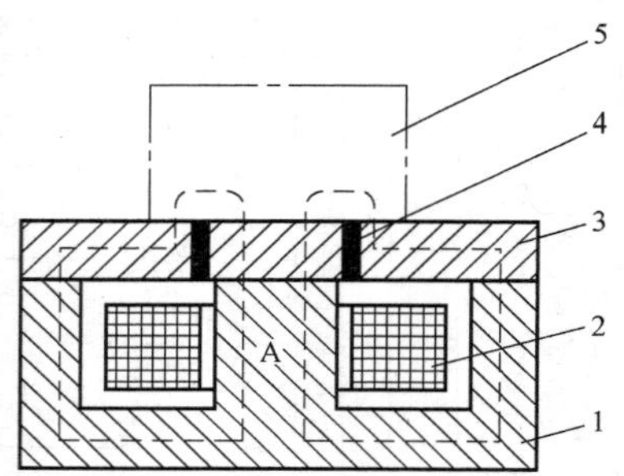

图 6-15　电磁吸盘结构与工作原理
1—钢制吸盘体　2—线圈　3—钢制盖板
4—隔磁层　5—工件

（2）电磁吸盘控制电路　它由整流装置、控制装置及保护装置等部分组成，位于 12～18 区。

1）整流装置。电磁吸盘的整流装置由整流变压器 T 与桥式全波整流器 UR 组成，输出 110V 直流电压对电磁吸盘供电。

2）控制部分。控制部分分别由接触器 KM_5、KM_6 的各两对主触头组成。

要使电磁吸盘具有吸力时，可按下 SB_8，其控制过程如下：

按下 SB_8→KM_5 线圈通电并自锁—┬→KM_5 主触头闭合→电磁吸盘 YH 通电
　　　　　　　　　　　　　　　　└→KM_5 辅助常闭触头分断→对 KM_6 联锁。

当工件加工完毕需取下时，按下 SB_7→KM_5 线圈断电→KM_5 主触头断开→电磁吸盘 YH 断电。但工作台与工件留有剩磁，需进行去磁。此时，按下 SB_9，使 YH 线圈通入反向电流，产生反向磁场。去磁过程如下：

按下 SB_9→KM_6 线圈通电—┬→KM_6 主触头闭合→电磁吸盘 YH 通电。
　　　　　　　　　　　　　└→KM_6 辅助常闭触头分断→对 KM_5 联锁。

应当指出，去磁时间不能太长，否则工作台和工件会被反向磁化，故 SB9 为点动控制。

3）电磁吸盘保护环节。电磁吸盘具有欠电压、失电压保护，过电压保护及短路保护等。

① 欠电压、失电压保护：当电源电压不足或整流变压器发生故障时，会引起电磁吸盘的吸力不足，在加工过程中，会导致工件高速飞离而造成事故。为防止这种情况发生，在电路中设置了欠电压继电器 KUV，其线圈并联在电磁吸盘电路中，常开触头串联在 KM_1、KM_2 线圈回路中。当电源电压不足或为零时，KUV 常开触头断开，使 KM_1、KM_2 线圈断电，液压泵电动机 M_1 和砂轮电动机 M_2 停转，从而实现欠电压和失电压的保护，保证了生产安全。

② 过电压保护：电磁吸盘线圈匝数多、电感大，通电工作时储有大量的磁场能量。当电磁吸盘断电时，其线圈两端将产生过电压，若无放电回路，将损坏线圈绝缘及其他电气设备。为此，在线圈两端接有 *RC* 放电回路以吸收线圈断电后释放出的磁场能量。

③ 短路保护：在整流变压器二次侧或整流装置输出端装有熔断器作为电磁吸盘控制电路的短路保护。

4. 照明及信号电路分析

由信号指示和局部照明电路构成，位于 20 ~ 25 区。EL 为局部照明灯，由变压器 TC 供电，工作电压为36V，由 QS_2 控制。各信号灯工作电压为6.3V。HL_1 为电源指示灯，HL_2 为 M_1 运行指示灯，HL_3 为 M_2 运行指示灯，HL_4 为 M_4 运行指示灯，HL_5 为电磁吸盘工作指示灯。

（三）M7120 型平面磨床电气控制电路常见故障分析与检修

（1）M_1、M_2、M_3 三台电动机都不能起动　造成三台电动机都不能起动的原因是欠电压继电器 KUV 的常开触头接触不良、接线松脱或有油垢，使电动机控制电路处于断电状态。检修故障时，检查欠电压继电器 KUV 的常开触头 KUV(9-2)的接通情况，若不通则修理或更换元件，即可排除故障。

（2）砂轮电动机的热继电器 FR_2 经常脱扣　砂轮电动机 M_2 为装入式电动机，它的前轴承是铜瓦，易磨损，磨损后易发生堵转现象，使电流增大，导致热继电器脱扣。若是这种情况，应修理或更换前轴承。另外，砂轮进刀量太大，电动机超负载运行，也会造成电动机堵转，使电流急剧上升，导致热继电器脱扣。因此，工作中应选择合适的进刀量，防止电动机超负载运行。除上述原因之外，若更换后的热继电器规格选得太小或整定电流没有调整，也会出现电动机还未达到额定负载热继电器就已脱扣的情况。因此，热继电器必须按其保护电动机的额定电流进行选择和调整。

（3）电磁吸盘没有吸力　首先用万用表检查三相电源电压是否正常。若电源电压正常，

再检查熔断器 FU_1 和 FU_4 有无熔断现象。常见的故障是熔断器 FU_4 熔断，造成电磁吸盘电路断开，使电磁吸盘无吸力。FU_4 熔断可能是由于直流回路短路，或者是直流回路中电气元件损坏造成的。如果检查整流器输出空载电压正常，而接上电磁吸盘后输出电压下降不大，欠电压继电器 KUV 不动作，电磁吸盘无吸力，这时，可依次检查电磁吸盘 YH 的线圈、插接器 XS_1 有无断路或接触不良的现象。检修时，可使用万用表测量各点的电压，查出故障元件并进行修理或更换，即可排除故障。

（4）电磁吸盘吸力不足　引起这种故障的原因是电磁吸盘损坏或整流器输出电压不正常。M7120 型平面磨床电磁吸盘的电源电压由桥式全波整流器 UR 供给，空载时桥式全波整流器直流输出电压应为 130～140V，负载时不应低于 110V。若桥式全波整流器空载时输出电压正常，带负载时电压远低于 110V，则表明电磁吸盘已短路。短路点多发生在各线圈间的引线接头处，这是由于吸盘密封性不好，冷却液流入引起绝缘损坏，造成线圈短路，若短路严重，过大的电流会烧坏整流元件和整流变压器。出现这种故障时，必须更换电磁吸盘线圈，并处理好线圈绝缘，安装时要完全密封好。

若电磁吸盘电源电压不正常，多是因为整流元件短路或断路造成的。应检查桥式全波整流器 UR 的交流侧电压及直流侧电压。若交流侧电压正常，直流输出电压不正常，则表明桥式全波整流器整流器件短路或断路。若某一桥臂的整流二极管发生断路，将使整流输出电压降低到额定电压的一半；若两个相邻的二极管都断路，则输出电压为零。整流器件损坏的原因可能是器件过热或过电压造成的，如由于整流二极管热容量很小，在桥式全波整流器过载时，二极管温度急剧上升而被烧坏；当放电电阻 R 损坏或接线断路时，由于电磁吸盘线圈电感很大，在断开瞬间将产生过电压将整流器件击穿。排除此类故障时，可用万用表测量桥式全波整流器的输出及输入电压，判断出故障部位，查出故障元件并进行修理或更换即可。

（5）电磁吸盘去磁不好使工件取下困难　电磁吸盘去磁不好的故障原因：一是去磁电路断路，根本没有去磁，应检查接触器 KM_6 的两对主触头是否接触良好，熔断器 FU_4 是否损坏；二是去磁时间太长或太短，对于不同材质的工件，所需的去磁时间不同，应注意掌握好去磁时间。

五、项目小结

本项目以 CA6140 型车床电气控制电路分析与故障排除为导向，引出了机床电气控制电路分析的内容、步骤和方法，顺序控制电路的分析及机床电气控制系统故障排除的方法；学生在 CA6140 型车床电气控制电路分析及故障排除及相关知识学习的基础上，通过对 CA6140 型车床电气控制电路故障排除的操作训练，掌握车床电气控制系统的分析及故障排除的基本技能，加深对相关理论知识的理解。

本项目还介绍了 M7120 型平面磨床电气控制系统分析及故障排除。

项目二　XA6132 型卧式万能铣床电气控制电路分析与故障排除

一、项目导入

XA6132 型卧式万能铣床可用各种圆柱铣刀、圆片铣刀、角度铣刀、成型铣刀和端面

铣刀，如果使用万能铣头、圆工作台、分度头等铣床附件，还可以扩大机床加工的范围，因此，XA6132 型卧式万能铣床是一种通用机床，在金属切削机床中使用数量仅次于车床。

本项目主要讨论 XA6132 型卧式万能铣床的电气控制原理及故障排除。

二、相关知识

（一）XA6132 型卧式万能铣床的主要结构及运动形式

1. XA6132 型卧式万能铣床的主要结构

XA6132 型卧式万能铣床主要由底座、床身、主轴、悬梁、刀杆支架、工作台、溜板和升降台等几部分组成，其结构如图 6-16 所示。箱形的床身 13 固定在底座 1 上，在床身内装有主轴传动机构和主轴变速机构。在床身的顶部有水平导轨，其上装着带有一个或两个刀杆支架 8 的悬梁 9。刀杆支架用来支承安装铣刀心轴的一端，而心轴的另一端固定在主轴 10 上。在床身的前方有垂直导轨，一端悬持的升降台 3 可沿垂直导轨作上下移动，升降台上装有进给传动机构和进给变速机构。在升降台上面的水平导轨上，装有溜板 5，溜板在水平导轨上作平行主轴轴线方向的运动(横向移动)，从图 6-16 所示的工作台主视图角度看是前后运动。溜板上方装有可转动部分 6，卧式铣床与卧式万能铣床的唯一区别在于后者设有转动部分，而前者没有。转动部分相对溜板可绕垂直轴线转动一个角度(通常为 ±45°)。在转动部分上又有导轨，导轨上安放有工作台 7，工作台在转动部分的导轨上作垂直于主轴轴线方向的运动(纵向移动,又称左右运动)。这样工作台在上下、前后、左右 3 个互相垂直的方向上均可运动，再加上转动部分可相对溜板在垂直轴线方向上移动一个角度，这样工作台还能在主轴轴线倾斜方向运动，从而完成铣螺旋槽的加工。为扩大铣床的铣削能力还可以在工作台上安装圆工作台。

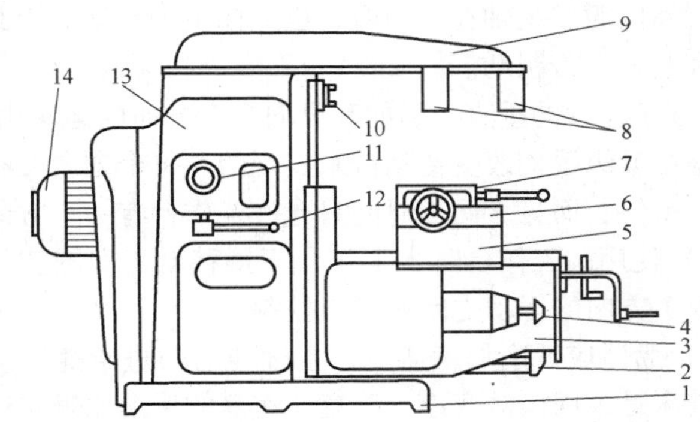

图 6-16　XA6132 型卧式万能铣床结构示意图

1—底座　2—进给电动机　3—升降台　4—进给变速手柄及变速盘
5—溜板　6—转动部分　7—工作台　8—刀杆支架　9—悬梁
10—主轴　11—主轴变速盘　12—主轴变速手柄
13—床身　14—主轴电动机

2. XA6132 型卧式万能铣床的运动形式

XA6132 型卧式万能铣床的运动形式有主运动、进给运动及辅助运动。主轴带动铣刀的旋转运动为主运动；工件夹持在工作台上在垂直于铣刀轴线方向做直线运动为进给运动，包括工作台上下、前后、左右 3 个互相垂直方向上的进给运动；而工件与铣刀相对位置的调整运动即工作台在上下、前后、左右 3 个互相垂直方向上的快速直线运动及工作台的回转运动为辅助运动。

（二）XA6132 型卧式万能铣床的电力拖动特点及控制要求

1）XA6132 型卧式万能铣床的主轴传动系统在床身内部，进给系统在升降台内，而且

主运动与进给运动之间没有速度比例协调的要求，故采用单独传动，即主轴和工作台分别由主轴电动机和进给电动机拖动。而工作台进给与快速移动由进给电动机拖动，经电磁离合器传动来获得。

2）主轴电动机处于空载下起动，为能进行顺铣和逆铣加工，要求主轴能实现正、反转，但旋转方向不需经常变换，仅在加工前预选主轴旋转方向即可。为此，主轴电动机应能正、反转，并由转向选择开关来选择电动机的转向。

3）铣削加工是多刀多刃不连续切削，负载波动。为减轻负载波动的影响，往往在主轴传动系统中加入飞轮，使转动惯量加大，但为实现主轴快速停车，主轴电动机应设有停车制动装置。同时，主轴在上刀时，也应使主轴制动。为此该铣床采用电磁离合器控制主轴停车制动和主轴上刀制动。

4）工作台的垂直、横向和纵向 3 个方向的运动由一台进给电动机拖动，而 3 个方向的选择是由操纵手柄改变传动链来实现的。每个方向又有正反向的运动，这就要求进给电动机能正、反转，而且，同一时间只允许工作台有一个方向的运动，故应设有联锁保护。

5）使用圆工作台时，工作台不得移动，即圆工作台的旋转运动与工作台上下、左右、前后 6 个方向的运动之间有联锁控制。

6）为适应铣削加工需要，主轴转速与进给速度应有较宽的调节范围。XA6132 型卧式万能铣床是采用机械变速，改变变速盘的传动比来实现的，为保证变速时齿轮易于啮合，减少齿轮端面的冲击，要求变速时电动机有冲动控制。

7）根据工艺要求，主轴旋转和工作台进给应有先后顺序控制，即进给运动要在铣刀旋转之后才能进行。加工结束必须在铣刀停转前停止进给运动。

8）为降低铣削加工时不断上升的温度，应由冷却泵电动机拖动冷却泵供给冷却液。

9）为适应铣削加工时操作者的正面与侧面的操作要求，机床应对主轴电动机的起动与停止及工作台的快速移动控制，设有两地操作的控制系统。

10）工作台上下、左右、前后 6 个方向的运动应具有限位保护。

11）电路应具有必要的短路、过载、欠电压和失电压等保护环节，并有安全可靠的局部照明电路。

（三）电磁离合器

XA6132 型卧式万能铣床主轴电动机停车制动、主轴上刀制动以及进给系统的工作台进给和快速移动皆由电磁离合器来实现。

电磁离合器又称为电磁联轴节。它是利用表面摩擦和电磁感应原理，在两个作旋转运动的物体间传递转矩的执行电气元件。由于它便于远距离控制，控制能量小，动作迅速、可靠，结构简单，故广泛应用于机床的电气控制。铣床上采用的是摩擦片式电磁离合器。

摩擦片式电磁离合器按摩擦片的数量可分为单片式电磁离合器和多片式电磁离合器两种，机床上普遍采用多片式电磁离合器，其结构如图 6-17 所示。在主动轴 1 的花链轴端，装有主动摩擦片 6，它可以轴向自由移动，但因系花链联接，故将随同主动轴一起转动。从动摩擦片 5 与主动摩擦片交替叠装，其外缘凸起部分卡在与从动齿轮 2 固定在一起的套筒 3 内，因而可以随从动齿轮转动，并且当主动轴转动时它可以不转。当线圈 8 通电后产生磁场，将摩擦片吸向静铁心 9，衔铁 4 也被吸住，紧紧压住各摩擦片。于是，依靠主动摩擦片与从动摩擦片之间的摩擦力，使从动齿轮随主动轴转动，实现转矩的传递。当电磁离合器线

圈电压达到额定值的85%～105%时，电磁离合器就能可靠工作。当线圈断电时，装在内、外摩擦片之间的圈状弹簧使衔铁和摩擦片复原，电磁离合器便失去传递转矩的作用。

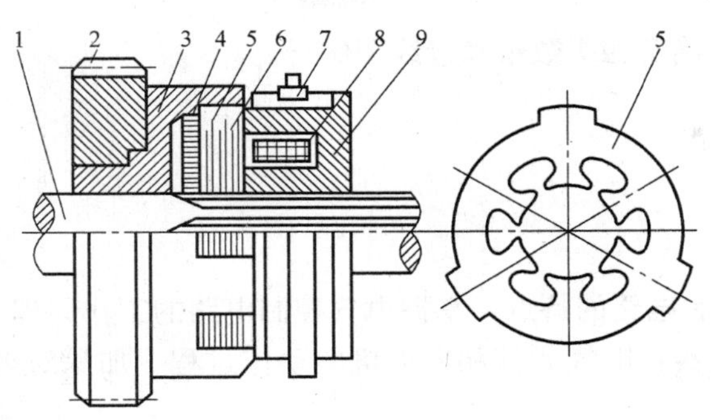

图6-17 多片式摩擦电磁离合器结构示意图

1—主动轴 2—从动齿轮 3—套筒 4—衔铁 5—从动摩擦片 6—主动摩擦片 7—电刷与集电环 8—线圈 9—静铁心

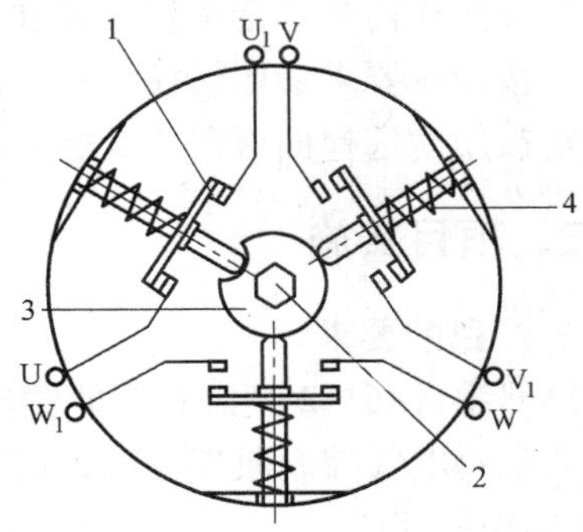

图6-18 万能转换开关示意图

1—触头 2—转轴 3—凸轮 4—触头弹簧

(四) 万能转换开关

万能转换开关是由多组相同结构的触头组件叠装而成的多档位多回路的主令电器。它由操作机构、定位装置和触头系统三部分组成。典型的万能转换开关结构示意图如图6-18所示。

万能转换开关的符号及通断表如图6-19所示，图6-19a中每一横线代表一路触头，三条竖的虚线代表手柄位置。那一路触头接通就在代表该位置虚线上的触头下面用黑点“·”表示。触头的通、断状态也可用通断表来表示，表中的×表示触头接通，空白表示触头分断。在每层触头底座上均可装三对触头，并由触头底座中的凸轮经转轴来控制这三对触头的通断。由于各层凸轮可做成不同的形状，这样用手柄将开关转至不同位置时，经凸轮的作用，可实现各层中的各触头按所规定的规律接通或断开，以适应不同的控制要求。

常用的万能转换开关有LW5、LW6、LW12及LW15等系列，它常用于各种低压控制电路的转换、电气测量仪表的转换以及配电设备的遥控和转换，还可用于不频繁起动停止的小容量电动机的控制。

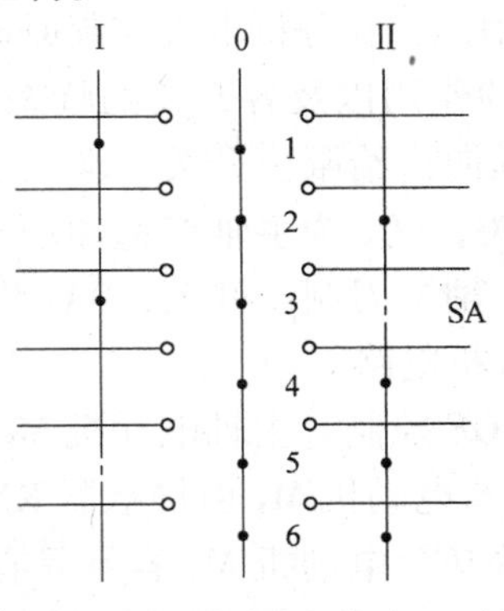

a) 图形符号及文字符号

触头号	I	0	II
1	×	×	
2		×	×
3	×	×	
4		×	×
5		×	×
6		×	×

b) 通断表

图6-19 万能转换开关符号及通断表

万能转换开关的选用原则为：

1）按额定电压和工作电流选用相应的万能转换开关系列。

2）按操作需要选定手柄形式和定位特征。

3）按控制要求参照转换开关产品样本，确定触头数量和接线图编号。

4）按用途选择面板形式及标志。

三、项目实施

（一）目的要求

1）熟悉 XA6132 型卧式万能铣床电气控制电路的特点，掌握电气控制电路的工作原理。

2）学会电气控制原理分析，通过操作观察各电气元件和电动机的动作过程，加深对电路工作原理的理解。

3）能正确使用万用表、电工工具等对铣床电气控制电路进行检查、测试和维修。

（二）设备与器材

本项目所需设备与器材见表 6-6。

表 6-6　设备与器材

序 号	名 称	符 号	型 号 规 格	数 量	备 注
1	XA6132 型卧式万能铣床电气控制柜		自制	1 台	表中所列设备与器材的型号规格仅供参考
2	常用电工工具			1 套	
3	万用表		MF47 型	1 块	
4	绝缘电阻表		ZC25—3 型	1 台	
5	钳形电流表		T301—A	1 块	

（三）内容与步骤

1. XA6132 型卧式万能铣床的电气控制电路分析

XA6132 型卧式万能铣床的电气控制原理图如图 6-20 所示。图中 M_1 为主轴电动机，M_2 为工作台进给电动机，M_3 为冷却泵电动机。该电路的突出特点是：一是采用电磁离合器控制，二是机械操作与电气开关动作密切配合进行。因此，在分析电气控制原理图之前，应对机械操作手柄与相应电气开关的动作关系、各开关的作用以及各开关的状态都作一一了解。如 SQ_1、SQ_2 为与纵向机构操作手柄有机械联系的纵向进给限位开关；SQ_3、SQ_4 为与垂直、横向机构操作手柄有机械联系的垂直、横向限位开关，SQ_5 为主轴变速冲动开关，SQ_6 为进给变速冲动开关，SA_1 为冷却泵选择开关，SA_2 为主轴上刀制动开关，SA_3 为圆工作台转换开关，SA_4 为主轴电动机转向预选开关等，然后再分析电路。

（1）主电路分析　三相交流电源由低压断路器 QF 控制。主轴电动机 M_1 由接触器 KM_1 和 KM_2 控制实现正反转，过载保护由 FR_1 实现。进给电动机 M_2 由接触器 KM_3 和 KM_4 控制实现正反转，FR_2 作过载保护，FU_1 作短路保护。冷却泵电动机 M_3 容量只有 0.125kW，由中间继电器 KA_3 控制，单向旋转，由 FR_3 作过载保护。整个电气控制电路由 QF 作过电流保护、过载保护以及欠电压、失电压保护。

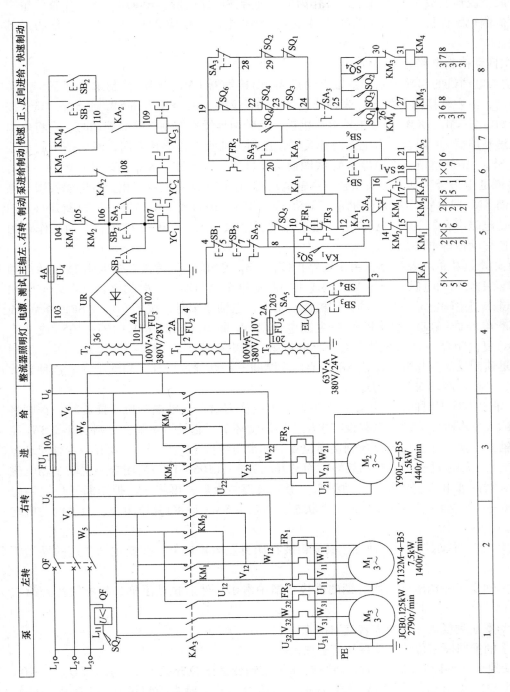

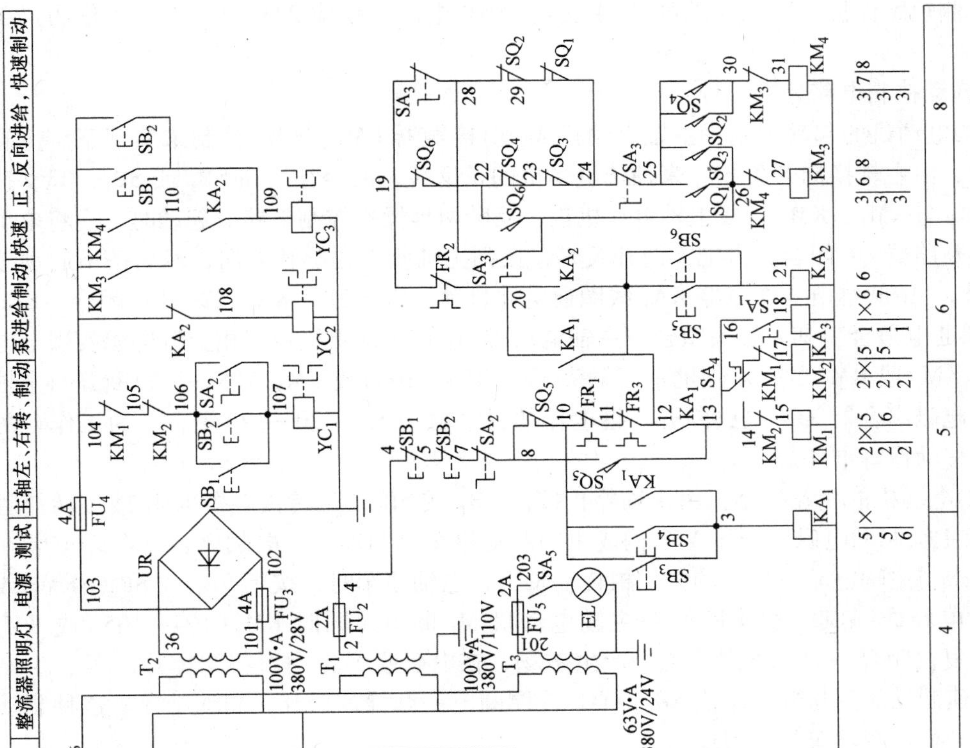

图 6-20 XA6132 型万能铣床电气控制原理图

（2）控制电路分析　控制变压器 T_1 将交流 380V 电压变换为交流 110V 电压，供给控制电路电源，由 FU_2 作短路保护。整流变压器 T_2 将交流 380V 电压变换为交流 28V 电压，再经桥式全波整流器变成 24V 直流电压，作为电磁离合器电路电源，由 FU_3、FU_4 作整流桥交流侧、直流侧短路保护。照明变压器 T_3 将交流 380V 电压变换成 24V 交流电压，作为局部照明电源。

1）主拖动控制电路分析。

① 主轴电动机的起动控制：主轴电动机 M_1 由接触器 KM_1、KM_2 控制来实现正、反转全电压起动，由主轴换向开关 SA_4 来预选电动机的正反转。由停止按钮 SB_1 或 SB_2，起动按钮 SB_3 或 SB_4 与 KM_1、KM_2 构成主轴电动机正、反转两地操作控制电路。起动时，应将电源引入，低压断路器 QF 闭合，再把换向开关 SA_4 拨到主轴所需的旋转方向，然后按下起动按钮 SB_3 或 SB_4→中间继电器继电器 KA_1 线圈通电并自锁→常开触头 KA_1（12—13）闭合→KM_1 或 KM_2 线圈通电吸合→其主触头闭合→主轴电动机 M_1 定子绕组接通三相交流电源实现全电压起动。而 KM_1 或 KM_2 的一对辅助常闭触头 KM_1（104—105）或 KM_2（105—106）断开→主轴电动机制动电磁离合器 YC_1 电路断开。继电器的另一触头 KA_1（20—12）闭合，为工作台的进给与快速移动作好准备。

② 主轴电动机的制动控制：由主轴停止按钮 SB_1 或 SB_2，正转接触器 KM_1 或反转接触器 KM_2 以及主轴制动电磁离合器 YC_1 构成主轴制动停车控制环节。电磁离合器 YC_1 安装在主轴传动链中与主轴电动机相连的第一根传动轴上，主轴停车时，按下 SB_1 或 SB_2→KM_1 或 KM_2 线圈断电释放→其主触头断开→主轴电动机 M_1 断电；同时 KM_1（104—105）或 KM_2（105—106）复位闭合→YC_1 线圈通电，产生磁场，在电磁吸力作用下将摩擦片压紧产生制动→主轴迅速制动。当松开 SB_1 或 SB_2→YC_1 线圈断电→摩擦片松开，制动结束。这种制动方式迅速、平稳，制动时间不超过 0.5s。

③ 主轴上刀换刀时的制动控制：在主轴上刀或换刀时，主轴电动机不能旋转，否则将发生严重的人身事故。为此，电路设有主轴上刀制动环节，它是由主轴上刀制动开关 SA_2 控制。在主轴上刀换刀前，将 SA_2 扳到接通位置→其常闭触头 SA_2（7—8）先断开→主轴起动控制电路断电→主轴电动机不能起动旋转；而常开触头 SA_2（106—107）后闭合→主轴制动电磁离合器 YC_1 线圈通电→主轴处于制动状态。上刀换刀结束后，再将 SA_2 扳至断开位置→触头 SA_2（106—107）先断开→解除主轴制动状态。而触头 SA_2（7—8）复位闭合，为主电动机起动作准备。

④ 主轴变速冲动控制：主轴变速操纵箱装在床身左侧窗口上，变换主轴转速的操作顺序如下：

a. 将主轴变速手柄压下，使手柄的榫块自槽中滑出，然后拉动手柄，使榫块落到第二道槽内为止。

b. 转动变速刻度盘，把所需转速对准指针。

c. 把手柄推回原来位置，使榫块落进槽内。

在将变速手柄推回原来位置时，将瞬时压下主轴变速限位开关 SQ_5→触头 SQ_5（8—10）断开、触头 SQ_5（8—13）闭合→KM_1 线圈瞬时通电吸合→其主触头瞬间接通→主轴电动机作瞬时点动，利于齿轮啮合。当变速手柄榫块落入槽内时，SQ_5 不再受压→触头 SQ_5（8—13）断开→切断主轴电动机瞬时点动电路→主轴变速冲动结束。

主轴变速限位开关 SQ_5 的常闭触头 SQ_5(8—10)是为主轴旋转时进行变速而设的，此时无需按下主轴停止按钮，只需将主轴变速手柄拉出→压下 SQ_5→其常闭触头 SQ_5(8—10)断开→断开主轴电动机接触器的 KM_1 或 KM_2 线圈电路→电动机自然停车；而后再进行主轴变速操作，电动机进行变速冲动，完成变速。变速完成后需再次起动电动机，主轴将在新选择的转速下起动旋转。

2）进给拖动控制电路分析。工作台进给方向的左右纵向运动，前后的横向运动和上下的垂直运动，都是由进给电动机 M_2 的正、反转实现的。而正、反转接触器 KM_3、KM_4 是由限位开关 SQ_1、SQ_3 与 SQ_2、SQ_4 来控制的，限位开关又是由两个机械操作手柄控制的，这两个机械操作手柄，一个是纵向机械操作手柄，另一个是垂直与横向操作手柄。扳动机械操作手柄，在完成相应的机械挂档同时，压合相应的限位开关，从而接通接触器，起动进给电动机，拖动工作台按预定方向运动。在工作台进给时，由于快速移动继电器 KA_2 线圈处于断电状态，而进给移动电磁离合器 YC_2 线圈通电，工作台的运动是工作进给。

纵向机械操作手柄有左、中、右三个位置，垂直与横向机械操作手柄有上、下、前、后、中五个位置。SQ_1、SQ_2 为与纵向机械操作手柄有机械联系的限位开关；SQ_3、SQ_4 为与垂直、横向操作手柄有机械联系的限位开关。当这两个机械操作手柄处于中间位置时，SQ_1 ~ SQ_4 都处于未被压下的原始状态，当扳动机械操作手柄时，将压下相应的限位开关。

SA_3 为圆工作台转换开关，其有“接通”与“断开”两个位置，三对触头。当不需要圆工作台时，SA_3 置于“断开”位置，此时触头 SA_3(24—25)，SA_3(19—28)闭合，SA_3(28—26)断开。当使用圆工作台时，SA_3 置于接通位置，此时 SA_3(24—25)，SA_3(19—28)断开，SA_3(28—26)闭合。

在起动进给电动机之前，应先起动主轴电动机，即闭合电源开关 QF，按下主轴起动按钮 SB_3 或 SB_4→中间继电器 KA_1 线圈通电并自锁→其常开触头 KA_1(20—12)闭合→为起动进给电动机作准备。

① 工作台纵向进给运动的控制：若需工作台向右工作进给，将纵向进给操作手柄扳向右侧，在机械上通过联动机构接通纵向进给离合器，在电气上压下限位开关 SQ_1→SQ_1 常闭触头(29—24)先断开→切断通往 KM_3、KM_4 的另一条通路；SQ_1 常开触头(25—26)后闭合→进给电动机 M_2 的接触器 KM_3 线圈通电吸合→M_2 正向起动运行→拖动工作台向右进给。

向右进给工作结束，将纵向进给操作手柄由右位扳到中间位置，限位开关 SQ_1 不再受压→SQ_1 常开触头(25—26)断开→KM_3 线圈断电释放→M_2 停转→工作台向右进给停止。

工作台向左进给的电路与向右进给时相仿。此时是将纵向进给操作手柄扳向左侧，在机械挂档的同时，电气上压下的是限位开关 SQ_2→反转接触器 KM_4 线圈通电→进给电动机反转→拖动工作台向左进给。当将纵向操作手柄由左侧扳回中间位置时，向左进给结束。

② 工作台向前与向下进给运动的控制：将垂直与横向进给操作手柄扳到“向前”位置，在机械上接通了横向进给离合器，在电气上压下限位开关 SQ_3→SQ_3(23—24)断开、SQ_3(25—26)闭合→正转接触器 KM_3 线圈通电吸合→其主触头闭合→进给电动机 M_2 正向起动运行→拖动工作台向前进给。向前进给结束，将垂直与横向进给操作手柄扳回中间位置，SQ_3 不再受压→SQ_3(25—26)断开、SQ_3(23—24)复位闭合→KM_3 线圈断电释放→M_2 停止转动→工作台向前进给停止。

工作台向下进给电路工作情况与“向前”时完全相同，只是将垂直与横向操作手柄扳到“向下”位置，在机械上接通垂直进给离合器，电气上仍压下限位开关 SQ_3→KM_3 线圈通电吸合→其主触头闭合→M_2 正转→拖动工作台向下进给。

③ 工作台向后与向上进给的控制：电路情况与向前和向下进给运动的控制相仿，只是将垂直与横向操作手柄扳到“向后”或“向上”位置，在机械上接通垂直或横向进给离合器，电气上都是压下限位开关 SQ_4→SQ_4(22—23)断开、SQ_4(25—30)闭合→反向接触器 KM_4 线圈通电吸合→其主触头闭合→M_2 反向起动运行→拖动工作台实现向后或向上的进给运动。当操作手柄扳回中间位置时，进给结束。

④ 进给变速冲动控制：进给变速冲动只有在主轴起动后，纵向进给操作手柄、垂直与横向操作手柄均置于中间位置时才可进行。

进给变速箱是一个独立部件，装在升降台的左边，进给速度的变换是由进给操纵箱来控制，进给操纵箱位于进给变速箱前方。进给变速的操作顺序是：

a. 将蘑菇形手柄拉出。

b. 转动手柄，把刻度盘上所需的进给速度值对准指针。

c. 把蘑菇形手柄向前拉到极限位置，此时借变速孔盘推压限位开关 SQ_6。

d. 将蘑菇形手柄推回原位，此时 SQ_6 不再受压。

就在蘑菇形手柄已向前拉到极限位置，且没有被反向推回之时，SQ_6 被压下→SQ_6(19—22)断开、SQ_6(22—26)闭合→正向接触器 KM_3 线圈瞬时通电吸合→进给电动机 M_2 瞬时正向运行，获得变速冲动。如果一次瞬间点动时齿轮仍未进入啮合状态，此时变速手柄不能复原，可再次拉出手柄并再次推回，实现再次瞬间点动，直到齿轮啮合为止。

⑤ 进给方向快速移动的控制：进给方向的快速移动是由电磁离合器改变传动链来获得的。先起动主轴电动机，将进给操作手柄扳到所需移动方向对应的位置，工作台将按操作手柄选择的方向以选定的进给速度作进给运动。此时如按下快速移动按钮 SB_5 或 SB_6→快速移动中间继电器 KA_2 线圈通电吸合→其常闭触头 KA_2(104—108)先断开→切断工作进给离合器 YC_2 线圈支路；常开触头 KA_2(110—109)后闭合→快速移动电磁离合器 YC_3 线圈通电→工作台按原运动方向作快速移动。松开 SB_5 或 SB_6，快速移动立即停止，仍以原进给速度继续进给，所以，快速移动为点动控制。

3）圆工作台的控制：圆工作台的回转运动是由进给电动机经传动机构驱动的，使用圆工作台时，首先把圆工作台转换开关 SA_3 扳到“接通”位置。按下主轴起动按钮 SB_3 或 SB_4→KA_1、KM_1 或 KM_2 线圈通电吸合→主轴电动机 M_1 起动运行。接触器 KM_3 线圈经 SQ_1 ~ SQ_4 的常闭触头和 SA_3 的常开触头(28—26)通电吸合→进给电动机 M_2 起动旋转→拖动圆工作台单向回转。此时工作台进给两个机械操作手柄均处于中间位置。工作台不动，只拖动圆工作台回转。

4）冷却泵和机床照明的控制。冷却泵电动机 M_3 通常在铣削加工时由冷却泵转换开关 SA_1 控制，当 SA_1 扳到接通位置→冷却泵起动继电器 KA_3 线圈通电吸合→其常开触头闭合→M_3 起动旋转。FR_3 作为冷却泵电动机 M_3 的长期过载保护。

机床照明由照明变压器 T_3 供给 24V 安全电压，并由 SA_5 控制照明灯 EL。

5）控制电路的联锁与保护。

① 主运动与进给运动的顺序联锁：进给电气控制电路接在中间继电器 KA_1 的常开触头

KA_1(20—12)之后，这就保证了只有在起动主轴电动机 M_1 之后才可起动进给电动机 M_2，而当主轴电动机停止时，进给电动机也立即停止。

② 工作台 6 个运动方向的联锁：铣刀工作时，只允许工作台作一个方向的运动，为此，工作台上下、左右、前后 6 个方向之间都有联锁。其中工作台纵向操作手柄实现工作台左右运动方向的联锁；垂直与横向操作手柄实现上下、前后 4 个方向的联锁，但关键在于如何实现这两个操作手柄之间的联锁，为此电路中接线点 22、24 之间由 SQ_3、SQ_4 常闭触头串联组成，接线点 28、24 之间由 SQ_1、SQ_2 常闭触头串联组成，然后在 24 号点并接后串于 KM_3、KM_4 线圈电路中，以控制进给电动机正、反转。这样，当扳动纵向操作手柄时，SQ_1 或 SQ_2 被压下→其常闭触头断开→断开 28—24 支路，但 KM_3 或 KM_4 仍可经 22—24 支路通电。若此时再扳动垂直与横向操作手柄，又将 SQ_3 或 SQ_4 压下→其常闭触头断开→断开 22—24 支路→KM_3 或 KM_4 线圈支路断开→进给电动机无法起动→实现了工作台 6 个方向之间的联锁。

③ 长工作台与圆形工作台的联锁：圆形工作台的运动必须与长工作台 6 个方向的运动有可靠的联锁，否则将造成刀具与机床的损坏。这里由选择开关 SA_3 来实现它们之间的联锁，当使用圆形工作台时，选择开关 SA_3 置于“接通”位置→其常闭触头 SA_3(24—25)、SA_3(19—28)先断开，常开触头 SA_3(28—26)后闭合→M_2 起动控制接触器 KM_3 经由 SQ_1 ~ SQ_4 常闭触头串联电路接通→M_2 起动旋转→圆工作台运动。若此时又操作纵向或垂直与横向进给操作手柄→压下 SQ_1 ~ SQ_4 中的某一个→断开 KM_3 线圈电路→M_2 立即停止→圆工作台也停止运动。

若长工作台正在运动，扳动圆工作台选择开关 SA_3 于“接通”位置→其常闭触头 SA_3(24—25)断开→KM_3 或 KM_4 线圈支路断开→进给电动机 M_2 也立即停止→长工作台停止运动。

④ 工作台进给运动与快速运动的联锁：工作台进给与快速移动分别由电磁离合器 YC_2 与 YC_3 传动，而 YC_2 与 YC_3 是由快速进给继电器 KA_2 控制，利用 KA_2 的常开触头与常闭触头实现工作台工作进给与快速运动的联锁。

⑤ 具有完善的保护。

a. 熔断器 FU_1 ~ FU_5 实现相应电路的短路保护。

b. 热继电器 FR_1 ~ FR_3 实现相应电动机的长期过载保护。

c. 低压断路器 QF 实现整个电路的过电流、欠电压及失电压等保护。

d. 工作台 6 个运动方向的限位保护采用机械与电气相配合的方法来实现，当工作台左、右运动到预定位置时，安装在工作台前方的挡铁将撞动纵向操作手柄，使其从左位或右位返回到中间位置，使工作台停止，实现工作台左右运动的限位保护。

在铣床床身导轨旁设置了上、下两块挡铁，当升降台上下运动到一定位置时，挡铁撞动垂直与横向操作手柄，使其回到中间位置，实现工作台垂直运动的限位保护；工作台横向运动的限位保护由安装在工作台左侧底部的挡铁来撞动垂直与横向操作手柄，使其回到中间位置实现的。

e. 打开电气控制柜门断电的保护。在机床左壁龛上安装了限位开关 SQ_7，SQ_7 常开触头与低压断路器 QF 的失电压线圈串联，当打开控制柜门时 SQ_7 触头断开，使低压断路器 QF 失电压线圈断电，QF 跳闸，达到开门断电的目的。

2. XA6132 型卧式万能铣床电气控制电路常见故障的分析与检修

(1) 主轴停车制动效果不明显或无制动　从工作原理分析，当主轴电动机 M_1 起动时，因

KM_1 或 KM_2 接触器通电吸合，使电磁离合器 YC_1 的线圈处于断电状态，当主轴停车时，KM_1 或 KM_2 断电释放，断开主轴电动机电源，同时 YC_1 线圈经停止按钮 SB_1 或 SB_2 常开触头接通而接通直流电源，产生磁场，在电磁吸力作用下将摩擦片压紧产生制动。若主轴制动效果不明显，通常是按下停止按钮时间太短，松开过早的原因。若主轴无制动，有可能没将制动按钮按到底，致使 YC_1 线圈无法通电而无法制动。若并非上述原因，则可能是整流后输出电压偏低，磁场弱，制动力小从而引起制动效果差，若主轴无制动也可能由于 YC_1 线圈断电而造成。

（2）主轴变速与进给变速时无变速冲动　出现此种故障多因操作变速手柄压合不上主轴变速限位开关 SQ_5 或压合不上进给变速限位开关 SQ_6 之故，造成的原因主要是开关松动或开关移位所致，作相应的处理即可。

（3）工作台控制电路的故障　这部分电路故障较多，如工作台能向左、向右运动，但无垂直与横向运动，这表明进给电动机 M_2 与 KM_3、KM_4 接触器正常，但操作垂直与横向手柄却无运动，这可能是手柄扳动后压合不上限位开关 SQ_3 或 SQ_4；也可能是 SQ_1 或 SQ_2 在纵向操作手柄扳回中间位置时不能复原。有时，进给变速限位开关 SQ_6 损坏，其常闭触头(19—22)闭合不上，也会出现上述故障。

3. XA6132 型卧式万能铣床电气控制电路的故障排除

1）在 XA6132 型卧式万能铣床电气控制柜上人为设置自然故障点，指导教师示范排除检修。

2）教师设置故障点，指导学生如何从故障现象入手进行分析，掌握正确的故障排除、检修的方法和步骤。

3）设置 2 ~ 3 个故障点，让学生排除和检修，并将内容填入表 6-7 中。

表 6-7　故障分析表

故障现象	分析原因	检测查找过程

（四）考核与评价

项目考核内容与考核标准见表 6-8。

表 6-8　项目考核内容与考核标准

序号	考核内容	考核要求	配分	评分标准	得分
1	电工工具及仪表的使用	能规范使用常用电工工具及仪表	10	1）不会使用电工工具或动作不规范，扣 5 分 2）不会使用万用表等仪表，扣 5 分 3）损坏电工工具或仪表，扣 10 分	

（续）

序号	考核内容	考核要求	配分	评分标准	得分
2	故障分析	在电气控制电路上，能正确分析故障可能产生的原因	30	1）错标或少标故障范围，每个故障点扣6分 2）不能标出最小的故障范围，每个故障点扣4分	
3	故障排除	正确使用电工工具和仪表，找出故障点并排除故障	40	1）每少查出一个故障点扣6分 2）每少排除一个故障点扣5分 3）排除故障的方法不正确，每处4分	
4	安全文明操作	确保人身和设备安全	20	违反安全文明操作规程，扣10~20分	
备注			合　计		
			教师评价	年　　月　　日	

四、知识拓展——Z3040型摇臂钻床电气控制电路分析与故障排除

钻床是一种用途较广的万能机床，可以用来钻孔、扩孔、铰孔、攻螺纹及修刮端面等多种形式的加工。

钻床按用途和结构可分为立式钻床、台式钻床、多轴钻床、深孔钻床、卧式钻床及其他专用钻床等。在各类钻床中，摇臂钻床操作方便、灵活，适用范围广，故具有典型性。下面以Z3040型摇臂钻床为例，分析其电气控制。

（一）Z3040型摇臂钻床的主要结构及控制要求

1. 摇臂钻床的主要结构

图6-21是Z3040型摇臂钻床的外形图。它主要由底座、内立柱、外立柱、摇臂、主轴箱及工作台等组成。内立柱固定在底座上，在它外面套着空心的外立柱，外立柱可绕内立柱回转一周，摇臂一端的套筒部分与外立柱滑动配合，借助于丝杠，摇臂可沿着外立柱上下移动，但两者不能作相对移动，所以摇臂将与外立柱一起相对内立柱回转。主轴箱是一个复合的部件，它具有主轴及主轴旋转部件和主轴进给的全部变速和操纵机构，主轴箱可沿着摇臂上的水平导轨作径向移动。当进行加工时，可利用特殊的夹紧机构将外立柱紧固在内立柱上，摇臂紧固在外立柱上，主轴箱紧固在摇臂导轨上，然后进行钻削加工。

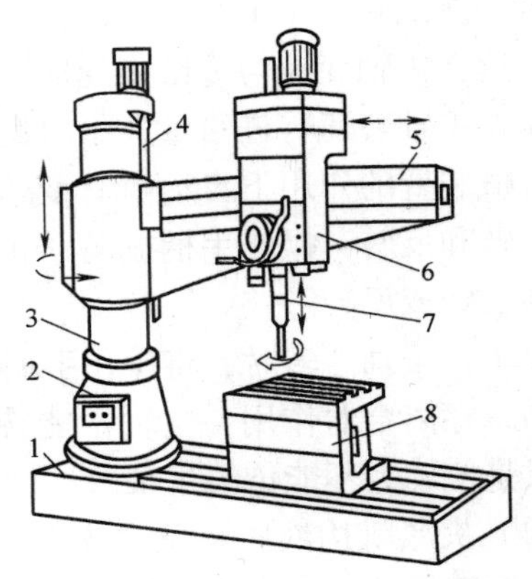

图6-21　Z3040摇臂钻床的外形图
1—底座　2—内立柱　3—外立柱　4—摇臂升降丝杠　5—摇臂　6—主轴箱　7—主轴　8—工作台

2. 摇臂钻床的运动形式

主运动：主轴的旋转。

进给运动：主轴的轴向进给。即钻头一面旋转一面作轴向进给。此时主轴箱夹紧在摇臂的水平导轨上，摇臂与外立柱夹紧在内立柱上。

辅助运动：摇臂沿外立柱的上下垂直移动；主轴箱沿摇臂水平导轨的径向移动；摇臂与外立柱一起绕内立柱的回转运动。

3. 摇臂钻床的电力拖动特点及控制要求

1）由于摇臂钻床的运动部件较多，为简化传动装置，使用多电动机拖动，主电动机承担主钻削及进给任务，摇臂升降及其夹紧放松、外立柱夹紧放松和冷却泵各用一台电动机拖动。

2）为了适应多种加工方式的要求，主轴及进给应能在较大范围内调速。但这些调速都是机械调速，即用手柄操作变速箱调速，对电动机无任何调速要求。从结构上看，主轴变速机构与进给变速机构应该放在一个变速箱内，而且两种运动由一台电动机拖动是合理的。

3）加工螺纹时要求主轴能正、反转。摇臂钻床的正反转一般用机械方法实现，电动机只需单方向旋转。

4）为了实现主轴箱、内外立柱和摇臂的夹紧与放松，要求液压泵电动机可正、反转。

5）要求有必要的联锁与保护环节，并有安全可靠的局部照明和信号指示。

4. 液压系统简介

Z3040 型摇臂钻床具有两套液压控制系统，一个是操纵机构液压系统；另一个是夹紧机构液压系统。前者安装在主轴箱内，用以实现主轴正反转、停车制动、空档、预选及变速等功能；后者安装在摇臂背后的电器盒下部，用以实现主轴箱、外立柱及摇臂的夹紧与放松功能。

（1）操纵机构液压系统　该系统压力油由主轴电动机拖动齿轮泵供给。主轴电动机转动后，由操作手柄控制，使压力油作不同的分配，同时获得不同的动作。操作手柄有五个位置：空档、变速、正转、反转及停车。

空档：将操作手柄扳向“空档”位置，这时压力油使主轴传动系统中滑移齿轮脱开，用手可轻便地转动主轴。

变速：主轴变速与进给变速时，将操作手柄扳向“变速”位置，改变两个变速旋钮进行变速，主轴转速与进给量大小由变速装置实现。当变速完成，松开操作手柄，此时操作手柄在机械装置的作用下自动由“变速”位置回到主轴“停车”位置。

正转和反转：操作手柄扳向“正转”或“反转”位置，主轴在机械装置的作用下实现主轴的正转或反转。

停车：主轴停转时，将操作手柄扳向“停车”位置，这时主轴电动机拖动齿轮泵旋转，使制动摩擦离合器作用，主轴不能转动从而实现停车。所以主轴停车时主轴电动机仍在旋转，只是使动力不能传给主轴。

（2）夹紧机构液压系统　夹紧机构液压系统压力油由液压泵电动机拖动液压泵供给，实现主轴箱、外立柱和摇臂的松开与夹紧。其中，主轴箱和外立柱的松开与夹紧由一个油路控制，摇臂的松开与夹紧由另一个油路控制，这两个油路均由电磁阀操纵。主轴箱和外立柱的夹紧与松开由液压泵电动机点动实现。摇臂的夹紧与松开与摇臂的升降控制有关。

（二）Z3040型摇臂钻床的电气控制电路分析

Z3040摇臂钻床的电气原理图如图6-22所示。M_1为主轴电动机，M_2为摇臂升降电动机，M_3为液压泵电动机，M_4为冷却泵电动机，QS为电源总开关。

主轴箱上装有四个按钮SB_2、SB_1和SB_3、SB_4，分别是主轴电动机M_1起动、停止按钮和摇臂上升、下降按钮。主轴箱移动手轮上装有两个按钮SB_5、SB_6，分别为主轴箱及外立柱松开按钮和夹紧按钮。扳动主轴箱移动手轮，可使主轴箱作左右水平移动，主轴移动手柄则用来操作主轴作上下垂直移动，它们均可手动进给。

1. 主电路分析

M_1为单向运行，由接触器KM_1控制，主轴的正、反转则由机床液压系统操作机构配合正、反转摩擦离合器实现。由热继电器FR_1作电动机长期过载保护。

M_2由正、反转接触器KM_2、KM_3控制实现正、反转。控制电路保证在操纵摇臂升降时，首先使液压泵电动机起动运行，供出压力油，经液压系统将摇臂松开，然后才使电动机M_2起动，拖动摇臂上升或下降。当移动到位后，保证M_2先停止运行，再自动通过液压系统将摇臂夹紧，最后液压泵电动机才停止运转。M_2为短时工作，不设长期过载保护。

M_3由接触器KM_4、KM_5实现正、反转控制，并由热继电器FR_2作长期过载保护。

M_4容量小，仅为0.125kW，由开关SA_1控制其起停。

2. 控制电路分析

控制电路的电源由变压器TC将交流电压380V降为110V提供。指示灯电源电压为6.3V。

（1）主轴电动机的控制

按下起动按钮SB_2→KM_1线圈通电吸合并自锁→ ┬→KM_1主触头闭合→M_1起动运行。
└→KM_1辅助常开触头闭合→HL_3亮。

按下停止按钮SB_1→KM_1线圈断电释放→KM_1主触头断开→M_1断电停转，同时HL_3熄灭。

（2）摇臂升降控制　摇臂通常处于夹紧状态，使丝杠免受载荷。在控制摇臂升降时，除摇臂升降电动机M_2需运行外，还需要摇臂夹紧机构、液压系统协调配合，完成夹紧→松开→夹紧动作。工作过程如下：

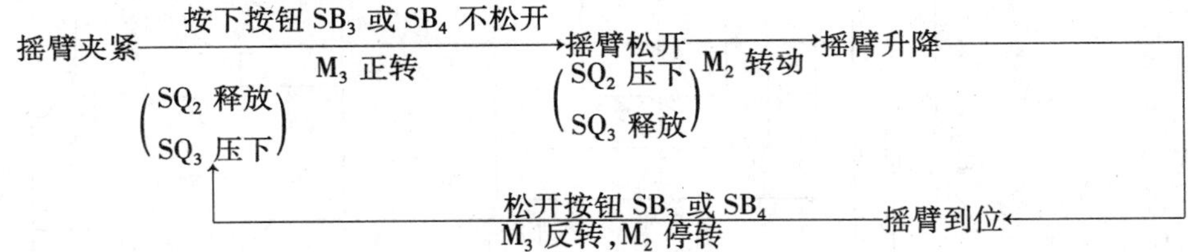

（SQ_2压下是M_2转动的指令，SQ_3压下是夹紧的标志）

1）摇臂松开阶段：按下摇臂上升按钮SB_3（不松开），时间继电器KT线圈通电动作。其过程为：

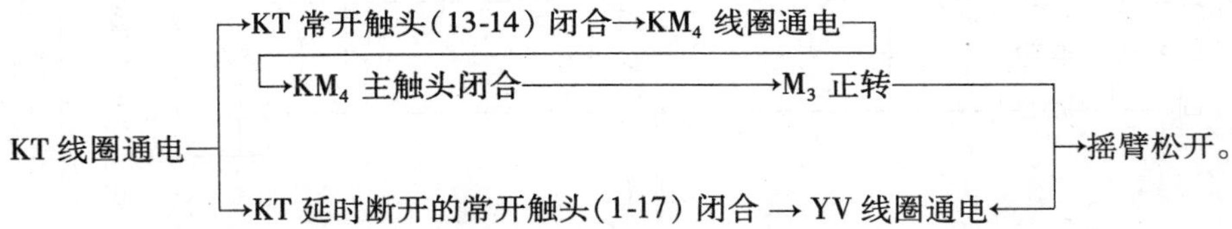

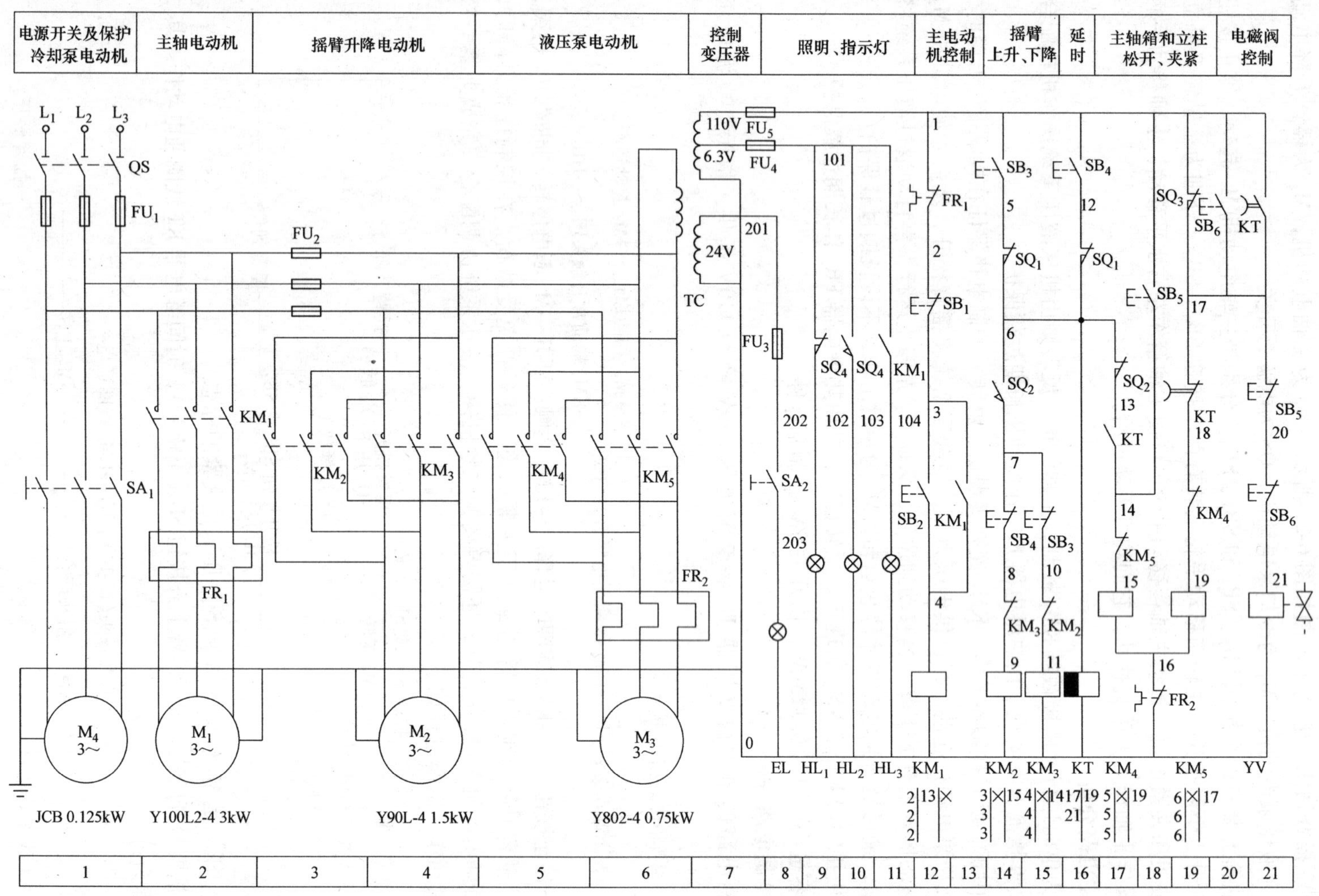

图 6-22 Z3040 型摇臂钻床电气原理图

2）摇臂上升：摇臂夹紧机构松开后，限位开关 SQ_3 释放，SQ_2 压下。其过程如下：

摇臂松开——
- →SQ_3 常闭触头(1-17)闭合→YV 仍通电。
- →SQ_2 常闭触头(6-13)断开→KM_4 线圈断电→M_3 停转。
- →SQ_2 常开触头(6-7)闭合→KM_2 线圈通电→M_2 正转→摇臂上升。

3）摇臂上升到位：松开按钮 SB_3，摇臂又夹紧。其过程为：

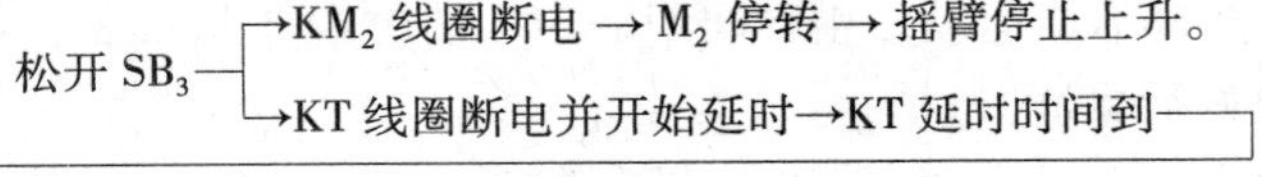

松开 SB_3——
- →KM_2 线圈断电→M_2 停转→摇臂停止上升。
- →KT 线圈断电并开始延时→KT 延时时间到——
  - →KT 延时闭合常闭触头(17-18)闭合→KM_5 线圈通电→M_3 反转——
  - →KT 延时断开常开触头(1-17)断开→YV 线圈经 SQ_3 常闭触头(1-17)仍通电——
  - →摇臂夹紧→SQ_2 释放，SQ_3 压下——
  - →SQ_3 常闭触头(1-17)断开——
    - →KM_5 线圈断电→M_3 停转。
    - →YV 断电→电磁阀复位。

电气原理图中的组合限位开关 SQ_1 是摇臂上升或下降至极限位置时的保护开关。SQ_1 与一般限位开关不同，其两对常闭触头不同时动作，其作用是当摇臂上升或下降到极限位置时被压下，其常闭触头断开，使 KM_2 或 KM_3 线圈断电释放，M_2 停转不再带动摇臂上升或下降，防止碰坏机床。

摇臂下降控制电路的工作原理分析与摇臂上升控制电路相似，只是要按下按钮 SB_4，请读者仿照上升控制电路自行分析。

（3）主轴箱和外立柱松开与夹紧的控制　由松开按钮 SB_5 和夹紧按钮 SB_6 控制的正、反转点动控制实现。这里以夹紧机构松开为例，分析控制电路的工作原理。

当机构处于夹紧状态时，限位开关 SQ_4 被压下，夹紧指示灯 HL_2 亮。

按下 SB_5→KM_4 线圈通电→KM_4 主触头闭合→M_3 正转。由于 SB_5 常闭触头断开，使 YV 线圈不能通电。

液压油供给主轴箱、外立柱两夹紧机构，推动夹紧机构使主轴箱和外立柱松开；SQ_4 释放，指示灯 HL_1 亮，表示主轴箱和外立柱松开。而夹紧指示灯 HL_2 熄灭。松开 SB_5→KM_4 线圈断电释放→M_3 停转。

3. 照明及信号电路分析

机床局部照明灯 EL 由控制变压器 TC 提供 24V 安全电压，由手动开关 SA_2 控制。

信号指示灯 HL_1 ~ HL_3 由控制变压器 TC 二次侧提供另一 AC 6.3V 电压，HL_1 为主轴箱与立柱松开指示灯，灯亮表示已松开，可以手动操作主轴箱沿摇臂移动或推动摇臂回转。

HL_2 为主轴箱与立柱夹紧指示灯，灯亮表示已夹紧，可以进行钻削加工。

HL_3 为主轴旋转工作指示灯。

（三）Z3040 型摇臂钻床电气控制电路常见故障分析与检修

摇臂钻床电气控制的核心部分是摇臂升降、外立柱和主轴箱的夹紧与松开。Z3040 型摇

臂钻床的工作过程是由电气、机械以及液压系统紧密配合实现的。因此，在维修中不仅要注意电气部分是否正常工作，而且也要注意它与机械和液压部分的协调关系。

1）摇臂不能升降。由摇臂升降过程可知，摇臂升降电动机 M_2 运行带动摇臂升降，其条件是使摇臂从内立柱上完全松开后，活塞杆压合限位开关 SQ_2。在发生故障时，首先应检查限位开关 SQ_2 是否动作，如果 SQ_2 不动作，常见故障是 SQ_2 的安装位置移动或已损坏。这样，摇臂虽已放松，但活塞杆压不上 SQ_2，摇臂就不能升降。有时，液压系统发生故障，使摇臂放松不够，也会压不上 SQ_2，使摇臂不能运动。由此可见，SQ_2 的位置非常重要，排除故障时，应配合机械、液压系统调整好后紧固。

另外，电动机 M_3 电源相序接反时，按下上升按钮 SB_4（或下降按钮 SB_5），M_3 反转使摇臂夹紧，压不上 SQ_2，摇臂也不能升降。所以，在钻床大修或安装后，一定要检查电源相序。

2）摇臂升降后，摇臂夹不紧。由摇臂夹紧的动作过程可知，夹紧动作的结束是由限位开关 SQ_3 来控制的。如果 SQ_3 动作过早，会使 M_3 尚未充分夹紧就停转。常见的故障原因是 SQ_3 位置安装不合适，或固定螺钉松动造成 SQ_3 移位，使 SQ_3 在摇臂夹紧动作未完成时就被压上，从而断开 KM_5 线圈回路，M_3 停转。

排除故障时，首先判断是液压系统的故障还是电气系统的故障，对电气部分的故障，应重新调整 SQ_3 的动作距离，固定好螺钉即可。

3）外立柱、主轴箱不能夹紧或松开。立柱、主轴箱不能夹紧或松开的原因可能是液压系统油路堵塞、接触器 KM_4 或 KM_5 不能吸合所致。出现故障时，应检查按钮 SB_5、SB_6 接线情况是否良好。若 KM_4 或 KM_5 能吸合，M_3 能运转，则可排除电气部分的故障，应检查液压系统的油路，以确定是否是油路故障。

4）摇臂上升或下降限位保护开关失灵。组合限位开关 SQ_1 的失灵分两种情况：一是组合限位开关 SQ_1 损坏，SQ_1 触头不能因开关动作而闭合或接触不良使电路断开，由此使摇臂不能上升或下降；二是组合限位开关 SQ_1 不能动作，触头熔焊使电路始终处于接通状态。当摇臂上升或下降到极限位置后，摇臂升降电动机 M_2 发生堵转，这时应立即松开 SB_3 或 SB_4。根据上述情况进行分析，找出故障原因，更换或修理失灵的组合限位开关 SQ_1 即可。

5）按下 SB_6，立柱、主轴箱能夹紧，但释放后就松开。由于立柱、主轴箱的夹紧和松开机构都采用机械菱形块结构，所以这种故障多为机械原因造成，应进行机械部分的维修。

五、项目小结

本项目以 XA6132 型卧式万能铣床电气控制电路分析与故障排除为导向，引出电磁离合器、万能转换开关和 XA6132 型卧式万能铣床电气控制电路分析及故障排除的知识，学生在这些相关知识学习的基础上，通过对 XA6132 型卧式万能铣床电气控制电路故障排除的操作训练，掌握卧式万能铣床电气控制系统的分析及故障排除的基本技能，加深对相关理论知识的理解。

本项目还介绍了 Z3040 型摇臂钻床电气控制系统的分析及故障排除。

梳理与总结

本模块以 CA6140 型车床电气控制电路分析与故障排除和 XA6132 型卧式万能铣床电气控制电路分析与故障排除两个项目为导向，以掌握典型机床电气控制电路故障排除技能的任

务为驱动，对几种常用机床的电气控制电路进行了分析和讨论，其目的不仅要求掌握某一机床的电气控制，更为重要的是由此举一反三，掌握一般生产机械电气控制电路分析的方法，培养学生分析与排除电气设备故障的能力，进而为设计一般电气设备的控制电路打下基础。本模块主要讲述了以下几方面内容。

1. 机床电气控制电路的一般分析方法

1）了解机床基本结构、运动情况、工艺要求及操作方法，进而明确机床对电力拖动系统的要求，为阅读和分析电路作准备。

2）阅读主电路，掌握电动机的台数和作用，结合该机床加工工艺要求分析电动机起动的方法，有无正反转控制，采用何种制动及电动机的保护种类等。

3）从机床加工工艺要求出发，一个环节一个环节地阅读各台电动机的控制电路。

4）根据机床对电气控制的要求和机、电、液配合的情况，进一步分析其控制方法及各部分电路之间的联锁关系。

5）统观全电路，看有哪些保护环节。

6）进一步总结出该机床的电气控制特点。

2. 机床电气控制的故障分析与检查

熟知电气控制电路的工作原理，了解各电气元件与机械操作手柄的关系是分析电气故障的基础；了解故障发生的情况及经过是关键，掌握用万用表检查电路或用导线短路法查找故障点的方法。通过参加生产实践，不断提高阅读与分析电路图的能力，进而提高分析与排除故障的能力，培养设计电路图的能力。

3. 各机床电气控制的特点

本模块对 CA6140 型车床、M7120 型平面磨床、XA6132 型卧式万能铣床及 Z3040 型摇臂钻床的电气控制系统及故障排除进行了分析和讨论。在这些电路中，有许多环节是相似的，都是由一些基本控制环节有机的组合，然而各台机床的电气控制又各具特色，只有抓住了各台机床的特点，才能将各台机床的电气控制区别开。上述几种机床电气控制的特点是：

CA6140 型车床控制电路简单，被控电动机的电气控制要求不高，只有一般的顺序控制。

M7120 型平面磨床砂轮电动机和液压泵控制电路都不复杂，相对而言，电磁吸盘对电气控制要求略高一些，使用了欠电压继电器 KUV，保证了电磁吸盘只有在足够的吸力时，才能进行磨削加工，以防止工件损坏或人身事故。电磁吸盘由桥式整流装置供给直流电源工作，“充磁”和“去磁”是通过改变电磁吸盘线圈电流方向实现的。

XA6132 型卧式万能铣床主轴电动机的停车制动和主轴上刀时的制动、工作台工作进给和快速进给均采用电磁离合器的传动装置控制；主轴与进给变速时均设有变速冲动环节；进给电动机的控制采用机械挂档－电气开关联动的手柄操作，而且操作手柄扳动方向与工作台运动一致；工作台上、下、左、右、前、后 6 个方向的运动具有联锁保护。

Z3040 型摇臂钻床摇臂升降运动的控制较复杂，由液压泵配合机械装置完成“松开摇臂→摇臂上升(或下降)→夹紧摇臂”这一过程，在此过程中要注意限位开关和时间继电器的动作情况。主轴和立柱的夹紧和放松是以点动控制为主，配合手动完成的。

思考与练习

6-1　CA6140 型车床电气控制具有哪些特点？

6-2 CA6140 型车床电气控制具有哪些保护？它们是通过哪些电气元件实现的？

6-3 M7120 型平面磨床采用电磁吸盘来夹持工件有什么好处？

6-4 M7120 型平面磨床控制电路中欠电压继电器 KUV 起什么作用？

6-5 M7120 型平面磨床具有哪些保护环节，各由什么电气元件来实现？

6-6 M7120 型平面磨床的电磁吸盘没有吸力或吸力不足，试分析可能的原因。

6-7 分析 Z3040 型摇臂钻床电路中，时间继电器 KT 与电磁阀 YV 在什么时候动作？时间继电器各触头的作用是什么？

6-8 Z3040 型摇臂钻床电路中，限位开关 $SQ_1 \sim SQ_4$ 的作用是什么？

6-9 试述 Z3040 型摇臂钻床操作摇臂下降时电路的工作情况。

6-10 Z3040 型摇臂钻床电路中有哪些联锁与保护？

6-11 Z3040 型摇臂钻床发生故障，其摇臂的上升、下降动作相反，试由电气控制电路分析其故障的原因。

6-12 XA6132 型卧式万能铣床电气控制电路中，电磁离合器 $YC_1 \sim YC_3$ 的作用是什么？

6-13 XA6132 型卧式万能铣床电气控制电路中，限位开关 $SQ_1 \sim SQ_6$ 的作用各是什么？

6-14 XA6132 型卧式万能铣床电气控制电路中具有哪些联锁与保护？为何设有这些联锁与保护？它们是如何实现的？

6-15 XA6132 型卧式万能铣床主轴变速能否在主轴停止或主轴旋转时进行？为什么？

附　　录

附录A　Y系列三相异步电动机的型号及技术数据

型号	额定功率/KW	满载时				堵转电流/额定电流	堵转转矩/额定转矩	最大转矩/额定转矩	质量/kg
		电流/A	转速/(r/min)	效率(%)	功率因数				
Y801—2	0.75	1.8	2830	75	0.84	6.5	2.2	2.3	16
Y802—2	1.1	2.5	2830	77	0.86	7.0	2.2	2.3	17
Y90S—2	1.5	3.4	2840	78	0.85	7.0	2.2	2.3	22
Y90L—2	2.2	4.8	2840	80.5	0.86	7.0	2.2	2.3	25
Y100L—2	3.0	6.4	2880	82	0.87	7.0	2.2	2.3	33
Y112M—2	4.0	8.2	2890	85.5	0.87	7.0	2.2	2.3	45
Y132S1—2	5.5	11.1	2900	85.5	0.88	7.0	2.0	2.3	64
Y132S2—2	7.5	15	2900	86.2	0.88	7.0	2.0	2.3	70
Y160M1—2	11	21.8	2900	87.2	0.88	7.0	2.0	2.3	117
Y160M2—2	15	29.4	2930	88.2	0.88	7.0	2.0	2.3	125
Y160L—2	18.5	35.5	2930	89	0.89	7.0	2.0	2.2	147
Y180M—2	22	42.2	2940	89	0.89	7.0	2.0	2.2	180
Y200L1—2	30	56.9	2950	90	0.89	7.0	2.0	2.2	240
Y200L2—2	37	69.8	2950	90.5	0.89	7.0	2.0	2.2	255
Y225M—2	45	84	2970	91.5	0.89	7.0	2.0	2.2	309
Y250M—2	55	103	2970	91.5	0.89	7.0	2.0	2.2	403
Y280S—2	75	139	2970	92	0.89	7.0	2.0	2.2	544
Y280M—2	90	166	2970	92.5	0.89	7.0	2.0	2.2	620
Y315S—2	110	203	2980	92.5	0.89	6.8	1.8	2.2	980
Y315M—2	132	242	2980	93	0.89	6.8	1.8	2.2	1080
Y315L1—2	160	292	2980	93.5	0.89	6.8	1.8	2.2	1160
Y315L2—2	200	365	2980	93.5	0.89	6.8	1.8	2.2	1190
Y801—4	0.55	1.5	1390	73	0.76	6.0	2.0	2.3	17
Y802—4	0.75	2	1390	74.5	0.76	6.0	2.0	2.3	17

（续）

型号	额定功率/KW	满载时				堵转电流/额定电流	堵转转矩/额定转矩	最大转矩/额定转矩	质量/kg
		电流/A	转速/(r/min)	效率(%)	功率因数				
Y90S—4	1.1	2.7	1400	78	0.78	6.5	2.0	2.3	25
Y90L—4	1.5	3.7	1400	79	0.79	6.5	2.2	2.3	26
Y100L1—4	2.2	5	1430	81	0.82	7.0	2.2	2.3	34
Y100L2—4	3.0	6.8	1430	82.5	0.81	7.0	2.2	2.3	35
Y112M—4	4.0	8.8	1440	84.5	0.82	7.0	2.2	2.3	47
Y132S—4	5.5	11.6	1440	85.5	0.84	7.0	2.2	2.3	68
Y132M—4	7.5	15.4	1440	87	0.85	7.0	2.2	2.3	79
Y160M—4	11.0	22.6	1460	88	0.84	7.0	2.2	2.3	122
Y160L—4	15.0	30.3	1460	88.5	0.85	7.0	2.2	2.3	142
Y180M—4	18.5	35.9	1470	91	0.86	7.0	2.0	2.2	174
Y180L—4	22	42.5	1470	91.5	0.86	7.0	2.0	2.2	192
Y200L—4	30	56.8	1470	92.2	0.87	7.0	2.0	2.2	253
Y225S—4	37	70.4	1480	91.8	0.87	7.0	1.9	2.2	294
Y225M—4	45	84.2	1480	92.3	0.88	7.0	1.9	2.2	327
Y250M—4	55	103	1480	92.6	0.88	7.0	2.0	2.2	381
Y280S—4	75	140	1480	92.7	0.88	7.0	1.9	2.2	535
Y280M—4	90	164	1480	93.5	0.89	7.0	1.9	2.2	634
Y315S—4	110	201	1480	93	0.89	6.8	1.8	2.2	912
Y315M—4	132	240	1480	94	0.89	6.8	1.8	2.2	1048
Y315L1—4	160	289	1480	94.5	0.89	6.8	1.8	2.2	1105
Y315L2—4	200	361	1480	94.5	0.89	6.8	1.8	2.2	1260
Y90S—6	0.75	2.3	910	72.5	0.70	5.5	2.0	2.2	21
Y90L—6	1.1	3.2	910	73.5	0.72	5.5	2.0	2.2	24
Y100L—6	1.5	4	940	77.5	0.74	6.0	2.0	2.2	35
Y112M—6	2.2	5.6	940	80.5	0.74	6.0	2.0	2.2	45
Y132S—6	3.0	7.2	960	83	0.76	6.5	2.0	2.2	66
Y132M1—6	4.0	9.4	960	84	0.77	6.5	2.0	2.2	75
Y132M2—6	5.5	12.6	960	85.3	0.78	6.5	2.0	2.2	85
Y160M—6	7.5	17	970	86	0.78	6.5	2.0	2.0	116
Y160L—6	11	24.6	970	87	0.78	6.5	2.0	2.0	139
Y180L—6	15	31.4	970	89.5	0.81	6.5	1.8	2.0	182
Y200L1—6	18.5	37.7	970	89.8	0.83	6.5	1.8	2.0	228
Y200L2—6	22	44.6	970	90.2	0.83	6.5	1.8	2.0	246

（续）

型号	额定功率/KW	满载时				堵转电流/额定电流	堵转转矩/额定转矩	最大转矩/额定转矩	质量/kg
		电流/A	转速/(r/min)	效率(%)	功率因数				
Y225M—6	30	59.5	980	90.2	0.85	6.5	1.7	2.0	294
Y250M—6	37	72	980	90.8	0.86	6.5	1.8	2.0	395
Y280S—6	45	85.4	980	92	0.87	6.5	1.8	2.0	505
Y280M—6	55	104	980	92	0.87	6.5	1.8	2.0	566
Y315S—6	75	141	980	92.8	0.87	6.5	1.6	2.0	850
Y315M—6	90	169	980	93.2	0.87	6.5	1.6	2.0	965
Y315L1—6	110	206	980	93.5	0.87	6.5	1.6	2.0	1028
Y315L2—6	132	246	980	93.8	0.87	6.5	1.6	2.0	1195
Y132S—8	2.2	5.8	710	80.5	0.71	5.5	2.0	2.0	66
Y132M—8	3	7.7	710	82	0.72	5.5	2.0	2.0	76
Y160M1—8	4	9.9	720	84	0.73	6.0	2.0	2.0	105
Y160M2—8	5.5	13.3	720	85	0.74	6.0	2.0	2.0	115
Y160L—8	7.5	17.7	720	86	0.75	5.5	2.0	2.0	140
Y180L—8	11	24.8	730	87.5	0.77	6.0	1.7	2.0	180
Y200L—8	15	34.1	730	88	0.76	6.0	1.8	2.0	228
Y225S—8	18.5	41.3	730	89.5	0.76	6.0	1.7	2.0	265
Y225M—8	22	47.6	730	90	0.78	6.0	1.8	2.0	296
Y250M—8	30	63	730	90.5	0.80	6.0	1.8	2.0	391
Y280S—8	37	78.7	740	91	0.79	6.0	1.8	2.0	500
Y280M—8	45	93.2	740	91.7	0.80	6.0	1.8	2.0	562
Y315S—8	55	114	740	92	0.80	6.5	1.6	2.0	875
Y315M—8	75	152	740	92.5	0.81	6.5	1.6	2.0	1008
Y315L1—8	90	179	740	93	0.82	6.5	1.6	2.0	1065
Y315L2—8	110	218	740	93.3	0.82	6.3	1.6	2.0	1195
Y315S—10	45	101	590	91.5	0.74	6.0	1.4	2.0	838
Y315M—10	55	123	590	92	0.74	6.0	1.4	2.0	960
Y315L2—10	75	164	590	92.5	0.75	6.0	1.4	2.0	1180

注：本系列产品为全国统一设计的基本系列，为一般用途的全封闭自扇冷式小型笼型三相异步电动机。其功率等级及安装尺寸符合国际电工委员会 IEC 标准。定子绕组为 B 级绝缘，电动机外壳防护等级为 IP44，广泛应用于驱动无特殊要求的各种机械设备，如鼓风机，水泵、机床、农业机械及矿山机械等，也适用于某些对起动转矩要求较高的生产机械，如压缩机等。功率在 3kW 及以下的电动机，定子绕组为Y联结，4kW 及以上电动机的定子绕组为△联结。

附录 B　低压电器产品型号编制方法

1. 全型号组成形式

低压电器产品型号如下：

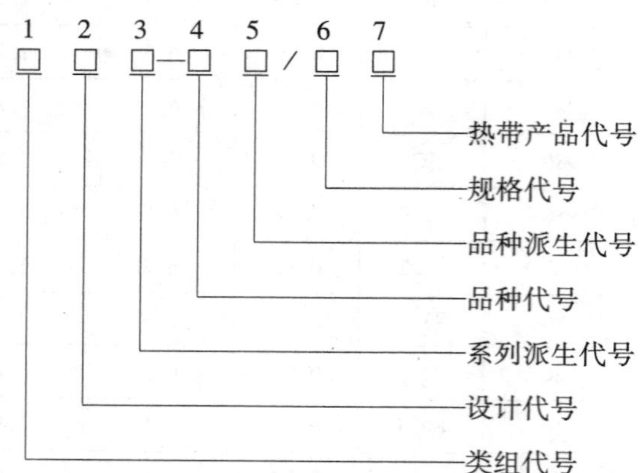

（1）类组代号　用两位或三位汉语拼音字母表示，第一位为类别代号，第二、三位为组别代号，代表产品名称，由型号颁发单位按表 B-1 确定。

（2）设计代号　用阿拉伯数字表示，位数不限，其中设计代号为两位及两位以上时，首位数 9 表示船用；8 表示防爆用；7 表示纺织用；6 表示农业用；5 表示化工用。由型号颁发单位按□□□□统一编制。

（3）系列派生代号　由一位或两位汉语拼音字母组成，表示全系列产品变化的特征，由型号颁发单位根据表 B-2 统一确定。

（4）品种代号　用阿拉伯数字表示，位数不限，根据各产品的主要参数确定，一般用电流、电压或容量参数表示。

（5）品种派生代号　由一位或两位汉语拼音字母组成，表示系列内个别产品的变化特征，由型号颁发单位根据表 B-2 统一确定。

（6）规格代号　用阿拉伯数字表示，位数不限，表示除品种以外的需进一步说明的产品特征，如极数、脱扣方式及用途等。

（7）热带产品代号　表示产品的环境适应性特征，由型号颁发单位根据表 B-2 确定。

2. 型号含义及组成

1）产品型号代表一种类型的系列产品，但亦可包括该系列产品的若干派生系列。类组代号与设计代号的组合（含系列派生代号）表示产品的类别，类组代号的汉语拼音字母方案见表 B-1。如需要三位的类组代号，在编制具体型号时，其第三位字母以不重复为原则，临时拟定之。

2）产品全型号代表产品的系列、品种和规格，但亦可包括该产品的若干派生品种，即在产品型号之后附加品种代号、规格代号以及表示变化特征的其他数字或字母。

3. 汉语拼音的选用原则

1）优先采用所代表对象名称的汉语拼音第一个音节字母。

2）其次采用所代表对象名称的汉语拼音非第一个音节字母。

3）如确有困难时，可选用与发音不相关的字母。

表 B-1　低压电器产品型号类组代号表

代号	H	R	D	K	C	Q	J	L	Z	B	T	M	A
名称	刀开关和转换开关	熔断器	断路器	控制器	接触器	起动器	控制继电器	主令电器	电阻器	变阻器	调整器	电磁铁	其他
A						按钮式		按钮					
B									板式元件				触电保护器
C		插入式			磁力	电磁式			冲片元件	旋臂式			插销
D	刀开关						漏电		带形元件		电压		信号灯
E												阀用	
G				鼓型	高压				管形元件				
H	封闭式负荷开关	汇流排式											接线盒
J					交流	减压		接近开关	锯齿形元件				交流接触器节电器
K	开启式负荷开关				真空			主令控制器					
L		螺旋式	照明				电流			励磁			电铃
M		封闭管式	灭磁		灭磁								
N													
P				平面	中频		频率			频敏			
Q										起动		牵引	

（续）

代号	H	R	D	K	C	Q	J	L	Z	B	T	M	A
名称	刀开关和转换开关	熔断器	断路器	控制器	接触器	起动器	控制继电器	主令电器	电阻器	变阻器	调整器	电磁铁	其他
R	熔断器式刀开关						热		非线性电力电阻				
S	转换开关	快速	快速		时间	手动	时间	主令开关	烧结元件	石墨			
T		有填料管式		凸轮	通用		通用	脚踏开关	铸铁元件	起动调速			
U						油浸		旋钮		油浸起动			
W			万能式			无触点	温度	万能转换开关		液体起动		起重	
X		限流	限流			星形-三角形		行程开关	电阻器	滑线式			
Y	其他	其他	其他	其他	其他	其他	其他	其他	硅碳电阻元件	其他		液压	
Z	组合开关	自复	装置式		直流	综合	中间					制动	

表 B-2　加注通用派生字母对照表

派 生 字 母	代 表 意 义
A、B、C、D…	结构设计稍有改进或变化
C	插入式，抽屉式
D	达标验证攻关
E	电子式
J	交流，防溅式，较高通断能力型，节电型
Z	直流，自动复位，防振，重任务，正向，组合式，中性接线柱式
W	无灭弧装置，无极性，失电压，外销用
N	可逆，逆向
S	有锁住机构，手动复位，防水式，三相，三个电源，双线圈
P	电磁复位，防滴式，单相，两个电源，电压的，电动机操作
K	开启式
H	保护式，带缓冲装置
M	密封式，灭磁，母线式
Q	防尘式，手车式，柜式
L	电流的，折板式，漏电保护，单独安装式

（续）

派生字母	代表意义
F	高返回，带分励脱扣，纵缝灭弧结构式，防护盖式
X	限流
G	高电感，高通断能力型
TH	湿热带型
TA	干热带型

附录 C　常用电气简图图形符号及文字符号一览表

名　称	图形符号	文字符号
直流电	═══ / — — —	
交流电	～	
正、负极	+　−	
三角形联结的三相绕组	△	
星形联结的三相绕组	Y	
导线	——	
三根导线	―/// ―　≡	
连接点	•	
端子	○	
端子板	1 2 3 4 5 6	XT
接地	⏚	PE
插座	——(	XS
插头	▬▬——	XP
电阻器一般符号	—▭—	R
可变（可调）电阻器	—▭— （带斜箭头）	R
滑动触点电位器	—▭— （带滑动触点）	RP
电容器一般符号	—||—	C
极性电容器	—+||—	C
电感器、线圈、绕组、扼流圈	⌒⌒⌒	L
带磁心的电感器	⌒⌒⌒ （带磁心线）	L

（续）

名　　称	图形符号	文字符号
电抗器		L
单相自耦变压器		T
双绕组变压器、电压互感器		T、TV
三相自耦变压器星形联结		T
电流互感器		TA
串励直流电动机		M
并励直流电动机		M
他励直流电动机		M
三相笼型异步电动机		M
三相绕线转子异步电动机		M
三相永磁同步发电机		G
普通刀开关		QS
普通三相刀开关		QS
三相断路器		QF
具有常开触头但无自动复位的旋转头		S
按钮常开触头（起动按钮）		SB

（续）

名　称	图形符号	文字符号
按钮常闭触头(停止按钮)		SB
位置开关常开触头		SQ
位置开关常闭触头		SQ
熔断器		FU
接触器常开主触头		KM
接触器常闭主触头		KM
接触器常开辅助触头		KM
接触器常闭辅助触头		KM
继电器常开触头		K
继电器常闭触头		K
热继电器常开触头		FR
热继电器常闭触头		FR
延时闭合的常开触头		KT
延时断开的常开触头		KT
延时断开的常闭触头		KT
延时闭合的常闭触头		KT
接近开关常开触头		SQ
接近开关常闭触头		SQ
气压式液压继电器常开触头	p	SP
气压式液压继电器常闭触头	p	SP
速度继电器常开触头	n	KS

（续）

名　称	图形符号	文字符号
速度继电器常闭触头	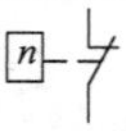	KS
操作器件一般符号、接触器线圈	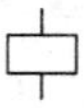	KM
缓慢释放继电器线圈	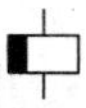	KT
缓慢吸合继电器线圈	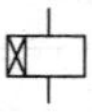	KT
热继电器的驱动器件	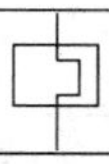	FR
电磁离合器	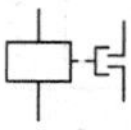	YC
电磁阀	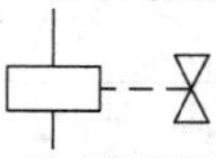	YV
电磁制动器	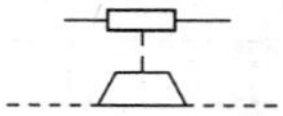	YB
电磁铁线圈	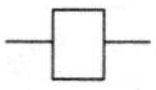	YA
电铃		HA
蜂鸣器		HA
报警器		HA
普通二极管		VD
普通稳压管	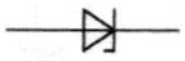	VS
普通晶闸管		VTH
PNP 型晶体管	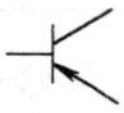	VT
NPN 型晶体管	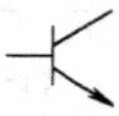	VT
单结晶体管	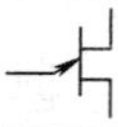	VU
运算放大器	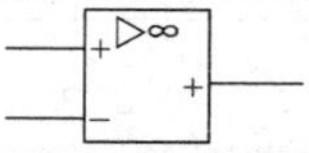	N

注：1. 表中图形符号摘自 GB/T 4728. 1 ~. 5—2005 及 GB/T 4728. 6 ~. 13—2008。

2. 表中文字符号摘自 GB/T 7159—1987。

参 考 文 献

[1] 周元一. 电机与电气控制[M]. 北京：机械工业出版社，2006.
[2] 许晓峰. 电机及拖动[M]. 2版. 北京：高等教育出版社，2004.
[3] 赵承荻，杨利军. 电机与电气控制技术[M]. 2版. 北京：高等教育出版社，2007.
[4] 刘子林. 电机与电气控制[M]. 2版. 北京：电子工业出版社，2008.
[5] 刘小春. 电机与拖动[M]. 北京：人民邮电出版社，2010.
[6] 袁维义. 电机及电气控制[M]. 北京：化学工业出版社，2006.
[7] 熊幸明. 工厂电气控制技术[M]. 北京：清华大学出版社，2005.
[8] 麦崇裔. 电气控制技术与技能训练[M]. 北京：电子工业出版社，2010.
[9] 张运波，刘淑荣. 工厂电气控制技术[M]. 2版. 北京：高等教育出版社，2004.
[10] 许翏. 电机与电气控制技术[M]. 北京：机械工业出版，2005.
[11] 王烈准. 电气控制与PLC应用技术[M]. 北京：机械工业出版社，2010.
[12] 赵俊生. 电气控制与PLC技术项目化理论与实训[M]. 北京：电子工业出版社，2009.

参考文献